MOTORRAD · FUNK · ELEKTRONIK ·
Dipl. Ing. Henning Gerder
Wakenitzstrasse 6a
23564 Lübeck
Telefon & Fax : 0451 – 79 40 83

D1729933

Studienbücher

der technischen Wissenschaften

Carl Hanser Verlag München Wien

Roland Köstner
Albrecht Möschwitzer

Elektronische Schaltungen

mit 491 Bildern, 43 Tabellen und 68 Aufgaben

Carl Hanser Verlag München Wien

Prof. Dr.-Ing. habil. Roland Köstner
Zinnowitzer Str. 29, 01109 Dresden

Prof. Dr.-Ing. habil. Albrecht Möschwitzer,
Thormeyerstr. 18, 01217 Dresden

Die Deutsche Bibliothek — CIP-Einheitsaufnahme

Köstner, Roland:
Elektronische Schaltungen : mit 43 Tabellen und 68 Aufgaben /
Roland Köstner ; Albrecht Möschwitzer. — München ; Wien :
Hanser, 1993
   (Studienbücher der technischen Wissenschaften)
   ISBN 3-446-16588-6
NE: Möschwitzer, Albrecht ; HST

Gesamtherstellung: Universitätsdruckerei H. Stürtz AG, Würzburg
Umschlaggestaltung: Kaselow Design
Printed in Germany

Vorwort

Die elektronische Schaltungstechnik ist die technische Disziplin, die sich mit dem Zusammenfügen passiver und aktiver Bauelemente zu elektronischen Funktionsgruppen und Systemen befaßt. Sie steht in enger Wechselbeziehung zur Mikroelektronik, die sich Anfang der sechziger Jahre zunächst als Technologie zur kostengünstigen Herstellung geometrisch kleiner und in ihrer Funktion äußerst zuverlässiger elektronischer Schaltungen präsentierte. In den darauffolgenden drei Jahrzehnten wurde die Mikroelektronik zur entwicklungsbestimmenden Kraft für die Schaltungstechnik. Maßgeblich dafür waren die weitere Optimierung der Herstellungstechnologien, das Nutzen neuer Wirkprinzipien der Halbleiterelektronik, die Einführung neuer Schaltungstechniken und Systemarchitekturen sowie die Bereitstellung wirkungsvoller Systeme zur Entwurfsautomatisierung (CAD). Aufgrund der großen Bedeutung der Schaltungstechnik wird sie an allen technischen Bildungsanstalten als Grundlagenfach gelehrt.

Die elektronischen Schaltungen können in zwei Hauptgruppen eingeteilt werden, die analogen und die digitalen Schaltungen. In den analogen Schaltungen werden kontinuierlich verlaufende Signale verarbeitet, während den digitalen Schaltungen Signale mit diskreten Zuständen zugrunde liegen. Hierbei spielen besonders Signale mit nur zwei Zuständen eine dominierende Rolle. Man spricht dann von binärer Digitaltechnik; sie ist die Grundlage für die moderne Computertechnik. In zunehmendem Maße werden auch analoge Signale digital verarbeitet.

Im vorliegenden Buch werden all diese Probleme der elektronischen Schaltungstechnik nach einheitlichen methodischen Gesichtspunkten behandelt. Die Darstellung erfolgt unter dem besonderen Aspekt der technologischen Realisierung in Form von integrierten Schaltungen der Mikroelektronik und anhand des neuesten ingenieurtechnischen Erkenntnisstandes.

Einführend werden die Grundlagen der elektronischen Schaltungstechnik — das sind die elektronischen Bauelemente und die Methoden der Schaltungsberechnung — behandelt.

Danach folgt im ersten Hauptteil des Buches die Analyse der analogen Elementarschaltungen (z.B. Stromquellen, Verstärkerstufen) und Funktionsgruppen (z.B. Verstärker, aktive Filter, Signalgeneratoren, Phasenregelkreise, Modulatoren, Demodulatoren, Stromversorgungsschaltungen). Technisch wichtigen Sonderschaltungen, wie sie z.B. auch in hochintegrierten Schaltkreisen vorkommen, wird besondere Aufmerksamkeit gewidmet.

Die digitalen Schaltungen bilden den zweiten Hauptteil. Hier werden zunächst alle technisch wichtigen Grundlagen der Digitaltechnik (Binärzahlen, Binärkodes, Boolsche Algebra, Grundgatter verschiedener Halbleitertechniken) behandelt.

Danach folgen Darlegungen über kombinatorische und sequentielle Grundschaltungen. Im weiteren werden komplexe digitale Funktionseinheiten, wie Speicher, Mikroprozessoren, Controller und Interfaceschaltungen vorgestellt.

Ein weiterer Abschnitt ist den Zwischengliedern zwischen analogen und digitalen Schaltungen, den Datenkonvertern, gewidmet.

Abschließend wird ein Überblick über die Technologien zur Herstellung elektronischer Schaltungen gegeben. Im einfachsten Falle erfolgt dies auf Leiterkarten und im komplexesten Falle durch monolithische Integration in einem Halbleiterkristall (Chip).

Durch zahlreiche Anwendungsbeispiele und Aufgaben am Ende eines jeden Abschnittes soll das Einarbeiten in den Stoff erleichtert und seine aktive Beherrschung gefördert werden.

Die Darlegungen basieren auf den Erfahrungen, die wir bei unserer Lehrtätigkeit im Fach „Elektronische Bauelemente und Schaltungen" in vielen Jahren der akademischen Ausbildung sammeln konnten. Der Umfang wurde so bemessen, daß das vermittelte Wissen auch für Studierende im verfügbaren Studienzeitraum überschaubar bleibt und verarbeitet werden kann.

Als Leser werden alle angesprochen, die mit der Elektronik/Mikroelektronik mittelbar oder unmittelbar in Berührung kommen, vom Studenten bis zum graduierten Ingenieur verschiedener Fachrichtungen.

Wir danken dem Carl Hanser Verlag, insbesondere Herrn Dipl.-Ing. Hans Joachim Niclas für die großzügige Unterstützung und Frau Helene Weiß für die ausgezeichnete Zusammenarbeit bei der Drucklegung.

Dresden, im Februar 1993   *R. Köstner*
                                                                 A. Möschwitzer

Inhalt

Schreibweise und Formelzeichen der wichtigsten Größen

Schreibweise

Zur Kennzeichnung zeitunabhängiger und zeitlich veränderlicher Spannungen bzw. Ströme wird folgende Schreibweise vereinbart:
— zeitunabhängige Größe

$$U \quad \text{bzw.} \quad I,$$

— zeitabhängige Größen (Augenblickswerte)

$$u; u(t) \quad \text{bzw.} \quad i; i(t).$$

Bei sinusförmiger Erregung der zeitabhängigen Größen gilt (Darstellung im Originalbereich):

$$u = \hat{U} \sin(\omega t + \varphi_u) = \sqrt{2}\, U \sin(\omega t + \varphi_u)$$

bzw.

$$i = \hat{I} \sin(\omega t + \varphi_i) = \sqrt{2}\, I \sin(\omega t + \varphi_i).$$

Dabei entsprechen $\hat{U}$ bzw. $\hat{I}$ den Amplituden und U bzw. I den Effektivwerten. Gelegentlich ist es notwendig, die Amplituden von Spitze zu Spitze zu kennzeichnen; in diesem Falle erhält man

$$U_{ss} = 2\hat{U} \quad \text{bzw.} \quad I_{ss} = 2\hat{I}.$$

Die Beschreibung zeitabhängiger Größen mit sinusförmiger Erregung erfolgt vielfach unter Verwendung der komplexen Rechnung (Darstellung im Bildbereich). Dann gilt für die komplexen Augenblickwerte:

$$\underline{u} = \underline{\hat{U}}\, e^{j\omega t} \quad \text{bzw.} \quad \underline{i} = \underline{\hat{I}}\, e^{j\omega t}$$

mit

$$\underline{\hat{U}} = \hat{U}\, e^{j\varphi_u} = \sqrt{2}\, \underline{U} = \sqrt{2}\, U e^{j\varphi_u}$$

bzw.

$$\underline{\hat{I}} = \hat{I}\, e^{j\varphi_i} = \sqrt{2}\, \underline{I} = \sqrt{2}\, I e^{j\varphi_i}.$$

$\hat{U}$ bzw. $\hat{I}$ sind die komplexen Amplituden und $\underline{U}$ bzw. $\underline{I}$ die komplexen Effektivwerte. Zwischen den Augenblickswerten im Originalbereich und im Bildbereich gelten folgende Zusammenhänge:

$$u = Im(\underline{u}) \quad \text{bzw.} \quad i = Im(\underline{i}).^{1)}$$

---

[1] Bei kosinusförmiger Erregung erhält man die Originalfunktion aus dem Realteil der Bildfunktion: $u = Re(\underline{u})$ bzw. $i = Re(\underline{i})$.

Der komplexe Widerstand ist definiert als

$$R = \frac{u}{i} = \frac{\underline{U}}{\underline{I}} = \frac{U}{I} e^{j(\varphi_u - \varphi_i)} = \frac{U}{I} e^{j\varphi} = |\underline{R}| e^{j\varphi}.$$

In analoger Weise erhält man für die komplexe Verstärkung (z.B. der Spannung)

$$\underline{V}_U = \frac{u_2}{u_1} = \frac{\underline{U}_2}{\underline{U}_1} = \frac{U_2}{U_1} e^{j(\varphi_2 - \varphi_1)} = \frac{U_2}{U_1} e^{j\varphi} = |\underline{V}_U| e^{j\varphi}.$$

Die kompexe Leistung ist als Produkt der komplexen Spannung $\underline{U}$ und des konjugiert komplexen Stromes $\underline{I}*$ definiert:

$$\underline{P} = \underline{U}\underline{I}* = U e^{j\varphi_u} I e^{-j\varphi_i} = U I e^{j(\varphi_u - \varphi_i)} = U I e^{j\varphi} = |\underline{P}| e^{j\varphi}.$$

Formelzeichen der wichtigsten Größen

A	Fläche, allgemein
A_E	Emitterfläche
A_K	Katodenfläche
$\hat{A}$	Amplitude
A_N, A_I	Gleichstromverstärkungsfaktor in Basisschaltung, normal bzw. invers
$\underline{A}(\omega)$	komplexe Übertragungsfunktion
$\underline{a}_{ik}$	Vierpolparameter in Kettenform, allgemein
B	Bandbreite
B_N	Gleichstromverstärkungsfaktor in Emitterschaltung, normal
b	Breite
$\underline{b}_{ik}$	Vierpolparameter in reziproker Kettenform, allgemein
b_n	Kleinsignalstromverstärkungsfaktor in Emitterschaltung, normal
C	Kapazität, allgemein
C_s	Sperrschichtkapazität
C_{th}	thermische Kapazität
C_{GK}	Gitter-Katoden-Kapazität
C_{AK}	Anoden-Katoden-Kapazität
C_{BC}	Basis-Kollektor-Kapazität
C_{BE}	Basis-Emitter-Kapazität
C_{Ein}	Eingangskapazität
C_{GD}	Gate-Drain-Kapazität
C_{GS}	Gate-Source-Kapazität
d	Dicke, allgemein; Durchmesser
d_i	Dicke des Dielektrikums
$\underline{d}_{ik}$	Vierpolparameter in reziproker Hybridform, allgemein
D	Durchgriff
e	Elementarladung ($= 1,6 \cdot 10^{-19}$ As)
E	Feldstärke

F	Rauschzahl, Rauschfaktor
f	Frequenz, allgemein
f_g	Grenzfrequenz
f_u	untere Grenzfrequenz
f_o	obere Grenzfrequenz
f_1	Grenzfrequenz, bei der b_n auf „1" abgefallen ist
f_0	Resonanzfrequenz
f_M	Modulationsfrequenz
f_T	Trägerfrequenz; Transitfrequenz ($f_T \approx f_1$)
f_{cp}	Taktfrequenz
Δf	Frequenzhub
G	Leitwert; absoluter Stabilisierungsfaktor; Gleichtaktunterdrückung
$\underline{G}$	komplexer Leitwert
G_n	äquivalenter Rauschleitwert
g_d	Kanalleitwert
g_m	Steilheit
g_{mb}	Backgatesteilheit
$\underline{h}_{ik}$	Vierpolparameter in Hybridform, allgemein
$\underline{h}_{ike}$	Vierpolparameter in Hybridform, Emitterschaltung
$\underline{h}_{ikc}$	Vierpolparameter in Hybridform, Kollektorschaltung
$\underline{h}_{ikb}$	Vierpolparameter in Hybridform, Basisschaltung
$\underline{h}'_{ik}$	Hybridparameter eines gegengekoppelten Vierpols
I	Gleichstrom, Effektivwert des Stromes
$\hat{I}$	Amplitude des Stromes
$\underline{I}$	komplexer Effektivwert des Stromes
$\underline{I}^*$	konjugiert komplexer Effektivwert des Stromes
$\underline{\hat{I}}$	komplexe Amplitude des Stromes
$i, i(t)$	zeitabhängiger Strom (Augenblickswert)
$\underline{i}$	komplexer Augenblickswert des Stromes
I_A	Anodenstrom
I_K	Katodenstrom
I_G	Gitterstrom
I_S	Sättigungsstrom
I_F, I_R	Fluß- bzw. Sperrstrom
I_{ES}	Sättigungsstrom der Emitter-Basis-Diode
I_{CS}	Sättigungsstrom der Kollektor-Basis-Diode
I_E	Emitterstrom
I_C	Kollektorstrom
I_B	Basisstrom
I_{CA}	Kollektorstrom im Arbeitspunkt
I_{CB0}	Kollektorreststrom bei $I_E = 0$
I_{CE0}	Kollektorreststrom bei $I_B = 0$
I_D	Drainstrom
I_G	Gatestrom
I_S	Sourcestrom

$I_1, \underline{I}_1$	Eingangsstrom
$I_2, \underline{I}_2$	Ausgangsstrom
I_{Ref}	Referenzstrom einer gesteuerten Stromquelle
I_0	Strom einer gesteuerten Stromquelle
$I_N, \underline{I}_N$	Eingangsstrom am invertierenden Eingang eines Operationsverstärkers
$I_P, \underline{I}_P$	Eingangsstrom am nichtinvertierenden Eingang eines Operationsverstärkers
$\underline{I}_{Gl}$	Gleichtakteingangsstrom eines Operationsverstärkers
I_B	Eingangsruhestrom eines Operationsverstärkers
I_{E0}	Offsetstrom
I_{Dr}	Driftstrom
I_{Kmax}	maximal zulässiger Kurzschlußstrom
I_r	Rauschstrom
$K, \underline{K}$	Rückkopplungsfaktor; Transistorkonstante
k	Klirrfaktor; Boltzmannsche Konstante $(= 1{,}38 \cdot 10^{-23} \, \mathrm{Ws\,K^{-1}})$
L	Induktivität
l	Länge
m	Aussteuerungsgrad; Modulationsgrad; Übersteuerungsfaktor
P	Leistung, allgemein
$P_1, \underline{P}_1$	Leistung am Eingang
$P_2, \underline{P}_2$	Leistung am Ausgang
$P_=$	zugeführte Gleichleistung
P_S	abgegebene Signalleistung
P_V	Verlustleistung
P_{Vmax}	maximal zulässige Verlustleistung
Q	Ladung; Rauschabstand
R	Widerstand, allgemein
$\underline{R}$	komplexer Widerstand
R_i	Innenwiderstand
R_Q	wirksamer Quellenwiderstand
R_V	Verbraucherwiderstand
R_L	wirksamer Lastwiderstand
R_{GK}	Gegenkopplungswiderstand
$\underline{R}_P$	Schwingkreisimpedanz
$\underline{R}_{Ein}$	Eingangswiderstand
$\underline{R}_{Aus}$	Ausgangswiderstand
$\underline{R}_D$	Differenzeingangswiderstand
$\underline{R}_{Gl}$	Gleichtakteingangswiderstand
R_n	äquivalenter Rauschwiderstand
R_S	Schichtwiderstand
R_{th}	thermischer Widerstand
$r_{bb'}, r_{cc'}$	Basis- bzw. Kollektorbahnwiderstand
r_{be}	Basis-Emitter-Widerstand
r_{ce}	Kollektor-Emitter-Widerstand
r_{de}	Emitterdiffusionswiderstand

r_i	differentieller Widerstand eines Bauelements
r_{Ref}	differentieller Widerstand eines Referenzelementes
r_F	differentieller Widerstand einer Diode in Flußrichtung
r_Z	differentieller Widerstand einer Z-Diode
s	Siebfaktor
S	relativer Stabilisierungsfaktor; Stromdichte
$\underline{S}$	komplexes Signal
S_R	Slew-Rate
T	absolute Temperatur; Periodendauer
t	Zeit
t_S	Einstellzeit (Settling-Time)
U	Gleichspannung; Effektivwert der Spannung
$\hat{U}$	Amplitude der Spannung
$\underline{U}$	komplexer Effektivwert der Spannung
$\underline{\hat{U}}$	komplexe Amplitude der Spannung
$u, u(t)$	zeitabhängige Spannung (Augenblickswert)
$\underline{u}$	komplexer Augenblickswert der Spannung
U_B	Betriebsspannung
U_T	Temperaturspannung ($= kT/e$)
U_{AK}	Anoden-Katoden-Spannung
U_{GK}	Gitter-Katoden-Spannung
U_{G1K}	Steuergitterspannung
U_{G2K}	Schirmgitterspannung
U_{G3K}	Bremsgitterspannung
U_F, U_R	Fluß- bzw. Sperrspannung
U_{F0}	Flußspannung bei einsetzendem Flußstrom (bei Si-Dioden etwa 0,7 V)
U_Z	Z-Spannung
U_{BE}	Basis-Emitter-Spannung
U_{CE}	Kollektor-Emitter-Spannung
U_{CB}	Kollektor-Basis-Spannung
U_{CS}	Kollektor-Substrat-Spannung
U_{CEA}	Kollektor-Emitter-Spannung im Arbeitspunkt
U_{BR}	Durchbruchspannung
U_D	Diffusionsspannung
U_r	Rauschspannung
U_p	Pinch-off-Spannung
U_t	Schwellspannung
U_{GS}	Gate-Source-Spannung
U_{DS}	Drain-Source-Spannung
U_{DG}	Drain-Gate-Spannung
$U_1, \underline{U}_1$	Eingangsspannung
$U_2, \underline{U}_2$	Ausgangsspannung
U_{Ref}	Referenzspannung
U_V	Verschiebespannung (Potentialverschiebung)
U_{M0}	Mittenspannung

U_{AH}	High-Pegel der Ausgangsspannung
U_{AL}	Low-Pegel der Ausgangsspannung
U_{CC}, U_{DD}, U_{GG}	Betriebsspannungen von integrierten Schaltkreisen
U_{CES}	Sättigungsspannung
$U_D, \underline{U}_D$	Differenzspannung, Diffusionsspannung
$U_{Gl}, \underline{U}_{Gl}$	Gleichtaktspannung
U_{E0}	Offsetspannung
U_{Dr}	Driftspannung
$u_{ZF}(t)$	ZF-Spannung
$\ddot{U}_I, \underline{\ddot{U}}_I$	Stromübersetzungsverhältnis
$\underline{\ddot{U}}_U$	Spannungsübersetzungsverhältnis
$V, \underline{V}$	Verstärkung, allgemein
$\underline{V}'$	Verstärkung eines Verstärkers mit Gegenkopplung
$\underline{V}_U$	Spannungsverstärkung
$\underline{V}_I$	Stromverstärkung
$\underline{V}_I^*$	konjugiert komplexe Stromverstärkung
$\underline{V}_P$	Leistungsverstärkung
$\Delta\underline{V}_U$	Regelhub
$\underline{V}_D$	Differenzverstärkung
$\underline{V}_{Dsym}$	symmetrische Differenzverstärkung
$\underline{V}_{Gl}$	Gleichtaktverstärkung
$\underline{V}_S$	Schleifenverstärkung
v	Verstimmung; Geschwindigkeit
W_M	Austrittsarbeit
W_g	Breite der verbotenen Zone (Bandabstand)
w	Windungsanzahl; Welligkeit
$\underline{Y}_{ik}$	Vierpolparameter in Leitwertform, allgemein
$\underline{Y}_{iks}$	Vierpolparameter in Leitwertform, Sourceschaltung
$\underline{Y}_{ikd}$	Vierpolparameter in Leitwertform, Drainschaltung
$\underline{Y}_{ikg}$	Vierpolparameter in Leitwertform, Gateschaltung
z_{ik}	Vierpolparameter in Widerstandsform; allgemein
ε	Permittivität, Dielektrizitätskonstante ($\varepsilon = \varepsilon_0\,\varepsilon_r$)
ε_0	elektrische Feldkonstante ($= 8{,}86 \cdot 10^{-12}$ As/Vm)
ε_r	Permittivitätszahl (Dielektrizitätszahl)
η	Wirkungsgrad
ϑ	Temperatur in Grad Celsius
ϑ_j	Sperrschichttemperatur
ϑ_{jmax}	maximal zulässige Sperrschichttemperatur
ϑ_u	Umgebungstemperatur
$\varkappa$	spezifische Leitfähigkeit
λ	Steilheitsverhältnis
μ	Permeabilität, Induktionskonstante ($\mu = \mu_0\,\mu_r$)
μ_0	magnetische Feldkonstante ($= 1{,}257 \cdot 10^{-6}$ Vs/Am)
μ_r	Permeabilitätszahl
ϱ	spezifischer Widerstand; Resonanzschärfe

τ	Zeitkonstante
Φ	magnetischer Fluß; Taktsignal
φ	Phasenwinkel, allgemein; Potential
φ_i	Phasenwinkel des Stromes
φ_u	Phasenwinkel der Spannung
φ_D	Phasenwinkel der Differenzverstärkung
φ_S	Phasenwinkel der Schleifenverstärkung
φ_{Skrit}	Phasensicherheit bzw. Phasenrand
$\Delta\varphi$	Phasenhub
Ω	normierte Frequenz; normierte Verstimmung
ω	Kreisfrequenz ($=2\pi f$)
ω_0	Resonanzfrequenz
ω_g	Grenzfrequenz
ω_M	Modulationsfrequenz
ω_{ZF}	Zwischenfrequenz
$\Delta\omega$	Frequenzhub

1 Grundlagen

1.1 Elektronische Bauelemente

Die elementarsten Bestandteile jeder elektronischen Schaltung sind die elektronischen Bauelemente. Das sind neben den passiven Bauelementen (Widerstand, Kapazität, Induktivität) die Dioden, die Transistoren und die Elektronenröhren (letztere mit zurückgehender Bedeutung). In diesem Abschnitt werden wir die elektrischen Klemmeneigenschaften dieser Bauelemente, so wie sie der Schaltungstechniker für die Analyse und den Entwurf seiner Schaltungen benötigt, darstellen. Auf Details der inneren Elektronik dieser Komponenten wird dabei nicht eingegangen. Das kann, falls erforderlich, an anderer Stelle nachgelesen werden, z.B. in [1.1 bis 1.3].

1.1.1 Passive Bauelemente

1.1.1.1 Widerstände

Für den elektrischen Widerstand (Bild 1.1) gilt im allgemeinen die Strom-Spannungs-Kennlinie

$$U = IR \quad Ohmsches\ Gesetz. \tag{1.1}$$

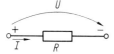

Bild 1.1 Elektrischer Widerstand

Der Widerstandswert R wird von der Leitfähigkeit $\varkappa$ des verwendeten Materials und seiner geometrischen Gestaltung bestimmt. Für einen quaderförmigen Widerstand mit dem Querschnitt A und der Länge l, in dem ein homogenes Strömungsfeld existiert, lautet die Bemessungsgleichung

$$R = \frac{l}{\varkappa A}. \tag{1.2}$$

Für andere geometrische Gestaltungen, z.B. Zylinder o.ä., kann man den Widerstandswert aus dem Strömungsfeld berechnen [1.4]. Technisch werden Widerstände als diskrete Bauelemente z.B. als Kohle- oder Metallschichtwiderstände bzw. Draht- oder Massewiderstände realisiert. Bei integrierten Widerständen erfolgt die Realisierung durch dotierte Halbleitergebiete bzw. dünne polykristalline Schichten (s. Abschn. 5.3).

Außer diesen linearen Widerständen, die das Ohmsche Gesetz befolgen, haben wir noch nichtlineare, z.B. spannungs- oder temperaturabhängige Widerstände (Varistoren, Thermistoren). Bei den Thermistoren wird zwischen Heiß- und Kaltleitern unterschieden.

Beim *Heißleiter* (*NTC-Widerstand*) nimmt R mit wachsender Temperatur T gemäß

$$R = R_\infty \exp \frac{b}{T} \tag{1.3}$$

ab. Beim *Kaltleiter* (*PTC-Widerstand*) steigt R mit wachsender Temperatur an:

$$R = R_0 \exp cT. \tag{1.4}$$

R_∞ und R_0 sind auf bestimmte Temperaturen bezogene Ausgangswerte der Widerstände; bei b und c handelt es sich um Materialkonstanten. Wird die Temperatur der Thermistoren durch ihre Eigenerwärmung (infolge der anliegenden Verlustleistung $P_V = I^2 R$) bestimmt, so ergeben sich die im Bild 1.2 dargestellten nichtlinearen Strom-Spannungs-Kennlinien.

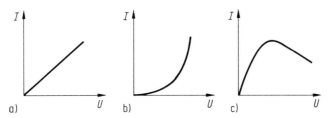

Bild 1.2 Strom-Spannungs-Kennlinien verschiedener Widerstände
a) linearer Widerstand (Ohmsches Gesetz), b) Heißleiter, c) Kaltleiter

1.1.1.2 Kapazitäten

Kapazitäten bestehen aus zwei durch einen Nichtleiter (Dielektrikum) getrennten Elektroden. Im stationären Zustand kann durch das Dielektrikum kein Strom fließen. Bei einer angelegten Spannung U werden auf den Elektroden die positive bzw. negative Ladung Q gespeichert (s. Bild 1.3):

$$Q = CU. \tag{1.5}$$

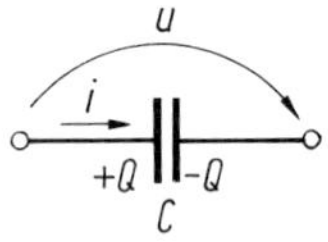

Bild 1.3 Kapazität

Der Kapazitätswert C wird aus der Feldverteilung im Dielektrikum berechnet [1.4]. Für den Sonderfall planparalleler Geometrie ergibt sich die Bemessungsgleichung

$$C = A \frac{\varepsilon_i}{d_i}. \tag{1.6}$$

A ist die Fläche der Kondensatorelektroden, ε_i ist die Permittivität und d_i die Dicke des Dielektrikums.

Für den Strom durch die Kapazität ($\hat{=}$ Verschiebungsstrom) gilt:

$$i = \frac{dQ}{dt} = C \frac{du}{dt}. \tag{1.7}$$

Kapazitäten werden als diskrete Bauelemente in Form von Papier-, Kunststoffolie- und Lackfilmkondensatoren (Wickelkondensatoren), Keramikkondensatoren (induktivitätsarme Scheiben- bzw. Röhrchenkondensatoren) sowie Elektrolytkondensatoren realisiert. In integrierten Schaltkreisen werden sie als Sperrschichtkapazitäten von pn-Übergängen und als Dünnschichtkapazitäten zwischen metallischen bzw. polykristallinen Siliziumschichten mit dem Dielektrikum SiO_2 verwirklicht (s. Abschn. 1.1.2, 5.2 und 5.3).

1.1.1.3 Induktivitäten

Induktivitäten bestehen aus einer Wicklung (Spule), die zu einer Verkopplung zwischen dem durchfließenden Strom und dem dadurch erzeugten Magnetfeld führt.

Bild 1.4 Induktivität (Spule)

Der Zusammenhang zwischen Strom und Spannung ist durch folgende Gleichung gegeben (s. Bild 1.4):

$$u = L \frac{di}{dt}. \tag{1.8}$$

L ist der Induktivitätswert, der sich aus der Verteilung des Magnetfeldes (abhängig von der Geometrie) und den magnetischen Eigenschaften des Mediums (Permeabilität μ), in der sich die Wicklung befindet, berechnet [1.4]. Für den Fall einer einlagigen Spule mit w Windungen, einem Querschnitt A und der Länge l erhält man als Bemessungsgleichung

$$L = \frac{w^2}{l} \mu A = w^2 A_L. \tag{1.9}$$

A_L wird als Induktivitätsfaktor bezeichnet.

Für komplizierte Geometrien ergeben sich komplexere Bemessungsgleichungen für die Induktivität [1.4].

Induktivitäten werden als Wicklungen mit und ohne Kern ausgeführt und spielen in Übertragern eine große Rolle. In integrierten Schaltkreisen kommen sie praktisch nicht vor.

1.1.1.4 Übertrager

Übertrager sind gekoppelte Spulen mit einer Primär- und einer Sekundärwicklung.

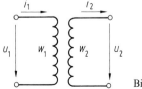

Bild 1.5 Übertrager

Als Kopplungsmedien kommen Luft, Ferritkerne und geschichtete Eisenkerne in
Betracht. Für einen idealen Übertrager (s. Bild 1.5) mit w_1 Primärwindungen und
w_2 Sekundärwindungen gelten zwischen Primär- und Sekundärströmen, -spannun-
gen und -impedanzen die folgenden Beziehungen:

$$\frac{I_1}{I_2} = \frac{w_2}{w_1} \tag{1.10a}$$

$$\frac{U_2}{U_1} = \frac{w_2}{w_1} \tag{1.10b}$$

$$\frac{Z_2}{Z_1} = \frac{w_2^2}{w_1^2}. \tag{1.10c}$$

Für die Primärspannung U_1 gilt der folgende Effektivwert

$$U_1 = \sqrt{2}\,\pi f k_{Fe}\, A_{Fe}\,\hat{B} = \sqrt{2\pi f L_1\, P_S} \tag{1.11}$$

mit $\hat{B}$ — maximale magnetische Flußdichte,
A_{Fe} — Eisenquerschnitt,
k_{Fe} — Eisenfüllfaktor,
P_S — Scheinleistung,
L_1 — Primärinduktivität und
f — Frequenz.

Für die Drahtdurchmesser von Primär- und Sekundärwicklung gilt bei einer maximal zulässigen Stromdichte S_{max}

$$d_1 = 2\sqrt{\frac{\sqrt{2}I_1}{\pi S_{max}}}, \tag{1.12a}$$

$$d_2 = \sqrt{\frac{w_1}{w_2}}\,d_1. \tag{1.12b}$$

Bei realen Übertragern treten Verluste infolge der Wicklungswiderstände und der
Streufelder auf.

Übertrager werden als Netztransformatoren, zur Impedanztransformation, zur galvanischen Trennung von Kreisen und in Kombination mit Kapazitäten auch als
Filter angewendet. Dimensionierungshinweise können [1.4] entnommen werden.

1.1.2 Halbleiterdioden

Halbleiterdioden bestehen zum größten Teil aus einem pn-Übergang [1.2]. Die
historisch älteste Form einer Halbleiterdiode, die in größerem Umfang (bis in die
Gegenwart) genutzt wird, ist die Spitzendiode in Bild 1.6a. Hier entsteht der halbku-
gelförmige pn-Übergang durch ein p-Gebiet unter einer Metallspitze auf einem
n-leitenden Germaniumplättchen. Die heute am meisten verbreitete Form ist die
Epitaxie-Planar-Diode in Silizium, deren prinzipieller Aufbau in Bild 1.6b zu sehen

ist. Hier erfolgt die Herstellung des pn-Überganges durch Diffusion bzw. Ionenimplantation von Störatomen, z.B. Akzeptoren, in ein n-leitendes Siliziumplättchen.

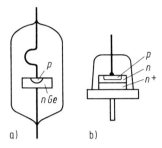

Bild 1.6 Bauformen
von Halbleiterdioden
a) Spitzendiode,
b) Epitaxie-Planar-Diode

Der Stromfluß in der Halbleiterdiode kommt bei positiver Vorspannung des p-Gebietes (Anode) gegenüber dem n-Gebiet (Katode) durch Injektion von positiven Ladungsträgern (Löchern) von der p-Seite zur n-Seite und von negativen Ladungsträgern (Elektronen) von der n-Seite zur p-Seite zustande, wie es in dem Bild 1.7a skizziert ist. Es ergibt sich eine Strom-Spannungs-Kennlinie

$$I = I_S\left(\exp\frac{U}{mU_T} - 1\right) \tag{1.13}$$

mit $1 \leq m \leq 2$.

$U_T = kT/e$ ist die Temperaturspannung. Sie hat bei einer Temperatur von 300 K einen Wert von $U_T = 25{,}9$ mV. I_S hängt von der Größe und der Konstruktion der Diode ab, und besitzt Werte im Bereich $I_S = 10^{-16}$ bis 10^{-12} A.

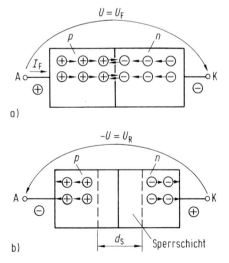

Bild 1.7 Ladungs- und Stromflußmodell eines pn-Überganges
a) in Durchlaßrichtung, b) in Sperrichtung

Für negative Vorspannungen (p-Gebiet am negativen Pol) ist dagegen nahezu kein Stromfluß möglich. Die positiven und negativen Ladungsträger werden, wie es das Bild 1.7 b zeigt, bei dieser Polung aus der Grenzschicht zwischen p- und n-Gebiet abgesaugt, und es bildet sich an der Grenze zwischen p- und n-Gebiet eine Sperrschicht der Dicke d_S aus, in der praktisch keine Ladungsträger mehr vorhanden sind.

Der Verlauf der Strom-Spannungs-Kennlinie entsprechend Gl.(1.13) ist im Bild 1.8 gezeigt. Hier erkennt man den geringen Sperrstrom I_R bei negativen Spannungen und den steilen (exponentiellen) Anstieg oberhalb einer bestimmten Flußspannung U_{F0} bei positiven Spannungen. Die Flußspannung U_{F0}, bei der der sehr steile Stromanstieg einsetzt, beträgt bei Siliziumdioden etwa $U_{F0} = 0,7$ V, bei Germaniumdioden etwa $U_{F0} = 0,3$ V und bei GaAs-Dioden $U_{F0} = 1.5$ V.

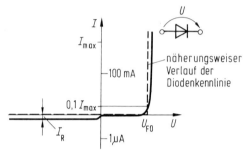

Bild 1.8 Strom-Spannungs-Kennlinie einer Halbleiterdiode

Die Kennlinie ermöglicht die Anwendung der Halbleiterdiode als Gleichrichter- und Schalterdiode. Im letzteren Fall kann näherungsweise die in Bild 1.8 gestrichelt angegebene Schalterkennlinie angewendet werden, d.h. für $U < U_{F0}$ ist der Diodenschalter ausgeschaltet, und für $U = U_{F0}$ ist der Diodenschalter eingeschaltet.

Der Wechselstromwiderstand in Flußrichtung ergibt sich aus Gl.(1.13)

$$r_F = \frac{dU}{dI_F} = \frac{mU_T}{I_F} \tag{1.14}$$

mit $I_F = I_S \exp \dfrac{U}{mU_T}$ und $U > 0$.

In Sperrichtung wirkt die Diode praktisch nur noch als Kapazität. Die Sperrschichtkapazität einer pn-Diode mit der Sperrschichtweite d_S (s. Bild 1.7b) besitzt folgende Spannungsabhängigkeit [1.1]

$$C_s = \frac{\varepsilon_H A}{d_S} = C_{s0}\left(1 - \frac{U}{U_D}\right)^{-w} = C_{s0}\left(1 + \frac{U_R}{U_D}\right)^{-w}. \tag{1.15}$$

Hierin sind: ε_H − Permittivität des Halbleiters, $U_D \approx 1$ V − Diffusionsspannung des pn-Überganges, $U_R = -U$ − Sperrspannung, A − Fläche des pn-Überganges und $w = 0,3$ bis 0,5.

Die Sperrschichtkapazität nimmt also mit wachsender Sperrspannung U_R ab.

Infolge der in Flußrichtung injizierten Ladungsträger haben wir bei Flußspannungen noch eine weitere Kapazität am pn-Übergang zu beachten, und zwar die Diffusionskapazität C_d. Diese ist direkt dem Flußstrom I_F proportional [1.2]

$$C_d = C_{d0} \exp \frac{U}{mU_T} = \frac{\tau_L}{r_F} = \frac{\tau_L I_F}{mU_T}$$

(1.16)

τ_L ist die Ladungsträgerlaufzeit durch die Bahngebiete der Diode.

Bei großen Sperrspannungen wird die Feldstärke in der Sperrschicht so groß, daß der elektrische Durchbruch infolge Stoßionisation bei einer Durchbruchspannung U_{BR} erfolgt, wodurch es zu einem steilen Stromanstieg kommt. Dies ist im Bild 1.9 gezeigt. Im allgemeinen ist dieser Durchbruch unerwünscht, da er die Spannungsbelastbarkeit der Diode begrenzt.

Bei der sogenannten *Z-Diode* wird dieser Durchbruch dagegen genutzt; der ausgeprägte Kennlinienknick ermöglicht die Realisierung sehr wirkungsvoller einfacher Spannungsstabilisierungsschaltungen. Die wichtigsten Kenndaten der Z-Diode sind die Z-Spannung $U_Z = U_{BR}$ und die maximal zulässige Verlustleistung $P_{V\,max}$.

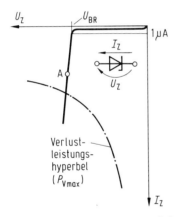

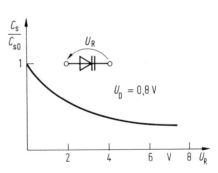

Bild 1.9 Strom-Spannungs-Kennlinie einer Z-Diode

Bild 1.10 Kapazitätskennlinie einer Kapazitätsvaraktordiode

Die Spannungsabhängigkeit der Sperrschichtkapazität wird in den *Kapazitätsvaraktordioden* genutzt. Eine entsprechende Kapazitätskennlinie ist im Bild 1.10 skizziert. Diese Dioden können zur automatischen Frequenzabstimmung (AFC), in der Mikrowellentechnik als Aufwärtskonverter bzw. als parameterischer Verstärker angewendet werden.

1.1.3 Transistoren

1.1.3.1 Bipolartransistoren

Bipolartransistoren bestehen aus zwei pn-Übergängen und sind als npn- und pnp-Transistoren verfügbar (Bild 1.11).

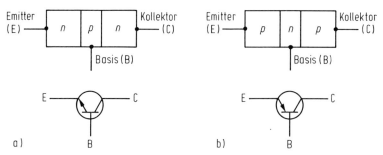

Bild 1.11 Prinzipieller Aufbau und Schaltsymbole von Bipolartransistoren
a) npn-Transistor, b) pnp-Transistor

Die heute am weitesten verbreitete Konstruktionsform ist der *Epitaxie-Planar-Transistor*, dessen prinzipieller Aufbau für eine npn-Zonenfolge im Bild 1.12 gezeigt ist. In eine n-leitende Epitaxieschicht werden durch zweifache Diffusion von Störstellen, Basis (p) und Emitter (n) eingebracht. Auf gleiche Weise könnte auch ein pnp-Transistor realisiert werden. Meist werden pnp-Transistoren jedoch als *Lateraltransistoren* aufgebaut (Bild 1.13). Die für die Herstellung beider Transistoren erforderlichen Prozeßschritte sind miteinander kompatibel.

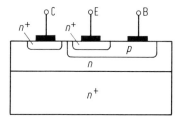

Bild 1.12 npn-Planartransistor

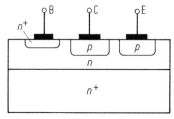

Bild 1.13 pnp-Lateraltransistor

Wir wollen nun das Funktionsprinzip des Bipolartransistors am Beispiel des npn-Transistors mit Bild 1.14 erläutern. Im normalen Betrieb wird der Basis-Emitter-Übergang in Flußrichtung und der Basis-Kollektor-Übergang in Sperrichtung vorgespannt. Vom Emitter werden damit Elektronen in die Basis injiziert. Die Basisweite d_B ist aber sehr gering, so daß ein großer Teil dieser Elektronen den Kollektor erreicht und den Kollektorstrom I_C bildet. Der Elektronenverlust in der Basis kann durch die Rekombination von Elektronen und Löchern in der Basis begründet werden und bildet den Basisstrom I_B. Es gilt

$$I_C = I_E - I_B \tag{1.17}$$

und $\quad I_C = A_N I_E$. $\hfill (1.18)$

Der Bipolartransistor ist damit ein stromgesteuertes Bauelement. $A_N < 1$ ist der „Stromverstärkungsfaktor" in Basisschaltung. Wird der Transistor mit dem Basisstrom gesteuert, so folgt aus Gln.(1.17) und (1.18)

$$I_C = \frac{A_N}{1 - A_N} I_B = B_N I_B.$$ $\hfill (1.19)$

$B_N \gg 1$ ist der Stromverstärkungsfaktor in Emitterschaltung. In Emitterschaltung ist also im Gegensatz zur Basisschaltung eine „echte" Stromverstärkung möglich.

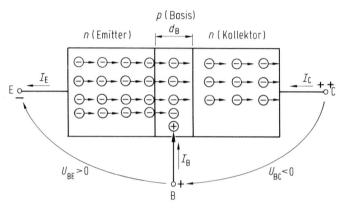

Bild 1.14 Ladungs- und Stromflußmodell des Bipolartransistors (npn)

Im normalen Betrieb wird also ein Kollektorstrom von einem Emitterdiodenstrom I_{ED} gesteuert. Umgekehrt kann ein Emitterstrom in inverser Richtung von einem Kollektordiodenstrom I_{CD} gesteuert werden. Dies kann mit dem *Ebers-Moll-Modell* (Bild 1.15) modelliert werden.

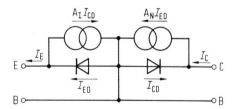

Bild 1.15 Ebers-Moll-Modell des Bipolartransistors (npn)

Für die Diodenströme I_{ED} und I_{CD} kann sinngemäß die Diodengleichung (1.13) angewendet werden. Damit und mit $m = 1$ folgen aus dem Modell die folgenden grundlegenden Strom-Spannungs-Kennlinien für den Bipolartransistor

$$I_C = A_N I_{ES} \left(\exp \frac{U_{BE}}{U_T} - 1 \right) - I_{CS} \left(\exp \frac{U_{BC}}{U_T} - 1 \right)$$ $\hfill (1.20)$

$$I_E = I_{ES} \left(\exp \frac{U_{BE}}{U_T} - 1 \right) - A_I I_{CS} \left(\exp \frac{U_{BC}}{U_T} - 1 \right).$$ $\hfill (1.21)$

Je nach Vorzeichen der Spannungen U_{BE} und U_{BC} unterscheiden wir verschiedene Betriebszustände des Bipolartransistors. Für den npn-Transistor gilt:

$U_{BE} > 0$; $U_{BC} < 0$: Aktiv-normaler Betrieb,
$U_{BE} < 0$; $U_{BC} > 0$: Aktiv-inverser Betrieb,
$U_{BE} < 0$; $U_{BC} < 0$: Sperrbereich und
$U_{BE} > 0$; $U_{BC} > 0$: Sättigungsbereich.

Beim pnp-Transistor sind die Vorzeichen entgegengesetzt.

Außerdem unterscheiden wir die im Bild 1.16 gezeigten Grundschaltungen des Bipolartransistors, wobei die Emitterschaltung die größte Bedeutung besitzt.

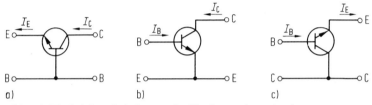

Bild 1.16 Die drei Grundschaltungen des Bipolartransistors (npn)
a) Basisschaltung, b) Emitterschaltung, c) Kollektorschaltung

Für den aktiv-normalen Betrieb des Bipolartransistors in Emitterschaltung gelten folgende Kennlinien:

Eingangskennlinie

$$I_B = (1 - A_N) I_{ES} \left(\exp \frac{U_{BE}}{U_T} - 1 \right), \tag{1.22}$$

Stromübertragungskennlinie

$$I_C = B_N I_B + I_{CE0} \tag{1.23}$$

$$(I_{CE0} = (1 - A_I A_N) I_{CS}/(1 - A_N) - \text{Reststrom}),$$

Ausgangskennlinie

$$I_C = (B_N I_B + I_{CE0}) \left(1 + \frac{U_{CE}}{U_A} \right) \text{mit } U_A \approx 100 \text{ V.} \tag{1.24}$$

Der Korrekturterm $\left(1 + \dfrac{U_{CE}}{U_A} \right)$ ist nicht mit den idealen Kennliniengleichungen (1.20) und (1.21) zu begründen. Er hat seine Ursache im sogenannten *Early-Effekt* [1.2]. Dieser Effekt besteht in der wachsenden Ausdehnung der Basis-Emitter-Sperrschicht in die Basis und der damit verbundenen Verringerung der elektronisch wirksamen Basisweite, was zu einem Stromanstieg mit wachsender Kollektorspannung U_{CE} führt, wie es im ersten Quadranten des Kennlinienfeldes im Bild 1.17 gezeigt ist. In diesem Bild sind auch im 2. Quadranten die Stromübertragungskennlinie und im 3. Quadranten die Eingangskennlinie dargestellt.

Nun wollen wir den Kleinsignalbetrieb betrachten. Das Prinzip erläutern wir mit Bild 1.18 an der Eingangskennlinie. Zunächst wird mit einer Gleichvorspannung ein Arbeitspunkt A eingestellt. Dieser Gleichspannung wird eine zeitveränderliche Signalspannung u_{be} (i.u.B. Sinusspannung) kleiner Amplitude überlagert. Damit entsteht auch ein zeitveränderlicher Strom i_b. Ist die Amplitude der Signalgrößen hinreichend klein, so gilt zwischen Ursache und Wirkung die lineare Beziehung

$$i_b = g_e u_{be}. \tag{1.25}$$

g_e ist der konstante (strom- und spannungsunabhängig) Eingangsleitwert und ist durch den Anstieg der Eingangskennlinie

$$g_e = \frac{\partial I_B}{\partial U_{BE}} \tag{1.26}$$

gegeben. In Bild 1.17 ist $g_e = \cotan \alpha$.

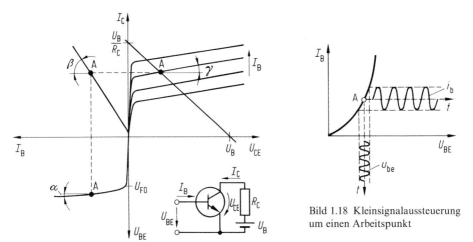

Bild 1.18 Kleinsignalaussteuerung
um einen Arbeitspunkt

Bild 1.17 Kennlinienfelder des Bipolartransistors in Emitterschaltung

Diese Betrachtungsweise kann nun sinngemäß auf alle Beziehungen zwischen kleinen Signalgrößen am Ein- und Ausgang angewendet werden. In Bild 1.19 ist bezüglich der Signalgrößen der Transistor formal als linearer Vierpol dargestellt. Da die Signalgrößen meist Sinusgrößen sind, haben wir im Bild 1.19, wie das für Sinusgrößen im eingeschwungenen Zustand üblich ist, statt der Zeitfunktionen i_b, u_{be}, i_c, u_{ce} die komplexen Effektivwerte $\underline{I}_b$, $\underline{U}_{be}$, $\underline{I}_c$, $\underline{U}_{ce}$ verwendet.

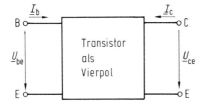

Bild 1.19 Transistor als Vierpol im Kleinsignalbetrieb

Die Beziehungen zwischen diesen Größen können durch Vierpolgleichungen beschrieben werden. Meist kommt dabei die Hybridform zur Anwendung, und man erhält für die drei Grundschaltungen:

— Emitterschaltung

$$\underline{U}_{\mathrm{be}} = \underline{h}_{11\mathrm{e}} \underline{I}_{\mathrm{b}} + \underline{h}_{12\mathrm{e}} \underline{U}_{\mathrm{ce}} \tag{1.27}$$

$$\underline{I}_{\mathrm{c}} = \underline{h}_{21\mathrm{e}} \underline{I}_{\mathrm{b}} + \underline{h}_{22\mathrm{e}} \underline{U}_{\mathrm{ce}} \tag{1.28}$$

— Kollektorschaltung

$$\underline{U}_{\mathrm{bc}} = \underline{h}_{11\mathrm{c}} \underline{I}_{\mathrm{b}} + \underline{h}_{12\mathrm{c}} \underline{U}_{\mathrm{ec}} \tag{1.29}$$

$$\underline{I}_{\mathrm{e}} = \underline{h}_{21\mathrm{c}} \underline{I}_{\mathrm{b}} + \underline{h}_{22\mathrm{c}} \underline{U}_{\mathrm{ec}} \tag{1.30}$$

— Basisschaltung

$$\underline{U}_{\mathrm{eb}} = \underline{h}_{11\mathrm{b}} \underline{I}_{\mathrm{e}} + \underline{h}_{12\mathrm{b}} \underline{U}_{\mathrm{cb}} \tag{1.31}$$

$$\underline{I}_{\mathrm{c}} = \underline{h}_{21\mathrm{b}} \underline{I}_{\mathrm{e}} + \underline{h}_{12\mathrm{b}} \underline{U}_{\mathrm{cb}}. \tag{1.32}$$

Die Vierpolparameter $\underline{h}_{\mathrm{ike,c,b}}$ können formal ineinander umgerechnet werden (Tabelle 1.1).

Für niedrige Frequenzen können die den Kleinsignalbetrieb kennzeichnenden Vierpolparameter aus den Anstiegen der Gleichstromkennlinien ermittelt werden. Für die Emitterschaltung folgt aus Bild 1.17:

$$h_{11\mathrm{e}} = (\tan \alpha)\,\Omega \tag{1.33}$$

$$h_{21\mathrm{e}} = \tan \beta \tag{1.34}$$

$$h_{22\mathrm{e}} = (\tan \gamma)\,\frac{1}{\Omega}. \tag{1.35}$$

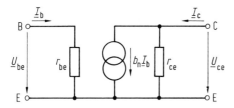

Bild 1.20 NF-Kleinsignalersatzschaltung des Bipolartransistors

Neben der formalen Darstellung mit Vierpolparametern werden häufig Ersatzschaltungen benutzt, die von den physikalischen Gegebenheiten ausgehen. Im NF-Bereich ist die im Bild 1.20 gezeigte Struktur vorteilhaft. Sie enthält den Basisbahnwiderstand $r_{\mathrm{bb'}}$, den Emitterdiffusionswiderstand $r_{\mathrm{de}} = U_{\mathrm{T}}/I_{\mathrm{E}}$, den Ausgangswiderstand $r_{\mathrm{ce}} = U_{\mathrm{A}}/I_{\mathrm{C}}$ und den Kleinsignalstromverstärkungsfaktor b_{n}. Zu den h-Parametern bestehen folgende Beziehungen:

$$h_{11\mathrm{e}} = r_{\mathrm{bb'}} + b_{\mathrm{n}}\, r_{\mathrm{de}} = r_{\mathrm{be}} \tag{1.36}$$

$$h_{12\mathrm{e}} \approx 0 \tag{1.37}$$

$$h_{21e} = b_n \approx B_N \tag{1.38}$$

$$h_{22e} = \frac{1}{r_{ce}}. \tag{1.39}$$

Tabelle 1.1 Beziehungen zwischen den $\underline{h}$-Parametern der drei Grundschaltungen des Bipolartransistors

Emitter-schaltung	$\underline{h}_{11e}$	$\dfrac{\underline{h}_{11b}}{1-\underline{h}_{12b}+\underline{h}_{21b}+\det(\underline{h}_b)} \approx \dfrac{\underline{h}_{11b}}{1+\underline{h}_{21b}}$	$\underline{h}_{11c}$
	$\underline{h}_{12e}$	$\dfrac{\det(\underline{h}_b)-\underline{h}_{12b}}{1-\underline{h}_{12b}+\underline{h}_{21b}+\det(\underline{h}_b)} \approx \dfrac{\det(\underline{h}_b)-\underline{h}_{12b}}{1+\underline{h}_{21b}}$	$1-\underline{h}_{12c}$
	$\underline{h}_{21e}$	$\dfrac{-(\det(\underline{h}_b)+\underline{h}_{21b})}{1-\underline{h}_{12b}+h_{21b}+\det(\underline{h}_b)} \approx \dfrac{-\underline{h}_{21b}}{1+\underline{h}_{21b}}$	$-(1+\underline{h}_{21c})$
	$\underline{h}_{22e}$	$\dfrac{\underline{h}_{22b}}{1-\underline{h}_{12b}+\underline{h}_{21b}+\det(\underline{h}_b)} \approx \dfrac{\underline{h}_{22b}}{1+\underline{h}_{21b}}$	$\underline{h}_{22c}$
	$\det(\underline{h}_e)$	$\dfrac{\det(\underline{h}_b)}{1-\underline{h}_{12b}+\underline{h}_{21b}+\det(\underline{h}_b)} \approx \dfrac{\det(\underline{h}_b)}{1+\underline{h}_{21b}}$	$1-\underline{h}_{12c}+\underline{h}_{21c}+\det(\underline{h}_c)$
Kollektor-schaltung	$\underline{h}_{11c}$	$\dfrac{\underline{h}_{11b}}{1-\underline{h}_{12b}+\underline{h}_{21b}+\det(\underline{h}_b)} \approx \dfrac{\underline{h}_{11b}}{1+\underline{h}_{21b}}$	$\underline{h}_{11e}$
	$\underline{h}_{12c}$	$\dfrac{1+\underline{h}_{21b}}{1-\underline{h}_{12b}+\underline{h}_{21b}+\det(\underline{h}_b)} \approx 1$	$1-\underline{h}_{12e} \approx 1$
	$\underline{h}_{21c}$	$\dfrac{-(1-\underline{h}_{12b})}{1-\underline{h}_{12b}+\underline{h}_{21b}+\det(\underline{h}_b)} \approx \dfrac{-1}{1+\underline{h}_{21b}}$	$-(1+\underline{h}_{21e})$
	$\underline{h}_{22c}$	$\dfrac{\underline{h}_{22b}}{1-\underline{h}_{12b}+\underline{h}_{21b}+\det(\underline{h}_b)} \approx \dfrac{\underline{h}_{22b}}{1+\underline{h}_{21b}}$	$\underline{h}_{22e}$
	$\det(\underline{h}_c)$	$\dfrac{1}{1-\underline{h}_{12b}+\underline{h}_{21b}+\det(\underline{h}_b)} \approx \dfrac{1}{1+\underline{h}_{21b}}$	$1-\underline{h}_{12e}+\underline{h}_{21e}+\det(\underline{h}_e)$ $\approx 1+\underline{h}_{21e}$
Basis-schaltung	$\underline{h}_{11b}$	$\dfrac{\underline{h}_{11e}}{1-\underline{h}_{12e}+\underline{h}_{21e}+\det(\underline{h}_e)} \approx \dfrac{\underline{h}_{11e}}{1+\underline{h}_{21e}}$	$\dfrac{\underline{h}_{11c}}{\det(\underline{h}_c)}$
	$\underline{h}_{12b}$	$\dfrac{\det(\underline{h}_e)-\underline{h}_{12e}}{1-\underline{h}_{12e}+\underline{h}_{21e}+\det(\underline{h}_e)} \approx \dfrac{\det(\underline{h}_e)-\underline{h}_{12e}}{1+\underline{h}_{21e}}$	$\dfrac{\det(\underline{h}_c)+\underline{h}_{21c}}{\det(\underline{h}_c)}$
	$\underline{h}_{21b}$	$\dfrac{-(\det(\underline{h}_e)+\underline{h}_{21e})}{1-\underline{h}_{12e}+\underline{h}_{21e}+\det(\underline{h}_e)} \approx \dfrac{-\underline{h}_{21e}}{1+\underline{h}_{21e}}$	$\dfrac{\underline{h}_{12c}-\det(\underline{h}_c)}{\det(\underline{h}_c)}$
	$\underline{h}_{22b}$	$\dfrac{\underline{h}_{22e}}{1-\underline{h}_{12e}+\underline{h}_{21e}+\det(\underline{h}_e)} \approx \dfrac{\underline{h}_{22e}}{1+\underline{h}_{21e}}$	$\dfrac{\underline{h}_{22c}}{\det(\underline{h}_c)}$
	$\det(\underline{h}_b)$	$\dfrac{\det(\underline{h}_e)}{1-\underline{h}_{12e}+\underline{h}_{21e}+\det(\underline{h}_e)} \approx \dfrac{\det(\underline{h}_e)}{1+\underline{h}_{21e}}$	$\dfrac{1-\underline{h}_{12c}+\underline{h}_{21c}+\det(\underline{h}_c)}{\det(\underline{h}_c)}$

Bei hohen Frequenzen werden zusätzlich Kapazitäten wirksam. Dies sind insbesondere die Eingangskapazität

$$C_e = C_{se} + C_{de}, \tag{1.40}$$

die sich aus der Sperrschicht- und Diffusionskapazität des Basis-Emitter-Überganges zusammensetzt, sowie die Rückwirkungskapazität

$$C_c = C_{sc}, \tag{1.41}$$

die im wesentlichen durch die Sperrschichtkapazität des Basis-Kollektor-Überganges bestimmt wird. Weiterhin sind die Anschlußkapazitäten C_{cb} und C_{ec} zu beachten. Damit erhalten wir die im Bild 1.21 dargestellte HF-Ersatzschaltung nach *Giacoletto*. Der Rückwirkungsleitwert g_c, der vom Early-Effekt herrührt, kann in der Regel vernachlässigt werden. Bei sehr hohen Frequenzen können weitere Anschlußkapazitäten, Bahn- und Zuleitungswiderstände und Induktivitäten Einfluß gewinnen.

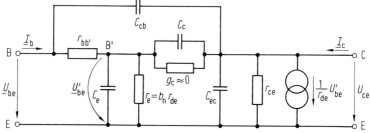

Bild 1.21 HF-Kleinsignalersatzschaltung des Bipolartransistors

1.1.3.2 MOS-Feldeffekttransistoren (MOSFET)

Das Funktionsprinzip der MOS-Feldeffekttransistoren wollen wir mit Bild 1.22 erläutern. In ein p-leitendes Halbleitergebiet sind zwei gut leitende, d.h. hoch dotierte, n^+-Gebiete eingebracht. Diese sind die Source- bzw. Drain-Elektrode. Zwischen Drain (D) und Source (S) ist isoliert durch eine sehr dünne SiO_2-Schicht (Dicke $d_{ox} < 100$ nm) eine Steuerelektrode, das Gate (G) aufgebracht. Wird zwischen

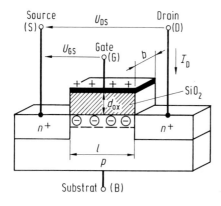

Bild 1.22 Modell eines
MOS-Feldeffekttransistors
(n-Kanal-Enhancementtyp)

Drain und Source eine Spannung U_{DS} angelegt, so fließt normalerweise kein Strom, da zwischen den n^+-Drain- und Sourcegebieten ein p-Halbleiter vorhanden ist. Wird aber an die Gateelektrode eine positive Spannung U_{GS} angelegt, so werden durch das dadurch im Isolator SiO_2 entstehende elektrische Feld an der Halbleiter-oberfläche negative Ladungen, Elektronen, influenziert, und es bildet sich zwischen Drain und Source ein n-leitender Kanal, der diese beiden Elektroden miteinander verbindet, wie dies im Bild 1.22 dargestellt ist. Nunmehr kann zwischen Drain und Source ein Strom I_D fließen.

Für die Spannungsabhängigkeit dieses Stroms gilt [1.2]:

Im Bereich $U_{DS} \leq U_{GS} - U_t$ (aktiver Bereich)

$$I_D = K \left[2 (U_{GS} - U_t) U_{DS} - U_{DS}^2 \right]. \tag{1.42}$$

Im Bereich $U_{DS} \geq U_{GS} - U_t$ (Pinch-off-Bereich)

$$I_D = K (U_{GS} - U_t)^2. \tag{1.43}$$

U_t ist die Schwellspannung; sie ist von der Konstruktion des Bauelementes abhängig und beträgt für den Transistortyp nach Bild 1.22 (n-Kanal-Enhancementtyp) etwa $U_t = +1\,V$.

K ist die Transistorkonstante, die sich wie folgt berechnet

$$K = \frac{1}{2} \mu_n \frac{\varepsilon_{ox} b}{d_{ox} l}. \tag{1.44}$$

μ_n ist die Elektronenbeweglichkeit, ε_{ox} die Permittivität des Gateisolators, b die Breite und l die Länge des Kanals zwischen Drain und Source.

Neben diesem n-Kanal-Enhancementtyp gibt es noch weitere Typen von MOS-Transistoren. In Bild 1.23 sind die technisch wichtigsten zusammen mit ihren Transfer- und Ausgangskennlinien dargestellt.

Wir betrachten zunächst noch einmal den n-Kanal-Enhancement-Transistor (Bild 1.23a). Neben dem prinzipiellen Aufbau und dem Schaltsymbol werden die Ausgangskennlinien im 1. Quadranten und die Transferkennlinien im 2. Quadranten des Diagrammes gezeigt. Um diesen Typ von den weiteren noch zu besprechenden zu unterscheiden, haben wir seine Schwellspannung mit U_{tn} (Schwellspannung des n-Kanal-Enhancementtyps) bezeichnet. Die Kennlinienverläufe ergeben sich aus den Gln.(1.42) und (1.43). Jedoch erkennt man bereits an den Ausgangskennlinien in Bild 1.23a, daß diese im Pinch-off-Bereich, d.h. für $U_{DS} > U_{GS} - U_{tn}$ nicht, wie es Gl.(1.43) vorschreibt, unabhängig von U_{DS} sind, sondern noch etwas mit U_{DS} ansteigen. Das hat seine Ursache in einer Kanallängenverkürzung ähnlich dem Early-Effekt beim Bipolartransistor (s. Abschn. 1.1.3.1, Gl.(1.24)). Im Pinch-off-Bereich ist nämlich der Elektronenkanal nicht mehr vollständig zwischen Source und Drain ausgebildet, er wird gewissermaßen schon vor Erreichen des Drains eingeschnürt (pinch-off). Diesen Effekt kann man durch folgende (empirische) Korrektur der idealen Kennliniengleichungen (1.42) und (1.43) modellieren:

Für $U_{DS} \leq U_{GS} - U_t$

$$I_D = K\left[(U_{GS} - U_t)(2 + K_4) - U_{DS}\right]U_{DS}. \tag{1.45}$$

Für $U_{DS} \geq U_{GS} - U_t$

$$I_D = K(U_{GS} - U_t)(U_{GS} - U_t + K_4 U_{DS}) \tag{1.46}$$

mit $K_4 \approx 0,1$ — empirischer Modellparameter.

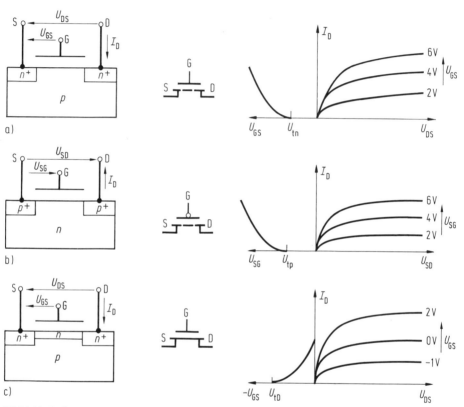

a)

b)

c)

Bild 1.23 Aufbau, Schaltsymbole und Kennlinien verschiedener Typen von MOS-Feldeffekttransistoren
a) n-Kanal-Enhancementtyp, b) p-Kanal-Enhancementtyp, c) n-Kanal-Depletiontyp

Ebenso wie es beim Bipolartransistor zum npn-Transistor den komplementären pnp-Transistor mit Strömen und Spannungen entgegengesetzten Vorzeichens gibt, gibt es beim MOS-Feldeffekttransistor zum n-Kanal-Enhancementtransistor den dazu komplementären p-Kanal-Enhancementtransistor gemäß Bild 1.23 b. Aus dem Bild geht hervor, daß hier alle Ströme und Spannungen zum n-Kanal-Transistor entgegengesetztes Vorzeichen haben. Anstelle der idealen Kennliniengleichungen (1.42) und (1.43) für den n-Kanal-Transistor gelten nun für den p-Kanal-Enhancementtransistor die folgenden idealen Kennliniengleichungen.

Für $U_{SD} \leq U_{SG} - U_{tp}$ (aktiver Bereich)

$$I_D = K_p [2(U_{SG} - U_{tp}) U_{SD} - U_{SD}^2].$$ (1.47)

Für $U_{SD} \geq U_{SG} - U_{tp}$ (Pinch-off-Bereich)

$$I_D = K_p (U_{SG} - U_{tp})^2.$$ (1.48)

U_{tp} ist die Schwellspannung des p-Kanal-Enhancementtransistors und K_p ist die Transistorkonstante

$$K_p = \frac{1}{2} \mu_p \frac{\varepsilon_{ox} b}{d_{ox} l}.$$ (1.49)

Außer diesen beiden Enhancementtransistoren, bei denen durch Ladungsinfluenz an der Halbleiteroberfläche zwischen Drain und Source erst ein leitender Kanal angereichert wird (daher die Bezeichnung „Enhancement"), kann ein solcher Kanal z.B. durch Dotierung (z.B. Ionenimplantation von Störstellen) bereits geschaffen werden, wie dies bei dem n-Kanal-Transistor in Bild 1.23c der Fall ist. Hier haben wir also einen n-leitenden Kanal zwischen Drain und Source, ohne daß dazu eine Gatespannung angelegt werden muß. Demzufolge fließt bei diesem Transistor bereits ein Strom für $U_{GS} = 0$. Dieser bereits vorhandene Kanal kann durch eine negative Spannung $- U_{GS}$ von Ladungsträgern entblößt (d.h. weniger leitend) werden oder durch eine positive Gatespannung U_{GS} weiter angereichert werden. Einen solchen Transistor bezeichnen wir als Depletiontyp, in unserem Beispiel ist dies ein n-Kanal-Depletiontyp. Für diesen Transistor gelten ebenfalls die idealen Strom-Spannungs-Beziehungen Gln. (1.42) und (1.43) bzw. die modifizierten Gln. (1.45) und (1.46). Nur ist hier statt der Enhancementschwellspannung U_t die Depletionschwellspannung U_{tD} einzusetzen. Praktische Zahlenwerte liegen bei $U_{tD} = -3$ V (im Vergleich $U_{tn} = +1$ V).

Nun wollen wir noch zwei Gesichtspunkte kennenlernen, die unser bisheriges Wissen über die Strom-Spannungs-Kennlinien des MOSFET verfeinern. Zunächst ist der Strom z.B. beim n-Kanal-Enhancement-Transistor für $U_{GS} < U_t$ nicht Null, wie es die idealen Kennlinien nach Bild 1.23 ausweisen. Für $U_{GS} < U_t$ fließt vielmehr noch ein sehr kleiner sogenannter Weak-inversion-Strom [1.2]:

$$I_w = I_0 \exp \frac{U_{GS} - U_t}{U_T}.$$ (1.50)

Dieser liegt im Nano- bzw. Pikoamperebereich und muß in Ausnahmefällen (z.B. als Leckstrom) berücksichtigt werden. Weiterhin muß noch bemerkt werden, daß eine genaue Analyse der Strom-Spannungs-Beziehungen eines MOSFET keine konstante Schwellspannung, sondern eine von der Subtratvorspannung U_{SB} abhängige Schwellspannung ergibt. Dieses als *Bodyeffekt* bezeichnete Verhalten wird durch die folgende Gleichung dargestellt (z.B. für n-Kanal-Transistor)

$$U_{tn} = U_{t0}(1 + K_2 \sqrt{U_{SB}})$$ (1.51)

mit $K_2 = 0{,}5 \ V^{1/2}$.

Das Kleinsignalverhalten des MOS-Feldeffekttransistors wird mit dem Ersatz-schaltbild 1.24 modelliert.

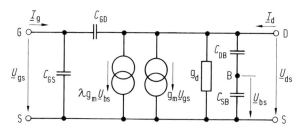

Bild 1.24 Kleinsignalersatzschaltung des MOS-Feldeffekttransistors

Die Parameter in diesem Ersatzschaltbild können am Beispiel des n-Kanal-Transi-stors wie folgt berechnet werden:

Mit den idealen Kennliniengleichungen (1.42) und (1.43) ergibt sich die Steilheit g_m

$$\text{für } U_{DS} \leq U_{GS} - U_t: \quad g_m = \frac{\partial I_D}{\partial U_{GS}} = 2 K U_{DS} \tag{1.52}$$

$$\text{für } U_{DS} \geq U_{GS} - U_t: \quad g_m = \frac{\partial I_D}{\partial U_{GS}} = 2 K (U_{GS} - U_t). \tag{1.53}$$

Für die sogenannte Backgatesteilheit g_{mb} gilt:

$$g_{mb} = \lambda g_m = \frac{\partial I_D}{\partial U_{BS}}. \tag{1.54}$$

Bei der Ermittlung von λ muß der Bodyeffekt gemäß Gl.(1.51) beachtet werden, und wir erhalten

$$\lambda = \frac{K_2}{\sqrt{U_{SB}}} < 1. \tag{1.55}$$

Für die Berechnung des Wechselstromausgangsleitwertes g_d müssen die modifizier-ten Strom-Spannungs-Beziehungen gemäß Gln.(1.45) und (1.46) herangezogen wer-den. Es ergibt sich

$$\text{für } U_{DS} \leq U_{GS} - U_t: \quad g_d = \frac{\partial I_D}{\partial U_{DS}} = K [(U_{GS} - U_t)(2 + K_4) - 2 U_{DS}] \tag{1.56}$$

$$\text{für } U_{DS} \geq U_{GS} - U_t: \quad g_d = \frac{\partial I_D}{\partial U_{DS}} = K K_4 (U_{GS} - U_t). \tag{1.57}$$

Die Kapazitäten C_{GD} bzw. C_{GS} setzen sich aus Kapazitäten zwischen Gate und Kanal und aus Kapazitäten der Streufelder zwischen Gate und Source bzw. Gate und Drain zusammen. Die Kapazitäten C_{DB} bzw. C_{SB} sind im wesentlichen die Sperrschichtkapazitäten der Drain-Substrat- bzw. Source-Substrat-pn-Übergänge.

1.1.3.3 Sperrschicht-Feldeffekttransistoren (SFET)

Bei Sperrschicht-Feldeffekttransistoren erfolgt die Steuerung des Stroms durch die Steuerung der Breite eines leitfähigen Kanals mit Hilfe der Sperrschichtweite eines pn-Überganges (s. Abschn. 1.1.2., Bild 1.7) oder eines Metall-Halbleiter-Überganges. In Bild 1.25 ist das Prinzip eines Sperrschicht-Feldeffekttransistors, bei dem die Steuerung der Dicke eines Kanals zwischen Drain und Source mit einem Metall-Halbleiter-Übergang erfolgt, gezeigt. Einige Metall-Halbleiter-Übergänge verhalten sich ebenso wie pn-Übergänge, d.h. sie bilden an der Grenzfläche zwischen Metall und Halbleiter eine Verarmungsrandschicht aus, die wie die Sperrschicht eines pn-Überganges wirkt [1.1]. Einen solchen Übergang nennt man auch Schottky-diode. Der Sperrschicht-Feldeffekttransistor in Bild 1.25, der eine solche Schottky-diode als Gate zur Steuerung des Kanalstroms verwendet, wird MESFET (**me**tal **s**emiconductor **f**ield-**e**ffect **t**ransistor) genannt und ist auf Galliumarsenisbasis das derzeit vielversprechendste aktive Bauelement für die Mikrowellen- und -Subnanosekundentechnik.

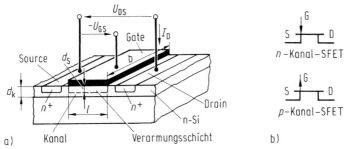

Bild 1.25 Sperrschicht-Feldeffekttransistor a) Aufbau (MESFET), b) Schaltsymbole

Die Strom-Spannungs-Kennlinien (Bild 1.26) können durch folgende Gleichungen approximiert werden:

Für $U_{DS} < U_{DSS}$ (linearer Bereich):

$$I_D = \varkappa \frac{d_k b}{l} \left(1 - \sqrt{\frac{U_{GS} + U_D}{U_p + U_D}}\right) U_{DS}. \tag{1.58}$$

Für $U_{DS} > U_{DSS}$ (Pinch-off-Bereich)

$$I_D = \varkappa \frac{d_k b}{l} \left(1 - \sqrt{\frac{U_{GS} + U_D}{U_p + U_D}}\right) U_{DSS}. \tag{1.59}$$

Hierin sind $\varkappa = e \mu_n N$ die Leitfähigkeit des Kanals. d_k, b und l sind Dicke, Breite und Länge des Kanals, U_p ist die Pinch-off-Spannung, d.h. die Gatespannung, bei der der Kanal völlig abgeschnürt ist. Sie berechnet sich aus [1.2]

$$U_p = \frac{e d_k^2 N}{2 \varepsilon_H} - U_D. \tag{1.60}$$

$U_D \approx 0.3$ V ist die Diffusionsspannung (Kontaktpotential) des Schottkygates, N ist die Störstellenkonzentration im Kanal und ε_H die Permittivität des Halbleiters.

U_{DSS} ist die sogenannte Sättigungsspannung. Sie ergibt sich für Transistoren mit Kanallängen $l > 5$ µm näherungsweise aus $U_{DSS} = -U_{SG} + U_p$.

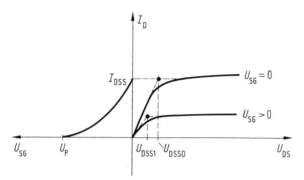

Bild 1.26 Vereinfachte Kennliniendarstellung für Sperrschicht-Feldeffekttransistoren

Die Transferkennlinie kann im Pinch-off-Bereich durch die Parabel

$$I_D = I_{DSS} \left(\frac{U_{SG}}{U_p} - 1 \right)^2 \tag{1.61}$$

beschrieben werden.

1.1.4 Elektronenröhren

1.1.4.1 Dioden

Eine Röhrendiode besteht aus zwei Elektroden, der Anode A und der Katode K, die in einem evakuierten, gasdichten Gefäß eingeschlossen sind. Die Ladungsträger (Elektronen) werden durch thermische Emission aus der Katode erzeugt. In Bild 1.27 ist das eindimensionale Modell einer solchen Diode gezeigt. Der Emissionssättigungsstrom I_S aus der Katode hängt von der Katodentemperatur T und der Austrittsarbeit des Katodenmaterials W_{MK} ab:

$$I_S = A_K\, A_E\, T^2 \exp{-\frac{W_{MK}}{kT}}. \tag{1.62}$$

A_K ist die Katodenfläche und A_E die Richardsonsche Emissionskonstante [1.3].

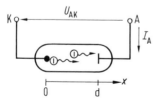

Bild 1.27 Röhrendiode

Bei negativen Anodenspannungen, muß dieser Strom gegen eine Potentialbarriere eV_B anlaufen. Wie Bild 1.28 zeigt, ist diese Potentialbarriere durch die Anodenspannung U_{AK}, die Austrittsarbeit der Katode W_{MK} und die Austrittsarbeit der Anode W_{MA} bestimmt:

$$e\,V_B = W_{MA} - W_{MK} - e\,U_{AK}. \tag{1.63}$$

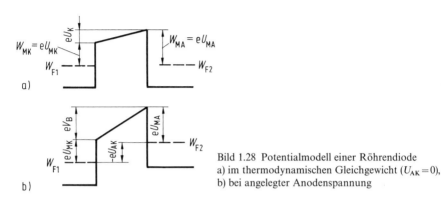

a)

b)

Bild 1.28 Potentialmodell einer Röhrendiode
a) im thermodynamischen Gleichgewicht ($U_{AK} = 0$),
b) bei angelegter Anodenspannung

Damit ergibt sich ein Anlaufstrom

$$I_A = A_K\,A_E\,T^2 \exp{-\frac{W_{MA}}{kT}} \exp{\frac{e\,U_{AK}}{kT}} = I_S \exp{\frac{U_{AK}}{U_T}}. \tag{1.64}$$

Gl.(1.64) ist das *Anlaufstromgesetz* für Elektronenröhren und gilt nur für $U_{AK} < 0$ (s. Bild 1.29).

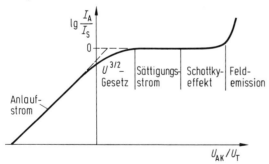

Bild 1.29 Strom-Spannungs-Kennlinie einer Röhrendiode

Bei positiven Anodenspannungen U_{AK} wächst der Elektronenstrom in der Röhre sehr stark an, so daß sich sehr viele Elektronen im Laufraum zwischen Katode und Anode befinden, die eine negative Raumladung bilden. Diese Raumladung beeinflußt durch ihre Rückwirkung auf den Feldverlauf auch den Strom. Der Strom wird praktisch raumladungsbegrenzt. Um den raumladungsbegrenzten Anodenstrom berechnen zu können, müssen wir zunächst den Potentialverlauf zwischen Katode und Anode unter Berücksichtigung dieser Elektronenraumladungen berechnen. Das geschieht mit Hilfe der Poissongleichung. Diese lautet in eindimensionaler Form

$$\frac{dE}{dx} = \frac{-d^2\varphi}{dx^2} = \frac{\varrho}{\varepsilon_0}. \tag{1.65}$$

Der Zusammenhang zwischen Strom I_A und Raumladungsdichte $\varrho = -en$ ist durch folgende Beziehung gegeben

$$I_A = -A_K \varrho v, \tag{1.66}$$

wobei v die Geschwindigkeit der Elektronen ist. Die Elektronen werden zwischen Katode und Anode im elektrischen Feld $E = d\varphi/dx$ beschleunigt. Nach Durchlaufen einer Potentialdifferenz φ ist die Geschwindigkeit der Elektronen

$$v = \sqrt{\frac{2e\varphi}{m}}. \tag{1.67}$$

Damit und mit Gl.(1.66) lautet die Poissongleichung (1.65) zur Berechnung der Potentialverteilung zwischen Katode und Anode

$$\frac{d^2\varphi}{dx^2} = \frac{I_A}{\varepsilon_0 A_K} \sqrt{\frac{m}{2e\varphi}}. \tag{1.68}$$

Mit den Randbedingungen $\varphi(0) = 0$ und $\varphi(d) = U_{AK}$ lautet die Lösung von Gl.(1.68)

$$\varphi(x) = U_{AK} \left(\frac{x}{d}\right)^{4/3}. \tag{1.69}$$

Die Strom-Spannungs-Beziehung der Diode erhalten wir, indem wir $\varphi(x)$ in die Poissongleichung (1.68) einsetzen und die so entstehende Gleichung nach I_A auflösen

$$I_A = \frac{4}{9} A_K \varepsilon_0 \sqrt{\frac{2e}{m_0}} \cdot \frac{U_{AK}^{3/2}}{d^2} = K_R U_{AK}^{3/2}. \tag{1.70}$$

Das ist das $U^{3/2}$-*Gesetz* des raumladungsbegrenzten Stromflusses im Vakuum [1.3] (s. auch Bild 1.29). Für genügend große positive Anodenspannungen wird aber schließlich dieser raumladungsbegrenzte Strom gleich dem maximalen, durch die Emission aus der Katode gegebenem Sättigungsstrom I_S gemäß Gl.(1.62) (s. Bild 1.29). Dann bleibt der Strom konstant und steigt erst wieder bei sehr großen Anodenspannungen durch *Schottkyeffekt* (effektive Verringerung der Austrittsarbeit) bzw. durch *Feldemission*.

Da der Strom in einer Röhrendiode stets aus einem Elektronenstrom von der emittierenden Katode zur nichtemittierenden Anode besteht, besitzt diese Diode, wie auch die Halbleiterdioden, Gleichrichtereigenschaften.

Für das dynamische Verhalten ist die Anoden-Katoden-Kapazität von Bedeutung. Diese berechnet sich mit

$$C_{AK} = \frac{dQ_A}{dU_{AK}} \tag{1.71}$$

und $$Q_A = A_K \, \varepsilon_0 \left. \frac{d\varphi(x)}{dx} \right|_{x=d} = \frac{4}{3} A_K \, \varepsilon_0 \frac{U_{AK}}{d} \tag{1.72}$$

zu $$C_{AK} = \frac{4}{3} \frac{A_K \varepsilon_0}{d}. \tag{1.73}$$

Der Sättigungsstrom I_S gemäß Gl.(1.62) zeigt ein definiertes Rauschen (Schrotrauschen, s. Abschn. 1.2.6.1). Das mittlere Rauschstromquadrat I_r^2 ist dem Sättigungsstrom I_S direkt proportional

$$I_r^2 = 2e \, I_S \, \Delta f, \tag{1.74}$$

so daß Röhrendioden in der Meßtechnik auch als Rauschnormale verwendet werden.

1.1.4.2 Trioden

Durch eine zusätzliche Steuerelektrode (Gitter G) zwischen Katode K und Anode A kann der Anodenstrom gesteuert und damit ein Verstärkerbauelement realisiert werden. In Bild 1.30a ist die prinzipielle Elektrodenanordnung dargestellt. Die Wirkung des Gitters besteht in der Beeinflussung des Potentialverlaufes zwischen Katode und Anode, wie es im Bild 1.30b gezeigt ist. In der Regel wird das Gitter negativ vorgespannt (beispielsweise $U_{GK} = -10$ V wie im Bild 1.30b). Die Anode erhält dagegen ein positives Potential (beispielsweise $U_{AK} = +200$ V). Am Ort der Gitterdrähte entsteht dann ein Potentialberg entsprechend der Größe der negativen Gittervorspannung (ausgezogener Verlauf in Bild 3.6b). Zwischen den Gitterdrähten wird aber der Potentialverlauf, abhängig von der negativen Gittervorspannung und der Maschenweite (Steuerschärfe des Gitters, s.u.) der Gitterdrähte, mehr oder weniger vom ungestörten Potentialverlauf (entsprechend dem der Diode, s. Gl.(1.69)) abweichen. Es entstehen zwischen den „Bergkuppen" im Potentialgebirge, die die Gitterdrähte bewirken, Pässe, über die die Elektronen von der Katode zur Anode gelangen können. Aus diesen prinzipiellen Potentialverläufen im Bild 1.30b lassen sich die Äquipotentiallinien konstruieren. Das ist im Bild 1.30c geschehen. Da mit der negativen Gitterspannung die Höhe der Bergkuppen und damit auch die Höhe der Pässe im Potentialgebirge gesteuert werden kann, ist es möglich, mit der Gitterspannung den Anodenstrom zu steuern. Bei negativen Gitterspannungen ist eine leistungslose Steuerung des Anodenstroms möglich. Bei positiven Gitterspannungen gelangen auch Elektronen zum Gitter, und es fließt ein Gitterstrom. Der Katodenstrom I_K teilt sich in diesem Falle in einen Anodenstrom I_A und einen Gitterstrom I_G

$$I_K = I_A + I_G. \tag{1.75}$$

Wir wollen nun die Strom-Spannungs-Kennlinie der Triode herleiten. Dabei sei vorausgeschickt, daß im Normalfall bei Elektronenröhren der raumladungsbe-

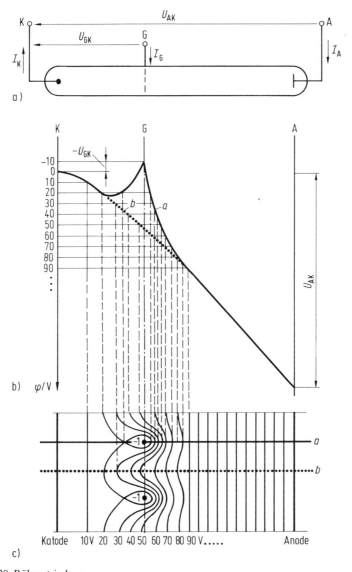

Bild 1.30 Röhrentriode
a) Prinzipieller Aufbau, b) Potentialverlauf zwischen Katode und Anode, c) Äquipotentiallinien

grenzte Strombereich technisch am wichtigsten ist, da der Anlaufstrom (s. Bild 1.29) zu klein und der Sättigungsstrom I_S nicht steuerbar ist.

Wie wir bereits bei der Diode gesehen haben, ist das Wesen des raumladungsbegrenzten Stromflusses, daß die im Laufraum zwischen Katode und Anode befindliche Raumladung $-Q_R$ betragsmäßig gleich der Ladung auf der Anode Q_A ist. Das bedeutet, alle von der Anode ausgehenden Feldlinien enden auf Raumladungen, die Feldstärke $d\varphi/dx$ ist an der Katode ($x=0$) Null, wie das auch aus Gl.(1.69) hervorgeht. Wenden wir diese Erkenntnis auf die Triode an und beachten noch zusätzlich die grundlegende Beziehung $Q=CU$ zwischen Ladung und Spannung, so erhalten wir

$$-Q_R = Q_A + Q_G = C_{ak} U_{AK} + C_{gk} U_{GK} = C_{gk}(U_{GK} + DU_{AK}).$$ (1.76)

D ist der elektrostatische Durchgriff (der Anode durch das Gitter zur Katode), der den Einfluß des Anodenpotentials auf das Potential in der Gitterebene angibt. $U_{GK} + DU_{AK}$ ist die effektive Steuerspannung U_{st}; sie wirkt nun auf den raumladungsbegrenzten Katodenstrom ebenso wie ehedem die Anodenspannung U_{AK} bei der Diode. Deshalb dürfen wir in Analogie zur Diodengleichung (1.70) für die Triode schreiben:

$$I_K = I_A + I_G = K'_R(U_{GK} + DU_{AK})^{3/2}.$$ (1.77)

K'_R ist die Raumladungskonstante K_R gemäß Gl.(1.70), modifiziert mit einer Steuerschärfe σ

$$K'_R = K_R \sigma = K_R \left(\frac{C_{gk}}{C_{GK}}\right)^{3/2}.$$ (1.78)

C_{GK} ist die Kapazität einer massiv gedachten — also nicht aus Drähten bestehenden — Gitterelektrode gegen die Katode. Die Strom-Spannungs-Beziehung Gl.(1.77) sagt aus, daß sich die Wirkungen der Gitter- und Anodenspannung überlagern, und daß dabei die Wirkung der Anodenspannung infolge der abschirmenden Wirkung des Gitters um den Durchgriff ($D<1$) vermindert auf das Feld im Katoderaum und damit auf den Katodenstrom Einfluß nimmt. Im Bild 1.31 sind die Strom-Spannungs-Kennlinien dargestellt. Für $U_{GK}<0$ ist $I_G=0$, und es gilt $I_K=I_A$. Für $U_{GK}>0$ erfolgt eine Stromaufteilung zwischen Gitter und Anode. Für $U_{GK}>0$ und $U_{AK}<0$ fließt praktisch der gesamte Katodenstrom über das Gitter ab. Von praktischem Interesse ist jedoch in erster Linie der Fall $U_{GK}<0$ und $U_{AK}>0$, d.h. $I_A=I_K$. Das betrifft in den Kennlinienfeldern des Bildes 1.31 den 2. Quadranten.

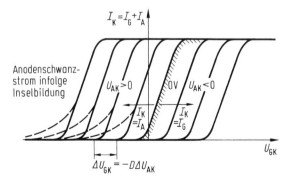

Bild 1.31 Abhängigkeit des Katodenstroms einer Triode von der Gitterspannung bei positiven und negativen Anodenspannungen

Aus Bild 1.31 geht hervor, daß der Schnittpunkt der Kennlinien mit der Abszisse im 2. Quadranten jeweils um $\Delta U_{GK} = -D \Delta U_{AK}$ (ΔU_{AK} — Differenz der zwei Parameterwerte U_{AK} für jeweils benachbarte Kennlinien) verschoben ist. Die Grenzkennlinie $U_{AK} = 0$, an der die Stromübernahme zwischen Anode und Gitter erfolgt, ist schraffiert hervorgehoben.

Die gestrichelten Kennlinienschwänze stellen Abweichungen gegenüber den idealen Strom-Spannungs-Beziehungen Gl.(1.77) dar. Dieser „Anodenschwanzstrom" kommt durch Inselbildung zustande [1.3]. Solche Inseln liegen bei überstehenden Katodenteilen und unterhalb der Gitterzwischenräume vor, wo selbst eine größere negative Gitterspannung den Katodenstrom nicht völlig bremsen kann. Diese, vom Gitterpotential nur wenig beeinflußten Katodenteile liefern immer noch einen Reststrom, der erst bei sehr großen negativen Gitterspannungen sehr klein gemacht werden kann. Dieser Anodenschwanzstrom wirkt wie der Anodenstrom einer Röhre mit variablem Durchgriff. Für Spezialanwendungen (z.B. Regelröhren) wird durch geeignete geometrische Gestaltung der Gitterwendelungen ein solches Strom-Spannungs-Verhalten gezielt realisiert.

Für die technisch wichtigen Betriebsbedingungen $U_{GK} < 0$ und $U_{AK} > 0$ sind im Bild 1.32 die Ausgangskennlinien und im Bild 1.33 die Transferkennlinien einer Triode dargestellt.

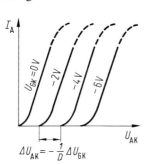 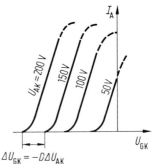

Bild 1.32 Ausgangskennlinien
einer Triode

Bild 1.33 Transferkennlinien
einer Triode

Für das Kleinsignalverhalten kann für die Verstärkertriode, ebenso wie schon für die Transistoren, eine Ersatzschaltung verwendet werden. Diese ist im Bild 1.34 dargestellt.

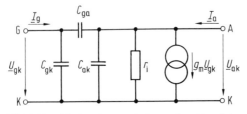

Bild 1.34 Kleinsignalersatzschaltung einer Verstärkerröhre

Für die Steilheit g_m wird mit Gl.(1.77)

$$g_m = \frac{\partial I_A}{\partial U_{GK}} = \frac{3}{2} K'_R (U_{GK} + D U_{AK})^{1/2} = \frac{3 I_A}{2(U_{GK} + D U_{AK})} \qquad (1.79)$$

und für den Wechselstrominnenwiderstand r_i erhält man

$$1/r_i = \frac{\partial I_A}{\partial U_{AK}} = \frac{3}{2} D K'_R (U_{GK} + D U_{AK})^{1/2} = \frac{3}{2} \cdot \frac{D I_A}{(U_{GK} + D U_{AK})}. \qquad (1.80)$$

Damit gilt

$$g_m r_i D = 1 \qquad \textit{Barkhausensche Röhrenformel.} \qquad (1.81)$$

1.1.4.3 Pentoden

Bei einem elektronischen Bauelement ist es in der Regel nachteilig, wenn Signale, die am Ausgang liegen, den Eingang beeinflussen. Diese störende Rückwirkung drückt sich bei der Triode beispielsweise im Durchgriff D der Anodenspannung aus. Durch weitere Gitter zwischen dem Steuergitter G1 und der Anode A kann diese Rückwirkung der Anode (Ausgangselektrode) auf den Eingang praktisch zum Verschwinden gebracht werden. Auf diese Weise kam es zur Entwicklung der Pentode. Die zusätzlichen Gitter in Bild 1.35a werden Schirmgitter G2 und Bremsgitter G3 genannt. Das Schirmgitter erhält eine positive Spannung U_{G2K} und nimmt nun die Funktion der Triodenanode wahr. Das Bremsgitter liegt auf Katodenpotential und dient als Sekundärelektronenfalle. Wie aus dem Potentialverlauf im Bild 1.35b hervorgeht, müssen die Sekundärelektronen, die aus der Anode bzw. dem Schirmgitter herausgeschlagen werden, erst über einen Potentialberg hinweg, um die Funktion des Schirmgitters bzw. der Anode zu beeinflussen. Da diese störenden Sekundärelektronen jedoch über eine geringe Energie verfügen, ist ihnen das nicht möglich.

Die Herleitung der Strom-Spannungs-Beziehungen geschieht in Analogie zur Triode (s. Abschnitt 1.1.4.2), wobei nun außer der Katode weitere 4 Elektroden (Steuergitter G1, Schirmgitter G2, Bremsgitter G3, Anode A) die Raumladung $-Q_R$ und damit die effektive Steuerspannung beeinflussen. Für die effektive Steuerspannung gilt in Analogie zu Gl.(1.76)

$$U_{st} = U_{G1K} + D_{21} U_{G2K} + D_{31} U_{G3K} + D_{41} U_{AK}. \qquad (1.82)$$

Da allgemein $D_{n1} = D_{n\,n-1} \cdot D_{n-1\,n-2} \ldots D_{21}$ und $D \ll 1$ ist, gilt $D_{41} < D_{31} < D_{21}$, und die letzten beiden Terme in Gl.(1.82) können weggelassen werden. Die Anode hat also, wie gewünscht, praktisch ihren Einfluß auf die Steuerspannung und damit auf den Strom verloren. Die Strom-Spannungs-Beziehung für die Pentode lautet daher [1.3]

$$I_K = K'_R (U_{G1K} + D_{21} U_{G2K})^{3/2}. \qquad (1.83)$$

Der Katodenstrom teilt sich in einen Anoden- und einen Schirmgitterstrom, da das Steuergitter G1 und das Bremsgitter G3 in der Regel keine positiven Spannungen führen:

$$I_K = I_A + I_{G2}. \tag{1.84}$$

Eine für $U_{AK} > 0$ gültige Näherungsbeziehung für die Stromaufteilung nach *Tank* lautet

$$\frac{I_A}{I_{G2}} = c_v \sqrt{\frac{U_{AK}}{U_{G2K}}} = q \tag{1.85}$$

(c_v empirischer Parameter).

Damit lautet die Beziehung für den Anodenstrom

$$I_A = \frac{q}{1+q} K'_R (U_{G1K} + D_{21} U_{G2K})^{3/2}. \tag{1.86}$$

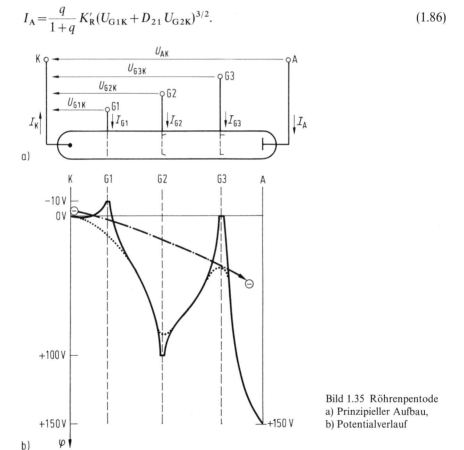

Bild 1.35 Röhrenpentode
a) Prinzipieller Aufbau,
b) Potentialverlauf

Im Bild 1.36 sind die Transferkennlinien für U_{AK} = konst. dargestellt. Die Verschiebespannung $\Delta U_{G1K} = -D_{21} \Delta U_{G2K}$ wird nun durch die Schirmgitterspannung U_{G2K} bewirkt. U_{AK} nimmt nur noch (schwach) über die Stromaufteilung Einfluß, siehe Gl. (1.85).

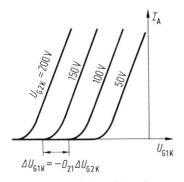

Bild 1.36 Transferkennlinien einer Pentode

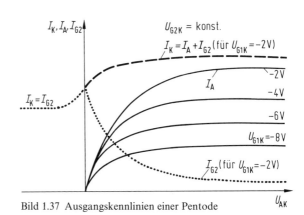

Bild 1.37 Ausgangskennlinien einer Pentode

Im Bild 1.37 sind die Ausgangskennlinien der Pentode dargestellt. Gleichzeitig ist der Verlauf des Katoden- und Schirmgitterstromes mit aufgetragen. Es fällt in diesem Bild auf, daß bei Steigerung der Anodenspannung von negativen Werten her der Katodenstrom noch ansteigt, obwohl das nach Gl.(1.83) nicht der Fall sein sollte. Dieser Effekt ist darauf zurückzuführen, daß bei negativen Anodenspannungen die Elektronen, die das Schirm- und Bremsgitter durchfliegen, vor der Anode umkehren, zurückfliegen, vor der Katode umkehren, erneut zurückfliegen usw. Durch diese Pendelungen wird die Raumladung im Laufraum erhöht, wodurch bei gleicher Spannung (Steuerspannung) der Katodenstrom verkleinert wird. Erst dann, wenn diese raumladungserhöhenden Pendelungen aufhören, steigt auch der Katodenstrom weiter an. Bei positiven Anodenspannungen setzt dann relativ schnell die Stromübernahme durch die Anode ein, und der Schirmgitterstrom sinkt. Wird beispielsweise das Bremsgitter weggelassen — es entsteht dann eine *Tetrode* —, so kann es durch die Wirkung der Sekundärelektronenströme zu einer fallenden Ausgangskennlinie kommen.

Das Kleinsignalverhalten wird wieder mit einer Ersatzschaltung gemäß Bild 1.34 beschrieben. Der differentielle Innenwiderstand r_i der Pentode ist sehr groß, da die Anodenspannung nur noch wenig auf den Anodenstrom Einfluß nimmt (s. Bild 1.37). Die Steilheit der Pentode ist

$$g_m = \frac{\partial I_A}{\partial U_{G1K}} = \frac{3}{2} \frac{I_A}{U_{G1K} + D_{21} U_{G2K}}. \tag{1.87}$$

1.1.4.4 Elektronenstrahl-Wandlerröhren

Insbesondere in der Meß- und Videotechnik werden Elektronenstrahl-Wandlerröhren verwendet. Das Grundprinzip wollen wir mit Bild 1.38 kurz erläutern: Eine solche Röhre besteht aus einem strahlerzeugenden System, einem Leuchtschirm, auf dem Luminophore aufgebracht sind, die beim Aufprall des Elektronenstrahles leuchten, und einem Ablenksystem, mit dessen Hilfe der Elektronenstrahl jede Stelle des Leuchtschirmes erreichen kann.

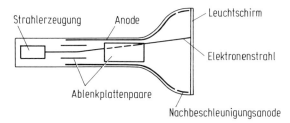

Bild 1.38 Prinzipieller Aufbau einer Elektronenstrahl-Wandlerröhre

Die im Strahlerzeugungssystem aus der Glühkatode emittierten Elektronen werden zunächst fokussiert und dann beschleunigt. Die Beschleunigung erfolgt mit einer Feldelektrode. Mit der Spannung an einer Steuerelektrode ist auch eine Helligkeitssteuerung möglich. Mittels zweier senkrecht zueinander angeordneter Ablenkplattenpaare kann der Elektronenstrahl durch die elektrostatischen Felder in x- und y-Richtung ausgelenkt werden. Bei Bildwiedergaberöhren erfolgt diese Ablenkung meistens mittels Magnetfeldern.

1.2 Methoden der Schaltungsberechnung

1.2.1 Die Kirchhoffschen Sätze

Die Grundlage für die Berechnung elektrischer Netzwerke bilden die beiden Kirchhoffschen Sätze (Bild 1.39):

— Die Summe aller Ströme in einem Knoten ist Null (*Knotenpunktsatz*)

$$\sum_{v=1}^{n} I_v = 0, \tag{1.88}$$

wobei die vom Knoten weg- und die zum Knoten hinfließenden Ströme mit unterschiedlichen Vorzeichen zu erfassen sind.

— In einer geschlossenen Masche ist die Summe aller Urspannungen (Spannungsquellen) gleich der Summe aller Spannungsabfälle (*Maschensatz*)

$$\sum E_v = \sum U_\mu. \tag{1.89}$$

Spannungen, deren Zählrichtung mit der gewählten Umlaufrichtung übereinstimmen, sind mit positiven Vorzeichen einzusetzen; bei entgegengesetzten Richtungen sind die Spannungen mit negativen Vorzeichen zu berücksichtigen.

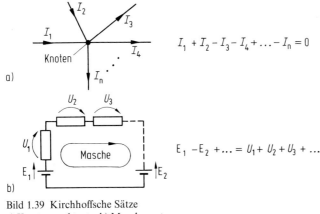

Bild 1.39 Kirchhoffsche Sätze
a) Knotenpunktsatz, b) Maschensatz

Mit Hilfe der Kirchhoffschen Sätze kann man für die Reihenschaltung zweier vom gleichen Strom durchflossenen Widerstände (Bild 1.40 a) folgende *Spannungsteilerregel* angeben:

$$\frac{U_1}{U} = \frac{R_1}{R_1 + R_2} \quad \text{bzw.} \quad \frac{U_2}{U} = \frac{R_2}{R_1 + R_2}. \tag{1.90}$$

Analog dazu erhält man als *Stromteilerregel* für zwei parallelgeschaltete Widerstände (Bild 1.40 b)

$$\frac{I_1}{I} = \frac{R_2}{R_1 + R_2} \quad \text{bzw.} \quad \frac{I_2}{I} = \frac{R_1}{R_1 + R_2}. \tag{1.91}$$

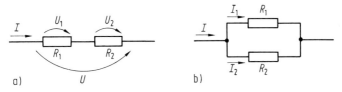

Bild 1.40 Spannungsteiler (a) und Stromteiler (b)

1.2.2 Der Grundstromkreis

Der Grundstromkreis besteht aus der Zusammenschaltung eines aktiven Zweipols mit einem passiven Zweipol und gestattet die einfache Berechnung des Strom- und Spannungsverhaltens an den Klemmen zwischen beiden. Der aktive Zweipol (z. B. eine Signalquelle) kann als Reihenschaltung einer Leerlaufspannung U_l und eines Innenwiderstandes R_i oder als Parallelschaltung eines Kurzschlußstromes I_k und eines Innenwiderstandes R_i dargestellt werden. Der passive Zweipol (z. B. eine Signalsenke) wird durch den Verbraucherwiderstand R_V gekennzeichnet (Bild 1.41).

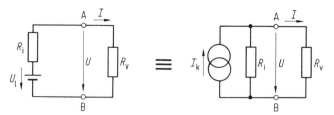

Bild 1.41 Grundstromkreis

An den Klemmen AB zwischen den beiden Zweipolen gilt:

$$U = \frac{R_V U_l}{R_i + R_V} = \frac{R_i R_V I_k}{R_i + R_V},$$

(1.92)

$$I = \frac{U_l}{R_i + R_V} = \frac{R_i I_k}{R_i + R_V}.$$

(1.93)

Die an den Verbraucher R_V abgegebene Leistung

$$P = U I = \frac{R_V U_l^2}{(R_i + R_V)^2} = \frac{R_i^2 R_V I_k^2}{(R_i + R_V)^2}$$

(1.94)

ist vom Verhältnis R_V/R_i abhängig. Bei $R_V = R_i$ (*Leistungsanpassung*) durchläuft P das Maximum

$$P_{max} = \frac{U_l^2}{4 R_i} = \frac{1}{4} R_i I_k^2.$$

(1.95)

In der elektronischen Schaltungstechnik ist es oft sehr nützlich, ganze Schaltungskomplexe zu einem Grundstromkreis zusammenzufassen. Man erhöht dadurch die Übersichtlichkeit und vereinfacht u.U. die Rechnung erheblich. Bei der Zusammenfassung ist es besonders vorteilhaft, parallel und in Reihe liegende gleichartige Komponenten zu einer resultierenden Gesamtkomponente zu vereinen:

— Reihenschaltung von Widerständen, Kapazitäten und Induktivitäten:

$$R_{ges} = R_1 + R_2 + \ldots = \sum_{v=1}^{n} R_v,$$

(1.96)

$$\frac{1}{C_{ges}} = \frac{1}{C_1} + \frac{1}{C_2} + \ldots = \sum_{v=1}^{n} \frac{1}{C_v},$$

(1.97)

$$L_{ges} = L_1 + L_2 + \ldots = \sum_{v=1}^{n} L_v.$$

(1.98)

— Parallelschaltung von Widerständen, Kapazitäten und Induktivitäten:

$$\frac{1}{R_{ges}} = \frac{1}{R_1} + \frac{1}{R_2} + \ldots = \sum_{v=1}^{n} \frac{1}{R_v},$$

(1.99)

$$C_{\text{ges}} = C_1 + C_2 + \ldots = \sum_{\nu=1}^{n} C_\nu, \tag{1.100}$$

$$\frac{1}{L_{\text{ges}}} = \frac{1}{L_1} + \frac{1}{L_2} + \ldots = \sum_{\nu=1}^{n} \frac{1}{L_\nu}. \tag{1.101}$$

1.2.3 Einfache Wechselstromschaltungen

Die Berechnung von RLC-Netzwerken mit sinusförmiger Anregung erfolgt gewöhnlich mit Hilfe der komplexen Rechnung [1.5], d.h., man rechnet nicht mit den reellen, zeitvariablen Sinusgrößen für Strom und Spannung $i(t)$ bzw. $u(t)$, sondern mit komplexen Größen in der Form $\underline{\hat{I}} = \hat{I} \exp(j\varphi_i)$ bzw. $\underline{\hat{U}} = \hat{U} \exp(j\varphi_u)$.

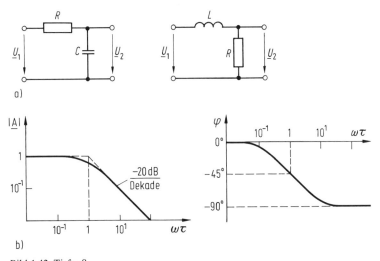

Bild 1.42 Tiefpaß
a) RC- und LC-Schaltung, b) Übertragungsfunktion

Tiefpaß: Bild 1.42a zeigt Möglichkeiten der Realisierung eines Tiefpasses mit zwei Bauelementen. Die komplexe Übertragungsfunktion hierfür lautet

$$\underline{A} = \frac{U_2}{U_1} = \frac{1}{1 + j\omega\tau} = |\underline{A}| \exp(j\varphi) \tag{1.102}$$

mit $\tau = RC$ bzw. $\tau = L/R$ — Zeitkonstante. $1/\tau$ entspricht der Grenzfrequenz ω_g. Oft wird auch der Begriff der normierten Frequenz

$$\Omega = \frac{\omega}{\omega_g} = \omega\tau \tag{1.103}$$

benutzt.

Im Bild 1.42 b ist der Betrag

$$|\underline{A}| = \frac{1}{\sqrt{1+\omega^2\tau^2}} \tag{1.104}$$

und die Phase

$$\varphi = -\arctan \omega\tau \tag{1.105}$$

in Abhängigkeit von der Frequenz dargestellt. Bei $\omega = \omega_g$ wird $|\underline{A}| = 1/\sqrt{2}\,(\hat{=}\,-3\,\text{dB})$ und $\varphi = -45°$; für $\omega \gg \omega_g$ fällt $|\underline{A}|$ mit $-20\,\text{dB/Dekade}$ und φ nimmt den Endwert von $-90°$ an.

Hochpaß: Die beiden Möglichkeiten der Realisierung eines Hochpasses mit zwei Bauelementen sind im Bild 1.43 a skizziert. Die komplexe Übertragungsfunktion hierfür ist

$$\underline{A} = \frac{\underline{U_2}}{\underline{U_1}} = \frac{j\omega\tau}{1+j\omega\tau} = |\underline{A}|\exp(j\varphi) \tag{1.106}$$

mit $\tau = RC$ bzw. $\tau = L/R$.

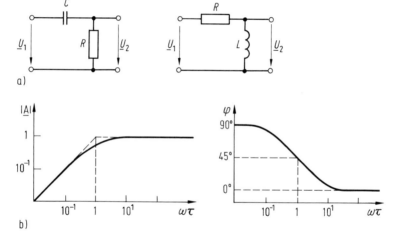

a)

b)

Bild 1.43 Hochpaß
a) RC- und LC-Schaltung, b) Übertragungsfunktion

Im Bild 1.43 b ist der Betrag

$$|\underline{A}| = \frac{\omega\tau}{\sqrt{1+\omega^2\tau^2}} \tag{1.107}$$

und die Phase

$$\varphi = \arctan\frac{1}{\omega\tau} \tag{1.108}$$

in Abhängigkeit von der Frequenz wiedergegeben.

Resonanzkreise: Sie ermöglichen den Aufbau von Bandpässen und Bandsperren. Es ist zwischen Parallel- und Reihenschwingkreisen zu unterscheiden (Bild 1.44a).

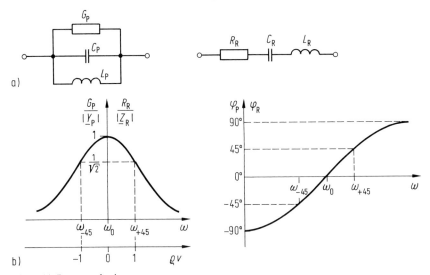

Bild 1.44 Resonanzkreise
a) Parallel- und Reihenschwingkreis, b) Admittanzen und Impedanzen

Für den komplexen Leitwert des Parallelschwingkreises gilt

$$\underline{Y}_P = G_P + j\left(\omega C_P - \frac{1}{\omega L_P}\right) = G_P(1 + j\varrho v)$$

$$= G_P\sqrt{1 + \varrho^2 v^2}\,\exp(j\varphi_P). \tag{1.109}$$

Der komplexe Widerstand des Reihenschwingkreises berechnet sich zu

$$\underline{Z}_R = R_R + j\left(\omega L_R - \frac{1}{\omega C_R}\right) = R_R(1 + j\varrho v)$$

$$= R_R\sqrt{1 + \varrho^2 v^2}\,\exp(j\varphi_R). \tag{1.110}$$

Daraus folgt ein für beide Kreise gültiges Leitwert- bzw. Widerstandsverhältnis

$$\frac{G_P}{\underline{Y}_P} = \frac{R_R}{\underline{Z}_R} = \frac{1}{1 + j\varrho v} \tag{1.111}$$

mit der Verstimmung

$$v = \frac{\omega}{\omega_0} - \frac{\omega_0}{\omega}, \tag{1.112}$$

der Resonanzfrequenz

$$\omega_0 = \frac{1}{\sqrt{L_P C_P}} \quad\text{bzw.}\quad \omega_0 = \frac{1}{\sqrt{L_R C_R}} \tag{1.113}$$

und der Resonanzschärfe (Güte)

$$\varrho = \frac{\omega_0\,C_P}{G_P} \quad \text{bzw.} \quad \varrho = \frac{\omega_0\,L_R}{R_R}. \tag{1.114}$$

Der Leitwert- bzw. Widerstandsbetrag

$$\left|\frac{G_P}{\underline{Y}_P}\right| = \left|\frac{R_R}{\underline{Z}_R}\right| = \frac{1}{\sqrt{1 + \varrho^2 v^2}} \tag{1.115}$$

und die Phase

$$\varphi_P = \varphi_R = \arctan \varrho v \tag{1.116}$$

sind im Bild 1.44b in Abhängigkeit von ω bzw. ϱv dargestellt. Die Bandbreite B ist aus der Resonanzfrequenz ω_0 und der Resonanzschärfe ϱ berechenbar

$$B = \omega_{+45} - \omega_{-45} = \frac{\omega_0}{\varrho}. \tag{1.117}$$

Doppel-T-Filter: Diese einfache RC-Schaltung eignet sich besonders gut als Bandsperre. Der Aufbau ist im Bild 1.45a dargestellt. Die komplexe Übertragungsfunktion lautet

$$\underline{A} = \frac{\underline{U}_2}{\underline{U}_1} = \frac{1 - \Omega^2}{1 + 4j\Omega - \Omega^2} = |\underline{A}|\exp(j\varphi) \tag{1.118}$$

mit $\Omega = \omega/\omega_0$ und $\omega_0 = 1/RC$.

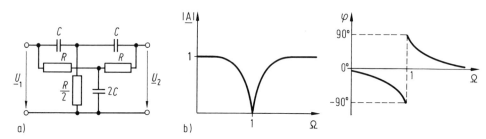

a)   b)

Bild 1.45 Doppel-T-Filter
a) Schaltung, b) Übertragungsfunktion

Bild 1.45b zeigt den Verlauf des Betrages

$$|\underline{A}| = \frac{|1 - \Omega^2|}{\sqrt{(1 - \Omega^2)^2 + 16\,\Omega^2}} \tag{1.119}$$

und der Phase

$$\varphi = \arctan \frac{4\,\Omega}{\Omega^2 - 1} \tag{1.120}$$

in Abhängigkeit von der Frequenz. Bei $\omega = \omega_0$ wird $|\underline{A}| = 0$ und φ ändert sich sprungartig um 180°.

Wien-Robinson-Brücke: Auch dieses einfache RC-Netzwerk besitzt, ähnlich wie das Doppel-T-Filter, ausgeprägte frequenzselektive Eigenschaften und eignet sich sehr gut als Bandsperre. Die Ausgangsspannung steht jedoch nur als symmetrisches Signal zur Verfügung. Bild 1.46a zeigt den Aufbau der Brücke.

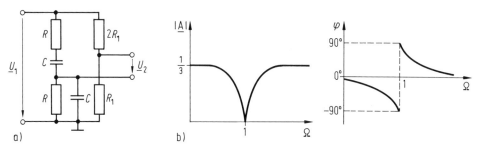

Bild 1.46 Wien-Robinson-Brücke
a) Schaltung, b) Übertragungsfunktion

Für die komplexe Übertragungsfunktion gilt:

$$\underline{A} = \frac{\underline{U}_2}{\underline{U}_1} = \frac{1}{3} \cdot \frac{1 - \Omega^2}{1 + 3j\Omega - \Omega^2} = |\underline{A}| \exp(j\varphi) \tag{1.121}$$

mit $\Omega = \omega/\omega_0$ und $\omega_0 = 1/RC$.

Im Bild 1.46b ist der Betrag

$$|\underline{A}| = \frac{|1 - \Omega^2|}{3\sqrt{(1 - \Omega^2)^2 + 9\Omega^2}} \tag{1.122}$$

und die Phase

$$\varphi = \arctan \frac{3\Omega}{\Omega^2 - 1} \tag{1.123}$$

in Abhängigkeit von der Frequenz dargestellt. Die Verläufe gleichen im Prinzip denen des Doppel-T-Filters.

1.2.4 Vierpole

Viele elektronische Schaltungen oder Teile davon können als Vierpole betrachtet werden. Es kann sich dabei um passive Vierpole (RLC-Netzwerke) sowie um aktive Vierpole (Verstärkervierpole) mit und ohne Rückführungen handeln. Im folgenden werden die für den Schaltungstechniker bedeutsamsten Berechnungsmethoden für Verstärkervierpole im Kleinsignalbetrieb zusammengestellt und dabei zwischen Schaltungen mit und ohne Rückführung unterschieden.

1.2.4.1 Verstärkervierpole ohne Rückführung

Das Betriebsverhalten von Verstärkervierpolen wird durch die Betriebskenngrößen

— Stromverstärkung $\underline{V}_\mathrm{I} = \underline{I}_2/\underline{I}_1$,
— Spannungsverstärkung $\underline{V}_\mathrm{U} = \underline{U}_2/\underline{U}_1$,
— Leistungsverstärkung $\underline{V}_\mathrm{P} = \underline{P}_2/\underline{P}_1$,
— Eingangswiderstand $\underline{R}_\mathrm{Ein} = \underline{U}_1/\underline{I}_1$ und
— Ausgangswiderstand $\underline{R}_\mathrm{Aus} = \underline{U}_2/\underline{I}_2$

beschrieben. Sie sind abhängig von den inneren Eigenschaften des Vierpols sowie seinen ein- und ausgangsseitigen Abschlüssen mit den Quellen- und Lastimpedanzen $\underline{R}_\mathrm{Q}$ und $\underline{R}_\mathrm{L}$ (Bild 1.47).

Bild 1.47 Verstärkervierpol mit Signalquelle und Signalsenke

Die inneren Eigenschaften des Vierpols können durch

— formale Vierpolgleichungen bzw. -ersatzschaltungen oder
— spezifische (physikalische) Ersatzschaltungen

charakterisiert werden.

Von den formalen Vierpolgleichungen sind für Verstärkervierpole

— die Hybridform

$$\underline{U}_1 = \underline{h}_{11}\underline{I}_1 + \underline{h}_{12}\underline{U}_2 \tag{1.124}$$

$$\underline{I}_2 = \underline{h}_{21}\underline{I}_1 + \bar{h}_{22}\underline{U}_2 \tag{1.125}$$

— und die Leitwertform

$$\underline{I}_1 = \underline{y}_{11}\underline{U}_1 + \underline{y}_{12}\underline{U}_2 \tag{1.126}$$

$$\underline{I}_2 = \underline{y}_{21}\underline{U}_1 + \underline{y}_{22}\underline{U}_2 \tag{1.127}$$

besonders bedeutsam. Den Gleichungen können die im Bild 1.48 gezeigten formalen Vierpolersatzschaltungen unterlegt werden.

Anhand der Vierpolgleichungen in Hybridform soll die Berechnung der Betriebskenngrößen demonstriert werden:

— Stromverstärkung $\underline{V}_\mathrm{I}$: Am Ausgang des Vierpols gilt (s. Bild 1.47)

$$\underline{U}_2 = -\underline{I}_2\,\underline{R}_\mathrm{L}\,. \tag{1.128}$$

Damit und mit der zweiten Vierpolgleichung (1.125) folgt

$$\underline{I}_2 = \underline{h}_{21}\,\underline{I}_1 - \underline{h}_{22}\,\underline{R}_L\,\underline{I}_2 \qquad (1.129)$$

und man erhält für

$$\underline{V}_I = \frac{\underline{I}_2}{\underline{I}_1} = \frac{\underline{h}_{21}}{1 + \underline{h}_{22}\,\underline{R}_L}. \qquad (1.130)$$

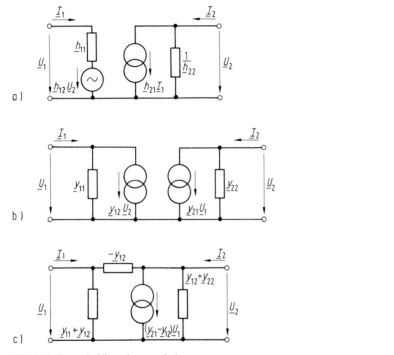

Bild 1.48 Formale Vierpolersatzschaltungen
a) in Hybridform, b) in Leitwertform mit zwei gesteuerten Quellen,
c) in Leitwertform mit einer gesteuerten Quelle (π-Ersatzschaltung)

— Spannungsverstärkung $\underline{V}_U$: Setzt man die Gln.(1.128) und (1.130) in die erste Vierpolgleichung (1.124) ein, so erhält man

$$\underline{U}_1 = -\frac{\underline{h}_{11}}{\underline{R}_L} \cdot \frac{1 + \underline{h}_{22}\,\underline{R}_L}{\underline{h}_{21}}\,\underline{U}_2 + \underline{h}_{12}\,\underline{U}_2. \qquad (1.131)$$

Daraus folgt für

$$\underline{V}_U = \frac{\underline{U}_2}{\underline{U}_1} = \frac{-\underline{h}_{21}\,\underline{R}_L}{\underline{h}_{11} + \det(\underline{h})\,\underline{R}_L} \qquad (1.132)$$

mit $\det(\underline{h}) = \underline{h}_{11}\,\underline{h}_{22} - \underline{h}_{12}\,\underline{h}_{21}$.

– Eingangswiderstand $\underline{R}_{Ein}$: Es gilt

$$\underline{R}_{Ein} = \frac{\underline{U}_1}{\underline{I}_1} = \frac{\underline{U}_2}{\underline{V}_U} \frac{\underline{V}_I}{\underline{I}_2} = -\underline{R}_L \frac{\underline{V}_I}{\underline{V}_U}. \tag{1.133}$$

Mit den Gln.(1.130) und (1.132) folgt

$$\underline{R}_{Ein} = \frac{h_{11} + \det(\underline{h})\,\underline{R}_L}{1 + h_{22}\,\underline{R}_L}. \tag{1.134}$$

– Ausgangswiderstand $\underline{R}_{Aus}$: Die Ermittlung erfolgt bei ausgangsseitiger Speisung und für $\underline{U}_S = 0$. Dabei wird

$$\underline{U}_1 = -\underline{I}_1\,\underline{R}_Q \tag{1.135}$$

und $\qquad \underline{I}_1 = -\dfrac{h_{12}\underline{U}_2}{h_{11} + \underline{R}_Q}. \tag{1.136}$

Setzt man den Ausdruck für $\underline{I}_1$ in die zweite Vierpolgleichung (1.125) ein, so erhält man

$$\underline{I}_2 = -\frac{h_{12}\,h_{21}}{h_{11} + \underline{R}_Q}\,\underline{U}_2 + h_{22}\,\underline{U}_2 \tag{1.137}$$

und es ergibt sich daraus

$$\underline{R}_{Aus} = \frac{\underline{U}_2}{\underline{I}_2} = \frac{h_{11} + \underline{R}_Q}{\det(\underline{h}) + h_{22}\,\underline{R}_Q}. \tag{1.138}$$

– Leistungsverstärkung V_P: Es gilt

$$V_P = \frac{P_2}{P_1} = V_I \cdot V_U = \frac{-h_{21}^2\,R_L}{(1 + h_{22}\,R_L)(h_{11} + \det(h)\,R_L)}. \tag{1.139}$$

Für komplexe Größen wird

$$\underline{V}_P = \underline{V}_I{}^* \cdot \underline{V}_U \tag{1.140}$$

mit $\underline{V}_I{}^*$ – konjugiert komplexe Stromverstärkung.

Die Hybridform der Vierpolgleichungen wird hauptsächlich bei der Beschreibung von Schaltungen mit Bipolartransistoren angewandt. Die Leitwertform wird meist zur Beschreibung von Anordnungen mit Feldeffekttransistoren herangezogen. Ferner ist die Leitwertform bei Untersuchungen im Bereich hoher Frequenzen vorteilhaft. Die Ergebnisse der Berechnung der Betriebskenngrößen mit den Vierpolparametern in Hybrid- und Leitwertform sind in Tabelle 1.2 zusammengestellt. Neben den allgemeingültigen Beziehungen sind auch die üblichen Näherungen für die drei Grundschaltungen des Bipolartransistors ausgewiesen.

Bei der Beschreibung der Eigenschaften der Verstärkervierpole mittels physikalischer Ersatzschaltungen kommen folgende Strukturen zur Anwendung:
– Für Bipolartransistoren die Ersatzschaltungen nach Bild 1.20 und Bild 1.21,
– für Feldeffekttransistoren die Ersatzschaltung nach Bild 1.24.

Tabelle 1.2 Vierpol-Betriebskenngrößen — ausgedrückt durch Hybrid- und Leitwertparameter

Bezeichnung	Definition	Ausgedrückt durch h-Parameter				Ausgedrückt durch y-Parameter
		Allgemein	Näherungen für			
			Emitterschaltung	Kollektorschaltung	Basisschaltung	
Strom-verstärkung	$V_I = \dfrac{I_2}{I_1}$	$\dfrac{h_{21}}{1 + h_{22} R_L}$	h_{21e} (für $\lvert h_{22e} R_L\rvert \ll 1$)	$-h_{21e}$ (für $\lvert h_{22e} R_L\rvert \ll 1$; $\lvert h_{21e}\rvert \gg 1$)	-1 (für $\lvert h_{22e} R_L\rvert \ll 1$; $\lvert h_{21e}\rvert \gg 1$)	$\dfrac{y_{21}}{y_{11} + \det(y) R_L}$
Spannungs-verstärkung	$V_U = \dfrac{U_2}{U_1}$	$\dfrac{-h_{21} R_L}{h_{11} + \det(h) R_L}$	$-\dfrac{h_{21e} R_L}{h_{11e}}$ (für $h_{12e}=0$; $\lvert h_{22e} R_L\rvert \ll 1$)	$1 - \dfrac{h_{11e}}{h_{21e} R_L} \approx 1$ (für $\lvert h_{21e}\rvert \gg 1$; $\lvert h_{21e} R_L\rvert \gg \lvert h_{11e}\rvert$)	$\dfrac{h_{21e} R_L}{h_{11e}}$ (für $h_{12e}=0$; $\lvert h_{22e} R_L\rvert \ll 1$)	$\dfrac{-y_{21} R_L}{1 + y_{22} R_L}$
Leistungs-verstärkung	$V_P = \dfrac{P_2}{P_1}$ $= V_I^* V_U$	$\dfrac{-\lvert h_{21}\rvert^2 R_L}{(1 + h_{22}^* R_L^*)}$ $\times \dfrac{1}{(h_{11} + \det(h) R_L)}$	$-\dfrac{\lvert h_{21e}\rvert^2}{h_{11e}} R_L$ (für $h_{12e}=0$; $\lvert h_{22e} R_L\rvert \ll 1$)	$-h_{21e}^*$ (für $\lvert h_{22e} R_L\rvert \ll 1$; $\lvert h_{21e} R_L\rvert \gg \lvert h_{11e}\rvert$; $\lvert h_{21e}\rvert \gg 1$)	$-\dfrac{h_{21e} R_L}{h_{11e}}$ (für $\lvert h_{22e} R_L\rvert \ll 1$; $\lvert h_{21e}\rvert \gg 1$; $h_{12e}=0$)	$\dfrac{-\lvert y_{21}\rvert^2 R_L}{(y_{11}^* + \det(y^*) R_L^*)}$ $\times \dfrac{1}{(1 + y_{22} R_L)}$
Eingangs-widerstand	$R_{Ein} = \dfrac{U_1}{I_1}$	$\dfrac{h_{11} + \det(h) R_L}{1 + h_{22} R_L}$	h_{11e} (für $h_{12e}=0$)	$h_{11e} + h_{21e} R_L \approx h_{21e} R_L$ (für $\lvert h_{22e} R_L\rvert \ll 1$; $\lvert h_{21e} R_L\rvert \gg \lvert h_{11e}\rvert$)	$\dfrac{h_{11e}}{h_{21e}}$ (für $h_{12b}=0$; $\lvert h_{21e}\rvert \gg 1$)	$\dfrac{1 + y_{22} R_L}{y_{11} + \det(y) R_L}$
Ausgangs-widerstand	$R_{Aus} = \dfrac{U_2}{I_2}$	$\dfrac{h_{11} + R_Q}{\det(h) + h_{22} R_Q}$	$\dfrac{1}{h_{22e}}$ (für $h_{12e}=0$)	$\dfrac{1}{h_{21e}}(h_{11e} + R_Q)$ (für $\lvert h_{22e} R_Q\rvert \ll 1$; $\lvert h_{21e}\rvert \gg 1$)	$\dfrac{1}{h_{22e}}\left(1 + \dfrac{h_{21e} R_Q}{h_{11e} + R_Q}\right)$ (für $h_{12e}=0$; $\lvert h_{21e}\rvert \gg 1$; $\lvert h_{11e} h_{22e}\rvert \ll 1$)	$\dfrac{1 + y_{11} R_Q}{y_{22} + \det(y) R_Q}$

Die Berechnung der Betriebskenngrößen anhand dieser Ersatzschaltungen ist unmittelbar mit den Kirchhoffschen Gesetzen und den Berechnungsmethoden am Grundstromkreis ausführbar. Die Variante ist auch für rechnergestützte Analysen sehr vorteilhaft und wird daher meist bevorzugt. Die Resultate der Ermittlung sind in den Tabellen 1.3 (für die Grundschaltungen des Bipolartransistors) und 1.4 (für die Grundschaltungen des Feldeffekttransistors) wiedergegeben.

Tabelle 1.3 NF-Betriebskenngrößen des Bipolartransistors — ausgedrückt durch Elemente der physikalischen Ersatzschaltung gemäß Bild 1.20

Bezeichnung	Definition	Emitterschaltung	Kollektorschaltung	Basisschaltung
Stromverstärkung	$\underline{V}_I = \dfrac{I_2}{I_1}$	$\dfrac{b_n}{1+\dfrac{R_L}{r_{ce}}} \approx b_n$ (für $r_{ce} \gg R_L$)	$-\dfrac{b_n+1}{1+\dfrac{R_L}{r_{ce}}} \approx -b_n$ (für $b_n \gg 1$; $r_{ce} \gg R_L$)	$-\dfrac{1}{1+\dfrac{r_{ce}+R_L}{b_n r_{ce}+r_{be}}}$ $\approx -\dfrac{b_n}{b_n+1} \approx -1$ (für $b_n \gg 1$; $r_{ce} \gg r_{be}$; $r_{ce} \gg R_L$)
Spannungsverstärkung	$\underline{V}_U = \dfrac{U_2}{U_1}$	$-\dfrac{b_n}{r_{be}}(r_{ce}\|R_L)$ $\approx -\dfrac{b_n}{r_{be}}R_L$ (für $r_{ce} \gg R_L$)	$\dfrac{1}{1+\dfrac{r_{be}}{(b_n+1)(r_{ce}\|R_L)}}$ $\approx \dfrac{1}{1+\dfrac{r_{be}}{b_n R_L}} \approx 1$ (für $b_n \gg 1$; $r_{ce} \gg R_L$; $b_n R_L \gg r_{be}$)	$\left(\dfrac{b_n}{r_{be}}+\dfrac{1}{r_{ce}}\right)(R_L\|r_{ce})$ $\approx \dfrac{b_n}{r_{be}}(R_L\|r_{ce}) \approx \dfrac{b_n}{r_{be}}R_L$ (für $b_n \gg 1$; $r_{ce} \gg r_{be}$; $r_{ce} \gg R_L$)
Eingangswiderstand	$\underline{R}_{Ein} = \dfrac{U_1}{I_1}$	r_{be}	$r_{be}+(b_n+1)(r_{ce}\|R_L)$ $\approx r_{be}+b_n R_L$ (für $b_n \gg 1$; $r_{ce} \gg R_L$)	$\dfrac{r_{be}}{1+\dfrac{b_n r_{ce}+r_{be}}{r_{ce}+R_L}} \approx \dfrac{r_{be}}{b_n}$ (für $b_n \gg 1$; $r_{ce} \gg r_{be}$; $r_{ce} \gg R_L$)
Ausgangswiderstand	$\underline{R}_{Aus} = \dfrac{U_2}{I_2}$	r_{ce}	$\dfrac{r_{be}+R_Q}{b_n+1}\Big\| r_{ce}$ $\approx \dfrac{1}{b_n}(r_{be}+R_Q)$ $\left(\text{für } b_n \gg 1;\ r_{ce} \gg \dfrac{r_{be}+R_Q}{b_n}\right)$	$r_{ce}\left(1+\dfrac{b_n R_Q+\dfrac{r_{be}}{r_{ce}}R_Q}{r_{be}+R_Q}\right)$ $\approx r_{ce}\left(1+\dfrac{b_n R_Q}{r_{be}+R_Q}\right)$ (für $b_n \gg 1$; $r_{ce} \gg r_{be}$)

Tabelle 1.4 NF-Betriebskenngrößen des MOS-Feldeffekttransistors — ausgedrückt durch Elemente der physikalischen Ersatzschaltung gemäß Bild 1.24

Bezeichnung	Definition	Source-schaltung	Drainschaltung	Gateschaltung
Strom-verstärkung	$\underline{V_I} = \dfrac{\underline{I_2}}{\underline{I_1}}$	∞	∞	-1
Spannungs-verstärkung	$\underline{V_U} = \dfrac{\underline{U_2}}{\underline{U_1}}$	$-\dfrac{g_m R_L}{1 + g_d R_L}$ $\approx -g_m R_L$ (für $g_d R_L \ll 1$)	$\dfrac{g_m R_L}{1 + (g_m + \lambda g_m + g_d) R_L}$ $\approx \dfrac{g_m R_L}{1 + g_m R_L} \approx 1$ (für $\lambda \ll 1$; $g_d \ll g_m$; $g_m R_L \gg 1$)	$\dfrac{(g_m + \lambda g_m + g_d) R_L}{1 + g_d R_L} \approx g_m R_L$ (für $\lambda \ll 1$; $g_d \ll g_m$; $g_d R_L \ll 1$)
Eingangs-widerstand	$\underline{R}_{Ein} = \dfrac{\underline{U_1}}{\underline{I_1}}$	∞	∞	$\dfrac{1 + g_d R_L}{g_m + \lambda g_m + g_d} \approx \dfrac{1}{g_m}$ (für $\lambda \ll 1$; $g_d \ll g_m$; $g_d R_L \ll 1$)
Ausgangs-widerstand	$\underline{R}_{Aus} = \dfrac{\underline{U_2}}{\underline{I_2}}$	$\dfrac{1}{g_d}$	$\dfrac{1}{g_m + \lambda g_m + g_d} \approx \dfrac{1}{g_m}$ (für $\lambda \ll 1$; $g_d \ll g_m$)	$\dfrac{1 + (g_m + \lambda g_m + g_d) R_Q}{g_d}$ $\approx \dfrac{1}{g_d}(1 + g_m R_Q)$ (für $\lambda \ll 1$; $g_d \ll g_m$)

1.2.4.2 Verstärkervierpole mit Rückführung

In vielen Fällen ist es notwendig, das Betriebsverhalten des Verstärkervierpols zu stabilisieren und zu linearisieren oder die Verstärkerstufe zu entdämpfen bzw. zur Oszillation anzuregen. Beides kann durch Rückkopplung erreicht werden. Dabei wird ein Teil des Ausgangssignales des Verstärkervierpols über einen Rückkopplungsvierpol an den Eingang des Verstärkervierpols zurückgeführt (Bild 1.49).

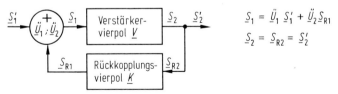

$$\underline{S_1} = \ddot{U}_1\,\underline{S_1'} + \ddot{U}_2\underline{S}_{R1}$$

$$\underline{S_2} = \underline{S}_{R2} = \underline{S_2'}$$

Bild 1.49 Verstärkervierpol mit Rückführung

Zwischen den Signalen $\underline{S_1'}$ und $\underline{S_2'}$ besteht folgender Zusammenhang:

$$\frac{\underline{S_2'}}{\underline{S_1'}} = \underline{V}' = \frac{\ddot{U}_1\underline{V}}{1 - \ddot{U}_2\underline{K}\,\underline{V}} \tag{1.141}$$

mit $\underline{V}'$ — Verstärkung mit Rückführung,
      $\underline{V} = \underline{S}_2/\underline{S}_1$ — Verstärkung ohne Rückführung,
      $\underline{K} = \underline{S}_{R\,1}/\underline{S}_{R\,2}$ — Rückkopplungsfaktor sowie
      $\ddot{U}_1 = \underline{S}_1/\underline{S}_1'$ und $\ddot{U}_2 = \underline{S}_1/\underline{S}_{R\,1}$ — Übersetzungsverhältnisse.

In vielen Fällen kann $\ddot{U}_1 = \ddot{U}_2 = 1$ gesetzt werden, und es folgt:

$$\underline{V}' = \frac{\underline{V}}{1 - \underline{K}\,\underline{V}}\,. \tag{1.142}$$

Das Produkt $\underline{K}\,\underline{V}$ wird als Schleifenverstärkung und der Ausdruck $1 - \underline{K}\,\underline{V}$ als Rückkopplungsgrad bezeichnet.

Für $|1 - \underline{K}\,\underline{V}| > 1$ wird $|\underline{V}'| < |\underline{V}|$, und man spricht von einer *Gegenkopplung*. Ist dabei $\underline{K}\,\underline{V} = KV$ reell, so bedeutet dies, daß $KV < 0$ bzw. $S_{R\,1}$ und S_1 gegenphasig sein müssen. Bei sehr großer negativer Schleifenverstärkung, d.h. bei $KV \ll 0$, wird $V' \approx 1/K$. Die Verstärkung V' ist nur noch vom Rückkopplungsfaktor K abhängig. Setzt man im Rückkopplungsvierpol Bauelemente mit hoher zeitlicher Konstanz ein, so sind auf diese Weise auch Verstärkungsfaktoren mit hoher zeitlicher Konstanz realisierbar.

Für $|1 - \underline{K}\,\underline{V}| < 1$ wird $|\underline{V}'| > |\underline{V}|$, und man spricht von einer *Mitkopplung*. Ist dabei $\underline{K}\,\underline{V} = KV$ reell, so bedeutet dies, daß $KV > 0$ bzw. $S_{R\,1}$ und S_1 gleichphasig sein müssen. Ein Spezialfall der Mitkopplung ist die Selbsterregung. Sie tritt ein für $|1 - \underline{K}\,\underline{V}| = 0$ und bedeutet, daß $|\underline{V}'| = \infty$ wird. Der Effekt der Selbsterregung wird in Oszillatorschaltungen zur Schwingungserzeugung genutzt. Selbsterregung kann allerdings auch in gegengekoppelten Anordnungen unerwünscht in Erscheinung treten, wenn infolge von frequenzabhängigen Phasendrehungen die Gegenkopplung zur Mitkopplung wird. Um Selbsterregung sicher zu vermeiden, muß für alle Frequenzen die Zusatzbedingung $Re(\underline{K}\,\underline{V}) < 1$ erfüllt sein.

Für die Stabilisierung und Linearisierung von Verstärkerstufen interessiert nur die Gegenkopplung. Man unterscheidet dabei vier Gegenkopplungsgrundschaltungen:

— *Serien-Serien-Gegenkopplung*. Die auf den Eingang rückgeführte Spannung ist dem Ausgangsstrom proportional (oft auch als *Stromgegenkopplung* bezeichnet).
— *Parallel-Parallel-Gegenkopplung*. Der auf den Eingang rückgeführte Strom ist der Ausgangsspannung proportional (oft auch als *Spannungsgegenkopplung* bezeichnet).
— *Serien-Parallel-Gegenkopplung*. Die auf den Eingang rückgeführte Spannung ist der Ausgangsspannung proportional.
— *Parallel-Serien-Gegenkopplung*. Der auf den Eingang rückgeführte Strom ist dem Ausgangsstrom proportional.

Bild 1.50 zeigt Beispiele für das Zusammenwirken von Verstärker- und Rückkopplungsvierpol dieser vier Grundschaltungen.

Bei der Berechnung der gegengekoppelten Verstärkerschaltung ist man bestrebt, den Verstärker- und Rückkopplungsvierpol zu einem resultierenden Vierpol zusammenzufassen. Mit den Parametern dieses resultierenden Vierpols kann dann das

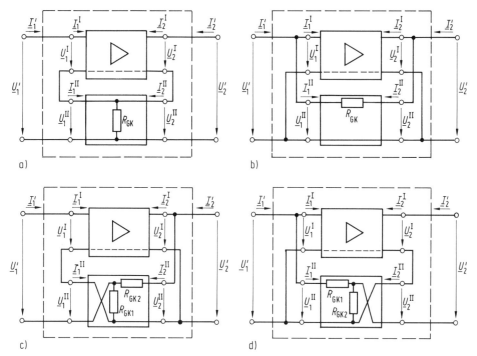

Bild 1.50 Gegenkopplungsgrundschaltungen
a) Serien-Serien-Gegenkopplungen, b) Parallel-Parallel-Gegenkopplung, c) Serien-Parallel-Gegenkopplung, d) Parallel-Serien-Gegenkopplung

Betriebsverhalten der Schaltung in der üblichen Weise berechnet werden. Zur Ermittlung der resultierenden Parameter bieten sich folgende Möglichkeiten:

— Formale Verknüpfung der Matrizen der beiden Einzelvierpole entsprechend den durch die Vierpoltheorie gegebenen Gesetzmäßigkeiten [1.5, 1.6]. Rechenvorschriften für diese Operationen können den Tabellen 1.5 und 1.6 entnommen werden;
— elementare Analyse mit Hilfe der Kirchhoffschen Sätze, wobei die Eigenschaften des Verstärkervierpols wieder durch physikalische Ersatzschaltungen vorgegeben werden.

Tabelle 1.5 Matrizen der vier Gegenkopplungsgrundschaltungen

Gegenkopplungs- schaltung	Matrix des Verstärker- vierpols	Matrix des Rückkopplungs- vierpols	Matrix des resultierenden Vierpols
Serie-Serie	$(\underline{z}^{I})$	$(\underline{z}^{II})$	$(\underline{z}') = (\underline{z}^{I}) + (\underline{z}^{II})$
Parallel-Parallel	$(\underline{y}^{I})$	$(\underline{y}^{II})$	$(\underline{y}') = (\underline{y}^{I}) + (\underline{y}^{II})$
Serie-Parallel	$(\underline{h}^{I})$	$(\underline{h}^{II})$	$(\underline{h}') = (\underline{h}^{I}) + (\underline{h}^{II})$
Parallel-Serie	$(\underline{d}^{I})$	$(\underline{d}^{II})$	$(\underline{d}') = (\underline{d}^{I}) + (\underline{d}^{II})$

Tabelle 1.6 Umrechnung der Vierpolparameter

	$(\underline{z})$	$(\underline{y})$	$(\underline{h})$	$(\underline{d})$	$(\underline{a})$	$(\underline{b})$
$(\underline{z})$	$\begin{matrix} \underline{z}_{11} & \underline{z}_{12} \\[4pt] \underline{z}_{21} & \underline{z}_{22} \end{matrix}$	$\begin{matrix} \dfrac{\underline{y}_{22}}{\det(\underline{y})} & \dfrac{-\underline{y}_{12}}{\det(\underline{y})} \\[8pt] \dfrac{-\underline{y}_{21}}{\det(\underline{y})} & \dfrac{\underline{y}_{11}}{\det(\underline{y})} \end{matrix}$	$\begin{matrix} \dfrac{\det(\underline{h})}{\underline{h}_{22}} & \dfrac{\underline{h}_{12}}{\underline{h}_{22}} \\[8pt] \dfrac{-\underline{h}_{21}}{\underline{h}_{22}} & \dfrac{1}{\underline{h}_{22}} \end{matrix}$	$\begin{matrix} \dfrac{1}{\underline{d}_{11}} & \dfrac{-\underline{d}_{12}}{\underline{d}_{11}} \\[8pt] \dfrac{\underline{d}_{21}}{\underline{d}_{11}} & \dfrac{\det(\underline{d})}{\underline{d}_{11}} \end{matrix}$	$\begin{matrix} \dfrac{\underline{a}_{11}}{\underline{a}_{21}} & \dfrac{\det(\underline{a})}{\underline{a}_{21}} \\[8pt] \dfrac{1}{\underline{a}_{21}} & \dfrac{\underline{a}_{22}}{\underline{a}_{21}} \end{matrix}$	$\begin{matrix} \dfrac{\underline{b}_{22}}{\underline{b}_{21}} & \dfrac{1}{\underline{b}_{21}} \\[8pt] \dfrac{\det(\underline{b})}{\underline{b}_{21}} & \dfrac{\underline{b}_{11}}{\underline{b}_{21}} \end{matrix}$
$(\underline{y})$	$\begin{matrix} \dfrac{\underline{z}_{22}}{\det(\underline{z})} & \dfrac{-\underline{z}_{12}}{\det(\underline{z})} \\[8pt] \dfrac{-\underline{z}_{21}}{\det(\underline{z})} & \dfrac{\underline{z}_{11}}{\det(\underline{z})} \end{matrix}$	$\begin{matrix} \underline{y}_{11} & \underline{y}_{12} \\[4pt] \underline{y}_{21} & \underline{y}_{22} \end{matrix}$	$\begin{matrix} \dfrac{1}{\underline{h}_{11}} & \dfrac{-\underline{h}_{12}}{\underline{h}_{11}} \\[8pt] \dfrac{\underline{h}_{21}}{\underline{h}_{11}} & \dfrac{\det(\underline{h})}{\underline{h}_{11}} \end{matrix}$	$\begin{matrix} \dfrac{\det(\underline{d})}{\underline{d}_{22}} & \dfrac{\underline{d}_{12}}{\underline{d}_{22}} \\[8pt] \dfrac{-\underline{d}_{21}}{\underline{d}_{22}} & \dfrac{1}{\underline{d}_{22}} \end{matrix}$	$\begin{matrix} \dfrac{\underline{a}_{22}}{\underline{a}_{12}} & \dfrac{-\det(\underline{a})}{\underline{a}_{12}} \\[8pt] \dfrac{-1}{\underline{a}_{12}} & \dfrac{\underline{a}_{11}}{\underline{a}_{12}} \end{matrix}$	$\begin{matrix} \dfrac{\underline{b}_{11}}{\underline{b}_{12}} & \dfrac{-1}{\underline{b}_{12}} \\[8pt] \dfrac{-\det(\underline{b})}{\underline{b}_{12}} & \dfrac{\underline{b}_{22}}{\underline{b}_{12}} \end{matrix}$
$(\underline{h})$	$\begin{matrix} \dfrac{\det(\underline{z})}{\underline{z}_{22}} & \dfrac{\underline{z}_{12}}{\underline{z}_{22}} \\[8pt] \dfrac{-\underline{z}_{21}}{\underline{z}_{22}} & \dfrac{1}{\underline{z}_{22}} \end{matrix}$	$\begin{matrix} \dfrac{1}{\underline{y}_{11}} & \dfrac{-\underline{y}_{12}}{\underline{y}_{11}} \\[8pt] \dfrac{\underline{y}_{21}}{\underline{y}_{11}} & \dfrac{\det(\underline{y})}{\underline{y}_{11}} \end{matrix}$	$\begin{matrix} \underline{h}_{11} & \underline{h}_{12} \\[4pt] \underline{h}_{21} & \underline{h}_{22} \end{matrix}$	$\begin{matrix} \dfrac{\underline{d}_{22}}{\det(\underline{d})} & \dfrac{-\underline{d}_{12}}{\det(\underline{d})} \\[8pt] \dfrac{-\underline{d}_{21}}{\det(\underline{d})} & \dfrac{\underline{d}_{11}}{\det(\underline{d})} \end{matrix}$	$\begin{matrix} \dfrac{\underline{a}_{12}}{\underline{a}_{22}} & \dfrac{\det(\underline{a})}{\underline{a}_{22}} \\[8pt] \dfrac{-1}{\underline{a}_{22}} & \dfrac{\underline{a}_{21}}{\underline{a}_{22}} \end{matrix}$	$\begin{matrix} \dfrac{\underline{b}_{12}}{\underline{b}_{11}} & \dfrac{1}{\underline{b}_{11}} \\[8pt] \dfrac{-\det(\underline{b})}{\underline{b}_{11}} & \dfrac{\underline{b}_{21}}{\underline{b}_{11}} \end{matrix}$
$(\underline{d})$	$\begin{matrix} \dfrac{1}{\underline{z}_{11}} & \dfrac{-\underline{z}_{12}}{\underline{z}_{11}} \\[8pt] \dfrac{\underline{z}_{21}}{\underline{z}_{11}} & \dfrac{\det(\underline{z})}{\underline{z}_{11}} \end{matrix}$	$\begin{matrix} \dfrac{\det(\underline{y})}{\underline{y}_{22}} & \dfrac{\underline{y}_{12}}{\underline{y}_{22}} \\[8pt] \dfrac{-\underline{y}_{21}}{\underline{y}_{22}} & \dfrac{1}{\underline{y}_{22}} \end{matrix}$	$\begin{matrix} \dfrac{\underline{h}_{22}}{\det(\underline{h})} & \dfrac{-\underline{h}_{12}}{\det(\underline{h})} \\[8pt] \dfrac{-\underline{h}_{21}}{\det(\underline{h})} & \dfrac{\underline{h}_{11}}{\det(\underline{h})} \end{matrix}$	$\begin{matrix} \underline{d}_{11} & \underline{d}_{12} \\[4pt] \underline{d}_{21} & \underline{d}_{22} \end{matrix}$	$\begin{matrix} \dfrac{\underline{a}_{21}}{\underline{a}_{11}} & \dfrac{-\det(\underline{a})}{\underline{a}_{11}} \\[8pt] \dfrac{1}{\underline{a}_{11}} & \dfrac{\underline{a}_{12}}{\underline{a}_{11}} \end{matrix}$	$\begin{matrix} \dfrac{\underline{b}_{21}}{\underline{b}_{22}} & \dfrac{\det(\underline{b})}{\underline{b}_{22}} \\[8pt] \dfrac{-1}{\underline{b}_{22}} & \dfrac{\underline{b}_{12}}{\underline{b}_{22}} \end{matrix}$
$(\underline{a})$	$\begin{matrix} \dfrac{\underline{z}_{11}}{\underline{z}_{21}} & \dfrac{\det(\underline{z})}{\underline{z}_{21}} \\[8pt] \dfrac{1}{\underline{z}_{21}} & \dfrac{\underline{z}_{22}}{\underline{z}_{21}} \end{matrix}$	$\begin{matrix} \dfrac{-\underline{y}_{22}}{\underline{y}_{21}} & \dfrac{-1}{\underline{y}_{21}} \\[8pt] \dfrac{-\det(\underline{y})}{\underline{y}_{21}} & \dfrac{-\underline{y}_{11}}{\underline{y}_{21}} \end{matrix}$	$\begin{matrix} \dfrac{-\det(\underline{h})}{\underline{h}_{21}} & \dfrac{-\underline{h}_{11}}{\underline{h}_{21}} \\[8pt] \dfrac{-\underline{h}_{22}}{\underline{h}_{21}} & \dfrac{-1}{\underline{h}_{21}} \end{matrix}$	$\begin{matrix} \dfrac{1}{\underline{d}_{21}} & \dfrac{\underline{d}_{22}}{\underline{d}_{21}} \\[8pt] \dfrac{\underline{d}_{11}}{\underline{d}_{21}} & \dfrac{\det(\underline{d})}{\underline{d}_{21}} \end{matrix}$	$\begin{matrix} \underline{a}_{11} & \underline{a}_{12} \\[4pt] \underline{a}_{21} & \underline{a}_{22} \end{matrix}$	$\begin{matrix} \dfrac{\underline{b}_{22}}{\det(\underline{b})} & \dfrac{\underline{b}_{12}}{\det(\underline{b})} \\[8pt] \dfrac{\underline{b}_{21}}{\det(\underline{b})} & \dfrac{\underline{b}_{11}}{\det(\underline{b})} \end{matrix}$
$(\underline{b})$	$\begin{matrix} \dfrac{\underline{z}_{22}}{\underline{z}_{12}} & \dfrac{\det(\underline{z})}{\underline{z}_{12}} \\[8pt] \dfrac{1}{\underline{z}_{12}} & \dfrac{\underline{z}_{11}}{\underline{z}_{12}} \end{matrix}$	$\begin{matrix} \dfrac{-\underline{y}_{11}}{\underline{y}_{12}} & \dfrac{-1}{\underline{y}_{12}} \\[8pt] \dfrac{-\det(\underline{y})}{\underline{y}_{12}} & \dfrac{-\underline{y}_{22}}{\underline{y}_{12}} \end{matrix}$	$\begin{matrix} \dfrac{1}{\underline{h}_{12}} & \dfrac{\underline{h}_{11}}{\underline{h}_{12}} \\[8pt] \dfrac{\underline{h}_{22}}{\underline{h}_{12}} & \dfrac{\det(\underline{h})}{\underline{h}_{12}} \end{matrix}$	$\begin{matrix} \dfrac{-\det(\underline{d})}{\underline{d}_{12}} & \dfrac{-\underline{d}_{22}}{\underline{d}_{12}} \\[8pt] \dfrac{-\underline{d}_{11}}{\underline{d}_{12}} & \dfrac{-1}{\underline{d}_{12}} \end{matrix}$	$\begin{matrix} \dfrac{\underline{a}_{22}}{\det(\underline{a})} & \dfrac{\underline{a}_{12}}{\det(\underline{a})} \\[8pt] \dfrac{\underline{a}_{21}}{\det(\underline{a})} & \dfrac{\underline{a}_{11}}{\det(\underline{a})} \end{matrix}$	$\begin{matrix} \underline{b}_{11} & \underline{b}_{12} \\[4pt] \underline{b}_{21} & \underline{b}_{22} \end{matrix}$
	Widerstandsform $\binom{U_1}{U_2}=(\underline{z})\binom{I_1}{I_2}$	Leitwertform $\binom{I_1}{I_2}=(\underline{y})\binom{U_1}{U_2}$	Hybridform $\binom{U_1}{I_2}=(\underline{h})\binom{I_1}{U_2}$	reziproke Hybridform $\binom{I_1}{U_2}=(\underline{d})\binom{U_1}{I_2}$	Kettenform $\binom{U_1}{I_1}=(\underline{a})\binom{U_2}{I_2}$	reziproke Kettenform $\binom{U_2}{I_2}=(\underline{b})\binom{U_1}{I_1}$

Welcher der beiden Wege am schnellsten zum Ziel führt, hängt von der zu berechnenden Schaltung und den dabei zulässigen Vereinfachungen bzw. Näherungen ab.

Im folgenden soll die Berechnung der Serien-Serien- und Parallel-Parallel-Gegenkopplung mit Hilfe der zweiten Methode vorgenommen werden. Um möglichst universell verwendbare Ergebnisse zu erhalten, erfolgt die Beschreibung der Eigenschaften des Verstärkervierpols allerdings nicht durch eine spezifische physikalische Ersatzschaltung, sondern durch die formale Vierpolersatzschaltung in Hybridform.

Serien-Serien-Gegenkopplung: Bild 1.51 zeigt die Schaltung. Es sind folgende Zusammenhänge ablesbar:

$$\underline{I}'_1 = \underline{I}_1 \tag{1.143}$$

$$\underline{I}'_2 = \underline{I}_2 \tag{1.144}$$

$$\underline{U}'_1 = \underline{U}_1 + R_{GK}(\underline{I}_1 + \underline{I}_2) \tag{1.145}$$

$$\underline{U}'_2 = \underline{U}_2 + R_{GK}(\underline{I}_1 + \underline{I}_2). \tag{1.146}$$

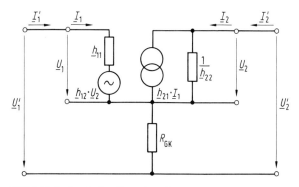

Bild 1.51 Serien-Serien-Gegenkopplung

Für die $\underline{h}'$-Parameter des gegengekoppelten Vierpols folgt daraus:

$$\underline{h}'_{11} = \frac{\underline{U}'_1}{\underline{I}'_1}\bigg|_{U'_2=0} = \underline{h}_{11} + \frac{R_{GK}(1+\underline{h}_{21})(1-\underline{h}_{12})}{1+\underline{h}_{22}R_{GK}} \tag{1.147}$$

$$\underline{h}'_{12} = \frac{\underline{U}'_1}{\underline{U}'_2}\bigg|_{I'_1=0} = \frac{\underline{h}_{12}+\underline{h}_{22}R_{GK}}{1+\underline{h}_{22}R_{GK}} \tag{1.148}$$

$$\underline{h}'_{21} = \frac{\underline{I}'_2}{\underline{I}'_1}\bigg|_{U'_2=0} = \frac{\underline{h}_{21}-\underline{h}_{22}R_{GK}}{1+\underline{h}_{22}R_{GK}} \tag{1.149}$$

$$\underline{h}'_{22} = \frac{\underline{I}'_2}{\underline{U}'_2}\bigg|_{I'_1=0} = \frac{\underline{h}_{22}}{1+\underline{h}_{22}R_{GK}}. \tag{1.150}$$

Parallel-Parallel-Gegenkopplung: Die Schaltung ist im Bild 1.52 dargestellt.

Für $R_1 = 0$ sind daraus folgende Beziehungen zu entnehmen:

$$\underline{U}_1' = \underline{U}_1 \tag{1.151}$$

$$\underline{U}_2' = \underline{U}_2 \tag{1.152}$$

$$\underline{I}_1' = \underline{I}_1 - \underline{I}_{GK} \tag{1.153}$$

$$\underline{I}_2' = \underline{I}_2 + \underline{I}_{GK} \tag{1.154}$$

$$\underline{U}_2' = \underline{U}_1' + \underline{I}_{GK}\, R_{GK}. \tag{1.155}$$

Damit können die $\underline{h}'$-Parameter des gegengekoppelten Vierpols berechnet werden, und man erhält

$$\underline{h}_{11}' = \frac{\underline{h}_{11}}{1 + \underline{h}_{11} G_{GK}} \tag{1.156}$$

$$\underline{h}_{12}' = \frac{\underline{h}_{12} + \underline{h}_{11} G_{GK}}{1 + \underline{h}_{11} G_{GK}} \tag{1.157}$$

$$\underline{h}_{21}' = \frac{\underline{h}_{21} - \underline{h}_{11} G_{GK}}{1 + \underline{h}_{11} G_{GK}} \tag{1.158}$$

$$\underline{h}_{22}' = \underline{h}_{22} + \frac{G_{GK}(1 + \underline{h}_{21})(1 - \underline{h}_{12})}{1 + \underline{h}_{11} G_{GK}}. \tag{1.159}$$

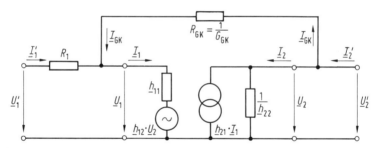

Bild 1.52 Parallel-Parallel-Gegenkopplung

Da die Parallel-Parallel-Gegenkopplung eine starke Reduzierung des Eingangswiderstandes zur Folge hat, wird sie meist in Verbindung mit einem Längswiderstand (R_1) am Eingang der Schaltung verwendet (Bild 1.52). Auch dieser Widerstand kann mit in die $\underline{h}'$-Parameter einbezogen werden, und es ergeben sich dann folgende Zusammenhänge:

$$\underline{h}_{11}' = R_1 + \frac{\underline{h}_{11}}{1 + \underline{h}_{11} G_{GK}} \tag{1.160}$$

$$\underline{h}_{12}' = \frac{\underline{h}_{12} + \underline{h}_{11} G_{GK}}{1 + \underline{h}_{11} G_{GK}} \tag{1.161}$$

$$\underline{h}'_{21} = \frac{\underline{h}_{21} - \underline{h}_{11} G_{GK}}{1 + \underline{h}_{11} G_{GK}} \qquad\qquad (1.162)$$

$$\underline{h}'_{22} = \underline{h}_{22} + \frac{G_{GK}(1 + \underline{h}_{21})(1 - \underline{h}_{12})}{1 + \underline{h}_{11} G_{GK}}. \qquad\qquad (1.163)$$

Serien-Parallel- und Parallel-Serien-Gegenkopplungen werden bei einstufigen Verstärkeranordnungen kaum angewendet, da dabei keine gemeinsame Masse für Eingang und Ausgang vorhanden ist und deswegen Transformatorkopplungen erforderlich werden.

1.2.5 Elektrische Leitungen

Elektrische Leitungen stellen die Verbindungen zwischen den Bauelementen einer elektronischen Schaltung dar. Solange der Widerstand dieser Leitungen zu vernachlässigen ist und bei niedrigen Frequenzen die Wellenlänge groß gegenüber der Leitungslänge ist, sind elektrische Leitungen problemlos und müssen bei der Schaltungsdimensionierung nicht besonders betrachtet werden. Mit zunehmender Frequenz und Verkleinerung der Dimensionen (z.B. Leitungsquerschnitt und Leitungsabstände) treten aber mehr und mehr recht komplexe Erscheinungen zutage, die bei der Schaltungsbemessung unbedingt zu berücksichtigen sind. Da dies insbesondere in modernen Schaltungsanordnungen der Fall ist, wollen wir im folgenden die notwendigen Grundlagen darlegen.

Elektrische Leitungen können in verschiedenen Formen realisiert werden; die wichtigsten sind im Bild 1.53 im Querschnitt dargestellt.

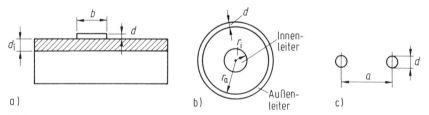

Bild 1.53 Elektrische Leitungen
a) Streifenleitung, b) Koaxialleitung, c) Paralleldrahtleitung

Die Streifenleitung (Variante a) tritt z.B. in Mikrowellenschaltungen als sogenannte Mikrostripleitung und in integrierten Schaltkreisen als übliche Verbindungsleitung auf. Koaxialleitungen (Variante b) kommen hauptsächlich als Verbindungskabel zwischen Geräten und Geräteteilen zur Anwendung. Bei der Variante c) handelt es sich um die klassische Paralleldrahtleitung (Lecher-Leitung).

Zur Berechnung der Vorgänge auf Leitungen benutzt man die im Bild 1.54 gezeigte Ersatzschaltung eines Leitungselementes. Ihre Parameter, der Längswiderstand R', die Längsinduktivität L', die Querkapazität C' und der Querleitwert G', sind auf die Länge dx bezogen. Der Querleitwert wird von Leckströmen im Dielektrikum bestimmt und kann in der Regel vernachlässigt werden. In Tabelle 1.7 sind die Werte für R', L' und C' zusammengestellt.

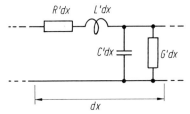

Bild 1.54 Element einer elektrischen Leitung (Ersatzschaltung)

Tabelle 1.7 Paramter für Leitungselemente verschiedener Leitungen

	Längswiderstand R'	Längsinduktivität L'	Querkapazität C'
Streifenleitung	$\approx \dfrac{\varrho}{d\,b}$	$\approx \dfrac{\mu_0}{2\pi} \ln\left(1 + \dfrac{2d_\mathrm{i}}{d + \dfrac{2}{\pi}(b-d)}\right)$	$\approx \dfrac{\varepsilon b}{d_\mathrm{i}}$
Koaxialleitung	innen: $\dfrac{\varrho}{r_\mathrm{i}^2\pi}$ außen: $\dfrac{\varrho}{2\pi r_\mathrm{a} d}$	$\dfrac{\mu_0}{2\pi} \ln \dfrac{r_\mathrm{a}}{r_\mathrm{i}}$	$\dfrac{2\pi\varepsilon}{\ln \dfrac{r_\mathrm{a}}{r_\mathrm{i}}}$
Paralleldrahtleitung	$\dfrac{4\varrho}{\pi d^2}$	$\dfrac{\mu_0}{\pi} \ln \dfrac{2a}{d}$ (für $a \gg d$)	$\dfrac{\pi\varepsilon}{\ln\left(\dfrac{a}{d} + \sqrt{\left(\dfrac{a}{d}\right)^2 - 1}\right)}$

Wird eine Leitung mit einer Impedanz $\underline{Z}_0 = \underline{U}_0/\underline{I}_0$ abgeschlossen, so gilt für die Spannung $\underline{U}$ und den Strom $\underline{I}$ im Abstand l vom Leitungsende (s. Bild 1.55)

$$\underline{U} = \underline{U}_0 \cosh \gamma l + \underline{I}_0 \underline{Z}_L \sinh \gamma l \qquad (1.164)$$

$$\underline{I} = \underline{I}_0 \cosh \gamma l + (\underline{U}_0/\underline{Z}_L) \sinh \gamma l \qquad (1.165)$$

mit dem Ausbreitungskoeffizienten

$$\gamma = \alpha + \mathrm{j}\,\beta = \sqrt{(R' + \mathrm{j}\,\omega L')(G' + \mathrm{j}\,\omega C')} \qquad (1.166)$$

und dem Wellenwiderstand

$$\underline{Z}_\mathrm{L} = \sqrt{\dfrac{R' + \mathrm{j}\,\omega L'}{G' + \mathrm{j}\,\omega C'}}. \qquad (1.167)$$

Der Realteil von γ ist der Dämpfungskoeffizient α und der Imaginärteil ist das Phasenmaß β.

Speziell für eine verlustlose Leitung ($R' = 0$, $G' = 0$) gilt

$$\gamma = j\beta = j\omega\sqrt{C'L'} \tag{1.168}$$

und

$$Z_L = \sqrt{\frac{L'}{C'}}. \tag{1.169}$$

Damit kann die Fortleitung eines elektrischen Signales auf der Leitung als eine Wellenausbreitung mit der Wellenlänge

$$\lambda = \frac{2\pi}{\beta} \tag{1.170}$$

und der Phasengeschwindigkeit

$$v_{\mathrm{ph}} = \frac{\omega}{\beta} = \frac{1}{\sqrt{C'L'}} \tag{1.171}$$

beschrieben werden.

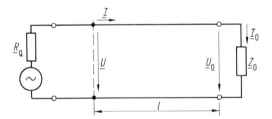

Bild 1.55 Elektrische Leitung, die mit einer Impedanz $\underline{Z}_0$ abgeschlossen ist

Bei Abschluß der Leitung mit einer Impedanz $\underline{Z}_0$ ergibt sich eine hin- und eine rücklaufende Welle, deren Verhältnis der Reflexionsfaktor ist:

$$\underline{r} = \frac{\underline{Z}_0 - \underline{Z}_L}{\underline{Z}_0 + \underline{Z}_L}. \tag{1.172}$$

Die Impedanz an einer Stelle im Abstand l vom Leitungsende ist

$$\underline{Z} = \frac{\underline{U}}{\underline{I}} = \underline{Z}_0 \frac{\cos\beta l + j\dfrac{\underline{Z}_L}{\underline{Z}_0}\sin\beta l}{\cos\beta l + j\dfrac{\underline{Z}_0}{\underline{Z}_L}\sin\beta l}. \tag{1.173}$$

Für $l = n\lambda/2$ wird $\underline{Z} = \underline{Z}_0$ und für $l = n\lambda/4$ erhält man $\underline{Z} = \underline{Z}_L^2/\underline{Z}_0$, wobei für $n = 1$, 2, 3... zu setzen ist. Das bedeutet, die Leitung kann als Impedanztransformator verwendet werden. Diese Impedanztransformation an einer verlustlosen Leitung kann mit Hilfe des *Smith-Diagrammes* (Bild 1.56) anschaulich gemacht werden.

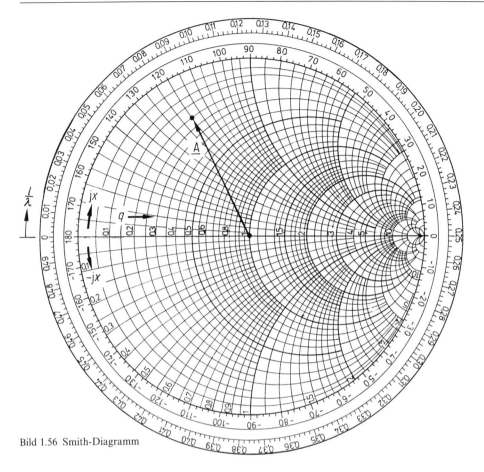

Bild 1.56 Smith-Diagramm

Für einen bestimmten Abschluß der Leitung $\underline{Z}_0 = R_0 + jX_0$, d.h. einen Reflexions-
faktor $\underline{r} = |\underline{r}| \exp j\varphi_r$ kann mit $\underline{A} = |\underline{r}| \exp j\left(\varphi_r - \dfrac{4\pi l}{\lambda}\right)$ die Leitungsimpedanz $\underline{Z} = R$
$+ jX$ an der Stelle l ermittelt werden; $\underline{Z}$ ergibt sich aus dem Schnittpunkt des
Zeigers $\underline{A}$ mit den Kreisen konstanter normierter Realteile $q = R/R_0$ und Imaginär-
teile $x = X/X_0$ des Smith-Diagrammes.

Wird eine verlustlose Leitung mit dem Wellenwiderstand $\underline{Z}_L$ abgeschlossen, so
ist der Reflexionsfaktor $r = 0$, und es gilt an jeder Stelle $\underline{Z} = \underline{Z}_L$.

Für eine kurzgeschlossene Leitung der Länge l_K gilt

$$\underline{Z}_K = j\underline{Z}_L \tan\frac{2\pi l_K}{\lambda}. \tag{1.174}$$

Wird eine solche sogenannte Stich- oder Reaktanzleitung einer anderen Leitung
parallel geschaltet (Bild 1.57), so kann dadurch deren Imaginärteil kompensiert
und damit ein reeller Eingangswiderstand erzielt werden.

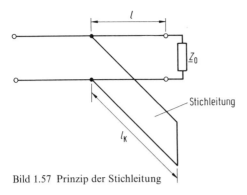

Bild 1.57 Prinzip der Stichleitung

1.2.6 Rauschverhalten

Werden einem elektronischen Bauelement sehr kleine Nutzsignale zugeführt, so muß geprüft werden, ob diese noch genügend weit über den vom Bauelement selbst erzeugten Störsignalen, über dem sogenannten Rauschen, liegen. Die Ursachen für dieses Rauschen sind der diskrete Charakter und die Schwankungen des Ladungsträgerflusses. Diese Schwankungen sind zwar klein gegenüber dem Mittelwert des Gesamtstromes, aber nicht immer klein gegenüber einem im Bauelement zu verarbeitenden Nutzsignal [1.7, 1.8].

1.2.6.1. Rauschen von Zweipolen

Das Rauschen von Zweipolen kann in der im Bild 1.58 dargestellten Weise mit Hilfe einer Ersatzrauschspannungsquelle U_r oder einer Ersatzrauschstromquelle I_r beschrieben werden. U_r und I_r stellen die quadratischen Mittelwerte (Effektivwerte) des Rauschens dar.

Für das Rauschen eines ohmschen *Widerstandes* $R = 1/G$ gilt (Bild 1.59):

$$U_r = \sqrt{4kT\Delta f R} \tag{1.175}$$

bzw. $\quad I_r = \sqrt{4kT\Delta f G} \tag{1.176}$

mit $\quad k = 1,38 \cdot 10^{-23} \, \mathrm{WsK}^{-1}$ — Boltzmann-Konstante,

T — Umgebungstemperatur,

$\Delta f = \int\limits_0^\infty \dfrac{V_P(f)}{V_{P\max}} \, df$ — äquivalente Rauschbandbreite und

V_P — Leistungsverstärkung des Systems, in dem das Rauschen bewertet wird.

Das Rauschen eines Widerstandes ist die Folge der unregelmäßigen thermischen Bewegung der freien Elektronen im Kristallgitter des Widerstandsmaterials und wird als *thermisches Rauschen* bezeichnet.

Blindschaltelemente rauschen nicht.

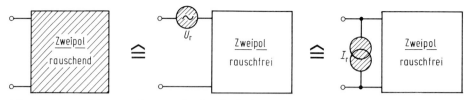

Bild 1.58 Ersatzschaltungen eines rauschenden Zweipols

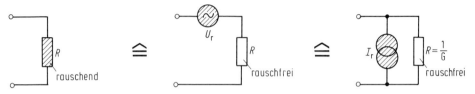

Bild 1.59 Ersatzschaltungen eines rauschenden Widerstandes

Das Rauschen eines *pn-Überganges* kann durch folgende Ersatzrauschstrom-quelle beschrieben werden (Bild 1.60):

$$I_r = \sqrt{2\,eI\Delta f} \tag{1.177}$$

mit $e = 1,60 \cdot 10^{-19}$ C — Elementarladung,
   I — mittlerer Strom durch den pn-Übergang und
   Δf — äquivalente Rauschbandbreite.

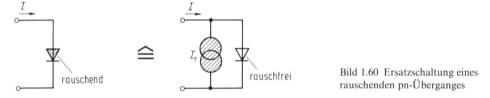

Bild 1.60 Ersatzschaltung eines rauschenden pn-Überganges

Diese Art des Rauschens wird durch den diskontinuierlichen Fluß der Ladungs-träger durch den pn-Übergang verursacht und als *Schrotrauschen* bezeichnet.

1.2.6.2 Rauschen von Vierpolen

Das Rauschen von Vierpolen wird mit Hilfe von zwei Ersatzrauschquellen (U_r, I_r), die am Eingang des dann rauschfrei angenommenen Vierpols angeord-net werden, beschrieben (Bild 1.61).

U_r und I_r sind die *Rauschparameter* des Vierpols. Die Korrelation zwischen den beiden Quellen ist in den meisten praktischen Fällen vernachlässigbar, d.h., die von ihnen hervorgerufenen Rauschleistungen können einfach addiert werden. Bei Kurzschluß am Vierpoleingang wirkt nur U_r, während bei Leerlauf lediglich I_r zu berücksichtigen ist. Daraus ergeben sich einfache Möglichkeiten der meßtechnischen Bestimmung dieser Parameter.

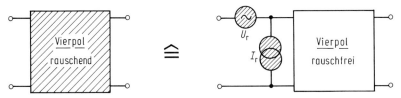

Bild 1.61 Ersatzschaltung eines rauschenden Vierpols

Sind die inneren Rauschquellen des Vierpols bekannt, so können U_r und I_r auch berechnet werden.

U_r und I_r werden häufig als spektrale Rauschspannung U_r' und als spektraler Rauschstrom I_r' angegeben. Es handelt sich dabei um auf eine Bandbreite von 1 Hz bezogene Größen mit den Einheiten $V/\sqrt{Hz}$ und $A/\sqrt{Hz}$. Es gilt:

$$U_r' = dU_r^2/df \qquad (1.178)$$

$$I_r' = dI_r^2/df. \qquad (1.179)$$

Mittels dieser Größen kann auch die oft vorhandene Frequenzabhängigkeit des Rauschens dargestellt werden. Bild 1.62 zeigt dafür ein Beispiel.

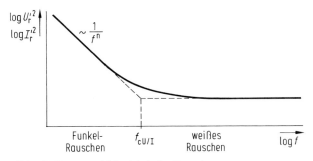

Bild 1.62 Frequenzabhängigkeit des Rauschens

Bei tiefen Frequenzen ($f < f_{cU/I}$) fallen $U_r'^2$ und $I_r'^2$ mit $1/f^n$ ($n = 0{,}5 \ldots 1{,}5$) und man bezeichnet dieses Verhalten als *Funkel- oder 1/f-Rauschen*. Die Intensität des Funkel-Rauschens ist stark von der Herstellungstechnologie des Bauelementes abhängig und quantitativ schwer faßbar.

Bei höheren Frequenzen ($f > f_{cU/I}$) werden $U_r'^2$ und $I_r'^2$ frequenzunabhängig und man spricht vom *weißen Rauschen*. Die Anteile des weißen Rauschens sind über die behandelten thermischen und Schrot-Rauschmechanismen gut quantifizierbar.

Die Effektivwertquadrate U_r^2 und I_r^2 können auch durch einen *äquivalenten Rauschwiderstand* R_n und einen *äquivalenten Rauschleitwert* G_n ausgedrückt werden:

$$U_r^2 = 4kT\Delta f R_n \tag{1.180}$$

$$I_r^2 = 4kT\Delta f G_n. \tag{1.181}$$

Die Rauschparameter U_r und I_r kennzeichnen ausschließlich das Rauschverhalten des Vierpols, ohne Rücksicht auf die Schaltung, in der er betrieben wird. Zur Beschreibung des Rauschens eines Vierpols innerhalb einer Schaltung kann das *Signal-Rauschspannungsverhältnis Q* dienen:

$$Q = \frac{U_s}{U_{rtot}}. \tag{1.182}$$

U_s entspricht der Spannung der Signalquelle und U_{rtot} stellt eine Ersatzrauschspannungsquelle am Eingang des Vierpols dar, in der das Rauschen der Signalquelle und des Vierpols zusammengefaßt sind (Bild 1.63).

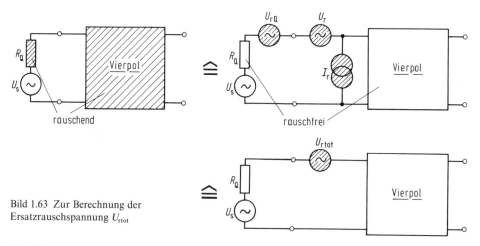

Bild 1.63 Zur Berechnung der Ersatzrauschspannung U_{rtot}

Es gilt:

$$U_{rtot}^2 = U_{rQ}^2 + U_r^2 + I_r^2 R_Q^2 = U_{rQ}^2 + U_{rges}^2. \tag{1.183}$$

Die Komponente U_{rQ}^2 wird durch das thermische Rauschen des Signalquellenwiderstandes R_Q bestimmt. Der aus den Rauschparametern U_r und I_r resultierende Anteil wird als U_{rges}^2 bezeichnet. Für Q folgt somit

$$Q = \frac{U_s}{\sqrt{U_{rQ}^2 + U_{rges}^2}} = \frac{U_s}{\sqrt{4kT\Delta f R_Q + U_r^2 + I_r^2 R_Q^2}}. \tag{1.184}$$

Will man bei konstanter Signalspannung U_s möglichst hohe Q-Werte erreichen, so ist dies nur durch niedrige Quellenwiderstände ($R_Q \leq U_r/I_r$) zu gewährleisten (Bild 1.64).

Q wird oft in Dezibel als *Signal-Rauschspannungsabstand* angegeben

$$Q/\mathrm{dB} = 20 \lg Q. \tag{1.185}$$

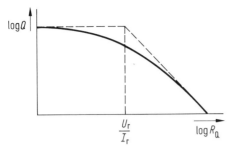

Bild 1.64 Abhängigkeit des Signal-Rauschspannungsverhältnisses vom Quellenwiderstand

Eine weitere Möglichkeit zur Beschreibung des Rauschens eines Vierpols innerhalb der Schaltung ergibt sich anhand der *Rauschzahl F*. Sie ist wie folgt definiert:

$$F = \frac{P_{s1}/P_{r1}}{P_{s2}/P_{r2}} \tag{1.186}$$

mit P_{s1} — Signalleistung am Eingang,
P_{s2} — Signalleistung am Ausgang,
P_{r1} — Rauschleistung am Eingang und
P_{r2} — Rauschleistung am Ausgang.

Unter Einbeziehung der Leistungsverstärkung $V_P = P_{s2}/P_{s1}$ erhält man

$$F = \frac{P_{r2}}{V_P\,P_{r1}}. \tag{1.187}$$

Der Ausdruck P_{r2}/V_P stellt die auf den Eingang des Vierpols bezogene Ausgangsrauschleistung dar; man bezeichnet sie mit P_{rtot}, und es folgt:

$$F = \frac{P_{rtot}}{P_{r1}}. \tag{1.188}$$

P_{r1} wird durch das thermische Rauschen des Signalquellenwiderstandes R_Q verursacht. Da die Leistungen P_{rtot} und P_{r1} am gleichen Widerstand wirken, kann F auch durch die zugehörigen Quadrate der Effektivwerte der Spannungen ausgedrückt werden:

$$F = \frac{U_{rtot}^2}{U_{r1}^2} = \frac{U_{rtot}^2}{4kT\Delta f R_Q}. \tag{1.189}$$

Spaltet man U_{rtot}^2 wieder in die der Signalquelle und dem Vierpol zuzuordnenden Komponenten U_{rQ}^2 und U_{rges}^2 auf, so folgt

$$F = 1 + \frac{U_{rges}^2}{U_{rQ}^2} = 1 + F_Z. \tag{1.190}$$

F_Z wird als Zusatzrauschzahl bezeichnet. Sie ist im Idealfall, d.h., wenn der Vierpol selbst nicht rauscht, 0 und somit $F = 1$.

Drückt man U_{rges}^2 durch die Rauschparameter U_r und I_r bzw. R_n und G_n aus, so erhält man

$$F = 1 + \frac{U_r^2 + I_r^2 R_Q^2}{U_{rQ}^2} = 1 + \frac{R_n + G_n R_Q^2}{R_Q}. \tag{1.191}$$

F durchläuft in Abhängigkeit von R_Q ein charakteristisches Minimum (Bild 1.65).

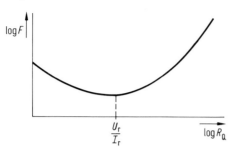

Bild 1.65 Abhängigkeit der Rauschzahl vom Quellenwiderstand

Die Koordinaten des Minimums können aus $dF/dR_Q = 0$ berechnet werden; man erhält:

$$R_{Qmin} = \frac{U_r}{I_r} = \sqrt{\frac{R_n}{G_n}} \tag{1.192}$$

$$F_{min} = 1 + \frac{U_r I_r}{2kT\Delta f} = 1 + 2\sqrt{R_n G_n}. \tag{1.193}$$

Man bezeichnet diesen Fall als *Rauschanpassung*.

Die Rauschzahl wird vielfach in Dezibel angegeben und man spricht dann vom *Rauschmaß*

$$F/dB = 10 \lg F. \tag{1.194}$$

1.2.6.3 Rauschen von Vierpol-Kettenschaltungen

Bei Kettenschaltung mehrerer Vierpole (Bild 1.66) berechnet sich das resultierende Signal-Rauschspannungsverhältnis wie folgt:

$$Q = \frac{U_s}{U_{rtot}} = \frac{U_s}{\sqrt{U_{rQ}^2 + U_{rges1}^2 + \frac{U_{rges2}^2}{V_{U1}^2} + \frac{U_{rges3}^2}{V_{U1}^2 V_{U2}^2} + \ldots}} \tag{1.195}$$

mit U_{rges1}, $U_{rges2}\ldots$ — Ersatzrauschspannungen der Vierpole und V_{U1}, $V_{U2}\ldots$ — Spannungsverstärkungen der Vierpole.

Für Verstärkerschaltungen kann angenommen werden, daß

$$U_{rges1}^2 \gg \frac{U_{rges2}^2}{V_{U1}^2} \gg \frac{U_{rges3}^2}{V_{U1}^2 V_{U2}^2} \gg \ldots \tag{1.196}$$

D.h., daß in diesen Fällen Q nur von der ersten Verstärkerstufe bestimmt wird:

$$Q = \frac{U_s}{\sqrt{U_{rQ}^2 + U_{rges\,1}^2}} = \frac{U_s}{U_{r\,tot\,1}} = Q_1. \qquad (1.197)$$

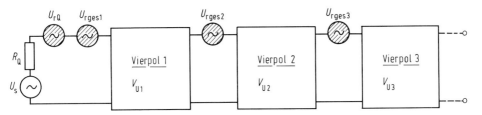

Bild 1.66 Rauschen von Vierpol-Kettenschaltungen

Für die resultierende Rauschzahl einer Vierpol-Kettenschaltung gilt:

$$F = F_1 + \frac{F_2 - 1}{V_{P1}} + \frac{F_3 - 1}{V_{P1} V_{P2}} + \dots \qquad (1.198)$$

mit $F_1, F_2 \dots$ — Rauschzahlen der Vierpole und
$V_{P1}, V_{P2} \dots$ — Leistungsverstärkungen der Vierpole.

Auch hier kann für Verstärkerschaltungen

$$F_1 \gg \frac{F_2 - 1}{V_{P1}} \gg \frac{F_3 - 1}{V_{P1} V_{P2}} \gg \dots \qquad (1.199)$$

angenommen werden, so daß das Rauschverhalten der Gesamtstruktur wiederum nur vom Rauschen der Eingangsstufe (F_1) geprägt wird.

1.2.7 Grenzwerte

Um eine Überlastung bzw. Zerstörung von Bauelementen und Schaltkreisen zu vermeiden, darf man bestimmte maximale Werte des Stromes, der Spannung und der Verlustleistung nicht überschreiten. Diese Grenzwerte werden von den Bauelemente- bzw. Schaltkreisherstellern als I_{max}, U_{max} und $P_{V\,max}$ angegeben.

Auf der Eingangsseite von Vierpolen ist besonders darauf zu achten, daß die Grenzwerte für die Spannung nicht überschritten werden. Sie sind bei bipolaren Strukturen durch die maximal zulässige Basis-Emitter-Sperrspannung gegeben; bei MOS-Anordnungen ist die Gate-Durchbruchspannung bestimmend.

Auf der Ausgangsseite sind alle drei Grenzwerte gleichermaßen wichtig. Für die Verlustleistung gilt (bei Vernachlässigung des eingangsseitigen Anteils):

$$P_V = I_2 U_2. \qquad (1.200)$$

Die maximal zulässige Verlustleistung $P_{V\,max}$ kann demzufolge als Verlustleistungshyperbel ins Ausgangskennlinienfeld eingetragen werden. Durch $P_{V\,max}$, $I_{2\,max}$

und $U_{2\max}$ wird der verfügbare Arbeitsbereich begrenzt (Bild 1.67). Gelegentlich wird dieser Bereich infolge von Durchbruchserscheinungen (zweiter Durchbruch bei Bipolartransistoren) zusätzlich eingeschränkt. Der verfügbare Arbeitsbereich wird häufig als SOA (**s**ave **o**perating **a**rea) bezeichnet.

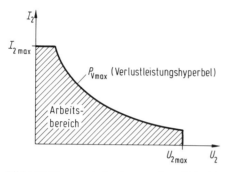

Bild 1.67 Grenzwerte im Ausgangskennlinienfeld eines Vierpols (Transistor)

$P_{V\max}$ ist abhängig von der im Inneren des Bauelementes zulässigen Maximaltemperatur $\vartheta_{j\max}$, der Umgebungstemperatur ϑ_u und den Wärmeableitverhältnissen, gekennzeichnet durch den Wärmewiderstand R_{th}. Es gilt folgender Zusammenhang:

$$P_{V\max} = \frac{\vartheta_{j\max} - \vartheta_u}{R_{th}}. \tag{1.201}$$

$\vartheta_{j\max}$ wird vom Bauelemente- bzw. Schaltkreishersteller angegeben und beträgt bei Silizium als Ausgangsmaterial 175° C. Der Wärmewiderstand R_{th} besteht aus zwei Anteilen:

$$R_{th} = R_{thi} + R_{tha}. \tag{1.202}$$

Die erste Komponente

$$R_{thi} = \frac{\vartheta_j - \vartheta_o}{P_V} \tag{1.203}$$

ist der innere Wärmewiderstand. Er wirkt zwischen der Stelle der maximalen Erwärmung (ϑ_j) und der Gehäuseoberfläche des Bauelementes bzw. des Schaltkreises (ϑ_o). R_{thi} wird als Parameter ebenfalls vom Hersteller angegeben; praktische Werte liegen — je nach Beschaffenheit des Gehäuses — im Bereich von 1 bis 500 K/W.

Die zweite Komponente

$$R_{tha} = \frac{\vartheta_o - \vartheta_u}{P_V} = \frac{1}{\alpha_K A_K} \tag{1.204}$$

ist der äußere Wärmewiderstand. Er charakterisiert die Wärmeabfuhr von der Gehäuseoberfläche (ϑ_o) an die Umgebung (ϑ_u) und wird durch die Oberfläche (Kühlfläche) A_K und durch den Konvektionskoeffizienten α_K bestimmt. Vergrößert man die Oberfläche durch Anordnung eines Kühlkörpers, so kann R_{tha} wesentlich reduziert werden. Die Fläche eines quadratischen Kühlbleches kann mit Gl.(1.204) leicht berechnet werden. Verwendet man dabei Al-Blech, 1,5 mm dick, so beträgt der Konvektionskoeffizient α_{K} etwa 1,5 mW cm^{-2} K^{-1}. Meist kommen jedoch industriell gefertigte Kühlkörper zum Einsatz, für die vom Hersteller R_{tha}-Werte angegeben werden.

Eine anschauliche Deutung der dargestellten Zusammenhänge ermöglicht die im Bild 1.68 gezeigte thermisch-elektrische Ersatzschaltung.

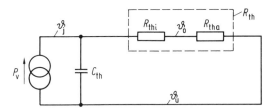

Bild 1.68 Thermisch-elektrische Ersatzschaltung

Gl.(1.201) gilt strenggenommen nur für eine zeitlich konstante Verlustleistung. Ist diese Bedingung nicht erfüllt, so erfolgt ein ständiger Wechsel zwischen Aufheizen und Abkühlen. Bei der Beschreibung solcher Vorgänge muß außer dem Wärmewiderstand R_{th} noch die Wärmekapazität C_{th} der Anordnung berücksichtigt werden.

1.3 Aufgaben

1-1 Es ist ein Netztransformator für eine Frequenz von 50 Hz und eine Scheinleistung von 50 VA so zu dimensionieren, daß die magnetische Flußdichte im Eisenkern (Mantelkern M74, Eisenquerschnitt 7,4 cm², Wickelfenster 7 cm²) maximal 1,2 T beträgt. Der Wicklungsfüllfaktor ist $k_{\text{W}} = 0,7$ und der Eisenfüllfaktor $k_{\text{Fe}} = 0,8$. Die maximal zulässige Stromdichte in der Wicklung soll den Wert 3×10^6 A/m² nicht übersteigen. Die Primärspannung U_1 beträgt 220 V; die Sekundärspannung U_2 soll bei 10 V liegen.

a) Berechnen Sie die Windungszahlen w_1 und w_2.

b) Wie groß sind die Drahtdurchmesser d_1 und d_2 zu wählen? Ist das Wickelfenster ausreichend?

c) Wie groß ist die Primärinduktivität?

1-2 Eine Halbleiterdiode habe eine vereinfachte Strom-Spannungs-Kennlinie gemäß Bild 1.69. Wird an diese Diode eine Wechselspannung 0,8 V sin ωt gelegt, so entsteht ein pulsierender Gleichstrom. Wie groß ist der zeitliche Mittelwert dieses Stromes?

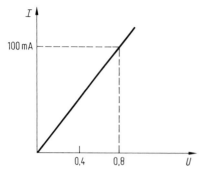

Bild 1.69

1-3 Für einen Bipolartransistor ist im Bild 1.70a der Grundstromkreis und im Bild 1.70b das Ausgangskennlinienfeld gegeben. Es ist grafisch der Arbeitspunkt zu ermitteln.

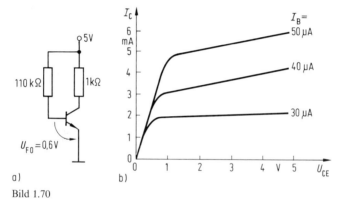

a)

b)

Bild 1.70

1-4 Gegeben ist die Transistorschaltung in Bild 1.71 und die Parameter I_{ES}, I_{CS}, A_N, A_I. Berechnen Sie ΔU.

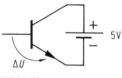

Bild 1.71

1-5 Ein npn-Transistor wird in Emitterschaltung mit einem Emitterstrom $I_E = 1$ mA betrieben. Er besitzt einen NF-Kleinsignalstromverstärkungsfaktor von $b_n = 100$ und einen Basisbahnwiderstand $r_{bb'} = 100\ \Omega$.

a) Wie groß ist die innere Steilheit y_{21e} (bei $U_{BC} \ll -U_T$, $I_E \approx I_C$ und $U_{BE} \gg U_T$)?

b) Wie groß ist der Eingangskurzschlußwiderstand $1/y_{11e}$?

1-6 Gegeben ist die Ersatzschaltung eines rückwirkungsfreien Transistors (Bild 1.72). Es ist die effektive Steilheit

$$\underline{y}_{21\,e} = \frac{\underline{I}_c}{\underline{U}_{be}}\Bigg|_{U_{ce}=0}$$

zu berechnen und die Ortskurve derselben grafisch darzustellen.

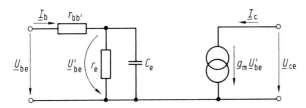

Bild 1.72

1-7 Gegeben ist die MOS-Schaltung in Bild 1.73. Für die MOS-Transistoren gilt für die Schwellspannung unter Berücksichtigung des Bodyeffektes

$$U_{tn} = 0.5 \text{ V} (1 + \sqrt{U_{SB}/V}).$$

Welchen Wert muß die Gatespannung U_G mindestens haben, damit der Knoten C auf $U_C = 4$ V aufgeladen werden kann?

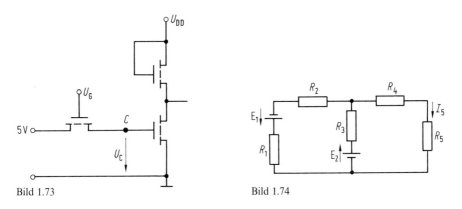

Bild 1.73   Bild 1.74

1-8 Es ist die im Bild 1.74 dargestellte Schaltung gegeben.

a) Berechnen Sie mit Hilfe der Kirchhoffschen Sätze den Strom durch R_5.

b) Fassen Sie die Elemente E_1, E_2, R_1, R_2, R_3 und R_4 zu einem aktiven Zweipol, bestehend aus einer Stromquelle I_K und einem Innenwiderstand R_i zusammen, und berechnen Sie damit erneut den Strom durch R_5.

c) Ermitteln Sie die an R_5 abgegebene Leistung in Abhängigkeit vom Widerstandsverhältnis R_i/R_5.

1-9   Ermitteln Sie die Übertragungsfunktion für den im Bild 1.75 angegebenen Spannungsteiler.

Welche Bedingungen sind an C_1 und C_2 zu stellen, damit die Übertragungsfunktion frquenzunabhängig wird?

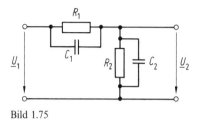 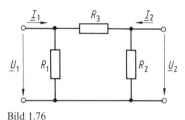

Bild 1.75   Bild 1.76

1-10 Bestimmen Sie die Hybrid- und Leitwertparameter des im Bild 1.76 gegebenen Vierpols.

Für die Elemente gelten folgende Zahlenwerte: $R_1 = 500\ \Omega$, $R_2 = 1\ \text{k}\Omega$ und $R_3 = 10\ \text{k}\Omega$.

1-11 Ermitteln Sie die resultierenden Leitwertparameter des im Bild 1.77 gezeigten Verstärkervierpols mit Rückführung. Für die Elemente gelten folgende Zahlenwerte: $y_{11} = 0$, $y_{12} = 0$, $y_{21} = 3\ \text{mS}$, $y_{22} = 10\ \mu\text{S}$ und $G_{GK} = 3\ \mu\text{S}$.

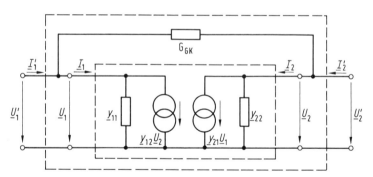

Bild 1.77

1-12 Berechnen Sie den Wellenwiderstand einer verlustlosen Koaxialleitung mit dem Innenleiterradius $r_i = 0,5$ mm, dem Außenleiterradius $r_a = 4,5$ mm und einer Permittivitätszahl des Dielektrikums von $\varepsilon_r = 3$.

1-13 Die Koaxialleitung aus Aufgabe 1-12 wird mit einem Widerstand $R_0 = 100\ \Omega$ abgeschlossen.

a) Berechnen Sie den Reflexionsfaktor und

b) die Leitungsimpedanz im Abstand 1 m vom Leitungsende bei $f = 50$ MHz.

1-14 Gegeben ist ein Parallelschwingkreis mit den Elementen $L = 64\,\mu\text{H}$, $C = 400\,\text{pF}$ und $R_r = 4\,\Omega$.

Berechnen Sie die bei Resonanz parallel zum Schwingkreis wirksame Ersatz-rauschstromquelle I_r. Die Temperatur beträgt 300 K. Zwischen der äquivalenten Rauschbandbreite Δf und der 3-dB-Bandbreite B_f gilt folgender Zusammenhang: $\Delta f = 1{,}57\,B_f$.

1-15 In einem Verstärkervierpol sind minimale Signalspannungen von 400 μV zu verarbeiten. Sie werden von einer Signalquelle mit einem Innenwiderstand von 1 kΩ geliefert. Die Rauschbandbreite des Vierpols erstreckt sich von 30 Hz bis 16 kHz. Die Umgebungstemperatur beträgt 300 K.

Welche Anforderungen sind an das Rauschmaß zu stellen, damit ein Signal-Rauschspannungsabstand von 55 dB gewährleistet wird?

1-16 Ein elektronisches Bauelement wird bei einer Umgebungstemperatur von 50° C mit einer Verlustleistung von 20 W belastet. Die maximal zulässige innere Temperatur ist mit 150° C und der innere Wärmewiderstand mit 3 K/W angegeben. Berechnen Sie die Fläche des erforderlichen Kühlbleches. Es soll annähernd quadratisch sein und aus Aluminium, 1,5 mm dick, gefertigt werden.

2 Analogschaltungen

2.1 Einführung in die Analogtechnik

In der Analogtechnik werden kontinuierlich verlaufende Signale verwendet; sie liegen als Amplituden-, Frequenz- oder Phasenänderung von Strom und Spannung vor und werden durch stetige Zeitfunktionen $f(t)$ dargestellt.

Die Formen der Verarbeitung dieser Signale sind sehr vielfältig. Neben der Erzeugung der Signale selbst, sind die Verstärkung, die Bereitstellung von Hilfssignalen, die Modulation und Demodulation, die Durchführung bestimmter mathematischer Operationen, die Speicherung sowie die Umwandlung von analogen Signalen in digitale und umgekehrt als wichtigste Verarbeitungsformen zu nennen. Die dabei zu realisierenden Übertragungsfunktionen müssen meist eine strenge Linearität und eine hohe Stabilität aufweisen.

Durch die vielfältigen Formen der Signalverarbeitung ist für den Aufbau entsprechender Geräte und Systeme eine große Anzahl von unterschiedlichen Funktionsgruppen erforderlich. Sie werden aus universell einsetzbaren Elementarschaltungen zusammengefügt, die in allen Funktionsgruppen immer wiederkehren.

Im folgenden werden zunächst typische Elementarschaltungen behandelt und anschließend der Aufbau von Analogschaltkreisen mit diesen Strukturen vorgestellt.

2.2 Elementarschaltungen der Analogtechnik

2.2.1 Referenzspannungsquellen

Für die Gewährleistung einer stabilen Stromversorgung von elektronischen Geräten sowie für Vergleichs- und Meßzwecke werden häufig Referenzspannungen benötigt. Sie sollen eine hohe zeitliche Konstanz besitzen sowie temperatur- und betriebsspannungsunabhängig sein. Weiterhin wird für die Referenzspannungsquellen ein niedriger Innenwiderstand angestrebt, wobei dieser Forderung auch durch das Nachschalten eines Impedanzwandlers entsprochen werden kann.

2.2.1.1 Dioden als Referenzelemente

Bei der Gewinnung von Referenzspannungen können Bauelemente mit ausgeprägtem Kennlinienknick herangezogen werden. Bild 2.1 zeigt das Prinzip einer solchen Spannungsstabilisierung.

Die Ausgangsspannung U_2 wird durch die Spannung am Referenzelement U_{Ref} bestimmt

$$U_2 = U_{Ref}. \tag{2.1}$$

Für den Wechselstromausgangswiderstand gilt:

$$R_{Aus} = \frac{r_{Ref}\, R_v}{r_{Ref} + R_v} \approx r_{Ref} \tag{2.2}$$

mit r_{Ref} — differentieller Widerstand des Referenzelementes.

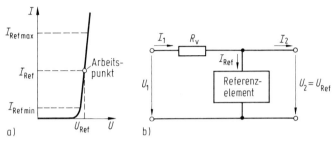

Bild 2.1 Prinzip der Spannungsstabilisierung mit Dioden
a) Kennlinie des Referenzelementes, b) Grundschaltung

Damit die den Arbeitsbereich des Referenzelementes bestimmenden minimalen und maximalen Stromwerte eingehalten werden, ist der Vorwiderstand R_v wie folgt zu bemessen:

$$\frac{U_{1\,max} - U_2}{I_{Ref\,max} - I_{2\,min}} < R_v < \frac{U_{1\,min} - U_2}{I_{Ref\,min} + I_{2\,max}}. \tag{2.3}$$

Der Ausgangsstrom I_2 sollte stets vernachlässigbar klein gegenüber I_{Ref} gehalten werden.

Die stabilisierende Wirkung der Schaltung kann durch den absoluten Stabilisierungsfaktor G beschrieben werden. Mit $I_2 \ll I_{Ref}$ gilt:

$$G = \frac{\Delta U_1}{\Delta U_2} = \frac{R_v}{r_{Ref}} + 1 \approx \frac{R_v}{r_{Ref}}. \tag{2.4}$$

Zur Kennzeichnung des Temperaturverhaltens der Ausgangsspannung U_2 wird meist der absolute Temperaturkoeffizient $\Delta U_2/\Delta T$ angegeben.

Als Referenzelemente können im einfachsten Fall **Si-Dioden in Flußrichtung** verwendet werden. Bei der mikroelektronischen Realisierung geht man vom Basis-Emitter-Übergang der Transistoren aus. Die damit erzielbaren Referenzspannungen liegen bei $U_{F0} \approx 0{,}7$ V je Diode; häufig werden mehrere Dioden in Reihe geschaltet. Die Flußspannung U_{F0} besitzt einen Temperaturkoeffizienten von etwa -2 mV K^{-1}.

Werden höhere Referenzspannungen benötigt, so setzt man **Z-Dioden** als Referenzelemente ein. Auch sie können durch den Basis-Emitter-Übergang der Transistoren realisiert werden. Der Übergang wird dabei im Sperrichtung betrieben; die Durchbruchspannungen liegen bei $U_Z \approx 7$ V je Diode. Der Temperaturkoeffizient ist von der Z-Spannung abhängig. Bei der genannten Z-Spannung von 7 V schwankt der

Temperaturkoeffizient zwischen $+2\,\text{mV K}^{-1}$ und $+4\,\text{mV K}^{-1}$. Z-Dioden zeigen oft ein starkes Rauschen und sind daher für den Aufbau von Präzisionsreferenzen nicht einsetzbar.

Die einfachste Möglichkeit zur Verbesserung des Temperaturverhaltens besteht darin, den positiven TK-Wert der Z-Diode mit dem negativen TK-Wert der Diode in Durchlaßrichtung zu kompensieren. Die **Kombination einer Z-Diode und einer Diode in Flußrichtung** läßt sich vorteilhaft mit einem Doppelemittertransistor verwirklichen (Bild 2.2). Ein Basis-Emitter-Übergang wird in Sperrichtung belastet und arbeitet als Z-Diode; der zweite Übergang wird in Flußrichtung betrieben. Unerwünschte Transistoreffekte können durch entsprechenden Abstand zwischen den Emittergebieten und durch den Widerstand $R_\text{B} \approx 1\,\text{k}\Omega$ hinreichend unterdrückt werden.

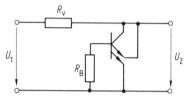

Bild 2.2 Temperaturkompensation einer Z-Diode mit einer Diode in Flußrichtung

Für die Ausgangsspannung U_2 gilt:

$$U_2 = U_\text{Ref} = U_\text{Z} + U_\text{F0} \approx 7{,}7\,\text{V}. \tag{2.5}$$

Die Temperaturabhängigkeit von U_Ref errechnet sich aus

$$\frac{\Delta U_\text{Ref}}{\Delta T} = \frac{\Delta U_\text{Z}}{\Delta T} + \frac{\Delta U_\text{F0}}{\Delta T} \approx +1\,\text{mV K}^{-1}. \tag{2.6}$$

Eine exakte Kompensation der Temperaturabhängigkeit kann bei **Kombination einer Z-Diode und eines U_F0-Vervielfachers** erreicht werden (Bild 2.3). Die Z-Diode wird durch die Basis-Emitter-Diode des Transistors T2 realisiert. Die Bauelemente R_1, R_2 und T1 bilden den U_F0-Vervielfacher.

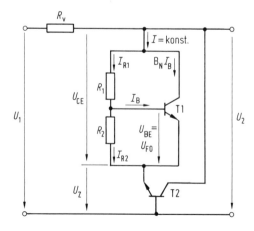

Bild 2.3 Temperaturkompensation einer Z-Diode mit einem U_F0-Vervielfacher

Für die Ausgangsspannung U_2 erhält man:

$$U_2 = U_{Ref} = U_Z + U_{CE}.\tag{2.7}$$

Unter der Voraussetzung einer Konstantstromspeisung gilt für die Kollektor-Emitter-Spannung des Transistors T1:

$$U_{CE} = R_1 I_{R1} + U_{F0}.\tag{2.8}$$

Für I_{R1} kann geschrieben werden:

$$I_{R1} = I - B_N I_B = I - B_N(I_{R1} - I_{R2})$$
$$= I - B_N\left(\frac{U_{CE} - U_{F0}}{R_1} - \frac{U_{F0}}{R_2}\right).\tag{2.9}$$

Damit erhält man:

$$U_{CE} = \frac{R_1}{B_N + 1} I + \left(1 + \frac{B_N}{B_N + 1}\frac{R_1}{R_2}\right) U_{F0}.\tag{2.10}$$

Mit $R_1/R_2 = z$ und $B_N \gg 1$ folgt:

$$U_{CE} \approx \frac{z R_2}{B_N} I + (1 + z) U_{F0}.\tag{2.11}$$

Wählt man

$$U_{F0} < R_2 I \ll \frac{1 + z}{z} B_N U_{F0},\tag{2.12}$$

so erhält man mit guter Näherung

$$U_{CE} \approx (1 + z) U_{F0}.\tag{2.13}$$

Man erkennt, daß die Flußspannung U_{F0} um den Faktor $(1 + z)$ vervielfacht wurde. Setzt man Gl.(2.13) in Gl.(2.7) ein, so ergibt sich für die Ausgangsspannung:

$$U_2 = U_{Ref} = U_Z + (1 + z) U_{F0}.\tag{2.14}$$

Für die Temperaturabhängigkeit folgt daraus

$$\frac{\Delta U_{Ref}}{\Delta T} = \frac{\Delta U_Z}{\Delta T} + (1 + z)\frac{\Delta U_{F0}}{\Delta T}.\tag{2.15}$$

Durch geeignete Wahl von z kann $\Delta U_{Ref}/\Delta T = 0$ gemacht und damit eine exakte Kompensation erreicht werden. Die Bedingung für z lautet

$$z = \frac{R_1}{R_2} = \frac{\dfrac{\Delta U_Z}{\Delta T}}{-\dfrac{\Delta U_{F0}}{\Delta T}} - 1.\tag{2.16}$$

Mit den typischen Werten $U_Z = 7$ V; $\Delta U_Z/\Delta T = +3$ mV K^{-1}; $U_{F0} = 0{,}7$ V und $\Delta U_{F0}/\Delta T = -2$ mV K^{-1} erhält man $z = 0{,}5$; die stabilisierte Ausgangsspannung liegt dann bei 8,05 V. Setzt man für den Strom durch den Vervielfacher $I = 5$ mA und die Stromverstärkung $B_N = 50$ an, so ergibt sich mit $R_1 = 105$ Ω und $R_2 = 210$ Ω eine gute Kompensation.

Zur weiteren Verbesserung der stabilisierenden Wirkung der bisher behandelten Schaltungen werden die Referenzelemente häufig zusammen mit einem Operationsverstärker (s. Abschn. 2.3) betrieben (Bild 2.4).

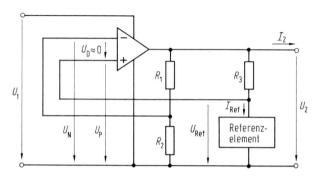

Bild 2.4 Speisung des Referenzelementes aus der geregelten Ausgangsspannung

Charakteristisch dabei ist die **Speisung des Referenzelementes aus der geregelten Ausgangsspannung U_2**. Die Eingangsspannung U_1 wirkt als Betriebsspannung U_B des Operationsverstärkers.

Für U_2 gilt:

$$U_2 = \left(1 + \frac{R_1}{R_2}\right) U_{Ref}. \tag{2.17}$$

Das heißt, die stabilisierte Ausgangsspannung ist größer als U_{Ref} und kann durch das R_1/R_2-Verhältnis variiert werden. Der Strom $I_{Ref} = (U_2 - U_{Ref})/R_3$ ist konstant und wird durch einen gegebenenfalls fließenden Ausgangsstrom I_2 kaum beeinflußt.

Der Stabilisierungsfaktor G kann mit Hilfe der Betriebsspannungsunterdrückung des Operationsverstärkers $D = \Delta U_B/\Delta U_{E0}$ und der Beziehungen

$$\Delta U_N = \frac{R_2}{R_1 + R_2} \Delta U_2 \tag{2.18}$$

und

$$\Delta U_P = \frac{r_{Ref}}{r_{Ref} + R_3} \Delta U_2 \tag{2.19}$$

berechnet werden. Mit $\Delta U_B = \Delta U_1$ und

$$\Delta U_N - \Delta U_P = \Delta U_{E0} \tag{2.20}$$

folgt $\quad G = \dfrac{\Delta U_1}{\Delta U_2} = D \left(\dfrac{R_2}{R_1 + R_2} - \dfrac{r_{\text{Ref}}}{r_{\text{Ref}} + R_3} \right) \approx D \, \dfrac{R_2}{R_1 + R_2}.$ $\qquad$ (2.21)

Praktisch werden Werte von ca. 10 000 erreicht. Die meisten als kompensierte Z-Dioden angebotenen Referenzspannungsquellen arbeiten nach diesem Prinzip. Typische Werte für den relativen Temperaturkoeffizienten $\Delta U_2 / U_2 \, \Delta T$ liegen bei $1 \cdot 10^{-3} \, \text{K}^{-1}$ [2.1].

2.2.1.2 Bandgap-Referenzspannungsquellen

Bei hohen Anforderungen an die Langzeitstabilität der Referenzspannung ist die Verwendung von sperrgepolten Basis-Emitter-Übergängen (Z-Dioden) nicht zu empfehlen. In diesen Fällen werden meist sogenannte Bandgap-Referenzspannungsquellen eingesetzt (Bild 2.5).

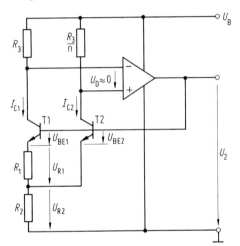

Bild 2.5 Bandgap-Referenzspannungsquelle

Bei diesem Prinzip wird die Flußspannung einer Basis-Emitter-Diode (U_{BE2}) genutzt und ihre Temperaturabhängigkeit exakt kompensiert. Die Kompensation erfolgt mit Hilfe einer aus einer zweiten Basis-Emitter-Diode abgeleiteten Flußspannung (U_{BE1}).

Für die Ausgangsspannung U_2 gilt:

$$U_2 = U_{\text{BE2}} + U_{\text{R2}}.$$ $\qquad$ (2.22)

Durch den Operationsverstärker (bei dem $U_D \approx 0$ gesetzt werden kann; s. Abschn. 2.3.3) ist gewährleistet, daß

$$I_{\text{C1}} \, R_3 = I_{\text{C2}} \, \dfrac{R_3}{n}$$ $\qquad$ (2.23)

bzw. $\quad n \, I_{\text{C1}} = I_{\text{C2}}$ $\qquad$ (2.24)

wird.

Für den Spannungsabfall über R_1 erhält man:

$$U_{R1} = R_1 I_{C1} = U_{BE2} - U_{BE1}$$

$$= U_T \ln \frac{I_{C2}}{I_{C1}} = U_T \ln n. \tag{2.25}$$

Der Spannungsabfall über R_2 berechnet sich damit wie folgt:

$$U_{R2} = R_2(I_{C1} + I_{C2}) = R_1 I_{C1} \frac{R_2}{R_1}(1 + n)$$

$$= U_T \frac{R_2}{R_1}(1 + n) \ln n = A U_T. \tag{2.26}$$

Mit den Gln. (2.26) und (2.22) ergibt sich für die Ausgangsspannung:

$$U_2 = U_{BE2} + A U_T. \tag{2.27}$$

Für die Temperaturabhängigkeit von U_2 gilt:

$$\frac{dU_2}{dT} = \frac{dU_{BE2}}{dT} + A \frac{dU_T}{dT}. \tag{2.28}$$

Mit den Ableitungen

$$\frac{dU_{BE2}}{dT} = \frac{1}{T_0}(U_{BE20} - U_g) \approx -2 \text{ mV K}^{-1} \tag{2.29}$$

und $\quad A \dfrac{dU_T}{dT} = A \dfrac{k}{e} \tag{2.30}$

folgt: $\quad \dfrac{dU_2}{dT} = \dfrac{1}{T_0}(U_{BE20} - U_g + A U_{T0}) \tag{2.31}$

mit $\quad U_g$ — Bandgapspannung (Bandabstandsspannung) von Si,
$T_0 = 300$ K — Bezugstemperatur,
U_{BE0} — Basis-Emitter-Spannung bei T_0 und
$U_{T0} = k T_0/e$ — Temperaturspannung bei T_0.

Eine exakte Temperaturkompensation ($dU_2/dT = 0$) ist möglich, wenn

$$A = \frac{U_g - U_{BE20}}{U_{T0}} \approx 2 \text{ mV K}^{-1} \frac{e}{k} \approx 23 \tag{2.32}$$

gewählt wird. Diese Forderung wird mit $R_1 \approx R_2$ und $n = 10$ gut erfüllt. Die Ausgangsspannung entspricht dann der Bandgapspannung:

$$U_2 = U_{BE20} + \frac{U_g - U_{BE20}}{U_{T0}} U_{T0}$$

$$= U_g = 1{,}205 \text{ V}. \tag{2.33}$$

Soll die Bandgap-Referenzspannungsquelle eine höhere Ausgangsspannung liefern, so kann das dadurch erreicht werden, daß nur ein Teil von U_2 auf die Basen von T und T2 rückgekoppelt wird (Bild 2.6). Dann gilt:

$$U_2 = 1,205 \ V \left(1 + \frac{R_4}{R_5}\right). \tag{2.34}$$

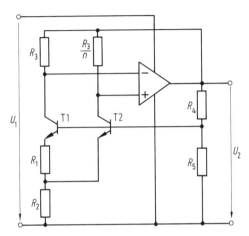

Bild 2.6 Bandgap-Referenzspannungsquelle für höhere Ausgangsspannungen

Als Betriebsspannung für den Operationsverstärker wird die Eingangsspannung U_1 genutzt. Die Transistoren T1 und T2 können aus der stabilisierten Ausgangsspannung U_2 gespeist werden. Dadurch ist eine wesentliche Verbesserung des Stabilisierungsfaktors erreichbar [2.1].

Bei einigen Schaltungsvarianten ist es möglich, die Betriebsspannung mit dem Ausgang zu verbinden. Diese Schaltungen haben dann nur noch zwei Anschlüsse und können wie einfache Referenzelemente verwendet werden [2.2, 2.3].

Bandgapreferenzen werden als integrierte Schaltungen in einem breiten Typensortiment gefertigt.

2.2.1.3 Referenzspannungsquellen mit MOS-Transistoren

Sollen Referenzspannungsquellen mit MOS-Transistoren aufgebaut werden, ist es möglich, die Schwellspannungsdifferenz zwischen einem Enhancement- und einem Depletiontransistor zu nutzen. Bild 2.7 zeigt eine solche Referenzspannungsquelle in NMOS-Technik.

In den beiden Transistorzweigen werden gleiche Drainströme I_{D1} bzw. I_{D2} eingestellt und die verbleibenden kleinen Abweichungen mit Hilfe eines Operationsverstärkers ausgeregelt ($R_1 = R_2$; $U_D \approx 0$). Die Größe der Ströme kann mit Hilfe der Gl.(1.43) berechnet werden. Mit $I_{D1} = I_{D2}$ gilt:

$$K_{T1}(U_{GS1} - U_{t1})^2 = K_{T2}(U_{GS2} - U_{t2})^2$$
$$= K_{T2}(U_{GS1} + U_2 - U_{t2})^2. \tag{2.35}$$

Bei gleichen Transistorkonstanten $K_{T1} = K_{T2}$ und mit $U_2 + U_{GS1} - U_{GS2} = 0$ folgt für die konstante Ausgangsspannung

$$U_2 = U_{t2} - U_{t1}$$
$$= U_{tE} - U_{tD}. \tag{2.36}$$

$U_{tD} \approx -3\,\text{V} \ldots -4\,\text{V}$ entspricht der Schwellspannung des Depletiontransistors T1 und $U_{tE} \approx 0{,}5\,\text{V} \ldots 1\,\text{V}$ der Schwellspannung des Enhancementtransistors T2. Die Temperaturabhängigkeit der Schwellspannungsdifferenz ist gering [2.4].

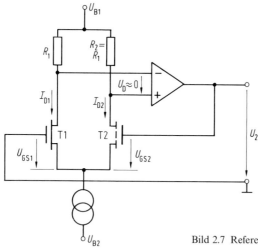

Bild 2.7 Referenzspannungsquelle in NMOS-Technik

Durch das Einbeziehen eines Spannungsteilers in die Rückführung des Operationsverstärkers kann die Ausgangsspannung variiert werden.

Die Schaltungen werden ausschließlich als integrierte Strukturen realisiert.

In CMOS-Technik kann auch das Bandgap-Prinzip angewendet werden [2.5].

2.2.1.4 Ladungspumpen

Ladungspumpen dienen zur Erzeugung verschiedenartiger Vorspannungen aus einer verfügbaren Rechteckspannung (z.B. Takt). Das Prinzip beruht auf der Umverteilung von Ladungen über Kapazitäten und soll an folgender MOS-Schaltung zur Erzeugung einer negativen (Substrat-)Vorspannung erläutert werden (Bild 2.8).

Die Schaltung besteht aus der Pumpkapazität C_P und den beiden Enhancementtransistoren T1 und T2. Für die Funktion ist außerdem die am Ausgang wirkende Knotenkapazität C_K wichtig. Die Ansteuerung erfolgt durch die Rechteckspannung $u_0(t)$.

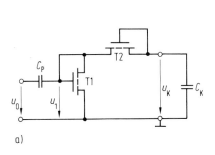

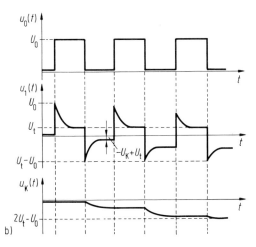

Bild 2.8 Ladungspumpe in NMOS-Technik
a) Schaltung, b) Spannungsverläufe

Wir nehmen an, daß zunächst u_1 und u_K Null sind. Die erste positive Flanke der Eingangsspannung u_0 läßt u_1 auf U_0 ansteigen. Durch T1 fließt ein Drainstrom und u_1 fällt bis auf die Schwellspannung U_t ab. Bei der negativen Flanke von u_0 springt u_1 auf $U_t - U_0$. Nun fließt ein Strom durch T2, der ein Absinken von u_K zur Folge hat, und u_1 steigt auf den Wert $-U_K + U_t$ an. Bei der nächsten positiven Flanke von u_0 springt u_1 wieder um U_0 auf $U_0 - (U_t - U_K)$, der Strom durch T1 bewirkt das erneute Entladen auf U_t usw. Diese Umverteilung der Ladungen setzt sich so lange fort, bis sich ein stationärer Zustand eingestellt hat. Das ist dann der Fall, wenn etwa so viel Ladung über die Pumpkapazität C_P zugepumpt wird, wie von der Knotenkapazität C_K abgepumpt wird. Mit

$$Q_{Pzu} = C_P(U_0 - U_t) \qquad (2.37\,a)$$

und $\quad Q_{Pab} = C_P(U_t - U_K) \qquad (2.37\,b)$

erhält man als Knotenspannung am Ausgang

$$U_K = 2U_t - U_0. \qquad (2.38)$$

2.2.2 Stromquellen

Die Lösung vieler schaltungstechnischer Aufgaben erfordert den Einsatz von Stromquellen. Sie sollen einen von ihrer Belastung unabhängigen Strom I_0 liefern, dessen Ergiebigkeit durch eine Steuergröße einstellbar ist. Als Steuergrößen kommen Referenzströme I_{Ref} oder Referenzspannungen U_{Ref} in Betracht, und man spricht daher von strom- bzw. spannungsgesteuerten Stromquellen [2.6, 2.7, 2.8].

Die stromgesteuerte Quelle, oft auch als Stromspiegel bezeichnet, wird durch das Übersetzungsverhältnis $\ddot{U}_I$ gekennzeichnet:

$$\ddot{U}_I = \frac{I_0}{I_{Ref}}. \qquad (2.39)$$

Für die spannungsgesteuerte Stromquelle gilt Entsprechendes:

$$\ddot{U}_{UI} = \frac{I_0}{U_{Ref}}.$$

(2.40)

Die Eigenschaften idealer Stromquellen können durch die im Bild 2.9 angegebenen Ersatzschaltungen beschrieben werden. Durch Strom-Spannungs-Umsetzung, z.B. mit Hilfe eines Widerstandes, sind die beiden Gruppen von Stromquellen ineinander überführbar.

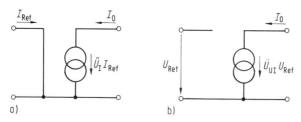

Bild 2.9 Ersatzschaltungen idealer Stromquellen
a) Stromsteuerung, b) Spannungssteuerung

2.2.2.1 Stromquellengrundschaltung (Widlar-Schaltung)

Für den Aufbau einfacher stromgesteuerter Stromquellen in Bipolartechnik nutzt man die im Bild 2.10 dargestellte Stromquellengrundschaltung.

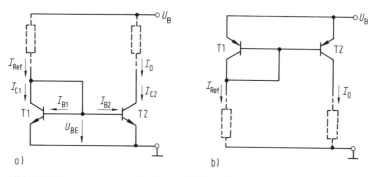

Bild 2.10 Stromquellengrundschaltung (Widlar-Schaltung)
a) mit npn-Transistoren, mit pnp-Transistoren

Trotz des Kurzschlusses zwischen Kollektor und Basis des Transistors T1 arbeitet dieser noch im aktiven Bereich, und es gilt:

$$I_0 = I_{C2}$$

(2.41)

$$I_{Ref} = I_{C1} + I_{B1} + I_{B2} = I_{C1} \frac{B_{N1} + 1}{B_{N1}} + I_{C2} \frac{1}{B_{N2}}.$$

(2.42)

Unter Berücksichtigung der Gln.(2.39) und (1.20) folgt daraus für das Stromübersetzungsverhältnis:

$$\ddot{U}_{\mathrm{I}} = \frac{I_{\mathrm{C}2}}{I_{\mathrm{C}1}\dfrac{B_{\mathrm{N}1}+1}{B_{\mathrm{N}1}} + I_{\mathrm{C}2}\dfrac{1}{B_{\mathrm{N}2}}}$$

$$= \frac{B_{\mathrm{N}2}\,I_{\mathrm{ES}2}}{(B_{\mathrm{N}2}+1)\,I_{\mathrm{ES}1} + I_{\mathrm{ES}2}}. \tag{2.43}$$

Da die Sättigungsströme $I_{\mathrm{ES}1}$ und $I_{\mathrm{ES}2}$ den Emitterflächen $A_{\mathrm{E}1}$ und $A_{\mathrm{E}2}$ proportional sind, und für $B_{\mathrm{N}2} \gg 1 + (A_{\mathrm{E}2}/A_{\mathrm{E}1})$, erhält man

$$\ddot{U}_{\mathrm{I}} = \frac{A_{\mathrm{E}2}}{A_{\mathrm{E}1}}\,\frac{B_{\mathrm{N}2}}{B_{\mathrm{N}2}+1+\dfrac{A_{\mathrm{E}2}}{A_{\mathrm{E}1}}} \approx \frac{A_{\mathrm{E}2}}{A_{\mathrm{E}1}}. \tag{2.44}$$

Praktisch kann ein Wertebereich $\ddot{U}_{\mathrm{I}} = 0,1 \ldots 10$ gut realisiert werden.

Soll $\ddot{U}_{\mathrm{I}}$ über diesen Bereich hinaus variiert werden, so ist dies durch das Einfügen von Emitterwiderständen R_{E} möglich (Bild 2.11).

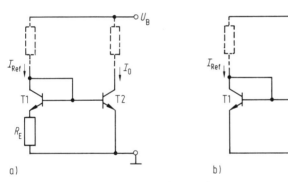

Bild 2.11 Stromquelle mit Emitterwiderstand
a) für $\ddot{U}_{\mathrm{I}} > 1$, b) für $\ddot{U}_{\mathrm{I}} < 1$

Es können so Stromübersetzungsverhältnisse von 0,01 bis 100 eingestellt werden; dabei verschlechtert sich allerdings das Temperaturverhalten.

Wird ein Stromübersetzungsverhältnis von $\ddot{U}_{\mathrm{I}} = 1$ benötigt, so ist $A_{\mathrm{E}1} = A_{\mathrm{E}2}$ zu wählen, und aus Gl.(2.44) folgt:

$$\ddot{U}_{\mathrm{I}} = \frac{B_{\mathrm{N}2}}{B_{\mathrm{N}2}+2}. \tag{2.45}$$

Mit $B_{\mathrm{N}2} \gg 2$ kann dann der Forderung nach $\ddot{U}_{\mathrm{I}} = 1$ in guter Näherung entsprochen werden. Wenn hohe $B_{\mathrm{N}2}$-Werte nicht zu gewährleisten sind (z.B. bei Verwendung von Lateraltransistoren), ist mit einem entsprechenden Symmetriefehler $1 - \ddot{U}_{\mathrm{I}} = 1 - (B_{\mathrm{N}2}/B_{\mathrm{N}2}+2)$ zu rechnen.

2.2.2.2 Stromquelle mit vermindertem Symmetriefehler (Wilson-Stromspiegel)

Bild 2.12 zeigt eine Stromquelle mit vermindertem Symmetriefehler. Dabei wurde die Grundschaltung gemäß Bild 2.10 durch den Transistor T3 erweitert.

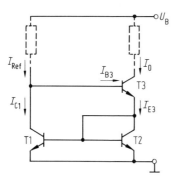

Bild 2.12 Stromquelle mit vermindertem Symmetriefehler (Wilson-Stromspiegel)

Für I_0 bzw. I_{Ref} gilt:

$$I_0 = I_{E3} - I_{B3} = \frac{B_{N3}}{B_{N3}+1} I_{E3} \tag{2.46}$$

$$I_{Ref} = I_{C1} + I_{B3} = I_{C1} + \frac{1}{B_{N3}+1} I_{E3}. \tag{2.47}$$

Damit erhält man für das Stromübersetzungsverhältnis

$$\ddot{U}_I = \frac{B_{N3}}{(B_{N3}+1)\dfrac{I_{C1}}{I_{E3}}+1}. \tag{2.48}$$

Das darin enthaltene Verhältnis I_{C1}/I_{E3} kann bei $A_{E1} = A_{E2}$ mit Hilfe der Gl.(2.45) beschrieben werden, und es folgt somit für $\ddot{U}_I$

$$\ddot{U}_I = \frac{B_{N1} B_{N3} + 2 B_{N3}}{B_{N1} B_{N3} + 2 B_{N1} + 2}. \tag{2.49}$$

Mit $B_{N1} = B_{N3} = B_N$ erhält man:

$$\ddot{U}_I = \frac{B_N^2 + 2 B_N}{B_N^2 + 2 B_N + 2} \tag{2.50}$$

Aus dem Vergleich mit Gl.(2.45) erkennt man, daß das Symmetrieverhalten durch den Transistor T3 wesentlich verbessert werden konnte.

2.2.2.3 Mehrfachstromquellen

Mit der Grundschaltung nach Bild 2.10 können auch Mehrfachstromquellen aufgebaut werden. Dabei werden durch einen Referenzstrom I_{Ref} mehrere Ströme I_{01}

bis I_{0n} gesteuert. Die Stromübersetzungsverhältnisse $\ddot{U}_{I1} = I_{01}/I_{Ref}$ bis $\ddot{U}_{In} = I_{0n}/I_{Ref}$ können unterschiedlich gewählt werden. Bild 2.13a zeigt ein Schaltungsbeispiel.

$\ddot{U}_{I1}$, $\ddot{U}_{I2}$ und $\ddot{U}_{I3}$ werden durch die Emitterflächenverhältnisse A_{E2}/A_{E1}, A_{E3}/A_{E1} und A_{E4}/A_{E1} entsprechend Gl.(2.44) bestimmt. Eine günstige mikroelektronische Realisierungsmöglichkeit ergibt sich bei Verwendung eines Vielfachkollektortransistors mit lateraler pnp-Struktur (Bild 2.13b). Die vier Kollektorflächen sind im entsprechenden Verhältnis geteilt. Diese Teilung überträgt sich auf die wirksamen Emitterflächen A_{E1}, A_{E2}, A_{E3} und A_{E4}.

Die Ausgangswiderstände der einfachen Stromquellen (Bild 2.10) und der Mehrfachstromquellen (Bild 2.13) werden in erster Linie durch den Kollektor-Emitter-Widerstand r_{ce} sowie die dazu parallel liegenden Kollektor-Emitter- und Kollektor-Substrat-Kapazitäten der Transistoren in den I_0-Zweigen bestimmt. r_{ce} bewegt sich zwischen $10^5\,\Omega$ und $10^6\,\Omega$. Die Größe der Kapazitäten liegt bei einigen Pikofarad. Die Impedanzwerte fallen daher bereits weit unterhalb der f_1-Grenzfrequenzen der Transistoren mit $1/f$ ab. Verbesserungen können durch das Einfügen von Emitterwiderständen (Bild 2.11b) sowie durch die Wilson-Schaltung (Bild 2.12) erzielt werden.

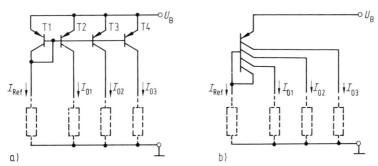

Bild 2.13 Mehrfachstromquelle
a) mit Einzeltransistoren, b) mit Vielfachkollektortransistor

2.2.2.4 Stromquellen mit MOS-Transistoren

Der Aufbau einer Stromquelle mit MOS-Transistoren (Bild 2.14) entspricht völlig dem einer solchen mit Bipolartransistoren.

Der Zusammenhang zwischen den Drainströmen I_{D1} bzw. I_{D2} und der Gatespannung U_{GS} kann im Pinch-off-Bereich mit Hilfe der Gl.(1.43) beschrieben werden:

$$I_0 = I_{D2} = K_{T2}(U_{GS} - U_t)^2, \tag{2.51}$$

$$I_{Ref} = I_{D1} = K_{T1}(U_{GS} - U_t)^2. \tag{2.52}$$

Damit folgt für das Stromübersetzungsverhältnis:

$$\ddot{U}_I = \frac{I_0}{I_{Ref}} = \frac{K_{T2}}{K_{T1}} = \frac{b_{T2}}{b_{T1}}. \tag{2.53}$$

$\ddot{U}_I$ ist dem Verhältnis der Transistorkonstanten bzw. Kanalbreiten proportional. Sind beide Transistoren gleich dimensioniert, wird $\ddot{U}_I = 1$. Beim Entwurf von Stromquellenschaltungen für $\ddot{U} \neq 1$ werden unterschiedliche Kanalbreiten b_{T1} bzw. b_{T2} gewählt.

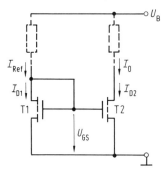

Bild 2.14 Stromquelle in NMOS-Technik

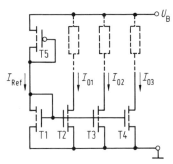

Bild 2.15 Mehrfachstromquelle in CMOS-Technik

I_{Ref} wird im allgemeinen wieder über einen Vorwiderstand aus U_B abgeleitet. Die damit verbundene Betriebsspannungsabhängigkeit ist oft nachteilig und kann dadurch gemindert werden, daß man als Vorwiderstand ein nichtlineares Element einsetzt. Günstige diesbezügliche Möglichkeiten ergeben sich in CMOS-Technik (Bild 2.15) [2.4, 2.5].

2.2.2.5 Stromquellen mit Operationsverstärkern

Für Stromquellen mit erhöhten Anforderungen an die Genauigkeit und Konstanz des Übersetzungsverhältnisses ist es notwendig, den Einfluß der Transistorparameter zu reduzieren bzw. zu eliminieren. Dies kann durch den Aufbau von Stromquellen mit Operationsverstärkern geschehen. Bild 2.16 zeigt dafür zwei einfache Beispiele.

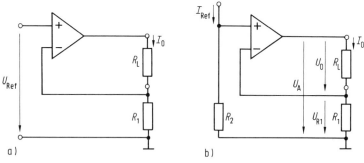

Bild 2.16 Stromquelle mit Operationsverstärker
a) Spannungssteuerung, b) Stromsteuerung

Bei der Variante a) handelt es sich um eine spannungsgesteuerte Stromquelle (U/I-Wandler). Der Operationsverstärker arbeitet als Spannungsfolger (s.

Abschn. 2.3.3.2), d.h., der Spannungsabfall über R_1 wird gleich der Steuerspannung U_{Ref}. Damit folgt für das Übersetzungsverhältnis

$$\ddot{U}_{UI} = \frac{I_0}{U_{Ref}} = \frac{1}{R_1}. \tag{2.54}$$

Die Variante b) verkörpert eine stromgesteuerte Stromquelle. Der Steuerstrom I_{Ref} wird über R_2 in eine Spannung umgewandelt und diese dem Operationsverstärker zugeführt. Der Spannungsabfall über R_1 wird wieder gleich der Eingangsspannung, und man erhält für das Übersetzungsverhältnis

$$\ddot{U}_I = \frac{I_0}{I_{Ref}} = \frac{R_2}{R_1}. \tag{2.55}$$

Durch die Bemessung der Widerstände R_1 bzw. R_1 und R_2 können die Übersetzungsverhältnisse in weiten Grenzen verändert werden.

Der Ausgangswiderstand beider Varianten berechnet sich aus

$$R_{Aus} = -\frac{dU_0}{dI_0}. \tag{2.56}$$

Mit

$$dU_0 = dU_A - dU_{R1}$$
$$= V_D R_1 dI_0 - R_1 dI_0 = (V_D - 1) R_1 dI_0 \tag{2.57}$$

und $|V_D| \gg 1$ folgt

$$R_{Aus} \approx -V_D R_1. \tag{2.58}$$

V_D entspricht der Differenzverstärkung des Operationsverstärkers. Für die typischen Werte $-V_D = 10^4$ und $R_1 = 1\,k\Omega$ ergibt sich ein Ausgangswiderstand von 10 MΩ. Er gilt allerdings nur für den quasistationären Betrieb. Im Bereich höherer Frequenzen muß V_D als komplexe Größe berücksichtigt werden und man erhält dann für die Ausgangsimpedanz

$$\underline{R}_{Aus} = -\underline{V}_D R_1 = \frac{|V_{D0}|}{1 + j\dfrac{\omega}{\omega_{P1K}}} R_1 \tag{2.59}$$

mit V_{D0} — Differenzverstärkung des Operationsverstärkers bei $f = 0$ und
     ω_{P1K} — Grenzfrequenzen des kompensierten Operationsverstärkers (typischer Wert: $f_{P1K} = 10\,Hz$).

Der große Nachteil der beiden Schaltungen nach Bild 2.16 ist der „schwimmende" Lastwiderstand R_L. Dieser Mangel kann durch das Einfügen eines Transistors am Ausgang des Operationsverstärkers behoben werden (Bild 2.17).

Für die Schaltung mit Bipolartransistor gilt

$$U_{Ref} = R_1 I_E = R_1 I_C \left(1 + \frac{1}{B_N}\right). \tag{2.60}$$

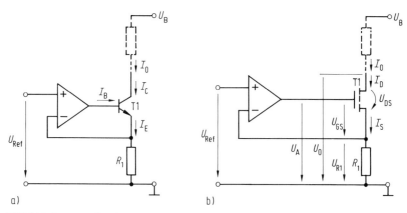

Bild 2.17 Stromquelle mit Operationsverstärker und Transistor
a) mit Bipolartransistor, b) mit MOS-Transistor

Mit $I_C = I_0$ ergibt sich für das Übersetzungsverhältnis

$$\ddot{U}_{UI} = \frac{I_0}{U_{Ref}} = \frac{1}{R_1 \left(1 + \dfrac{1}{B_N}\right)}. \tag{2.61}$$

Rüstet man die Schaltung mit einem MOS-Transistor aus, so wird

$$U_{Ref} = R_1 I_S = R_1 I_D \tag{2.62}$$

und man erhält mit $I_D = I_0$

$$\ddot{U}_{UI} = \frac{I_0}{U_{Ref}} = \frac{1}{R_1}. \tag{2.63}$$

Der Ausgangswiderstand

$$R_{Aus} = \frac{dU_0}{dI_0} \tag{2.64}$$

kann anhand der Ersatzschaltung des MOS-Transistors (Bild 1.24) berechnet werden; bei Vernachlässigung von λg_m gilt:

$$dI_0 = g_m \, dU_{GS} + g_d \, dU_{DS}. \tag{2.65}$$

Mit

$$dU_{GS} = dU_A - dU_{R1}$$
$$= V_D R_1 \, dI_0 - R_1 \, dI_0 \approx V_D R_1 \, dI_0 \tag{2.66}$$

und

$$dU_{DS} = dU_0 - dU_{R1} = dU_0' - R_1 \, dI_0 \tag{2.67}$$

folgt

$$\frac{dU_0}{dI_0} = \frac{g_m}{g_d} R_1 \left(-V_D + \frac{g_d}{g_m} + \frac{1}{g_m R_1}\right). \tag{2.68}$$

Da im Regelfall $|V_D| \gg (g_d/g_m) + (1/g_m R_1)$ angenommen werden kann, erhält man in guter Näherung

$$R_{Aus} = \frac{dU_0}{dI_0} \approx -V_D \frac{g_m}{g_d} R_1. \qquad (2.69)$$

Mit den typischen Werten $-V_D = 10^4$; $g_m = 3$ mS; $g_d = 0{,}01$ mS und $R_1 = 1$ kΩ ergibt sich ein beachtlich hoher Ausgangswiderstand von 3 GΩ.

Für die Ausgangsimpedanz gilt bei Vernachlässigung des Einflusses der Transistorkapazitäten

$$\underline{R}_{Aus} = -\underline{V}_D \frac{g_m}{g_d} R_1 = \frac{|V_{D0}|}{1 + j \dfrac{\omega}{\omega_{P1K}}} \frac{g_m}{g_d} R_1. \qquad (2.70)$$

2.2.3 Potentialverschiebung

Verstärkerstufen besitzen meist unterschiedliche Gleichspannungsruhewerte am Ein- und Ausgang. Bei direkter Kopplung mehrerer Stufen müssen daher an den Koppelstellen die Potentiale angeglichen werden. Oft ist es auch wünschenswert, am Ausgang eines Verstärkers ein Ruhepotential von Null zu realisieren.

Aufgrund dieser Probleme ist es daher notwendig, an entsprechenden Stellen einer Schaltung eine Potentialverschiebung vorzunehmen. Elementarschaltungen die dies bewirken, werden charakterisiert durch die Verschiebespannung U_V und das Wechselspannungsübersetzungsverhältnis $\dot{\underline{U}}_U$, dessen Betrag möglichst ≥ 1 sein soll [2.7, 2.8].

2.2.3.1 Diodenkopplung

Die einfachste Möglichkeit zur Realisierung einer Potentialverschiebung ergibt sich bei Nutzung des Spannungsabfalles an Dioden gemäß Bild 2.18.

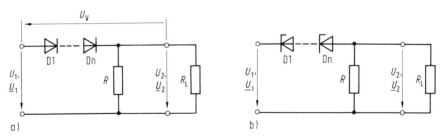

Bild 2.18 Potentialverschiebung mit Hilfe von Dioden
a) mit Dioden in Flußrichtung, b) mit Z-Dioden

Im Falle des Einsatzes von Dioden in Flußrichtung gilt für die Verschiebespannung

$$U_V = U_2 - U_1 = -n\,U_{F0} \qquad (2.71)$$

und das Wechselspannungsübersetzungsverhältnis

$$\underline{\ddot{U}}_U = \frac{U_2}{\underline{U}_1} = \frac{R \parallel R_L}{n\,r_F + (R \parallel R_L)}$$

$$\approx 1 \quad \text{für} \quad n\,r_F \ll (R \parallel R_L) \tag{2.72}$$

mit U_{F0} — Flußspannung einer Diode,
         r_F — differentieller Widerstand einer Diode in Flußrichtung und
         n — Anzahl der in Reihe geschalteten Dioden.

Entsprechend folgt für das Verhalten der Schaltung mit Z-Dioden:

$$U_V = -n\,U_Z \tag{2.73}$$

und

$$\underline{\ddot{U}}_U = \frac{R \parallel R_L}{n\,r_Z + (R \parallel R_L)}$$

$$\approx 1 \quad \text{für} \quad n\,r_Z \ll (R \parallel R_L) \tag{2.74}$$

mit U_Z — Z-Spannung und
         r_Z — differentieller Widerstand einer Z-Diode.

Schaltungen mit Dioden in Flußrichtung werden dort eingesetzt, wo nur geringe Potentialunterschiede ausgeglichen werden müssen. Anstelle der einfachen Reihenschaltung der Dioden in Flußrichtung können auch U_{F0}-Vervielfacher treten. Für die Verwirklichung großer U_V-Werte können Schaltungen mit Z-Dioden zur Anwendung kommen, jedoch nur dort, wo das hohe Rauschen dieser Bauelemente nicht stört. Bei beiden Schaltungen ist die Temperaturabhängigkeit von U_V zu beachten. Die Dioden werden durch Basis-Emitter-Übergänge von Transistoren verwirklicht.

2.2.3.2 Konstantstromkopplung

Eine weitere Möglichkeit zur Potentialverschiebung ergibt sich bei Konstantstromkopplung gemäß Bild 2.19 a.

Die Spannung U_V errechnet sich zu

$$U_V = U_2 - U_1 = -\left(I_0 + \frac{U_1}{R_L}\right) \frac{R\,R_L}{R + R_L}$$

$$\approx -I_0\,R \quad \text{für} \quad R_L \gg R \text{ und } I_0 \gg \frac{U_1}{R_L}, \tag{2.75}$$

und für das Wechselspannungsübersetzungsverhältnis erhält man

$$\underline{\ddot{U}}_U = \frac{U_2}{\underline{U}_1} = \frac{R_L}{R_L + R} \approx 1 \quad \text{für} \quad R_L \gg R. \tag{2.76}$$

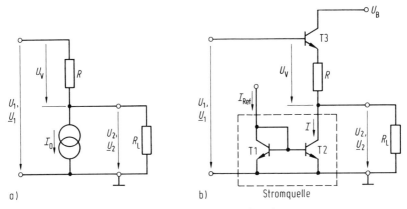

Bild 2.19 Potentialverschiebung durch Konstantstromkopplung
a) Prinzip, b) Schaltung

Bild 2.19b zeigt eine diesem Prinzip entsprechende Schaltung. Bei der Ermittlung der Verschiebespannung ist hier zusätzlich die Basis-Emitter-Spannung U_{BE3} des Transistors T3 zu berücksichtigen:

$$U_V \approx -(I_0 R + U_{BE3}) \quad \text{für } R_L \gg R \quad \text{und} \quad I_0 \gg \frac{U_1}{R_L}. \tag{2.77}$$

In das Spannungsübersetzungsverhältnis geht zusätzlich die Verstärkung $\underline{V}_{Uc}$ des in Kollektorschaltung betriebenen Transistors T3 ein (s. Tabelle 1.3.):

$$\underline{\ddot{U}}_U = \underline{V}_{Uc} \, \underline{\ddot{U}}_{UR} \approx 1. \tag{2.78}$$

2.2.3.3 Komplementärtransistorkopplung

Besonders vorteilhaft lassen sich Potentialverschiebungen beim Einsatz von Komplementärtransistoren erzielen. Ein Beispiel hierfür zeigt Bild 2.20.

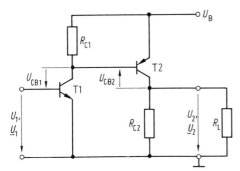

Bild 2.20 Potentialverschiebung mit Hilfe von Komplementärtransistoren

Die Spannung U_V erhält man aus der Differenz der beiden Kollektor-Basis-Spannungsbeträge:

$$U_V = U_2 - U_1 = U_{CB1} + U_{CB2} = |U_{CB1}| - |U_{CB2}|. \tag{2.79}$$

Das Spannungsübersetzungsverhältnis ergibt sich aus den Spannungsverstärkungen der beiden in Emitterschaltung arbeitenden Verstärkerstufen (s. Tabelle 1.3.):

$$\underline{\ddot{U}}_U = \underline{V}_{Ue1}\, \underline{V}_{Ue2} \approx \left(-\frac{b_{n1}}{r_{be1}} R_{L1}\right)\left(-\frac{b_{n2}}{r_{be2}} R_{L2}\right). \tag{2.80}$$

Mit $R_{L1} = R_{C1} \parallel \underline{R}_{Ein2} = R_{C1} \parallel r_{be2}$ und $R_{L2} = R_{C2} \parallel R_V$ folgt

$$\underline{\ddot{U}}_U \approx \frac{b_{n1}\, b_{n2}}{r_{be1}} \frac{R_{C1}\, R_{C2}\, R_V}{(R_{C1}+r_{be2})(R_{C2}+R_V)}. \tag{2.81}$$

2.2.3.4 Optoelektronische Kopplung

Sollen sehr große Potentialunterschiede ausgeglichen bzw. eine völlige Potential-trennung erzielt werden, so benutzt man Optokoppler (Bild 2.21).

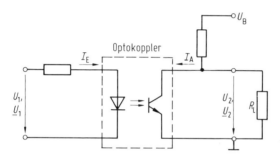

Bild 2.21 Potentialtrennung mit Optokoppler

Sie bestehen aus einer GaAs-Lichtemitterdiode und einer Si-Fotodiode bzw. einem Si-Fototransistor, die durch ein optisches Übertragungsmedium (Glas) miteinander verbunden sind. Die Potentialdifferenz zwischen dem Eingang und dem Ausgang von Optokopplern kann bis zu mehreren Kilovolt betragen. Das Spannungsüberset-zungsverhältnis $\underline{\ddot{U}}_U$ hängt vom Stromübersetzungsverhältnis I_A/I_E des Kopplers ab. Für Koppler mit einem Fototransistor auf der Empfängerseite sind I_A/I_E-Werte von 0,1 bis 3 typisch. Bei größeren Signalamplituden müssen die Nichtlinearitäten des Optokopplers beachtet und gegebenenfalls kompensiert werden [2.1, 2.9].

2.2.4 Verstärkerstufen

Die wichtigste Aufgabe der analogen Schaltungstechnik besteht in der Verstärkung elektrischer Signale. An die Verstärkergrundstrukturen sind folgende Forderungen zu stellen:

— hohe Spannungs-, Strom- bzw. Leistungsverstärkung,
— große Bandbreite,
— weitgehende Linearität zwischen Eingangs- und Ausgangssignal für einen mög-lichst großen Aussteuerungsbereich,

— geringes Eigenrauschen,
— geringer Speiseleistungsbedarf sowie
— hohe Konstanz der Verstärkung gegenüber Schwankungen der Temperatur und
  der Betriebsspannung.

2.2.4.1 Prinzipieller Aufbau und Analyse

Zur Verwendung eines aktiven elektronischen Bauelementes als Verstärker ist es
notwendig, anhand des Ausgangskennlinienfeldes einen bestimmten **Arbeitspunkt**
zu wählen und diesen durch geeignete schaltungstechnische Maßnahmen zu realisieren. D.h., dem Element sind außer dem zu verstärkenden Signal noch Gleichspannungen zuzuführen, mit denen der Arbeitspunkt eingestellt werden kann.

Die Ein- bzw. Auskopplung des Nutzsignales kann galvanisch, kapazitiv, optoelek-
tronisch oder transformatorisch vorgenommen werden. Die transformatorische
Kopplung scheidet in der Mikroelektronik meist aus, da der Transformator selbst
nicht integrierbar ist und als diskretes Bauelement in keine akzeptable Relation
zur integrierten Schaltung gebracht werden kann. Bei kapazitiver Kopplung werden
die entsprechenden Kondensatoren vielfach als diskrete Bauelemente mit dem
Schaltkreis verbunden.

Bild 2.22 zeigt den prinzipiellen Aufbau bei kapazitiver Kopplung. Dem Verstärkerbauelement werden die für die Einstellung des Arbeitspunktes erforderlichen
Gleichgrößen U_1, I_1, U_2 und I_2 aus der Betriebsspannung U_B über die Widerstände
R_1 und R_2 zugeführt. Das zu verstärkende Signal wird von einer Signalquelle
mit der Leerlaufspannung $\underline{U}_S$ und dem Innenwiderstand R_i geliefert, verstärkt und
dem Verbraucherwiderstand R_V zugeleitet.

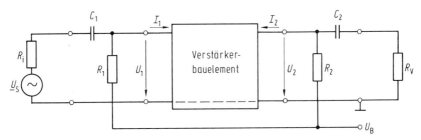

Bild 2.22
Einstellung des Arbeitspunktes eines Verstärkerbauelementes bei kapazitiver Kopplung

Die Dimensionierung der Widerstände R_1 und R_2 kann mit Hilfe der Kirchhoffschen Regeln durchgeführt werden.

Für die Eingangsseite gilt bei kapazitiver Kopplung:

$$R_1 = \frac{U_B - U_{1A}}{I_{1A}}. \tag{2.82}$$

Bei galvanischer Kopplung entfallen die Kondensatoren C_1 und C_2 und es folgt:

$$R_1 = \frac{U_B - U_{1A}}{I_{1A} + \dfrac{U_{1A}}{R_i}}.$$

(2.83)

Die den Arbeitspunkt A kennzeichnenden Werte U_{1A} und I_{1A} können aus dem Kennlinienfeld entnommen werden, wobei U_{2A} und I_{2A} vorgegeben sind (Bild 2.23).

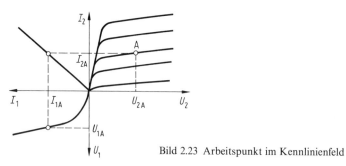

Bild 2.23 Arbeitspunkt im Kennlinienfeld

Auf der Ausgangsseite liegen die Verhältnisse ähnlich. Es gilt bei kapazitiver Kopplung:

$$R_2 = \frac{U_B - U_{2A}}{I_{2A}}.$$

(2.84)

Bei galvanischer Kopplung erhält man:

$$R_2 = \frac{U_B - U_{2A}}{I_{2A} + \dfrac{U_{2A}}{R_V}}.$$

(2.85)

Eine besonders anschauliche Form der Darstellung der Verhältnisse auf der Ausgangsseite erhält man, wenn man U_{2A} und I_{2A} in den Gln. (2.84) und (2.85) als Variable auffaßt und nach I_2 auflöst. Jeweils eine der sich so ergebenden Gleichungen

$$I_2 = -\frac{1}{R_2} U_2 + \frac{U_B}{R_2}$$

(2.86)

bzw.

$$I_2 = -\frac{1}{R_2 \parallel R_V} U_2 + \frac{U_B}{R_2}$$

(2.87)

kann man als Gleichstrom-Arbeitsgerade in das Ausgangskennlinienfeld eintragen (Bild 2.24). Der vorher gewählte Arbeitspunkt A liegt auf dieser Geraden. Die Gerade hat im Falle der kapazitiven Kopplung eine Steigung, die dem Widerstand R_2 umgekehrt proportional ist, während bei galvanischer Kopplung die Steigung durch den Kehrwert von $R_2 \parallel R_V$ bestimmt wird.

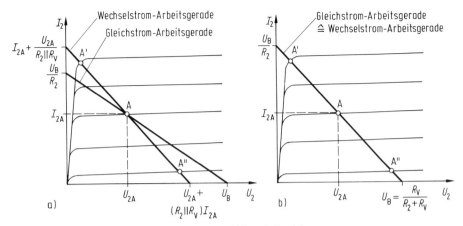

Bild 2.24 Arbeitsgeraden im Ausgangskennlinienfeld — A-Betrieb
a) bei kapazitiver Kopplung, b) bei galvanischer Kopplung

Beim Wirksamwerden der Signalspannung $\underline{U}_S$ wird sich ein dieser Spannung proportionaler Eingangssignalstrom dem Strom I_{1A} überlagern. Das hat zur Folge, daß sich der Arbeitspunkt A auf einer Wechselstrom-Arbeitsgeraden im gleichen Sinne wie die Signalamplitude, beispielsweise zwischen den Punkten A′ und A″ bewegt.

Bei galvanischer Kopplung ist die Wechselstrom-Arbeitsgerade identisch mit der Gleichstrom-Arbeitsgeraden, denn in beiden Fällen werden ihre Steigungen durch den Kehrwert von $R_2 \| R_V$ festgelegt. Bei kapazitiver Kopplung ist für die Steigung der Gleichstrom-Arbeitsgeraden nur der Kehrwert von R_2 bestimmend, denn R_V ist durch den Kondensator C_2 gleichstrommäßig abgetrennt. Wechselstrommäßig kann jedoch C_2 als Kurzschluß betrachtet werden, so daß für die Steigung der Wechselstrom-Arbeitsgeraden wieder der Kehrwert von $R_2 \| R_V$ maßgebend ist. Da die Gerade außerdem durch den Arbeitspunkt A gehen muß, kann ihr Verlauf durch

$$I_2 = -\frac{1}{R_2 \| R_V}(U_2 - U_{2A}) + I_{2A} \qquad (2.88)$$

beschrieben werden.

Die Projektionen der Strecke $\overline{A'A''}$ der Wechselstrom-Arbeitsgeraden auf die Abszissen- und die Ordinatenachse geben Aufschluß über die verstärkte Signalspannung und den verstärkten Signalstrom. Die Lage des Arbeitspunktes A ist so zu wählen, daß eine möglichst große symmetrische Aussteuerung gewährleistet wird. Man spricht bei dieser Art der Wahl des Arbeitspunktes vom *A-Betrieb* der Verstärkerstufe.

Bei der Verarbeitung von sehr großen Signalamplituden bevorzugt man häufig den *Gegentakt-B-Betrieb*. Dabei werden zwei Verstärkerbauelemente in einer Gegentaktschaltung angeordnet und der Arbeitspunkt der Transistoren so gewählt, daß der Strom I_{2A} praktisch Null ist und die Spannung U_{2A} demzufolge der Betriebsspannung U_B entspricht (Bild 2.25).

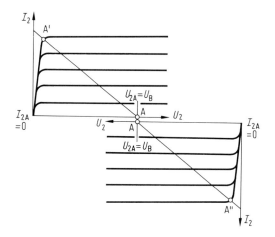

Bild 2.25 Arbeitsgerade im Ausgangskennlinienfeld — Gegentakt-B-Betrieb

Die Aussteuerung erfolgt extrem unsymmetrisch: Während ein Transistor durch das Signal geöffnet wird, wird der andere gesperrt. D.h., jeder der beiden Transistoren verstärkt nur eine Signalhalbwelle. Im Verbraucherwiderstand werden beide Halbwellen wieder zum vollständigen Signal zusammengesetzt. Zur Verminderung von Verzerrungen bei dieser getrennten Halbwellenverarbeitung ist es auch beim B-Betrieb sinnvoll, einen kleinen Strom I_{2A} zuzulassen; man spricht dann vom AB-Betrieb.

Für die schaltungstechnische Realisierung der *Arbeitspunkteinstellung* gibt es verschiedene Möglichkeiten. Bild 2.26 zeigt die gebräuchlichsten Varianten für Bipolartransistoren (npn) bei kapazitiver Kopplung.

Bei den Schaltungen mit Basisvorwiderstand ist die Widerstandsdimensionierung aus den Gln. (2.82) und (2.84) ableitbar. Für die Emitterschaltung erhält man:

$$R_B = \frac{(U_B - U_{BEA}) B_N}{I_{CA}} \quad \text{(mit } U_{BEA} \approx 0.7 \text{ V)}, \tag{2.89}$$

$$R_C = \frac{U_B - U_{CEA}}{I_{CA}}. \tag{2.90}$$

Für die Kollektor- und Basisschaltung gilt Entsprechendes.

Da B_N größeren Exemplarstreuungen unterliegen kann und außerdem temperaturabhängig ist (etwa 10^{-2}/K), kann der Arbeitspunkt stark schwanken.

Wird eine große Arbeitspunktstabilität gefordert, und das ist in der Mehrzahl der Anwendungen der Fall, so ist es am vorteilhaftesten, die Einstellung mit Basisspannungsteiler R_{B1}/R_{B2} und Emitterwiderstand R_E vorzunehmen. Über den Spannungsteiler wird der Basis eine konstante Spannung zugeführt, und der Emitterwiderstand sorgt für eine Gegenkopplung mit der angestrebten stabilisierenden Wirkung. Damit die Spannung an der Basis konstant und belastungsunabhängig ist, wählt man den Querstrom durch den Teiler etwa $10\,I_B$. Für eine wirksame Gegenkopplung sollte $-I_E R_E \gg U_{BEA}$ sein. In der Praxis wählt man vielfach $-I_E R_E = U_{RE} = 2$ V. Damit folgt für die Dimensionierung der Emitterschaltung:

$$R_E = \frac{U_{RE}}{I_{CA}\left(1 + \dfrac{1}{B_N}\right)} \approx \frac{U_{RE}}{I_{CA}} \quad (U_{RE} \approx 2 \text{ V wählen!}), \tag{2.91}$$

$$R_C = \frac{U_B - U_{RE} - U_{CEA}}{I_{CA}}, \tag{2.92}$$

$$R_{B2} = \frac{U_{BEA} + U_{RE}}{10\,I_{BA}} = \frac{(U_{BEA} + U_{RE})\,B_N}{10\,I_{CA}}, \tag{2.93}$$

$$R_{B1} = \frac{U_B - U_{BEA} - U_{RE}}{10\,I_{BA} + I_{BA}} = \frac{(U_B - U_{BEA} - U_{RE})\,B_N}{11\,I_{CA}}. \tag{2.94}$$

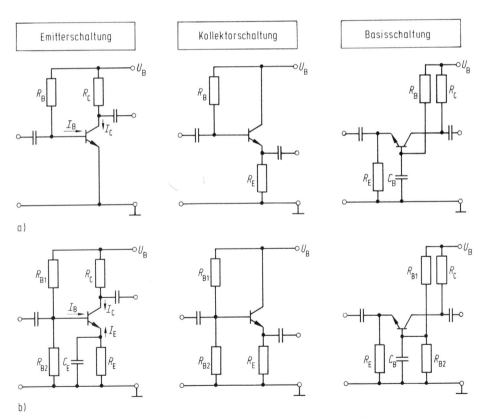

Bild 2.26 Einstellung des Arbeitspunktes bei den drei Grundschaltungen des Bipolartransistors (npn) a) mit Basisvorwiderstand R_B, b) mit Basisspannungsteiler R_{B1}/R_{B2} und Emitterwiderstand R_E

Zur Vermeidung einer Gegenkopplung für das zu verstärkende Signal wird der Wechselspannungsabfall über R_E mit Hilfe von C_E kurzgeschlossen.

Die Vorgehensweise ist leicht auf die Kollektor- und auf die Basisschaltung übertragbar.

Im Bild 2.27 sind Möglichkeiten der Arbeitspunkteinstellung bei MOS-Feldeffekttransistoren angegeben.

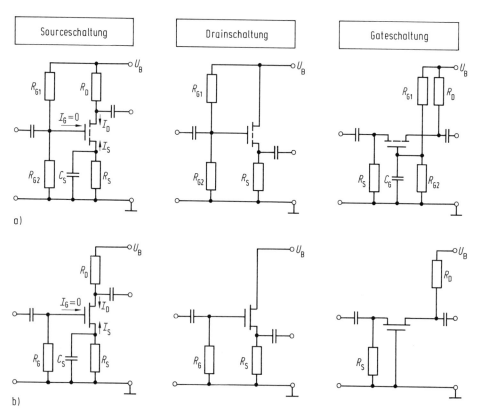

Bild 2.27 Einstellung des Arbeitspunktes bei den drei Grundschaltungen des MOS-Feldeffekttransistors (n-Kanal)
a) Enhancement-MOSFET, b) Depletion-MOSFET

Beim Enhancement-MOSFET kann die Arbeitspunkteinstellung wie beim Bipolartransistor vorgenommen werden, d.h. mit Spannungsteiler und Gleichstromgegenkopplung. Der Gatespannungsteiler R_{G1}/R_{G2} kann sehr hochohmig ausgelegt werden, da die Belastung durch das Gate vernachlässigbar klein ist. Die Gegenkopplung, ausgedrückt durch $-I_S R_S = I_D R_S = U_{RS}$, sollte im Sinne einer guten Arbeitspunktstabilisierung wieder so groß wie möglich gewählt werden. Für die Dimensionierung der Sourceschaltung gilt:

$$R_S = \frac{U_{RS}}{I_{DA}} \qquad (U_{RS} \geq U_{GSA} \text{ wählen!}), \tag{2.95}$$

$$R_D = \frac{U_B - U_{RS} - U_{DSA}}{I_{DA}}, \tag{2.96}$$

$$R_{G2} \approx 1 \text{ M}\Omega \qquad (\text{Richtwert}), \tag{2.97}$$

$$R_{G1} = R_{G2} \frac{U_B}{U_{GSA} + U_{RS}}. \tag{2.98}$$

Der Depletion-MOSFET benötigt am Eingang und am Ausgang Gleichspannungen entgegengesetzter Polarität. Zur Gewährleistung der negativen Gatespannung wendet man das *Prinzip der automatischen Vorspannungserzeugung* an. Im Falle der Sourceschaltung bedeutet das: Man legt das Gate über R_G auf das Potential $\varphi_G = 0$ und hebt die Sourceelektrode auf das positive Potential $\varphi_S = -I_S R_S = I_D R_S$; dann gilt $U_{GS} = -I_D R_S$. Für die zu dimensionierenden Widerstände folgt:

$$R_G \approx 1 \text{ M}\Omega \qquad (\text{Richtwert}), \tag{2.99}$$

$$R_S = -\frac{U_{GSA}}{I_{DA}}, \tag{2.100}$$

$$R_D = \frac{U_B + U_{GSA} - U_{DSA}}{I_{DA}}. \tag{2.101}$$

Die aufgezeigten Zusammenhänge sind leicht auf die beiden anderen Grundschaltungen übertragbar.

Möglichkeiten der Einstellung des Arbeitspunktes bei Gegentakt-B-Verstärkerstufen sind im Bild 2.28 ausgewiesen.

Bei der Variante in Bipolartechnik arbeiten die beiden komplementären Kollektorstufen (Emitterfolger) auf den gemeinsamen Verbraucherwiderstand R_V. Es sind zwei dem Betrag nach gleich große Betriebsspannungen $+U_B$ und $-U_B$ erforderlich. Zur Linearisierung der Übertragungskennlinie $U_2 = f(U_1)$ sind Basisvorspannungen $U_{11} = U_{12} = U_{F0}$ sinnvoll.

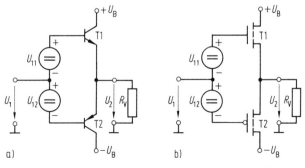

Bild 2.28 Einstellung des Arbeitspunktes bei Gegentakt-B-Verstärkerstufen
a) mit Bipolartransistoren, b) mit MOS-Feldeffekttransistoren (CMOS-Technik)

Für die Variante in CMOS-Technik gilt Entsprechendes. Die beiden komplementären Drainschaltungen (Sourcefolger) arbeiten auch hier auf den gemeinsamen Verbraucherwiderstand und benötigen die Gatevorspannungen $U_{11} = U_{12} = U_t$.

Die Realisierung der Vorspannungen erfolgt in beiden Fällen im Zusammenhang mit den vorgeschalteten Treiberstufen.

Bei der Untersuchung des **Signalverhaltens** der Verstärkerstufen geht man wieder vom beschalteten Verstärkerbauelement gemäß Bild 2.22 aus. Die Betriebsspannungsquelle U_B sowie die Kondensatoren C_1 und C_2 stellen für das Signal einen Kurzschluß dar. Man kann daher die Widerstände R_i und R_1 zum Quellenwiderstand $R_Q = R_i \parallel R_1$ sowie R_2 und R_V zum Lastwiderstand $R_L = R_2 \parallel R_V$ zusammenfassen (Bild 2.29). Beim zusätzlichen Wirksamwerden von Blindschaltelementen im Eingangs- und Ausgangskreis nehmen Quellen- und Lastwiderstand komplexen Charakter an $(\underline{R}_Q; \underline{R}_L)$.

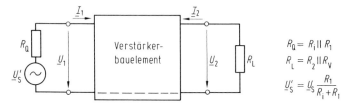

Bild 2.29 Zur Ermittlung des Signalverhaltens

Zur Beschreibung des Signalverhaltens dieser Schaltung dienen die Betriebskenngrößen Stromverstärkung $\underline{V}_I$, Spannungsverstärkung $\underline{V}_U$, Leistungsverstärkung $\underline{V}_P$, Eingangswiderstand $\underline{R}_{Ein}$ und Ausgangswiderstand $\underline{R}_{Aus}$.

Für den *Kleinsignalbetrieb* können diese Kennwerte mit Hilfe der formalen Vierpolgleichungen oder physikalischer Ersatzschaltungen berechnet werden (s. Abschn. 1.2.4.1). Die Ergebnisse der Berechnungen sind in den Tabellen 1.2, 1.3 und 1.4 zusammengestellt.

Bei der Analyse von Verstärkerstufen die im *Großsignalbetrieb* arbeiten, steht das Ausgangskennlinienfeld des Verstärkerbauelementes im Vordergrund. Aus ihm können die Zusammenhänge zwischen den Strömen und Spannungen unter den jeweiligen Betriebsbedingungen entnommen werden.

Als spezielle Betriebskenngrößen von Großsignalverstärkerstufen dienen

− die maximal an den Verbraucherwiderstand R_V abgebbare Signalleistung P_S,
− die der Stufe dabei zuzuführende Gleichleistung $P_=$ und
− der Wirkungsgrad $\eta = P_S/P_=$.

Da ein beträchtlicher Teil der zugeführten Gleichleistung $P_=$ in Wärme umgesetzt wird, muß dem Problem der Ableitung dieser Wärme über entsprechend niedrige Wärmewiderstände der Transistoren Beachtung geschenkt werden.

Die Größe der Spannungsverstärkung $\underline{V}_U$ ist von untergeordneter Bedeutung, da diese Verstärkung von den vorgeschalteten Treibern erbracht werden kann.

2.2.4.2 Emitterschaltung

Von den drei Verstärkergrundschaltungen des Bipolartransistors hat die Emitterschaltung die weitaus größte Bedeutung. Zur Stabilisierung des Arbeitspunktes und des Signalverhaltens wird sie in den meisten Fällen mit einer Gegenkopplung ausgerüstet.

Bild 2.30 zeigt eine **Emitterschaltung mit Serien-Serien-Gegenkopplung (Stromgegenkopplung).**

Die Betriebsgrößen können mit Hilfe der für diese Gegenkopplung abgeleiteten $\underline{h}'$-Parameter (s. Gln. (1.147) bis (1.150)) oder der im Bild 2.30b dargestellten Ersatzschaltung berechnet werden. Dabei ist es zweckmäßig, die praktisch immer erfüllten Bedingungen $b_n \gg 1$ und $(R_E/r_{ce}) \ll 1$ zu nutzen.

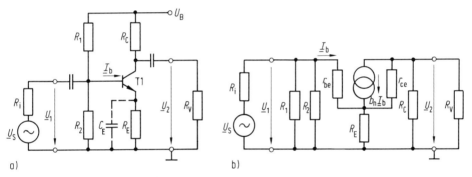

Bild 2.30 Emitterschaltung mit Serien-Serien-Gegenkopplung (Stromgegenkopplung)
a) Schaltung, b) Ersatzschaltung

Für die Spannungsverstärkung gilt:

$$\underline{V}_U = \frac{-b_n R_L}{r_{be}\left(1 + \dfrac{R_L}{r_{ce}}\right) + b_n R_E} \,. \tag{2.102}$$

Als Lastwiderstand wirkt $R_L = R_C \| R_V$. Da in der Praxis $(R_L/r_{ce}) \ll 1$ ist, erhält man in guter Näherung

$$\underline{V}_U \approx \frac{-b_n R_L}{r_{be} + b_n R_E} \,. \tag{2.103}$$

$\underline{V}_U$ sinkt mit wachsendem Gegenkopplungswiderstand R_E. Bei sehr großen R_E-Werten wird $\underline{V}_U$ nur noch durch das Verhältnis $-(R_L/R_E)$ bestimmt.

Der Eingangswiderstand berechnet sich zu

$$\underline{R}_{\text{Ein}} = R_{\text{B}} \, \Big\| \Big(r_{\text{be}} + \frac{b_{\text{n}} R_{\text{E}}}{1 + \frac{R_{\text{L}}}{r_{\text{ce}}}} \Big), \tag{2.104}$$

wobei für $R_{\text{B}} = R_1 \, \| \, R_2$ zu setzen ist. Mit $(R_{\text{L}}/r_{\text{ce}}) \ll 1$ folgt in guter Näherung:

$$\underline{R}_{\text{Ein}} \approx R_{\text{B}} \, \| (r_{\text{be}} + b_{\text{n}} R_{\text{E}}). \tag{2.105}$$

Zur Erzielung eines hohen Eingangswiderstandes wird man bestrebt sein, R_{E} und R_{B} hochohmig zu wählen.

Für den Ausgangswiderstand erhält man:

$$\underline{R}_{\text{Aus}} = R_{\text{C}} \, \Big\| \Big[r_{\text{ce}} \Big(1 + \frac{b_{\text{n}} R_{\text{E}}}{r_{\text{be}} + R_{\text{Q}}} \Big) \Big] \tag{2.106}$$

mit $R_{\text{Q}} = R_{\text{i}} \, \| \, R_1 \, \| \, R_2$. $\underline{R}_{\text{Aus}}$ wird durch die Gegenkopplung erhöht, aber in der Praxis fast immer durch den dazu parallel liegenden Widerstand R_{C} bestimmt.

Durch das Einschalten von C_{E} kann die Gegenkopplung für das Signal unwirksam gemacht werden ($R_{\text{E}} = 0$), und man erhält:

$$\underline{V}_{\text{U}} \approx - \frac{b_{\text{n}}}{r_{\text{be}}} R_{\text{L}}, \tag{2.107}$$

$$\underline{R}_{\text{Ein}} \approx R_{\text{B}} \, \| \, r_{\text{be}}, \tag{2.108}$$

$$\underline{R}_{\text{Aus}} \approx R_{\text{C}} \, \| \, r_{\text{ce}}. \tag{2.109}$$

Im Bild 2.31 ist die **Emitterschaltung mit Parallel-Parallel-Gegenkopplung und Längswiderstand R_1 (Spannungsgegenkopplung)** dargestellt.

Bei der Berechnung der Betriebsgrößen kann auch hier mit den h'-Parametern (s. Gln. (1.160) bis (1.163)) oder der Ersatzschaltung nach Bild 2.31 b gearbeitet wer-

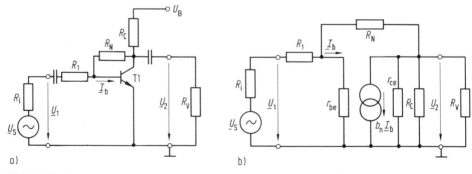

Bild 2.31 Emitterschaltung mit Parallel-Parallel-Gegenkopplung und Längswiderstand R_1 am Eingang (Spannungsgegenkopplung)
a) Schaltung, b) Ersatzschaltung

den. Die Analyse wird zweckmäßigerweise unter den in der Praxis meist gültigen Voraussetzungen $b_n \gg 1$ und $(r_{be}/R_N) \ll 1$ durchgeführt.

Die Spannungsverstärkung kann dann durch folgende Beziehung beschrieben werden:

$$\underline{V}_U = - \cfrac{1}{\cfrac{R_1}{R_N} + \cfrac{r_{be} + R_1}{b_n(R_L \| r_{ce})}} \, . \tag{2.110}$$

$\underline{V}_U$ sinkt mit wachsender Gegenkopplung und ist bei kleinen R_N-Werten nur noch vom Widerstandsverhältnis $-(R_N/R_1)$ abhängig.

Für den Eingangswiderstand gilt:

$$\underline{R}_{Ein} = R_1 + \cfrac{r_{be}}{1 + b_n \cfrac{R_L \| r_{ce}}{R_N}} \, . \tag{2.111}$$

Man erkennt, daß der Eingangswiderstand der nicht gegengekoppelten Schaltung ($= r_{be}$) durch die Gegenkopplung reduziert wird und bei starker Gegenkopplung (d.h. kleinem R_N) $\underline{R}_{Ein} = R_1$ gesetzt werden kann.

Der Ausgangswiderstand berechnet sich zu

$$\underline{R}_{Aus} = \cfrac{1}{\cfrac{1}{R_C} + \cfrac{1}{r_{ce}} + \cfrac{b_n}{R_N} \cfrac{R_1 + R_Q}{r_{be} + R_1 + R_Q}}$$

$$= R_C \| r_{ce} \left\| \left[\frac{R_N}{b_n} \left(1 + \frac{r_{be}}{R_1 + R_Q} \right) \right] . \tag{2.112}$$

Auch $\underline{R}_{Aus}$ wird durch die Gegenkopplung stark vermindert.

2.2.4.3 Kollektorschaltung (Emitterfolger)

Die Kollektorschaltung (Bild 2.32) wird hauptsächlich zur Impedanzwandlung eingesetzt. Ihre Betriebsgrößen sind aus der Ersatzschaltung nach Bild 2.32b herleitbar.

Die Spannungsverstärkung ist von $R_L = R_E \| R_V$ relativ unabhängig; es gilt:

$$\underline{V}_U = \cfrac{1}{1 + \cfrac{r_{be}}{(b_n + 1)(r_{ce} \| R_L)}} \, . \tag{2.113}$$

Da im allgemeinen $b_n \gg 1$, $r_{ce} \gg R_L$ und $b_n R_L \gg r_{be}$ ist, erhält man näherungsweise

$$\underline{V}_U \approx \cfrac{1}{1 + \cfrac{r_{be}}{b_n R_L}} \approx 1. \tag{2.114}$$

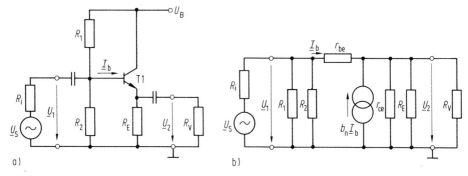

Bild 2.32 Kollektorschaltung
a) Schaltung, b) Ersatzschaltung

Der Ausgangswiderstand zeigt eine starke Abhängigkeit vom Quellenwiderstand $R_Q = R_i \parallel R_1 \parallel R_2$:

$$\underline{R}_{\text{Aus}} = \frac{r_{\text{be}} + R_Q}{b_n + 1} \parallel r_{\text{ce}} \parallel R_E. \tag{2.115}$$

Mit $b_n \gg 1$ und $r_{\text{ce}} \gg [(r_{\text{be}} + R_Q)/b_n]$ folgt:

$$\underline{R}_{\text{Aus}} \approx \frac{r_{\text{be}} + R_Q}{b_n} \parallel R_E. \tag{2.116}$$

$\underline{R}_{\text{Aus}}$ kann sehr niederohmig werden. Beispielsweise ergibt sich für $r_{\text{be}} = 2 \text{ k}\Omega$, $b_n = 100$, $R_Q = 10 \text{ k}\Omega$ und $R_E = 5 \text{ k}\Omega$ ein Ausgangswiderstand von $120 \,\Omega \parallel 5 \text{ k}\Omega \approx 120 \,\Omega$.

Für den Eingangswiderstand gilt unter Berücksichtigung des Basisspannungsteilers:

$$\underline{R}_{\text{Ein}} = R_B \parallel [r_{\text{be}} + (b_n + 1)(r_{\text{ce}} \parallel R_L)] \tag{2.117}$$

mit $R_B = R_1 \parallel R_2$ und $R_L = R_E \parallel R_V$. Setzt man wieder $b_n \gg 1$ und $r_{\text{ce}} \gg R_L$, so folgt:

$$\underline{R}_{\text{Ein}} \approx R_B \parallel (r_{\text{be}} + b_n R_L). \tag{2.118}$$

Es liegt eine ähnliche Abhängigkeit des Eingangswiderstandes vor, wie sie bei der Emitterschaltung mit Serien-Serien-Gegenkopplung beobachtet werden konnte. Für einen hohen Eingangswiderstand sind große R_L- und R_B-Werte erforderlich.

Die Verwirklichung eines hohen Lastwiderstandes R_L setzt entsprechend große Emitter- bzw. Verbraucherwiderstände R_E bzw. R_V voraus. Insbesondere der R_E-Erhöhung sind jedoch durch die verfügbare Betriebsspannung Grenzen gesetzt; es gilt:

$$R_E \leq \frac{U_B - U_{\text{CEA}}}{I_{\text{EA}}}. \tag{2.119}$$

Eine entscheidende Verbesserung kann hier durch den Einsatz einer Stromquelle anstelle von R_E erreicht werden (Bild 2.33).

Der für T1 wirksame Emitterwiderstand R_E entspricht dem Ausgangswiderstand
der Stromquelle. Man kann so R_E-Werte von etwa 50 kΩ problemlos verwirklichen,
wobei der damit verbundene Gleichspannungsabfall entsprechend klein gehalten
werden kann. Überlagert man dem Referenzstrom der Stromquelle eine zu $\underline{U}_2$
gegenphasige Signalkomponente (Auskopplung an einem zu diesem Zweck einge-
fügten Kollektorwiderstand R_C), so ist dadurch eine weitere Erhöhung des für T1
wirksamen Emitterwiderstandes erzielbar.

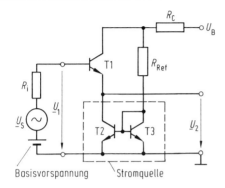

Bild 2.33 Kollektorschaltung mit
Stromquelle als Emitterwiderstand

Bei allen Bestrebungen nach möglichst hohen Emitter- bzw. Lastwiderständen ist
jedoch stets zu beachten, daß der Eingangswiderstand der Kollektorschaltung einem endlichen Grenzwert zustrebt. Dieser berechnet sich zu

$$\underline{R}_{\text{Ein max}} = \lim_{R_L \to \infty} \underline{R}_{\text{Ein}} = r_{be} + (b_n + 1)\, r_{ce} \approx b_n\, r_{ce}. \tag{2.120}$$

Das bedeutet, daß für $b_n = 100$ und $r_{ce} = 20$ kΩ der maximal erzielbare Eingangswiderstand bei 2 MΩ liegt.

Der mit einer Kollektorschaltung prinzipiell erreichbare Eingangswiderstand kann
in der Regel nicht voll ausgenutzt werden, wenn die Basisvorspannung gemäß
Bild 2.32 aus einem Spannungsteiler abgeleitet wird. Die Parallelschaltung der Tei-
lerwiderstände $R_B = R_1 \parallel R_2$ ist meist wesentlich niederohmiger als der vom Transistor verursachte Eingangswiderstand. Einen Ausweg aus dieser Situation, stellt
die Ableitung der Basisvorspannung aus einer Gleichspannungsquelle, die in Reihe
zur Signalspannungsquelle angeordnet ist, dar (s. Bild 2.33).

Eine weitere Möglichkeit, den unerwünschten Einfluß des Spannungsteilers auf
den Gesamtwiderstand zu eliminieren, ergibt sich bei Anwendung des Bootstrap-
Prinzips. Beim *Bootstrap-Prinzip* handelt es sich um ein Verfahren, bei dem die
Spannungen zweier Punkte einer Schaltung miteinander „mitlaufen". Dadurch
bleibt die Spannungsdifferenz zwischen diesen beiden Punkten zeitlich konstant,
und es kann sich keine Wechselspannung ausbilden.

Bild 2.34 zeigt eine **Kollektorstufe mit Bootstrap-Schaltung.** Die am Spannungsteiler
R_1/R_2 abgegriffene Basisvorspannung wird der Basis über den Widerstand R_3 zugeführt. R_3 ist außerdem kapazitiv mit dem Ausgang verbunden. Da Eingangs- und

Ausgangsspannung $\underline{U}_1$ bzw. $\underline{U}_2$ etwa gleich groß und in Phase sind ($\underline{V}_U \approx 1$), ist der Wechselspannungsabfall über R_3 als Differenz von $\underline{U}_1$ und $\underline{U}_2$ sehr klein, und R_3 erscheint dynamisch vergrößert.

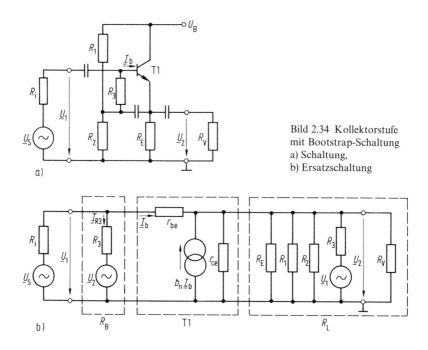

Bild 2.34 Kollektorstufe
mit Bootstrap-Schaltung
a) Schaltung,
b) Ersatzschaltung

Eine genaue Analyse kann anhand der Ersatzschaltung nach Bild 2.34 b vorgenommen werden.

Für R_B gilt:

$$R_B = \frac{U_1}{I_{R3}} = \frac{1}{1 - \underline{V}_U} R_3. \tag{2.121}$$

Mit Gl. (2.113) und $b_n \gg 1$ folgt:

$$R_B = \left[1 + \frac{b_n}{r_{be}} (r_{ce} \parallel R_L)\right] R_3. \tag{2.122}$$

Damit erhält man für den Eingangswiderstand der Gesamtanordnung:

$$\underline{R}_{Ein} = \left[\left(1 + \frac{b_n}{r_{be}} (r_{ce} \parallel R_L)\right) R_3\right] \Big\| \left[\left(1 + \frac{b_n}{r_{be}} (r_{ce} \parallel R_L)\right) r_{be}\right]$$

$$= (R_3 \parallel r_{be})\left[1 + \frac{b_n}{r_{be}} (r_{ce} \parallel R_L)\right], \tag{2.123}$$

wobei für $R_L \approx R_E \parallel R_V \parallel R_1 \parallel R_2$ zu setzen ist.

2.2.4.4 Basisschaltung

Von der Basisschaltung (Bild 2.35) wird relativ selten Gebrauch gemacht.

Für die Betriebsgrößen erhält man:

Spannungsverstärkung

$$\underline{V}_U = \left(\frac{b_n}{r_{be}} + \frac{1}{r_{ce}}\right)(r_{ce} \parallel R_L) \approx \frac{b_n}{r_{be}} R_L, \tag{2.124}$$

Eingangswiderstand

$$\underline{R}_{Ein} = R_E \left\| \frac{r_{be}}{1 + \dfrac{b_n r_{ce} + r_{be}}{r_{ce} + R_L}} \approx R_E \right\| \frac{r_{be}}{b_n}, \tag{2.125}$$

Ausgangswiderstand

$$\underline{R}_{Aus} = R_C \left\| \left[r_{ce}\left(1 + \frac{b_n R_Q}{r_{be} + R_Q}\right)\right] \approx R_C. \tag{2.126}$$

Als Lastwiderstand wirkt $R_L = R_C \parallel R_V$ und für den Quellwiderstand ist $R_Q = R_i \parallel R_E$ einzusetzen. Die angegebenen Näherungen gelten unter den Voraussetzungen $b_n \gg 1$, $r_{ce} \gg r_{be}$ und $r_{ce} \gg R_L$.

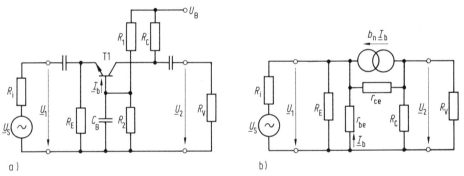

Bild 2.35 Basisschaltung
a) Schaltung, b) Ersatzschaltung

Die Spannungsverstärkung entspricht der der Emitterschaltung, allerdings sind $\underline{U}_1$ und $\underline{U}_2$ hier gleichphasig. Der Eingangswiderstand ist sehr niedrig und führt zu o.g. Einschränkungen beim Einsatz dieser Grundschaltung. $\underline{R}_{Aus}$ ist verhältnismäßig groß und wächst mit steigendem Quellwiderstand R_Q; praktisch wird $\underline{R}_{Aus}$ durch R_C bestimmt.

Vorteile der Basisschaltung ergeben sich im Zusammenhang mit ihrer relativ geringen dynamischen Eingangskapazität und ermöglichen günstige Hochfrequenzapplikationen. Die Berechnung der dynamischen Eingangskapazität kann anhand des Bildes 2.36 vorgenommen werden.

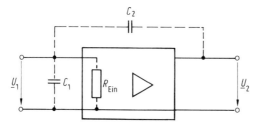

Bild 2.36 Ermittlung der dynamischen Eingangskapazität eines Verstärkers

Für den komplexen Eingangsleitwert des dargestellten Verstärkers mit den Kapazitäten C_1 und C_2 gilt:

$$\underline{G}_{Ein} = \frac{1}{R_{Ein}} + j\omega C_1 + j \cdot \frac{\omega C_2 (\underline{U}_1 - \underline{U}_2)}{\underline{U}_1}$$

$$= \frac{1}{R_{Ein}} + j\omega [C_1 + C_2 (1 - \underline{V}_U)]. \tag{2.127}$$

Aus dem Imaginärteil dieses Ausdruckes kann unmittelbar auf die wirksame Eingangskapazität C_{Ein} geschlossen werden, und man erhält unter der Annahme einer reellen Verstärkung

$$C_{Ein} = C_1 + C_2 (1 - \underline{V}_U). \tag{2.128}$$

An C_{Ein} hat das Produkt $C_2 \underline{V}_U$ wesentlichen Anteil (*Miller-Effekt*). Mit Hilfe der Gl. (2.128) erhält man für die dynamischen Eingangskapazitäten der

Emitterschaltung

$$C_{Ein} = C_1 + C_2 (1 + |\underline{V}_{Ue}|) \tag{2.129}$$

und der Basisschaltung

$$C_{Ein} = C_1 + C_2 (1 - |\underline{V}_{Ub}|). \tag{2.130}$$

Während sich bei der Emitterschaltung die Komponenten addieren, ist bei der Basisschaltung eine teilweise Kompensation der Anteile zu verzeichnen.

2.2.4.5 Sourceschaltung

Die Sourceschaltung ist die wichtigste Grundschaltung des Feldeffekttransistors. Sie entspricht der Emitterschaltung des Bipolartransistors. Die Betriebsgrößen können mit Hilfe der y-Parameter oder anhand der physikalischen Ersatzschaltung nach Bild 1.24 berechnet werden. Von Interesse sind die Spannungsverstärkung, die Eingangskapazität und der Ausgangswiderstand.

Bild 2.37 zeigt eine **Sourceschaltung mit Serien-Serien-Gegenkopplung (Stromgegenkopplung)** bei Verwendung diskreter Bauelemente. Als Lastwiderstand R_L wirkt nur der Drainwiderstand R_D, da der anzuschließende Verbraucherwiderstand R_V hier meist sehr hochohmig ist.

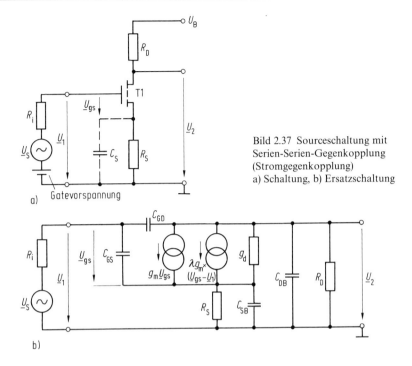

Bild 2.37 Sourceschaltung mit
Serien-Serien-Gegenkopplung
(Stromgegenkopplung)
a) Schaltung, b) Ersatzschaltung

Die Spannungsverstärkung $\underline{V}_\mathrm{U}$ berechnet sich im NF-Bereich zu

$$\underline{V}_\mathrm{U} = \frac{-g_\mathrm{m}\, R_\mathrm{D}}{1 + g_\mathrm{d}\, R_\mathrm{D} + (g_\mathrm{d} + g_\mathrm{m} + \lambda\, g_\mathrm{m})\, R_\mathrm{S}} \approx \frac{-g_\mathrm{m}\, R_\mathrm{D}}{1 + g_\mathrm{m}\, R_\mathrm{S}}. \tag{2.131}$$

Die Näherung gilt unter den im allgemeinen stets erfüllten Voraussetzungen $\lambda \ll 1$, $g_\mathrm{d} \ll g_\mathrm{m}$ und $g_\mathrm{d}\, R_\mathrm{D} \ll 1$. Bei starker Gegenkopplung, d.h. großen R_S-Werten, wird $\underline{V}_\mathrm{U}$ nur noch durch das Verhältnis $-(R_\mathrm{D}/R_\mathrm{S})$ bestimmt.

Für den Ausgangswiderstand gilt:

$$\underline{R}_\mathrm{Aus} = R_\mathrm{D}\, \frac{1 + (g_\mathrm{d} + g_\mathrm{m} + \lambda\, g_\mathrm{m})\, R_\mathrm{S}}{1 + g_\mathrm{d}\, R_\mathrm{D} + (g_\mathrm{d} + g_\mathrm{m} + \lambda\, g_\mathrm{m})\, R_\mathrm{S}} \approx R_\mathrm{D}. \tag{2.132}$$

Die dynamische Eingangskapazität kann mit Hilfe von Gl. (2.128) berechnet werden:

$$C_\mathrm{Ein} \approx C_\mathrm{GD}(1 - \underline{V}_\mathrm{U}) \approx C_\mathrm{GD}\left(1 + \frac{g_\mathrm{m}\, R_\mathrm{D}}{1 + g_\mathrm{m}\, R_\mathrm{S}}\right). \tag{2.133}$$

Wird die Gegenkopplung mit Hilfe von C_S für das Signal unwirksam gemacht ($R_\mathrm{S} = 0$), so erhält man:

$$\underline{V}_\mathrm{U} = \frac{-g_\mathrm{m}\, R_\mathrm{D}}{1 + g_\mathrm{d}\, R_\mathrm{D}} \approx -g_\mathrm{m}\, R_\mathrm{D}, \tag{2.134}$$

$$\underline{R}_{\text{Aus}} = \frac{R_{\text{D}}}{1 + g_{\text{d}} R_{\text{D}}} \approx R_{\text{D}}, \tag{2.135}$$

$$C_{\text{Ein}} = C_{\text{GS}} + C_{\text{GD}}(1 - \underline{V}_{\text{U}}) \approx C_{\text{GS}} + C_{\text{GD}}(1 + g_{\text{m}} R_{\text{D}}). \tag{2.136}$$

Bei integrierten Strukturen wird die **Sourceschaltung mit Lasttransistor** bevorzugt. Bild 2.38 zeigt eine solche Verstärkerstufe mit Depletionlasttransistor (T 2).

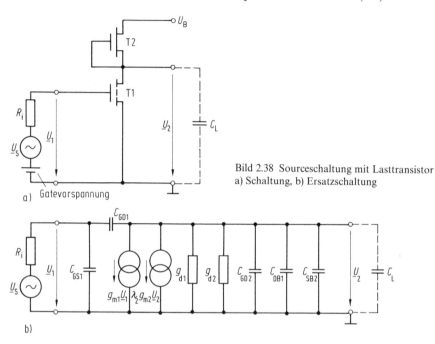

Bild 2.38 Sourceschaltung mit Lasttransistor
a) Schaltung, b) Ersatzschaltung

Die NF-Spannungsverstärkung berechnet sich in diesem Falle zu

$$\underline{V}_{\text{U}} = \frac{-g_{\text{m}1}}{g_{\text{d}1} + g_{\text{d}2} + \lambda_2 g_{\text{m}2}}. \tag{2.137}$$

Für die Frequenzabhängigkeit der Spannungsverstärkung kann geschrieben werden:

$$\underline{V}_{\text{U}}(\omega) = V_{\text{U}0} \frac{1 - j\omega\tau_1}{1 + j\omega\tau_2} \tag{2.138}$$

mit $\quad \tau_1 = \dfrac{C_1}{g_{\text{m}1}}, \tag{2.139}$

$$\tau_2 = \frac{C_1 + C_2}{g_{\text{d}1} + g_{\text{d}2} + \lambda_2 g_{\text{m}2}} \tag{2.140}$$

und $\quad C_1 = C_{\text{GD}1}, \tag{2.141}$

$$C_2 = C_{\text{DB}1} + C_{\text{GD}2} + C_{\text{SB}2} + C_{\text{L}}. \tag{2.142}$$

Im allgemeinen ist $\tau_1 \ll \tau_2$, d.h., die Frequenzabhängigkeit wird durch den Pol bei der Grenzfrequenz $\omega_{g2} = 1/\tau_2$ bestimmt.

Der Ausgangswiderstand berechnet sich im NF-Bereich zu

$$\underline{R}_{Aus} = \frac{1}{g_{d1} + g_{d2} + \lambda_2 g_{m2}}. \tag{2.143}$$

Für die dynamische Eingangskapazität gilt:

$$C_{Ein} = C_{GS1} + C_{GD1}(1 - \underline{V}_U). \tag{2.144}$$

2.2.4.6 Drainschaltung (Sourcefolger)

Die Drainschaltung dient, ebenso wie die Kollektorschaltung, hauptsächlich zur Impedanzwandlung.

Im Bild 2.39 ist eine Verstärkerstufe in Drainschaltung angegeben. Es handelt sich um einen Aufbau mit diskreten Bauelementen; als Lastwiderstand R_L wirkt der Sourcewiderstand R_S.

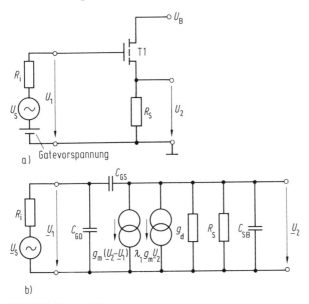

Bild 2.39 Drainschaltung
a) Schaltung, b) Ersatzschaltung

Im NF-Bereich kann folgende Spannungsverstärkung berechnet werden:

$$\underline{V}_U = \frac{g_m R_S}{1 + (g_d + g_m + \lambda g_m) R_S} \approx \frac{g_m R_S}{1 + g_m R_S} \approx 1. \tag{2.145}$$

Die Näherungen gelten unter den Bedingungen $\lambda \ll 1$, $g_d \ll g_m$ und $g_m R_S \gg 1$.

Für den NF-Ausgangswiderstand und die dynamische Eingangskapazität gelten:

$$\underline{R}_{\text{Aus}} = \frac{R_S}{1 + (g_d + g_m + \lambda\,g_m)\,R_S} \approx \frac{1}{g_m}, \tag{2.146}$$

$$C_{\text{Ein}} = C_{\text{GD}} + C_{\text{GS}}(1 - \underline{V}_U) \approx C_{\text{GD}}. \tag{2.147}$$

Die **Drainschaltung mit Lasttransistor** nach Bild 2.40 eignet sich besonders für integrierte Strukturen. R_S ist durch den Depletionlasttransistor T2 ersetzt.

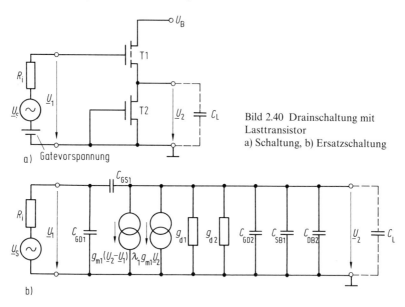

Bild 2.40 Drainschaltung mit
Lasttransistor
a) Schaltung, b) Ersatzschaltung

Die NF-Spannungsverstärkung berechnet sich zu

$$\underline{V}_U = \frac{g_{m1}}{g_{d1} + g_{d2} + (1 + \lambda_1)\,g_{m1}} \approx \frac{g_{m1}}{g_{d1} + g_{d2} + g_{m1}} \approx 1. \tag{2.148}$$

Die Bedingungen für die Näherungen lauten $\lambda_1 \ll 1$ und $(g_{d1} + g_{d2}) \ll g_{m1}$.

Für die Frequenzabhängigkeit der Verstärkung kann geschrieben werden:

$$\underline{V}_U(\omega) = V_{U0}\,\frac{1 + j\omega\tau_1}{1 + j\omega\tau_2} \tag{2.149}$$

mit $\quad \tau_1 = \dfrac{C_1}{g_{m1}}, \tag{2.150}$

$$\tau_2 = \frac{C_1 + C_2}{(1 + \lambda_1)\,g_{m1}} \tag{2.151}$$

und $\quad C_1 = C_{\text{GS}1}, \tag{2.152}$

$$C_2 = C_{\text{GD}2} + C_{\text{SB}1} + C_{\text{DB}2} + C_L. \tag{2.153}$$

Wählt man $\tau_1 = \tau_2$, so wird die Verstärkung frequenzunabhängig.

Der NF-Ausgangswiderstand lautet:

$$\underline{R}_{Aus} = \frac{1}{g_{d1} + g_{d2} + (1 + \lambda_1)\, g_{m1}} \approx \frac{1}{g_{m1}}. \tag{2.154}$$

Für die dynamische Eingangskapazität gilt:

$$C_{Ein} = C_{GD1} + C_{GS1}(1 - \underline{V}_U) \approx C_{GD1}. \tag{2.155}$$

2.2.4.7 Gateschaltung

Bild 2.41 zeigt den Aufbau einer Gateschaltung. Sie entspricht der Basisschaltung des Bipolartransistors.

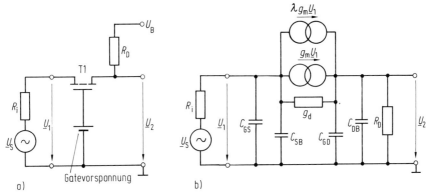

Bild 2.41 Gateschaltung
a) Schaltung, b) Ersatzschaltung

Für die NF-Betriebsgrößen erhält man:

Spannungsverstärkung

$$\underline{V}_U = \frac{(g_m + \lambda\, g_m + g_d)\, R_D}{1 + g_d\, R_D} \approx g_m\, R_D, \tag{2.156}$$

Eingangswiderstand

$$\underline{R}_{Ein} = \frac{1 + g_d\, R_D}{g_m + \lambda\, g_m + g_d} \approx \frac{1}{g_m}, \tag{2.157}$$

Ausgangswiderstand

$$\underline{R}_{Aus} = R_D \left\| \frac{1 + (g_m + \lambda\, g_m + g_d)\, R_i}{g_d} \right.$$

$$\approx R_D \left\| \frac{1 + g_m\, R_i}{g_d}. \right. \tag{2.158}$$

Die angegebenen Näherungen gelten unter den Bedingungen $\lambda \ll 1$, $g_d \ll g_m$ und $g_d R_D \ll 1$.

Die Einsatzmöglichkeiten der Gateschaltung sind vergleichsweise gering.

2.2.4.8 Darlington-Schaltung (Kaskadenschaltung)

Häufig werden in Verstärkerstufen zur Erhöhung des Eingangswiderstandes und des Verstärkungsfaktors Darlington-Schaltungen eingesetzt. Es handelt sich dabei um meist zwei kaskadenförmig angeordnete Transistoren gemäß Bild 2.42.

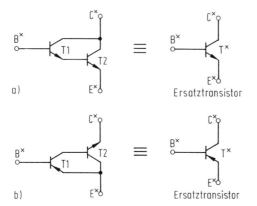

Bild 2.42 Darlington-Transistoren
a) Standard-Darlington-Transistor mit Ersatztransistor,
b) Komplementär-Darlington-Transistor mit Ersatztransistor

Man unterscheidet Standard-Darlington-Schaltungen mit Transistoren gleicher Zonenfolge und Komplementär-Darlington-Schaltungen mit Transistoren komplementärer Zonenfolge.

Jede Darlington-Schaltung kann in einen äquivalenten Ersatztransistor überführt werden. Bei der Standard-Darlington-Schaltung entspricht die Zonenfolge des Ersatztransistors ($T^\times$) der der Einzeltransistoren ($T1/T2$). Bei der Komplementär-Darlington-Schaltung wird die Zonenfolge des Ersatztransistors ($T^\times$) durch die des ersten Einzeltransistors ($T1$) bestimmt; der Kollektor des zweiten Transistors ($T2$) wird zum Emitter des Ersatztransistors.

Das Kleinsignalverhalten des Ersatztransistors $T^\times$ kann durch die Parameter $r_{be}^\times$, $b_n^\times$ und $r_{ce}^\times$ beschrieben werden.

Für die **Standard-Darlington-Schaltung** gilt die im Bild 2.43 angegebene Ersatzschaltung.

Der Widerstand $r_{be}^\times$ kann bei $\underline{U}_{ce}^\times = 0$ und Vernachlässigung von r_{ce1} berechnet werden:

$$r_{be}^\times = \frac{\underline{U}_{be}^\times}{\underline{I}_b^\times}\bigg|_{U_{ce}^\times = 0} = r_{be1} + (b_{n1} + 1)\, r_{be2} \approx r_{be1} + b_{n1}\, r_{be2}. \tag{2.159}$$

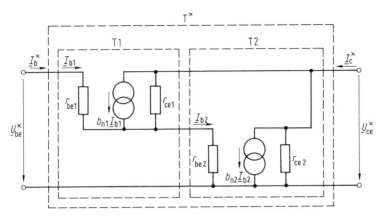

Bild 2.43 Ermittlung der Parameter des Standard-Darlington-Transistors

Mit $\quad r_{be\,1} = \dfrac{U_T}{I_{B\,1}} = \dfrac{U_T}{I_{C\,1}}\,B_{N\,1} \approx \dfrac{U_T}{I_{B\,2}}\,B_{N\,1} \approx b_{n\,1}\,r_{be\,2}$ \hfill (2.160)

ist eine weitere Umformung möglich, und man erhält:

$$r_{be}^{\times} \approx 2\,b_{n\,1}\,r_{be\,2} \approx 2\,r_{be\,1}.$$ \hfill (2.161)

Für den Stromverstärkungsfaktor $b_n^{\times}$ gilt bei $\underline{U}_{ce}^{\times} = 0$ und Vernachlässigung von $r_{ce\,1}$

$$b_n^{\times} = \left.\frac{I_c^{\times}}{\underline{I}_b^{\times}}\right|_{U_{ce}^{\times}=0} = b_{n\,1} + b_{n\,2} + b_{n\,1}\,b_{n\,2} \approx b_{n\,1}\,b_{n\,2}.$$ \hfill (2.162)

Der Widerstand $r_{ce}^{\times}$ berechnet sich bei $\underline{I}_b^{\times} = 0$ zu

$$r_{ce}^{\times} = \left.\frac{U_{ce}^{\times}}{\underline{I}_c^{\times}}\right|_{I_b^{\times}=0} = r_{ce\,2} \left\| \frac{r_{ce\,1} + r_{be\,2}}{b_{n\,2} + 1} \approx r_{ce\,2} \right\| \frac{r_{ce\,1}}{b_{n\,2}}.$$ \hfill (2.163)

Bild 2.44 zeigt eine Emitter- und eine Kollektorschaltung mit Standard-Darlington-Transistoren. Die Betriebsgrößen der beiden Schaltungen können mit Hilfe der ermittelten resultierenden Parameter berechnet werden.

Für die Spannungsverstärkung und für den Eingangswiderstand der Emitterschaltung erhält man mit den in Tabelle 1.3 aufgeführten Näherungen:

$$\underline{V}_{Ue} \approx -\frac{b_n^{\times}}{r_{be}^{\times}}\,R_L \approx -\frac{b_{n\,2}}{2\,r_{be\,2}}\,R_L \approx \frac{1}{2}\,\underline{V}_{Ue\,2},$$ \hfill (2.164)

$$\underline{R}_{Eine} = r_{be}^{\times} \approx 2\,b_{n\,1}\,r_{be\,2} \approx 2\,r_{be\,1} \approx 2\,b_{n\,1}\,\underline{R}_{Eine\,2}.$$ \hfill (2.165)

Es ist zu erkennen, daß $\underline{V}_{Ue}$ im Vergleich zur einfachen Emitterschaltung (T 2) auf die Hälfte abfällt und $\underline{R}_{Eine}$ um den Faktor $2\,b_{n\,1}$ ansteigt.

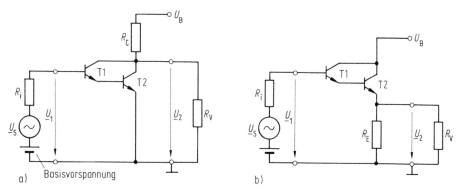

Bild 2.44 Grundschaltungen mit Standard-Darlington-Transistoren (npn)
a) Emitterschaltung, b) Kollektorschaltung

Bei der Ermittlung der Signalparameter der **Komplementär-Darlington-Schaltung** geht man von der im Bild 2.45 angegebenen Ersatzschaltung aus.

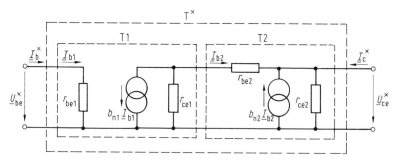

Bild 2.45 Ermittlung der Parameter des Komplementär-Darlington-Transistors

Für den Widerstand $r_{be}^{\times}$ gilt:

$$r_{be}^{\times} = \frac{U_{be}^{\times}}{I_{b}^{\times}}\bigg|_{U_{ce}^{\times}=0} = r_{be1}. \qquad (2.166)$$

Auch in diesem Fall besteht eine enge Beziehung zwischen r_{be1} und r_{be2}:

$$r_{be1} = \frac{U_T}{I_{B1}} = \frac{U_T}{I_{C1}} B_{N1} = \frac{U_T}{I_{B2}} B_{N1} \approx b_{n1} r_{be2}. \qquad (2.167)$$

Damit kann $r_{be}^{\times}$ nochmals umgeformt werden, und man erhält:

$$r_{be}^{\times} \approx b_{n1} r_{be2}. \qquad (2.168)$$

Der Stromverstärkungsfaktor $b_n^{\times}$ berechnet sich für $\underline{U}_{ce}^{\times} = 0$ und bei Vernachlässigung von r_{ce1} wie folgt:

$$b_n^{\times} = \frac{I_c^{\times}}{I_b^{\times}}\bigg|_{U_{ce}^{\times}=0} = b_{n1} + b_{n1} b_{n2} \approx b_{n1} b_{n2}. \qquad (2.169)$$

Bei der Herleitung des Parameters $r_{ce}^{\times}$ kann für $\underline{I}_b^{\times} = 0$ geschrieben werden:

$$r_{ce}^{\times} = \frac{\underline{U}_{ce}^{\times}}{\underline{I}_c^{\times}}\bigg|_{\underline{I}_b^{\times} = 0} = r_{ce2} \left\| \frac{r_{ce1} + r_{be2}}{b_{n2} + 1} \approx r_{ce2} \right\| \frac{r_{ce1}}{b_{n2}}. \tag{2.170}$$

Im Bild 2.46 sind eine Emitter- und eine Kollektorschaltung mit Komplementär-Darlington-Transistoren angegeben. Die Betriebsgrößen der beiden Schaltungen können mit Hilfe der abgeleiteten Parameter und unter Beachtung der in Tabelle 1.3 zusammengestellten Näherungen berechnet werden.

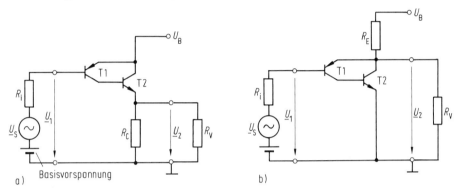

Bild 2.46 Grundschaltungen mit Komplentär-Darlington-Transistoren (pnp)
a) Emitterschaltung, b) Kollektorschaltung

Für $\underline{V}_U$ und $\underline{R}_{Ein}$ der Emitterschaltung gilt:

$$\underline{V}_{Ue} \approx -\frac{b_n^{\times}}{r_{be}^{\times}} R_L \approx -\frac{b_{n2}}{r_{be2}} R_L \approx \underline{V}_{Ue2}, \tag{2.171}$$

$$\underline{R}_{Eine} = r_{be}^{\times} = r_{be1} \approx b_{n1} \, r_{be2} \approx b_{n1} \, \underline{R}_{Eine2}. \tag{2.172}$$

Die Beziehungen für $\underline{V}_U$ und $\underline{R}_{Ein}$ der Kollektorschaltung lauten:

$$\underline{V}_{Uc} \approx \frac{1}{1 + \dfrac{r_{be}^{\times}}{b_n^{\times} R_L}} \approx \frac{1}{1 + \dfrac{r_{be2}}{b_{n2} R_L}} \approx 1 \approx \underline{V}_{Uc2}, \tag{2.173}$$

$$\underline{R}_{Einc} \approx r_{be}^{\times} + b_n^{\times} R_L \approx b_{n1}(r_{be2} + b_{n2} R_L) \approx b_{n1} \, \underline{R}_{Einc2}. \tag{2.174}$$

Man erkennt, daß die Betriebsgrößen der Komplementär-Darlington-Anordnung denen der Standard-Darlington-Anordnung sowohl in Emitter- als auch in Kollektorschaltung sehr ähnlich sind.

Gelegentlich werden auch Feldeffekttransistoren und Bipolartransistoren zu sogenannten **BIFET-Darlington-Transistoren** zusammengefügt. Bild 2.47 zeigt ein Beispiel dafür. T1 ist ein p-Kanal-MOSFET vom Enhancementtyp und T2 ein npn-Bipolartransistor. Der Ersatztransistor $T^{\times}$ zeigt ein dem MOSFET T1 entsprechendes Verhalten.

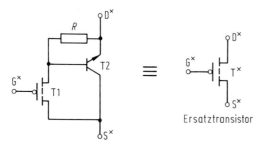

Bild 2.47 BIFET-Darlington-Transistor mit Ersatztransistor

Als Parameter des Ersatztransistors $T^\times$ wirken (bei $R \gg r_{be2}$) die Steilheit

$$g_m^\times = g_{m1}\, b_{n2} \tag{2.175}$$

und der Kanalleitwert

$$g_d^\times = g_{d1}\, b_{n2}. \tag{2.176}$$

Im Bild 2.48 ist eine Verstärkerstufe mit einem solchen BIFET-Darlington-Transistor angegeben. Sie kann als Sourceschaltung aufgefaßt werden.

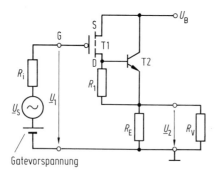

Bild 2.48 Verstärkerstufe mit BIFET-Darlington-Transistor

Spannungsverstärkung und Ausgangswiderstand sind mit $g_m^\times$ und $g_d^\times$ sowie den in Tabelle 1.4 angegebenen Beziehungen berechenbar:

$$\underline{V}_{Us} = \frac{-g_m^\times R_L}{1 + g_d^\times R_L} = \frac{-g_{m1}\, b_{n2}\, R_L}{1 + g_{d1}\, b_{n2}\, R_L}, \tag{2.177}$$

$$\underline{R}_{Auss} = \frac{1}{g_d^\times} = \frac{1}{g_{d1}\, b_{n2}}. \tag{2.178}$$

2.2.4.9 Kaskodeschaltung

Eine im Bereich höherer Frequenzen oft verwendete Schaltung für Eingangsstufen ist die Kaskodeschaltung (Bild 2.49). Der Transistor T 1 arbeitet in Emitterschaltung und der Transistor T 2 in Basisschaltung.

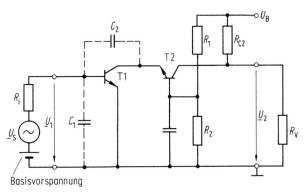

Bild 2.49 Kaskodeschaltung
(C_1; C_2 — Transistor- bzw. Schaltkapazitäten)

Das Signalverhalten der Anordnung kann aus den Betriebsgrößen der beiden Einzelstufen hergeleitet werden.

Die Gesamtspannungsverstärkung errechnet sich aus

$$\underline{V}_U = \frac{\underline{U}_2}{\underline{U}_1} = \underline{V}_{Ue1}\,\underline{V}_{Ub2} \tag{2.179}$$

mit $\quad\underline{V}_{Ue1}$ — Spannungsverstärkung von T1 in Emitterschaltung und
$\underline{V}_{Ub2}$ — Spannungsverstärkung von T2 in Basisschaltung.

Für $\underline{V}_{Ue1}$ gilt (s. Tabelle 1.3):

$$\underline{V}_{Ue1} \approx -\frac{b_{n1}}{r_{be1}}R_{L1}. \tag{2.180}$$

Als Lastwiderstand R_{L1} wirkt der Eingangswiderstand der zweiten Stufe

$$\underline{R}_{Einb2} \approx \frac{r_{be2}}{b_{n2}}. \tag{2.181}$$

Damit und unter der Voraussetzung, daß $b_{n1} = b_{n2}$ und $r_{be1} = r_{be2}$ gesetzt werden kann, folgt

$$\underline{V}_{Ue1} \approx -\frac{b_{n1}\,r_{be2}}{r_{be1}\,b_{n2}} = -1. \tag{2.182}$$

Für $\underline{V}_{Ub2}$ erhält man

$$\underline{V}_{Ub2} \approx \frac{b_{n2}}{r_{be2}}R_L \quad \text{mit} \quad R_L = R_{C2}\,\|\,R_V. \tag{2.183}$$

Die gesuchte Gesamtspannungsverstärkung beträgt somit

$$\underline{V}_U = \underline{V}_{Ue1}\,\underline{V}_{Ub2} \approx -\frac{b_{n1}}{r_{be1}}R_L. \tag{2.184}$$

Der Eingangswiderstand der Gesamtanordnung ist gleich dem der ersten Stufe

$$\underline{R}_{\text{Ein}} = \underline{R}_{\text{Eine 1}} = r_{\text{be 1}}. \tag{2.185}$$

Der Ausgangswiderstand der Schaltung entspricht dem der zweiten Stufe; bestimmend ist $R_{\text{C 2}}$:

$$\underline{R}_{\text{Aus}} = R_{\text{C 2}} \parallel \underline{R}_{\text{Ausb 2}} \approx R_{\text{C 2}}. \tag{2.186}$$

Der Vergleich der Betriebsgrößen der Kaskodeschaltung mit denen einer einfachen Emitterschaltung zeigt, daß beide bei tiefen und mittleren Frequenzen etwa gleiches Verhalten aufweisen.

Die Vorteile der Kaskodeschaltung gegenüber der Emitterschaltung sind in der wesentlich geringeren dynamischen Eingangskapazität begründet und werden daher erst im Bereich höherer Frequenzen wirksam. Die Berechnung dieser Eingangskapazität kann mit Hilfe der Gl.(2.128) vorgenommen werden. Die maßgebende Spannungsverstärkung der ersten Stufe beträgt -1, und damit folgt:

$$C_{\text{Ein}} = C_1 + 2 C_2. \tag{2.187}$$

Kaskodeschaltungen sind ohne Schwierigkeiten integrierbar. Dabei kann die *RC*-Kombination in der Basisleitung von T2 beispielsweise durch eine Diodenkette ersetzt werden.

Besonders vorteilhaft können **Kaskodeschaltungen in MOS-Technik** realisiert werden (Bild 2.50).

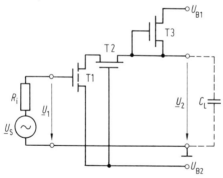

Bild 2.50 Kaskodeschaltung in NMOS-Technik

Der Enhancementtransistor T1 arbeitet in Sourceschaltung und der Depletiontransistor T2 in Gateschaltung. T3 wirkt als Lastwiderstand.

Die Gesamtverstärkung ergibt sich aus dem Produkt der Verstärkungen von T1 und T2. Bei Vernachlässigung der Kanalleitwerte $g_{\text{d 1}}$, $g_{\text{d 2}}$ und $g_{\text{d 3}}$ erhält man im Bereich tiefer Frequenzen näherungsweise:

$$\underline{V}_{\text{U}} \approx -\frac{g_{\text{m 1}}}{\lambda_2 \, g_{\text{m 2}}}. \tag{2.188}$$

Die Frequenzabhängigkeit von $\underline{V}_U$ kann wie folgt beschrieben werden:

$$\underline{V}_U(\omega) = V_{U0} \frac{1}{(1+j\omega\tau_1)(1+j\omega\tau_2)} \tag{2.189}$$

mit $\quad \tau_1 = \frac{C_1}{\lambda_3 g_{m3}}, \tag{2.190}$

$$\tau_2 = \frac{C_2}{(1+\lambda_2) g_{m2}} \tag{2.191}$$

und $\quad C_1 = C_{GD2} + C_{DB2} + C_{SB3} + C_{GD3} + C_L, \tag{2.192}$

$$C_2 = C_{DB1} + C_{SB2}. \tag{2.193}$$

Da $C_1 \gg C_2$ ist, wird die Frequenzabhängigkeit durch den Pol bei der Grenzfrequenz $\omega_{g1} = 1/\tau_1$ bestimmt.

Für die dynamische Eingangskapazität gilt:

$$C_{Ein} \approx C_{GS1} + C_{GD1}\left[1 + \frac{g_{m1}}{(1+\lambda_2) g_{m2}}\right] \approx C_{GS1} + 2C_{GD1}. \tag{2.194}$$

2.2.4.10 Differenzverstärkerstufen

Die Tatsache, daß bei integrierten Bauelementen die relativen Toleranzen wesentlich niedriger gehalten werden können als die absoluten, führte dazu, daß Differenz- bzw. Brückenanordnungen zu einem wesentlichen Konstruktionsmerkmal, insbesondere bei analogen integrierten Schaltungen, wurden. Durch die gleichzeitige Realisierung aller Bauelemente auf dem gleichen Substrat und somit auf kleinstem Raum wird einerseits die weitgehende elektrische Identität der paarigen Elemente sichergestellt, andererseits werden im Betriebsfall praktisch keine Temperaturdifferenzen zwischen ihnen entstehen und somit auch von dieser Seite gute Symmetrieeigenschaften gewährleistet.

Der grundsätzliche Aufbau einer **Differenzverstärkerstufe (Grundschaltung)** ist im Bild 2.51a dargestellt.

Das elektrische Verhalten der Struktur ist dadurch gekennzeichnet, daß gegenphasig anliegende Eingangssignale hoch verstärkt werden und gleichphasige Eingangsinformationen nur eine sehr geringe Verstärkung erfahren. Man unterscheidet demzufolge zwischen einer Differenzverstärkung $\underline{V}_D$ und einer Gleichtaktverstärkung $\underline{V}_{Gl}$

$$\underline{V}_D = \frac{\underline{U}_{22}}{\underline{U}_D} \quad \text{bzw.} \quad = -\frac{\underline{U}_{21}}{\underline{U}_D} \tag{2.195}$$

mit $\quad \underline{U}_D = \underline{U}_{11} - \underline{U}_{12} \; - \;$ Differenzspannung,

$$\underline{V}_{Gl} = \frac{\underline{U}_{22}}{\underline{U}_{Gl}} \quad \text{bzw.} \quad = \frac{\underline{U}_{21}}{\underline{U}_{Gl}} \tag{2.196}$$

mit $\underline{U}_{G1} = \underline{U}_{11} = \underline{U}_{12}$ — Gleichtaktspannung.

Gleichtaktspannungen treten meist als Folge von Störeinflüssen in Erscheinung (z.B. Stör- und Driftspannungen); ihre Verstärkung ist unerwünscht. Das zu verstärkende Nutzsignal wird der Anordnung als Differenzspannung zugeführt. Das kann beispielsweise dadurch geschehen, daß man den Eingang E_2 mit Masse verbindet und dann am Eingang E_1 das Nutzsignal $\underline{U}_D = \underline{U}_{11}$ wirkt.

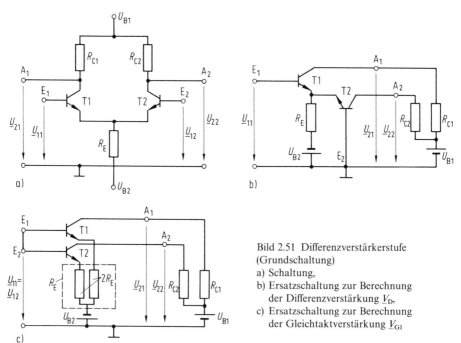

Bild 2.51 Differenzverstärkerstufe
(Grundschaltung)
a) Schaltung,
b) Ersatzschaltung zur Berechnung der Differenzverstärkung $\underline{V}_D$,
c) Ersatzschaltung zur Berechnung der Gleichtaktverstärkung $\underline{V}_{Gl}$

Für die Berechnung der Differenzverstärkung $\underline{V}_D$ kann in diesem Fall die im Bild 2.51 b angegebene Ersatzschaltung benutzt werden. Die beiden Ausgangsspannungen $\underline{U}_{22}$ und $\underline{U}_{21}$ berechnen sich wie folgt:

$$\underline{U}_{22} = \underline{V}_{UcT1}\,\underline{V}_{UbT2}\,\underline{U}_D, \tag{2.197}$$

$$\underline{U}_{21} = \underline{V}_{UeT1}\,\underline{U}_D \tag{2.198}$$

mit $\underline{V}_{UcT1}$ — Spannungsverstärkung von T1 in Kollektorschaltung,
$\underline{V}_{UbT2}$ — Spannungsverstärkung von T2 in Basisschaltung und
$\underline{V}_{UeT1}$ — Spannungsverstärkung von T1 in Emitterschaltung.

Für $\underline{V}_{UcT1}$ gilt bei Vernachlässigung der Gegenkopplung durch R_{C1} (s. Tabelle 1.3):

$$\underline{V}_{UcT1} \approx \dfrac{1}{1 + \dfrac{r_{be}}{b_n\,\underline{R}_L}}. \tag{2.199}$$

Als Lastwiderstand $\underline{R}_L$ wirkt die Parallelschaltung von R_E und dem Eingangswiderstand des Transistors T2 in Basisschaltung $\underline{R}_{\text{Ein b T2}}$; da $R_E \gg |\underline{R}_{\text{Ein b T2}}|$ sein soll, gilt:

$$\underline{R}_L \approx \underline{R}_{\text{Ein b T2}} \approx \frac{r_{be}}{b_n}. \tag{2.200}$$

Damit folgt

$$\underline{V}_{\text{U c T1}} \approx \frac{1}{2}. \tag{2.201}$$

Für $\underline{V}_{\text{U b T2}}$ erhält man mit $\underline{R}_L = R_{C2}$ und mit der in Tabelle 1.3 gegebenen Beziehung:

$$\underline{V}_{\text{U b T2}} \approx \frac{b_n}{r_{be}} R_{C2}. \tag{2.202}$$

Bei der Ermittlung von $\underline{V}_{\text{U e T1}}$ ist die dort wirksame Stromgegenkopplung zu berücksichtigen. Mit Gl.(2.103) kann geschrieben werden:

$$\underline{V}_{\text{U e T1}} \approx \frac{-b_n R_L}{r_{be} + b_n \underline{R}_E^{\times}}. \tag{2.203}$$

Als Lastwiderstand R_L wirkt R_{C1}. Der Gegenkopplungswiderstand $\underline{R}_E^{\times}$ wird durch $R_E \parallel R_{\text{Ein b T2}}$ bestimmt; da $R_E \gg |\underline{R}_{\text{Ein b T2}}|$ ist, gilt

$$\underline{R}_E^{\times} \approx \underline{R}_{\text{Ein b T2}} \approx \frac{r_{be}}{b_n}, \tag{2.204}$$

und man erhält:

$$\underline{V}_{\text{U e T1}} \approx -\frac{b_n}{2 r_{be}} R_{C1}. \tag{2.205}$$

Für die gesuchte Differenzverstärkung ergibt sich somit

$$\underline{V}_D = \frac{U_{22}}{\underline{U}_D} = \underline{V}_{\text{U c T1}} \underline{V}_{\text{U b T2}} \approx \frac{b_n}{2 r_{be}} R_{C2} \tag{2.206}$$

bzw.

$$\underline{V}_D = -\frac{U_{21}}{\underline{U}_D} = -\underline{V}_{\text{U e T1}} \approx \frac{b_n}{2 r_{be}} R_{C1}. \tag{2.207}$$

Mit $R_{C1} = R_{C2} = R_C$ erhält man

$$\underline{V}_D = \frac{U_{22}}{\underline{U}_D} = -\frac{U_{21}}{\underline{U}_D} \approx \frac{b_n}{2 r_{be}} R_C. \tag{2.208}$$

Für den Eingangswiderstand der Anordnung, den man in diesem Fall als Differenzeingangswiderstand $\underline{R}_D$ bezeichnet, gilt (s. Tabelle 1.3):

$$\underline{R}_D = \underline{R}_{\text{Ein c T1}} \approx r_{be} + b_n \underline{R}_L. \tag{2.209}$$

Setzt man für $\underline{R}_L$ wieder $R_E \parallel \underline{R}_{\text{Ein b T2}} \approx r_{be}/b_n$, so folgt:

$$\underline{R}_D \approx 2 r_{be}. \tag{2.210}$$

Bei der Beaufschlagung des Differenzverstärkers mit einem Gleichtaktsignal werden beide Verstärkertrakte völlig symmetrisch ausgesteuert, und man geht bei der Ermittlung der hier wirksamen Gleichtaktverstärkung von der Ersatzschaltung nach Bild 2.51c aus. Der Emitterwiderstand R_E kann unter den genannten Bedingungen in zwei gleich große Widerstände des Betrages $2R_E$ aufgeteilt werden. Für die Ausgangsspannungen $\underline{U}_{22}$ und $\underline{U}_{21}$ gilt:

$$\underline{U}_{22} = \underline{V}_{UeT2}\,\underline{U}_{G1},\tag{2.211}$$

$$\underline{U}_{21} = \underline{V}_{UeT1}\,\underline{U}_{G1}.\tag{2.212}$$

Bei der Berechnung von $\underline{V}_{UeT1}$ und $\underline{V}_{UeT2}$ ist die Gegenkopplung durch $2R_E$ zu berücksichtigen, d.h., es ist von Gl.(2.103) auszugehen. Damit und unter Berücksichtigung gleicher Lastwiderstände $R_{C1} = R_{C2} = R_C$ folgt:

$$\underline{V}_{G1} = \underline{V}_{UeT1} = \underline{V}_{UeT2} \approx \frac{-b_n R_C}{r_{be} + 2b_n R_E} \approx -\frac{R_C}{2R_E}.\tag{2.213}$$

Der Betrag des Verhältnisses von Differenzverstärkung zu Gleichtaktverstärkung wird als Gleichtaktunterdrückung G (auch CMRR, **c**ommon **m**ode **r**ejection **r**atio) bezeichnet; man erhält für G

$$G = \left|\frac{\underline{V}_D}{\underline{V}_{G1}}\right| \approx \frac{b_n}{r_{be}}R_E.\tag{2.214}$$

Für den Gleichtakteingangswiderstand $\underline{R}_{G1}$ gilt bei gleichen Transistoren:

$$\underline{R}_{G1} = \underline{R}_{EineT1} \parallel \underline{R}_{EineT2} \approx \frac{1}{2}(r_{be} + 2b_n R_E) \approx \frac{r_{be}}{2} + b_n R_E.\tag{2.215}$$

Bei der gleichstrommäßigen Dimensionierung des Differenzverstärkers geht man davon aus, daß im Ruhezustand, d.h. bei fehlender Aussteuerung, das Emitterpotential annähernd gleich Null ist. Setzt man weiterhin voraus, daß $U_{B1} = -U_{B2} = U_B$ ist, so folgt für den Strom durch R_E:

$$I_0 \approx \frac{U_B}{R_E}.\tag{2.216}$$

Dieser Strom verteilt sich zu gleichen Teilen auf die beiden Transistoren T1 und T2 und bewirkt an den Kollektorwiderständen einen Spannungsabfall von

$$I_{C1} R_{C1} = I_{C2} R_{C2} \approx \frac{1}{2} I_0 R_C \approx \frac{1}{2} U_B \frac{R_C}{R_E}.\tag{2.217}$$

Für die Kollektor-Emitter-Spannung erhält man demzufolge

$$U_{CE1} = U_{CE2} = U_B\left(1 - \frac{R_C}{2R_E}\right).\tag{2.218}$$

Eine hinsichtlich Differenzverstärkung, Aussteuerung und Stabilität günstige Dimensionierung erhält man für $R_C = R_E$.

Für den Aufbau einer **Differenzverstärkerstufe mit hoher Gleichtaktunterdrückung**
ist es notwendig, den Emitterwiderstand R_E möglichst groß zu wählen (s. Gl. (2.214)).
Dieser Forderung kann am besten durch den Einsatz einer Stromquelle entsprochen
werden (Bild 2.52).

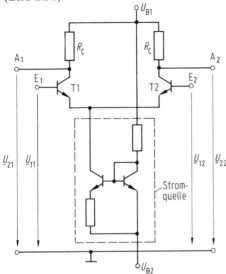

Bild 2.52 Differenzverstärkerstufe mit hoher Gleichtaktunterdrückung

Man erreicht damit Gleichtaktunterdrückungen von 80 bis 100 dB. Eine weitere
Verbesserung scheitert an der stets verbleibenden geringen Unsymmetrie der beiden
Verstärkertrakte.

Bei der bisherigen Untersuchung des Differenzverstärkers wurde vorausgesetzt, daß
das Eingangssignal als Differenzsignal $\underline{U}_D = \underline{U}_{11} - \underline{U}_{12}$ zugeführt, das Ausgangssignal hingegen als Eintaktsignal $\underline{U}_{22}$ bzw. $\underline{U}_{21}$, d.h. asymmetrisch ausgekoppelt wird.
Wird demgegenüber das Ausgangssignal ebenfalls als Differenzsignal, d.h. symme-
trisch ausgekoppelt, so erhält man die symmetrische Differenzverstärkung

$$\underline{V}_{Dsym} = \frac{\underline{U}_{22} - \underline{U}_{21}}{\underline{U}_D} = 2\underline{V}_D. \tag{2.219}$$

$\underline{V}_{Dsym}$ ist doppelt so groß wie $\underline{V}_D$, und es erscheint wünschenswert, den erzielten
Verstärkungsgewinn allgemein zu nutzen. Dies stößt jedoch auf Schwierigkeiten,
weil in vielen anderen Funktionsgruppen eine asymmetrische Signalverarbeitung
vorteilhafter ist. Soll beim daher notwendigen **Übergang von symmetrischer zu
asymmetrischer Signalverarbeitung** der Verstärkungsgewinn von $\underline{V}_{Dsym}$ gegenüber
$\underline{V}_D$ erhalten bleiben, so bieten sich dazu Möglichkeiten mit Hilfe von **phasenaddierenden Schaltungen.**

Die erste und einfachste Möglichkeit besteht im Einsatz eines Stromspiegels gemäß
Bild 2.53.

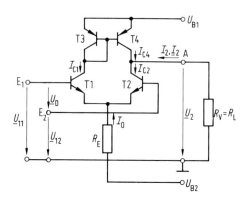

Bild 2.53 Übergang von symmetrischer
zu asymmetrischer Signalverarbeitung
mit Stromspiegel

Die Kollektorströme der Transistoren T1 und T2 können bei Differenzspannungs-
steuerung durch folgende Beziehungen beschrieben werden:

$$I_{C1} \approx -\frac{I_0}{2} + \Delta I, \tag{2.220}$$

$$I_{C2} \approx -\frac{I_0}{2} - \Delta I. \tag{2.221}$$

Der vom Stromspiegel (T3/T4) gelieferte Strom I_{C4} berechnet sich zu

$$I_{C4} = \ddot{U}_I I_{C1} \approx \ddot{U}_I \left(-\frac{I_0}{2} + \Delta I \right). \tag{2.222}$$

Mit einem Stromübersetzungsverhältnis $\ddot{U}_I = 1$ erhält man somit für den Ausgangsstrom

$$I_2 = I_{C2} - I_{C4} \approx -2\Delta I. \tag{2.223}$$

Für die Signalspannung am Ausgang gilt:

$$\underline{U}_2 = -\Delta I_2 R_L = 2\Delta I R_L. \tag{2.224}$$

Mit $\Delta I R_L = \underline{V}_D \underline{U}_D$ folgt für die Spannungsverstärkung:

$$\underline{V}_U = \frac{\underline{U}_2}{\underline{U}_D} = \frac{2\Delta I R_L}{\underline{U}_D} = 2\underline{V}_D. \tag{2.225}$$

Eine weitere Schaltungsvariante für den Übergang von symmetrischer zu asymmetrischer Signalverarbeitung zeigt Bild 2.54.

Die Ausgangsspannung $\underline{U}_2$ ergibt sich aus der Summe der Spannungsabfälle über
R_{C2} und R_{C3}

$$\underline{U}_2 = \underline{U}_{RC2} + \underline{U}_{RC3}. \tag{2.226}$$

Ohne die Wirkung der Phasenumkehrstufe (T3) tritt über R_{C3} kein Signalspan-
nungsabfall auf, denn die von T1 und T2 gesteuerten gleich großen Signalströme

sind um 180° phasenverschoben und heben sich bei ihrer Überlagerung an R_{C3} auf. Berücksichtigt man T 3, so kann für $\underline{U}_{RC3}$ geschrieben werden

$$\underline{U}_{RC3} = \underline{V}_{UT3}\, \underline{U}_{RC1}. \tag{2.227}$$

Da $\underline{U}_{RC1} = -\underline{U}_{RC2}$ ist, folgt mit $\underline{V}_{UT3} = -1$ (R_{C3} entsprechend wählen!):

$$\underline{U}_{RC3} = \underline{U}_{RC2}. \tag{2.228}$$

$\underline{U}_{RC2}$ kann durch $\underline{V}_D \underline{U}_D$ ausgedrückt werden, und man erhält dann für die Ausgangsspannung und die Spannungsverstärkung:

$$\underline{U}_2 = 2\,\underline{U}_{RC2} = 2\,\underline{V}_D\,\underline{U}_D, \tag{2.229}$$

$$\underline{V}_U = \frac{\underline{U}_2}{\underline{U}_D} = 2\,\underline{V}_D. \tag{2.230}$$

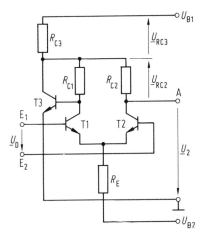

Bild 2.54 Übergang von symmetrischer zu asymmetrischer Signalverarbeitung mit Phasenumkehrstufe

Durch die Beeinflussung des Emitterwiderstandes eines Differenzverstärkers ist es möglich, **Differenzverstärkerstufen mit regelbarer Verstärkung** zu realisieren. Bild 2.55a zeigt die entsprechende Schaltung.

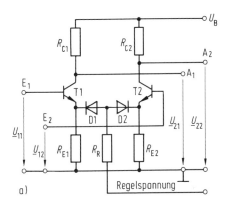

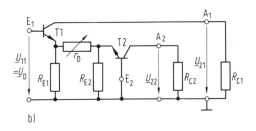

Bild 2.55 Regelbare Differenzverstärkerstufe
a) Schaltung, b) Ersatzschaltung

Die interessierende Verstärkung dieser Anordnung ist

$$\underline{V}_U = \frac{\underline{U}_{22} - \underline{U}_{21}}{\underline{U}_{11} - \underline{U}_{12}} = \frac{\underline{U}_{22}}{\underline{U}_D} - \frac{\underline{U}_{21}}{\underline{U}_D} = \underline{V}_{U1} + \underline{V}_{U2}. \tag{2.231}$$

Die Berechnung der beiden Komponenten $\underline{V}_{U1}$ und $\underline{V}_{U2}$ kann anhand der im Bild 2.55 b gezeigten Ersatzschaltung vorgenommen werden. Der Widerstand r_D entspricht der Summe der differentiellen Widerstände der beiden Dioden, die durch die Regelspannung gesteuert werden. Der Widerstand R_R ist stets größer als die Emitterwiderstände R_{E1} bzw. R_{E2} und wurde in der Ersatzschaltung nicht berücksichtigt. Für die Verstärkung $\underline{V}_{U1}$ gilt:

$$\underline{V}_{U1} = \underline{V}_{UcT1} \, \ddot{U}_U \, \underline{V}_{UbT2} \tag{2.232}$$

mit $\underline{V}_{UcT1}$ — Spannungsverstärkung von T 1 in Kollektorschaltung,
$\ddot{U}_U$ — Spannungsübersetzungsverhältnis des Widerstandsnetzwerkes $R_{E1}/R_{E2}/r_D$ und
$\underline{V}_{UbT2}$ — Spannungsverstärkung von T 2 in Basisschaltung.

Die Verstärkung $\underline{V}_{UcT1}$ kann bei Vernachlässigung der Gegenkopplung durch R_{C1} in guter Näherung durch die in Tabelle 1.3 angegebene Gleichung beschrieben werden

$$\underline{V}_{UcT1} \approx \frac{1}{1 + \dfrac{r_{be}}{b_n \underline{R}_L}}. \tag{2.233}$$

Als Lastwiderstand $\underline{R}_L$ wirkt

$$\underline{R}_L = \underline{R}_E^\times = R_{E1} \parallel [r_D + (R_{E2} \parallel \underline{R}_{EinbT2})]. \tag{2.234}$$

Setzt man für $\underline{R}_{EinbT2} \approx r_{be}/b_n$, so folgt mit $R_{E1} b_n \gg r_{be}$ und mit $R_{E2} b_n \gg r_{be}$

$$\underline{R}_L = \underline{R}_E^\times \approx \frac{(r_{be} + b_n r_D) R_{E1}}{b_n(R_{E1} + r_D)} \tag{2.235}$$

und

$$\underline{V}_{UcT1} \approx \frac{r_{be} + b_n r_D}{2 r_{be} + b_n r_D}. \tag{2.236}$$

Für $\ddot{U}_U$ gilt:

$$\ddot{U}_U = \frac{R_{E2} \parallel \underline{R}_{EinbT2}}{r_D + (R_{E2} \parallel \underline{R}_{EinbT2})}. \tag{2.237}$$

Mit $\underline{R}_{EinbT2} \approx r_{be}/b_n$ und unter der Voraussetzung, daß $b_n R_{E2} \gg r_{be}$ ist, folgt

$$\ddot{U}_U \approx \frac{r_{be}}{r_{be} + b_n r_D}. \tag{2.238}$$

Die Verstärkung $\underline{V}_{UbT2}$ kann durch folgende Beziehung bestimmt werden (s. Tabelle 1.3):

$$\underline{V}_{UbT2} \approx \frac{b_n}{r_{be}} R_{C2}. \tag{2.239}$$

Mit den Gln. (2.232), (2.236), (2.238) und (2.239) erhält man nun

$$\underline{V}_{U1} \approx \frac{b_n R_{C2}}{2 r_{be} + b_n r_D}. \tag{2.240}$$

Für die zweite Verstärkungskomponente $\underline{V}_{U2}$ gilt:

$$\underline{V}_{U2} = -\underline{V}_{UeT1}. \tag{2.241}$$

$\underline{V}_{UeT1}$ ist die Spannungsverstärkung des Transistors T1 in Emitterschaltung unter Berücksichtigung der Serien-Serien-Gegenkopplung durch R_E. Sie kann mit Hilfe der Gl. (2.103) berechnet werden:

$$\underline{V}_{UeT1} \approx \frac{-b_n R_{C1}}{r_{be} + b_n \underline{R}_E^{\times}}. \tag{2.242}$$

Unter Beachtung der Gln. (2.235), (2.241) und (2.242) erhält man somit

$$\underline{V}_{U2} \approx \frac{b_n R_{C1} \left(1 + \dfrac{r_D}{R_{E1}}\right)}{2 r_{be} + b_n r_D}. \tag{2.243}$$

Mit $\underline{V}_{U1}$ und $\underline{V}_{U2}$ kann die Gesamtverstärkung $\underline{V}_U$ als Funktion von r_D berechnet werden. Setzt man dabei den üblichen symmetrischen Aufbau der Schaltung voraus, so ist $R_{C1} = R_{C2} = R_C$ und $R_{E1} = R_{E2} = R_E$, und es folgt

$$\underline{V}_U \approx \frac{b_n R_C \left(2 + \dfrac{r_D}{R_E}\right)}{2 r_{be} + b_n r_D}. \tag{2.244}$$

Im Bild 2.56 ist der Verlauf von $\underline{V}_U$ über r_D grafisch dargestellt; dabei wurden folgende Zahlenwerte angenommen: $r_{be} = 2\ k\Omega$, $b_n = 50$, $R_C = 0{,}5\ k\Omega$ und $R_E = 1{,}5\ k\Omega$. Man erkennt, daß die Schaltung eine wirkungsvolle Regelung ermöglicht.

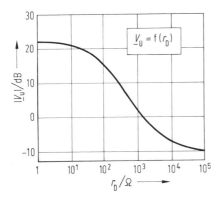

Bild 2.56 Regelcharakteristik der Differenzverstärkerstufe gemäß Bild 2.55

Vielfach werden **Differenzverstärkerstufen als Amplitudenbegrenzer** genutzt. Bei der Untersuchung der diesbezüglichen Großsignalzusammenhänge geht man von der im Bild 2.57 dargestellten Schaltung aus [2.10].

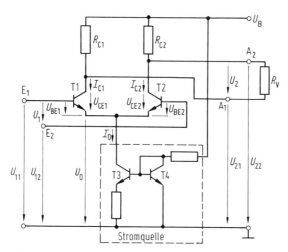

Bild 2.57 Differenzverstärkerstufe als Amplitudenbegrenzer

Für die Emitterströme von T1 und T2 kann anhand von Gl.(1.21) sowie mit $U_{BE\,1/2} \gg U_T$, $I_{ES\,1} = I_{ES\,2} = I_{ES}$ und bei Vernachlässigung des $A_I I_{CS}$-Anteiles geschrieben werden:

$$I_{E\,1} = I_{ES} \exp \frac{U_{BE\,1}}{U_T}, \tag{2.245}$$

$$I_{E\,2} = I_{ES} \exp \frac{U_{EB\,2}}{U_T}. \tag{2.246}$$

Beide Ströme sind über die Beziehung

$$I_0 = I_{E\,1} + I_{E\,2} \tag{2.247}$$

miteinander verknüpft und können wie folgt umgeformt werden:

$$I_{E\,1} = \frac{I_0}{1 + \exp \dfrac{U_{BE\,2} - U_{BE\,1}}{U_T}}, \tag{2.248}$$

$$I_{E\,2} = \frac{I_0}{1 + \exp \dfrac{U_{BE\,1} - U_{BE\,2}}{U_T}}. \tag{2.249}$$

Bei Vernachlässigung der Basisströme ($I_{B\,1}, I_{B\,2}$) gilt für die Kollektorströme

$$I_{C\,1/2} = I_{E\,1/2}. \tag{2.250}$$

Mit $U_{BE1} - U_{BE2} = U_1$ und unter Beachtung der Beziehung

$$\frac{1}{1+\exp(\pm 2x)} = \frac{1}{2}(1 \pm \tanh x) \tag{2.251}$$

erhält man

$$I_{C1} = \frac{I_0}{2}\left(1 + \tanh\frac{U_1}{2U_T}\right), \tag{2.252}$$

$$I_{C2} = \frac{I_0}{2}\left(1 - \tanh\frac{U_1}{2U_T}\right). \tag{2.253}$$

Die beiden Gleichungen sind in normierter Form im Bild 2.58 dargestellt und machen die Aufteilung des Konstantstromes I_0 auf die Kollektorströme I_{C1} und I_{C2} deutlich. Für Eingangsspannungen $|U_1| \le U_T$ besteht eine annähernd lineare Beziehung zu den Kollektorströmen. Bei weiterem Anwachsen der Eingangsspannung erfolgt ein allmählicher Übergang in den Konstantstrom I_0, und für $|U_1| > 4 U_T$ kann eine nahezu vollständige symmetrische Begrenzung in der Form $I_{C1/2} = I_0$ beobachtet werden. Das bedeutet, daß das Eingangssignal nur noch ein Hin- und Herschalten des Konstantstromes zwischen T 1 und T 2 bewirken kann.

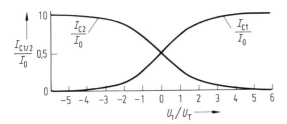

Bild 2.58 Aufteilung des Konstantstromes I_0 auf die Kollektorströme I_{C1} und I_{C2}

Mit Hilfe der Gln.(2.252) und (2.253) kann die Ausgangsspannung U_2 in Abhängigkeit von der Eingangsspannung U_1 berechnet werden. Nimmt man gleich große Kollektorwiderstände $R_{C1} = R_{C2} = R_C$ an, so gilt:

$$U_2 = (I_{C1} - I_{C2})R_C = I_0 R_C \tanh\frac{U_1}{2U_T}. \tag{2.254}$$

Im Bild 2.59 ist dieser Zusammenhang grafisch dargestellt. Es wird nochmals deutlich, daß eine lineare Verstärkung des Eingangssignals nur für $|U_1| \le U_T \approx 25$ mV möglich ist. Der Verstärkungsfaktor in diesem Bereich kann in guter Näherung mit

$$V_U = \frac{dU_2}{dU_1}\bigg|_{U_1=0} = \frac{I_0 R_C}{2U_T}\frac{1}{\cosh^2\left(\dfrac{U_1}{U_T}\right)}\bigg|_{U_1=0} = \frac{I_0 R_C}{2U_T} \tag{2.255}$$

angegeben werden. Oberhalb von 25 mV setzt die Begrenzung ein, und für $|U_1| > 100$ mV wird die Amplitude der Ausgangsspannung vom Eingangspegel unabhängig. Es gilt dann:

$$|U_2| = U_{2B} = I_0 R_C. \tag{2.256}$$

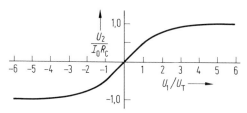

Bild 2.59 Abhängigkeit der Ausgangsspannung U_2 von der Eingangsspannung U_1 — Begrenzerkennlinie

Die Größe der begrenzten Ausgangsspannung U_{2B} und der Verstärkungsfaktor unterhalb der Begrenzung werden durch die Wahl des Konstantstromes I_0 und des Kollektorwiderstandes R_C festgelegt.

Bei der Dimensionierung eines Begrenzers wird man zweckmäßigerweise von der geforderten begrenzten Ausgangsamplitude U_{2B} ausgehen. Mit dieser Vorgabe liegt zunächst — gemäß Gl.(2.256) — das Produkt $I_0 R_C$ fest. Gleichzeitig wird damit über Gl.(2.255) auch die Verstärkung unterhalb des Begrenzereinsatzes bestimmt

$$V_U = \frac{U_{2B}}{2 U_T}. \tag{2.257}$$

Die Faktoren I_0 und R_C des ermittelten Produktes sind im Prinzip frei wählbar. Es wird vorzugsweise mit Kollektorwiderständen von $0{,}1 \text{ k}\Omega < R_C < 1 \text{ k}\Omega$ und Konstantströmen von $0{,}1 \text{ mA} < I_0 < 1 \text{ mA}$ gearbeitet.

Die vorgegebene Ausgangsamplitude U_{2B} bestimmt weiterhin maßgeblich die für den Differenzverstärker erforderliche Betriebsspannung U_B; es gilt:

$$U_B = I_C R_C + U_{CE} + U_0. \tag{2.258}$$

Bei hinreichend großer Aussteuerung (Begrenzung) wird $I_C R_C = I_0 R_C = U_{2B}$, wobei $U_{CE} > U_{CErest}$ bleiben muß. Daraus folgt:

$$U_B > U_{2B} + U_{CErest} + U_0. \tag{2.259}$$

Um eine einwandfreie Funktion der Stromquelle zu gewährleisten, sollte $U_0 \geq 2 U_{F0} \approx 1{,}4$ V gewählt werden.

Eine weitere Präzisierung bei der Festlegung der Größe der Betriebsspannung wird notwendig, wenn mehrere Begrenzerverstärkerstufen in Kette geschaltet werden. Bei integrierten Anordnungen werden die einzelnen Stufen galvanisch gekoppelt, wobei sich das Ausgangsruhepotential im allgemeinen mit wachsender Stufenzahl zu immer größeren Werten verschiebt. Diese Verschiebung ist unerwünscht und kann vermieden werden, wenn man

$$U_{CE} = U_{BE} = U_{F0} \tag{2.260}$$

wählt. Si-Transistoren arbeiten dann immer noch im aktiven Bereich, können jedoch nur mit kleinen Signalen ausgesteuert werden. Diese Bedingung der kleinen Aussteuerung ist bei Begrenzerverstärkern meist erfüllbar, und es können so mehrstufige Strukturen aufgebaut werden, bei denen die Ruhepotentials aller Stufen gleich sind. Setzt man für $I_C R_C$ ebenfalls U_{F0}, so folgt damit und mit der für U_0 gegebenen Empfehlung aus Gl.(2.258):

$$U_B = 4 U_{F0}. \tag{2.261}$$

Von dieser Dimensionierungsmöglichkeit wird bei den meisten integrierten Begrenzerverstärkern Gebrauch gemacht. Die maximal erzielbare begrenzte Ausgangsspannung beträgt dann

$$U_{2B\,max} = 2 U_{F0} - U_{CE\,rest}. \tag{2.262}$$

Die nach wie vor über Gl.(2.256) einzustellenden U_{2B}-Werte liegen vielfach bei 250 mV.

Eine anschauliche Darstellung der für die Dimensionierung von Differenzverstärkern mit Begrenzerwirkung wichtigen Zusammenhänge kann anhand des Ausgangskennlinienfeldes des Transistors T1 bzw. des Transistors T2 gegeben werden. Für den Verlauf der dort einzutragenden Arbeitsgeraden gilt:

$$I_C = -\frac{1}{R_L}[U_{CE} - (U_B - U_0)]. \tag{2.263}$$

Bild 2.60 zeigt, wie sich die Variation von I_0 auswirkt. I_0 begrenzt I_C und damit den Aussteuerungsbereich auf der Arbeitsgeraden. Die Projektion der Arbeitsgeraden im Bereich $0 \le I_C \le I_0$ auf die Spannungsachse liefert die Amplitude der begrenzten Ausgangsspannung U_{2B}. Mit wachsendem I_0 vergrößern sich der Aussteuerungsbereich und damit U_{2B}.

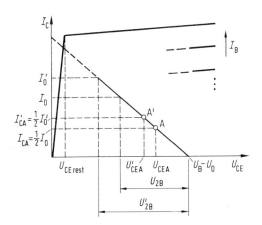

Bild 2.60 Ausgangskennlinienfeld der Transistoren T1 und T2 bei Variation von I_0

Im Bild 2.61 ist der Einfluß von R_C dargestellt. Vergrößert man R_C, so verringert sich die Neigung der Arbeitsgeraden. Das bedeutet, daß der mögliche Spannungsaussteuerungsbereich und damit U_{2B} ansteigen.

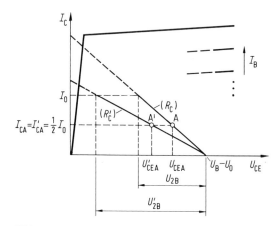

Bild 2.61 Ausgangskennlinienfeld der Transistoren T1 und T2 bei Variation von R_C

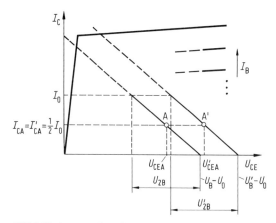

Bild 2.62 Ausgangskennlinienfeld der Transistoren T1 und T2 bei Variation von U_B

Bild 2.62 verdeutlicht den Einfluß von U_B. U_B muß stets so gewählt werden, daß im Moment der Vollaussteuerung (Begrenzung; $I_C = I_0$) die verbleibende Kollektor-Emitter-Spannung U_{CE} immer noch größer als die Kollektor-Emitter-Restspannung U_{CErest} ist und dadurch eine exakte symmetrische Begrenzung ohne Sättigungseffekte an T1 bzw. T2 garantiert wird. Erhöht man U_B, so bedeutet das eine Parallelverschiebung der Arbeitsgeraden nach rechts. U_{2B} wird davon nicht beeinflußt. Allerdings hat der U_B-Anstieg ein Anwachsen der Verlustleistung der Transistoren T1/T2 zur Folge; das ist bei integrierten Strukturen meist nachteilig.

Häufig werden **Differenzverstärkerstufen als Multiplizierer** eingesetzt (Bild 2.63).

Als Eingangsgrößen wirken die Spannung U_X und der Strom I_Y. Die Ausgangsspannung U_Z ist dem Produkt von U_X und I_Y proportional. Bei der Berechnung des Übertragungsverhaltens geht man von der Gl.(2.254) aus und erhält (ohne Berücksichtigung von R_E):

$$U_Z = (I_{C1} - I_{C2}) \, R_C = I_Y \, R_C \tanh \frac{U_X}{2 U_T}. \tag{2.264}$$

Für kleine Eingangsspannungen, d.h. für $|U_X| \ll 2 U_T$, kann $\tanh (U_X/2 U_T) \approx U_X/2 U_T$ gesetzt werden und es folgt

$$U_Z \approx \frac{R_C}{2 U_T} U_X I_Y. \tag{2.265}$$

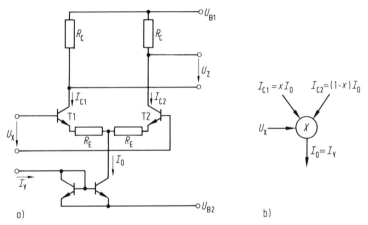

Bild 2.63 Differenzverstärkerstufe als Zweiquadrantenmultiplizierer
a) Schaltung, b) Schema zur Strombilanz

Beim Einsatz dieser einfachen Schaltung sind folgende Einschränkungen zu beachten [2.7]:

– Der Strom I_Y kann nur positive Werte annehmen, und die Schaltung ist folglich nur als Zweiquadrantenmultiplizierer zu verwenden.
– Der Betrag der Spannung U_X muß stets $< 25\,\text{mV}$ sein, um die erforderliche Linearität zu gewährleisten.
– Der Proportionalitätsfaktor $R_C/2 U_T$ ist über U_T temperaturabhängig.

Die Aussteuerungsverhältnisse können durch das Einfügen von Emitterwiderständen R_E verbessert werden, allerdings ist damit auch eine Verkleinerung des Proportionalitätsfaktors $R_C/2 U_T$ verbunden.

Wird ein Vierquadrantenmultiplizierer benötigt, so kann dieser aus drei miteinander verknüpften Differenzverstärkerstufen aufgebaut werden (Bild 2.64).

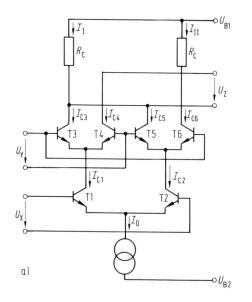

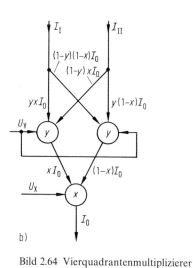

b)

Bild 2.64 Vierquadrantenmultiplizierer
a) Schaltung, b) Schema zur Strombilanz

a)

Die Differenzverstärker arbeiten als spannungsgesteuerte Stromteiler; zwei von ihnen sind kreuzgekoppelt. Die Ausgangsspannung U_Z kann aus der Beziehung

$$U_Z = (I_I - I_{II})\, R_C \qquad (2.266)$$

berechnet werden. Für $I_I - I_{II}$ ist aus dem Schema nach Bild 2.64b folgender Zusammenhang ablesbar:

$$I_I - I_{II} = [y\,x\,I_0 + (1-y)\,x\,I_0] - [(1-y)\,x\,I_0 + y\,(1-x)\,I_0]$$
$$= I_0 (2x-1)(2y-1). \qquad (2.267)$$

Mit

$$\frac{I_{C1} - I_{C2}}{I_0} = \tanh \frac{U_X}{2\,U_T} = (2x-1) \qquad (2.268)$$

und

$$\frac{I_{C3} - I_{C4}}{x\,I_0} = \frac{I_{C5} - I_{C6}}{(1-x)\,I_0} = \tanh \frac{U_Y}{2\,U_T} = (2y-1) \qquad (2.269)$$

folgt

$$I_I - I_{II} = I_0 \tanh \frac{U_X}{2\,U_T} \tanh \frac{U_Y}{2\,U_T} \qquad (2.270)$$

bzw.

$$U_Z = I_0\, R_C \tanh \frac{U_X}{2\,U_T} \tanh \frac{U_Y}{2\,U_T}. \qquad (2.271)$$

Für $|U_X| \ll 2\,U_T$ und $|U_Y| \ll 2\,U_T$ gilt in guter Näherung

$$U_Z \approx \frac{I_0\, R_C}{4\,U_T^2}\, U_X\, U_Y. \qquad (2.272)$$

U_Z ist dem Produkt von U_X und U_Y proportional. Für die Vorzeichen der beiden Faktoren bestehen keine Einschränkungen (Vierquadrantenmultiplizierer!). Hinsichtlich der Aussteuerung darf allerdings auch hier ein Pegel von 25 mV nicht überschritten werden. Bei größeren Signalen treten Verzerrungen bzw. Amplitudenbegrenzungen auf. Der Proportionalitätsfaktor $I_0\,R_C/4\,U_T^2$ ist über U_T vom Quadrat der Temperatur abhängig.

Werden **Differenzverstärkerstufen mit MOS-Feldeffekttransistoren** aufgebaut, so ist bei Verwendung diskreter Bauelemente von der im Bild 2.65 dargestellten Schaltung auszugehen.

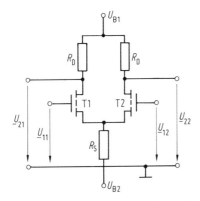

Bild 2.65 Differenzverstärkerstufe mit MOS-Transistoren

Die Differenz- und die Gleichtaktverstärkung berechnen sich im NF-Bereich zu

$$\underline{V}_D = \frac{\underline{U}_{22}}{\underline{U}_D} = -\frac{\underline{U}_{21}}{\underline{U}_D} = \frac{-g_m\,R_D}{2\,(1+g_d\,R_D)} \approx -\frac{1}{2}\,g_m\,R_D, \tag{2.273}$$

$$\underline{V}_{Gl} = \frac{\underline{U}_{22}}{\underline{U}_{Gl}} = \frac{\underline{U}_{21}}{\underline{U}_{Gl}} = \frac{-R_D}{2\,(1+\lambda)(1+g_d\,R_D)\,R_S} \approx -\frac{R_D}{2\,R_S}. \tag{2.274}$$

Daraus folgt für die Gleichtaktunterdrückung

$$G = \left|\frac{\underline{V}_D}{\underline{V}_{Gl}}\right| = (1+\lambda)\,g_m\,R_S \approx g_m\,R_S. \tag{2.275}$$

Die angegebenen Näherungen gelten für $\lambda \ll 1$ und $g_d\,R_D \ll 1$.

Die Ergebnisse entsprechen den Resultaten, die für Differenzverstärkerstufen mit Bipolartransistoren ermittelt wurden.

Bild 2.66 zeigt eine weitere Realisierungsvariante in NMOS-Technik. Die Verstärkerbauelemente T 11 und T 12 sind Enhancementtransistoren. Sie arbeiten auf die Depletionlasttransistoren T 21 und T 22. Als Stromquelle dienen die Enhancementtransistoren T 3 und T 4.

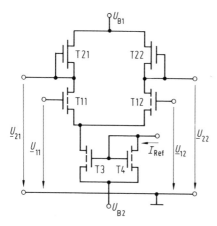

Bild 2.66 Differenzverstärkerstufe in NMOS-Technik

Setzt man gleiche Parameter für die Transistoren T11 und T12 sowie T21 und T22 voraus, d.h., ist

$$g_{d11} = g_{d12} = g_{d1}$$
$$g_{m11} = g_{m12} = g_{m1}$$
$$g_{mb11} = g_{mb12} = g_{mb1} = \lambda_1 g_{m1} \qquad (2.276)$$

und

$$g_{d21} = g_{d22} = g_{d2}$$
$$g_{m21} = g_{m22} = g_{m2}$$
$$g_{mb21} = g_{mb22} = g_{mb2} = \lambda_2 g_{m2}, \qquad (2.277)$$

so erhält man im NF-Bereich für die Differenzverstärkung

$$\underline{V}_D = \frac{U_{22}}{\underline{U}_D} = -\frac{U_{21}}{\underline{U}_D} = \frac{-g_{m1}}{2(g_{d1} + g_{d2} + \lambda_2 g_{m2})} \qquad (2.278)$$

und für die Gleichtaktverstärkung

$$\underline{V}_{G1} = \frac{U_{22}}{\underline{U}_{G1}} = \frac{U_{21}}{\underline{U}_{G1}} = \frac{-g_{d3}}{2(1 + \lambda_1)(g_{d1} + g_{d2} + \lambda_2 g_{m2})}$$

$$\approx \frac{-g_{d3}}{2(g_{d1} + g_{d2} + \lambda_2 g_{m2})}. \qquad (2.279)$$

Die Gleichtaktunterdrückung berechnet sich zu

$$G = \left| \frac{\underline{V}_D}{\underline{V}_{G1}} \right| = \frac{g_{m1}}{g_{d3}}(1 + \lambda_1) \approx \frac{g_{m1}}{g_{d3}}. \qquad (2.280)$$

Die Näherungen gelten unter der Bedingung $\lambda_1 \ll 1$.

Für eine große Differenzverstärkung sind eine große Steilheit g_{m1} der Verstärkertransistoren, eine kleine Backgatesteilheit g_{mb2} der Lasttransistoren und kleine Kanalleitwerke g_{d1} und g_{d2} beider erforderlich. Die Gleichtaktunterdrückung wird um so größer, je kleiner der Kanalleitwert g_{d3} des Stromquellentransistors T3 ist.

Günstige Schaltungseigenschaften können mit CMOS-Differenzverstärkerstufen erzielt werden (Bild 2.67). Dabei arbeiten die n-Kanal-Transistoren T11 und T12 auf einen Stromspiegel mit den p-Kanal-Transistoren T21 und T22. T3 und T4 dienen wieder als Stromquelle.

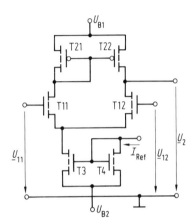

Bild 2.67 Differenzverstärkerstufe in CMOS-Technik

Auf analoge Weise wie bei der NMOS-Variante ergeben sich für die Differenzverstärkung

$$\underline{V}_D = \frac{\underline{U}_2}{\underline{U}_D} = \frac{-g_{m1}}{g_{d1}+g_{d2}}, \tag{2.281}$$

für die Gleichtaktverstärkung

$$\underline{V}_{G1} = \frac{\underline{U}_2}{\underline{U}_{G1}} = \frac{-g_{d3}}{2(1+\lambda_1)(g_{d2}+g_{m2})} \approx \frac{-g_{d3}}{2(g_{d2}+g_{m2})} \tag{2.282}$$

und für die Gleichtaktunterdrückung

$$G = \frac{\underline{V}_D}{\underline{V}_{G1}} = 2\frac{g_{m1}}{g_{d3}}(1+\lambda_1)\frac{g_{d2}+g_{m2}}{g_{d1}+g_{d2}} \approx 2\frac{g_{m1}}{g_{d3}}\frac{g_{m2}}{g_{d1}+g_{d2}}. \tag{2.283}$$

Die Näherungen gelten unter den Bedingungen $\lambda_1 \ll 1$ und $g_{d2} \ll g_{m2}$.

Der Vorteil der CMOS-Schaltung besteht u.a. darin, daß hier die Differenzverstärkung $\underline{V}_D$ nicht mehr durch die Backgatesteilheit g_{mb2} gemindert wird. Deshalb haben CMOS-Stufen in der Regel eine höhere Verstärkung als NMOS-Stufen [2.4, 2.5, 2.11, 2.12].

2.2.4.11 Großsignalverstärkerstufen im A-Betrieb (Eintaktschaltungen)

Für kleine und mittlere Ausgangsleistungen werden Großsignalverstärkerstufen im A-Betrieb verwendet. D.h., es handelt sich um Eintaktschaltungen, bei denen der Arbeitspunkt und der Lastwiderstand so gewählt werden, daß eine maximale symmetrische Aussteuerung von Strom und Spannung möglich ist. Es kommen dafür die Emitter- und Kollektorschaltung in Betracht. Die Kollektorschaltung hat gegenüber der Emitterschaltung folgende Vorteile:

— geringe Verzerrungen infolge der 100%igen Stromgegenkopplung,
— niedriger Ausgangswiderstand sowie
— hoher Eingangswiderstand und somit geringer Steuerstrombedarf.

Der Nachteil der geringen Spannungsverstärkung $V_U \approx 1$ ist demgegenüber von untergeordneter Bedeutung.

Wir wollen uns daher bei der nachfolgenden Analyse auf die Kollektorschaltung beschränken. Ihr Aufbau wird in starkem Maße von der Art der Ankopplung des Verbraucherwiderstandes an das Verstärkerbauelement bestimmt. Man unterscheidet zwischen transformatorischer Kopplung, galvanischer Kopplung und kapazitiver Kopplung. Die transformatorische Kopplung scheidet bei integrierten Schaltungen aus, so daß wir nur die Varianten der galvanischen und kapazitiven Kopplung vorstellen werden.

Für eine Kollektorschaltung mit **galvanischer Ankopplung des Verbraucherwiderstandes** ist die im Bild 2.68a gezeigte Anordnung charakteristisch. Der Lastwiderstand R_L ist identisch mit dem Verbraucherwiderstand R_V und wird vom Emitterstrom I_E durchflossen. Bei der Analyse der Schaltung geht man vom idealisierten Ausgangskennlinienfeld aus (Bild 2.68b).

Die maximale symmetrische Aussteuerbarkeit entlang der Arbeitsgeraden ist gewährleistet, wenn die den Arbeitspunkt bestimmende Spannung U_{ECA} gleich der halben Betriebsspannung U_B gewählt wird. Dann erhält man für den Spitzenwert der Signalspannung

$$\hat{U}_2 = U_{ECA} = \frac{U_B}{2}. \tag{2.284}$$

Der Spitzenwert des Signalstromes wird durch den Emitterstrom im Arbeitspunkt I_{EA} vorgegeben. Um hier ebenfalls Maximalwerte zu erreichen, wählt man den durch die maximal zulässige Verlustleistung des Transistors bestimmten größtmöglichen I_{EA}-Wert und erhält somit

$$\hat{I}_2 = I_{EA} \leq \frac{2 P_{V\,max}}{U_B}. \tag{2.285}$$

Der für diese Aussteuerung erforderliche Lastwiderstand ist demzufolge

$$R_L = \frac{\hat{U}_2}{\hat{I}_2} = \frac{U_B}{2 I_{EA}} \geq \frac{U_B^2}{4 P_{V\,max}}. \tag{2.286}$$

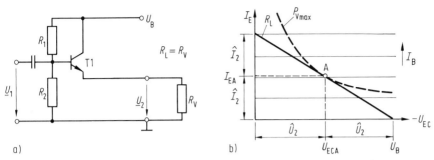

Bild 2.68 Kollektorschaltung mit galvanisch angekoppeltem Verbraucherwiderstand
a) Schaltung, b) idealisiertes Ausgangskennlinienfeld

Für die maximale an $R_L = R_V$ abgegebene Signalleistung P_S folgt bei sinusförmiger Aussteuerung

$$P_S = \frac{\hat{U}_2 \hat{I}_2}{2} = \frac{U_B^2}{8 R_L} = \frac{1}{2} P_{V\,max}.$$ (2.287)

Die zugeführte Gleichleistung ist

$$P_= = U_B I_{EA} = \frac{U_B^2}{2 R_L} = 2 P_{V\,max}.$$ (2.288)

Demzufolge erhält man für den Wirkungsgrad

$$\eta = \frac{P_S}{P_=} = \frac{1}{4} \cong 25\%.$$ (2.289)

Aus dem Ergebnis ist zu ersehen, daß maximal ein Viertel der zugeführten Gleichleistung als Signalleistung in R_V umgesetzt werden kann. Diese Aussage gilt unter den gleichen Voraussetzungen auch für die Emitterschaltung.

In vielen Anwendungsfällen ist es ungünstig, wenn R_V vom Emittergleichstrom I_E durchflossen wird. Man geht daher dort zu einer **kapazitiven Ankopplung des Verbraucherwiderstandes** über (Bild 2.69).

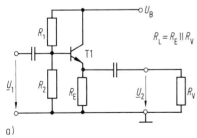

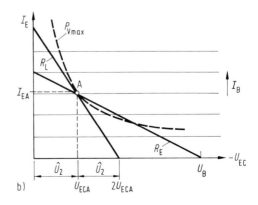

Bild 2.69 Kollektorschaltung mit kapazitiv angekoppeltem Verbraucherwiderstand
a) Schaltung, b) idealisiertes Ausgangskennlinienfeld

Eine symmetrische Aussteuerbarkeit entlang der Arbeitsgeraden R_L ist gewährleistet, wenn der den Arbeitspunkt kennzeichnende Strom I_{EA} folgenden Gleichungen genügt:

$$I_{EA} = \frac{1}{R_E}(U_B - U_{ECA}),$$ (2.290)

$$I_{EA} = \frac{1}{R_L}(2 U_{ECA} - U_{ECA}).$$ (2.291)

Die Lösung des Gleichungssystems liefert die Koordinaten des Arbeitspunktes

$$U_{ECA} = U_B \frac{R_L}{R_E + R_L} = U_B \frac{R_V}{R_E + 2 R_V},$$ (2.292)

$$I_{EA} = U_B \frac{1}{R_E + R_L} = U_B \frac{R_E + R_V}{R_E(R_E + 2 R_V)}.$$ (2.293)

Damit können die Spitzenwerte der Signalspannung und des Signalstromes bestimmt werden

$$\hat{U}_2 = U_{ECA} = U_B \frac{R_V}{R_E + 2 R_V},$$ (2.294)

$$\hat{I}_2 = I_{EA} \frac{R_E}{R_E + R_V} = U_B \frac{1}{R_E + 2 R_V}.$$ (2.295)

Für die an R_V abgegebene Signalleistung P_S folgt bei sinusförmiger Aussteuerung:

$$P_S = \frac{\hat{U}_2 \hat{I}_2}{2} = \frac{1}{2} U_B^2 \frac{R_V}{(R_E + 2 R_V)^2}.$$ (2.296)

P_S durchläuft in Abhängigkeit von R_V ein Maximum, dessen Lage aus

$$\frac{dP_S}{dR_V} = \frac{U_B^2}{2} \frac{R_E - 2 R_V}{(R_E + 2 R_V)^3} \to 0$$ (2.297)

bestimmt werden kann; man erhält

$$R_{V opt} = \frac{1}{2} R_E.$$ (2.298)

Setzt man dieses Ergebnis in die Gln.(2.292) und (2.293) ein und wählt den durch die maximal zulässige Verlustleistung des Transistors bestimmten größtmöglichen I_{EA}-Wert, so erhält man für die Koordinaten des optimalen Arbeitspunktes

$$U_{EC opt} = \frac{1}{4} U_B,$$ (2.299)

$$I_{E opt} = \frac{3}{4} \frac{U_B}{R_E} \le \frac{4 P_{V max}}{U_B}.$$ (2.300)

Der hierfür erforderliche Emitterwiderstand R_E ist demzufolge

$$R_E = \frac{3}{4} \frac{U_B}{I_{E\,opt}} \geq \frac{3}{16} \frac{U_B^2}{P_{V\,max}}. \tag{2.301}$$

Für die Spitzenwerte der Signalspannung und des Signalstromes gilt:

$$\hat{U}_{2\,opt} = U_{EC\,opt} = \frac{1}{4} U_B, \tag{2.302}$$

$$\hat{I}_{2\,opt} = I_{E\,opt} \frac{R_E}{R_E + R_V} = \frac{1}{2} \frac{U_B}{R_E} \leq \frac{8}{3} \frac{P_{V\,max}}{U_B}. \tag{2.303}$$

Die maximal an R_V abgebbare Signalleistung $P_{S\,max}$ ist

$$P_{S\,max} = \frac{\hat{U}_{2\,opt} \hat{I}_{2\,opt}}{2} = \frac{1}{16} \frac{U_B^2}{R_E} = \frac{1}{3} P_{V\,max}. \tag{2.304}$$

Die zugeführte Gleichleistung berechnet sich aus

$$P_= = I_{E\,opt} U_B = \frac{3}{4} \frac{U_B^2}{R_E} = 4 P_{V\,max}. \tag{2.305}$$

Demzufolge erhält man für den Wirkungsgrad

$$\eta = \frac{P_{S\,max}}{P_=} = \frac{1}{12} \cong 8,3\%. \tag{2.306}$$

Der Wirkungsgrad sinkt im Vergleich zur galvanischen Kopplung stark ab; es kann maximal ein Zwölftel der zugeführten Gleichleistung als Signalleistung in R_V umgesetzt werden.

Eine Verbesserung des Wirkungsgrades bei kapazitiver Ankopplung des Verbraucherwiderstandes ist möglich, wenn man den Emitterwiderstand R_E durch eine Stromquelle (T 2/T 3) ersetzt (Bild 2.70).

Die maximale symmetrische Aussteuerbarkeit entlang der Arbeitsgeraden ($R_L = R_V$) ist gewährleistet, wenn die Spannung U_{ECA} gleich der halben Betriebsspannung

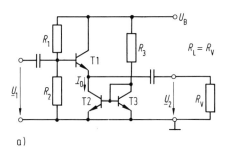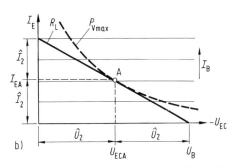

Bild 2.70 Kollektorschaltung mit Stromquelle und kapazitiv angekoppeltem Verbraucherwiderstand
a) Schaltung, b) idealisiertes Ausgangskennlinienfeld

und $U_{ECA} I_{EA} \leq P_{V\,max}$ gewählt werden. Man erhält dann für die Spitzenwerte der Signalspannung und des Signalstromes sowie für den dazu erforderlichen Lastwiderstand

$$\hat{U}_2 = U_{ECA} = \frac{U_B}{2}, \qquad (2.307)$$

$$\hat{I}_2 = I_{EA} = I_0 \leq \frac{2 P_{V\,max}}{U_B}, \qquad (2.308)$$

$$R_L = R_V = \frac{\hat{U}_2}{\hat{I}_2} = \frac{U_B}{2 I_0} \geq \frac{U_B^2}{4 P_{V\,max}}. \qquad (2.309)$$

Die an $R_L = R_V$ abgegebene Signalleistung berechnet sich zu

$$P_S = \frac{\hat{U}_2 \hat{I}_2}{2} = \frac{1}{4} U_B I_0 = \frac{1}{2} P_{V\,max}. \qquad (2.310)$$

Für die zugeführte Gleichleistung und den Wirkungsgrad gilt:

$$P_= = U_B I_0 = 2 P_{V\,max}, \qquad (2.311)$$

$$\eta = \frac{P_S}{P_=} = \frac{1}{4} \cong 25\%. \qquad (2.312)$$

Das Ergebnis ist mit dem der galvanischen Ankopplung von R_V gleich und zeigt, daß diese Schaltungsvariante für Eintaktanordnungen sehr vorteilhaft ist.

Die Resultate sind auch auf MOSFET-Strukturen übertragbar, wobei hier Sourcefolger in Verbindung mit einer Stromquelle anstelle des Sourcewiderstandes bevorzugt werden.

2.2.4.12 Großsignalverstärkerstufen im B-Betrieb (Gegentaktschaltungen)

Die maximal erzielbaren Ausgangsgrößen, der Wirkungsgrad und die Verzerrungen einer Großsignalverstärkerstufe können wesentlich verbessert werden, wenn man von der Eintakt- zur Gegentaktschaltung übergeht. Gegentaktschaltungen sind dadurch gekennzeichnet, daß sie mehrere Verstärkerbauelemente enthalten, die alle auf einen gemeinsamen Lastwiderstand arbeiten.

Will man die Vielzahl der existierenden Varianten von Gegentaktschaltungen klassifizieren, so betrachtet man sie am zweckmäßigsten als Brückenschaltungen und beschränkt die Untersuchung auf zwei Verstärkerbauelemente (Bild 2.71).

Die Verstärkerbauelemente werden in einem Brückenzweig – beispielsweise im linken – angeordnet. Der andere Brückenzweig kann von einem in der Mitte angezapften Lastwiderstand gebildet werden. In der Brückendiagonale wird die Betriebsspannung angeschaltet. Man spricht in diesem Falle von einer *Parallel-Gegentaktschaltung*. Ordnet man hingegen im rechten Brückenzweig eine in der

Mitte angezapfte Betriebsspannung und in der Brückendiagonalen den Lastwiderstand an, so erhält man eine *Serien-Gegentaktschaltung*. Bei der Parallel-Gegentaktschaltung liegen die Verstärkerbauelemente gleichstrommäßig parallel und bei der Serien-Gegentaktschaltung in Reihe.

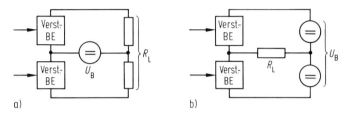

Bild 2.71 Zur Klassifikation von Gegentaktschaltungen
a) Parallel-Gegentaktschaltung, b) Serien-Gegentaktschaltung

Der angezapfte Widerstand der Parallel-Gegentaktschaltung hat nur dann Sinn, wenn die beiden Widerstandshälften durch die Energieumsetzung oder durch Gegeninduktion verkettet sind, denn es soll ja die Gesamtleistung an einen konzentrierten Verbraucher abgegeben werden. Der Verbraucherwiderstand muß daher bei Parallel-Gegentaktschaltungen im allgemeinen transformatorisch angekoppelt werden. Die Primärseite des Transformators besitzt eine Mittelanzapfung, über die den Verstärkerbauelementen die Betriebsspannung zugeführt wird. An der Sekundärseite ist der Verbraucherwiderstand angeschaltet. Derartige Transformatoren sind nicht integrierbar und im Vergleich zu den anderen Bauelementen der Schaltung teuer; sie benötigen ein relativ großes Volumen und begrenzen die Bandbreite des Verstärkers entscheidend. Parallel-Gegentaktverstärker treten daher in der modernen Schaltungstechnik immer mehr in den Hintergrund und werden bei integrierten Anordnungen nicht eingesetzt.

Bei Serien-Gegentaktschaltungen liegt der Verbraucherwiderstand in konzentrierter Form unmittelbar in der Brückendiagonalen. Es ist keine transformatorische Ankopplung erforderlich.

Als Verstärkerbauelemente kommen Transistoren mit gleicher oder komplementärer Zonenfolge bzw. Kanalleitfähigkeit in Frage. Die komplementären Konfigurationen sind besonders vorteilhaft und werden daher fast ausschließlich verwendet.

Gegentaktschaltungen können prinzipiell im A- oder B-Betrieb arbeiten; meistens wird dem B-Betrieb der Vorzug gegeben. D.h., der Arbeitspunkt der Transistoren wird so gewählt, daß der Strom I_{2A} bei fehlender Aussteuerung praktisch Null ist und die Spannung U_{2A} demzufolge der Betriebsspannung entspricht (s. Bild 2.25).

Der grundsätzliche Aufbau einer **Serien-Gegentaktschaltung mit komplementären Bipolartransistoren** ist im Bild 2.72a dargestellt. Der Forderung nach einer Betriebsspannung mit Mittelanzapfung wird dadurch entsprochen, daß mit zwei dem Betrag nach gleich großen Spannungen $+U_B$ und $-U_B$ gegen Masse gearbeitet wird.

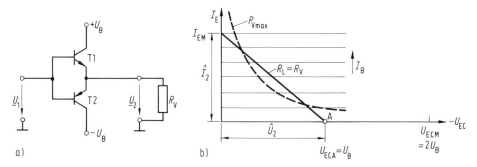

Bild 2.72 Serien-Gegentaktschaltung mit komplementären Bipolartransistoren
a) Schaltung, b) idealisiertes Ausgangskennlinienfeld

Die beiden Transistoren T1 und T2 werden in Kollektorschaltung betrieben und arbeiten auf den gemeinsamen Verbraucherwiderstand R_V. Die Basisvorspannung ist Null. Das bedeutet, daß auch das Emitter- bzw. Ausgangspotential Null ist. Die Ansteuerung erfolgt gleichphasig und mit gleicher Amplitude. Die Spannungsverstärkung der Anordnung entspricht der der Kollektorschaltung, d.h. $V_U \approx 1$.

Bei der Dimensionierung der Schaltung sowie bei der Ermittlung der Leistungsverhältnisse und des Wirkungsgrades geht man vom idealisierten Ausgangskennlinienfeld einer der beiden Transistoren aus (Bild 2.72 b). Der Arbeitspunkt wird durch die Koordinaten $U_{ECA} = U_B$ und $I_{EA} = 0$ (B-Betrieb) bestimmt. Die Arbeitsgerade (R_L) verläuft nicht wie beim A-Betrieb unterhalb der Verlusthyperbel ($P_{V\,max}$), sondern durchschneidet das „verbotene" Gebiet. Die mittlere Verlustleistung ist trotzdem geringer als $P_{V\,max}$, weil die Belastung nur während einer Signalhalbwelle auftritt.

Für die Spitzenwerte des Ausgangssignales gilt:

$$\hat{U}_2 = m U_B, \tag{2.313}$$

$$\hat{I}_2 = m I_{EM}. \tag{2.314}$$

Mit m wird der Aussteuerungsgrad gekennzeichnet; er kann Werte zwischen 0 und 1 annehmen.

Damit folgt für die Signalleistung P_S je Transistor bei sinusförmiger Aussteuerung:

$$P_S = \frac{\hat{U}_2 \hat{I}_2}{4} = \frac{m^2}{4} U_B I_{EM}. \tag{2.315}$$

Für die dabei je Transistor zugeführte Gleichleistung $P_=$ gilt:

$$P_= = U_B \frac{1}{T} \int_0^{\frac{T}{2}} \hat{I}_2 \sin \omega t \, dt = \frac{m}{\pi} U_B I_{EM}. \tag{2.316}$$

Die auftretende Verlustleistung P_V je Transistor ergibt sich aus der Differenz von zugeführter Gleichleistung und abgegebener Signalleistung:

$$P_V = P_= - P_S = \left(\frac{m}{\pi} - \frac{m^2}{4}\right) U_B \, I_{EM}. \tag{2.317}$$

P_V durchläuft in Abhängigkeit von m ein Maximum; seine Lage kann aus $\mathrm{d}P_V/\mathrm{d}m = 0$ bestimmt werden:

$$m_{P\,v\,max} = \frac{2}{\pi}. \tag{2.318}$$

Damit erhält man für die maximal auftretende Verlustleistung je Transistor:

$$P_{V\,max} = \frac{1}{\pi^2} U_B \, I_{EM}. \tag{2.319}$$

Da $P_{V\,max}$ und U_B als vorgegeben zu betrachten sind, kann aus Gl.(2.319) der Emitterstrom I_{EM} bestimmt werden:

$$I_{EM} = \pi^2 \frac{P_{V\,max}}{U_B}. \tag{2.320}$$

Mit I_{EM} können nun der Lastwiderstand R_L, die Gesamtsignalleistung $P_{S\,ges}$ und die zugeführte Gesamtgleichleistung $P_{=\,ges}$ endgültig festgelegt werden. Es gilt:

$$R_L = \frac{\hat{U}_2}{\hat{I}_2} = \frac{U_B}{I_{EM}} = \frac{U_B^2}{\pi^2 \, P_{V\,max}}, \tag{2.321}$$

$$P_{S\,ges} = \frac{m^2}{2} U_B \, I_{EM} = m^2 \frac{U_B^2}{2 R_L} = m^2 \frac{\pi^2}{2} P_{V\,max}, \tag{2.322}$$

$$P_{=\,ges} = \frac{2m}{\pi} U_B \, I_{EM} = m \frac{2 U_B^2}{\pi R_L} = m \, 2\pi \, P_{V\,max}. \tag{2.323}$$

Für den Wirkungsgrad der Schaltung erhält man

$$\eta = \frac{P_{S\,ges}}{P_{=\,ges}} = m \frac{\pi}{4}. \tag{2.324}$$

Bei Vollaussteuerung, d.h. für $m = 1$, wird der Wirkungsgrad am größten

$$\eta_{max} = \frac{\pi}{4} \cong 78{,}5\%. \tag{2.325}$$

Vergleicht man diese Werte mit denen des einfachen Emitterfolgers im Eintakt-A-Betrieb (Schaltung gemäß Bild 2.68), so kann man feststellen, daß die an R_V abgegebene Signalleistung um den Faktor π^2 und der Wirkungsgrad um den Faktor π angestiegen sind.

Bei kleinen Signalspannungen zeigt die Schaltung ein unerwünschtes nichtlineares Verhalten. Ist nämlich der Betrag der Eingangsspannung U_1 kleiner als die Fluß-spannung U_{F0} der Basis-Emitter-Dioden der beiden Transistoren, so bleiben diese gesperrt. Das heißt, das Emitterpotential und somit die Ausgangsspannung U_2 folgt dem Basispotential und damit der Eingangsspannung U_1 immer im Abstand von U_{F0} (Bild 2.73). Es treten also im Bereich kleiner Eingangsspannungen Übernahmeverzerrungen auf. Diese können durch Gegenkopplungsmaßnahmen nur wenig gemindert werden, da in diesem Berich $\underline{V}_U = \underline{U}_2 / \underline{U}_1 = 0$ ist.

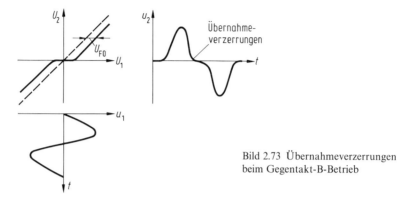

Bild 2.73 Übernahmeverzerrungen
beim Gegentakt-B-Betrieb

Zur Vermeidung der Übernahmeverzerrungen ist es notwendig, den beiden Basen Vorspannungen zu geben, die in ihrer Größe der Flußspannung U_{F0} entsprechen; dadurch kann die Übertragungskennlinie weitgehend linearisiert werden. Bei der Erzeugung solcher Vorspannungen bietet sich die im Bild 2.74 dargestellte schal-

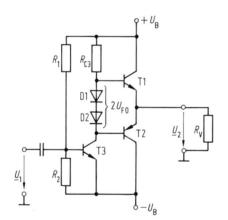

Bild 2.74 Serien-Gegentaktschaltung
mit komplementären Transistoren
und Treiberstufe

tungstechnische Möglichkeit. Die Endstufentransistoren T1/T2 werden über die Treiberstufe T3 angesteuert. Im Kollektorzweig des Treibers sind der Arbeitswiderstand R_{C3} und zwei Dioden (D1/D2) angeordnet. Über diesen in Flußrichtung betriebenen Dioden wird die benötigte Vorspannung $2 U_{F0}$ abgegriffen. Der Arbeitspunkt des Treibers wird so eingestellt, daß das Emitterpotential von T1/T2 bei fehlender Aussteuerung Null ist und somit auch hier R_V gleichstromfrei bleibt.

Zur Erhöhung des Eingangswiderstandes ist es zweckmäßig, **Serien-Gegentaktschaltungen mit komplementären Darlington-Transistoren** auszustatten (Bild 2.75). Da dann bei Aussteuerung jeweils die Flußspannung von zwei Basis-Emitter-Dioden überwunden werden muß, sind zur Linearisierung der Übertragungskennlinie vier Dioden erforderlich.

Oft ist es aus technologischen Gründen wünschenswert, als Leistungstransistoren solche gleicher Zonenfolge (npn) zu verwenden. Dies ist möglich, wenn man in der Schaltung nach Bild 2.75 die untere Darlington-Anordnung T2/T2$^\times$ durch eine Komplementär-Darlington-Anordnung ersetzt (Bild 2.76). Schaltungen dieser Art werden als **quasikomplementäre Serien-Gegentaktschaltungen** bezeichnet. Um die Flußspannungen der Basis-Emitter-Übergänge von T1$^\times$, T1 und T2$^\times$ zu kompensieren, benötigt man drei Dioden.

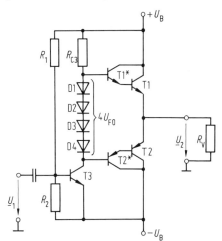 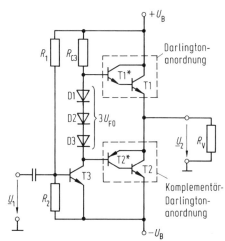

Bild 2.75 Serien-Gegentaktschaltung mit komplementären Darlington-Transistoren und Treiberstufe

Bild 2.76 Quasikomplementäre Serien-Gegentaktschaltung mit Treiberstufe

In einigen praktischen Anwendungsfällen ist es nicht möglich, zwei Betriebsspannungen $+U_B$ und $-U_B$ bereitzustellen. Im Bild 2.77a ist daher eine Möglichkeit aufgezeigt, wie eine **Serien-Gegentaktschaltung mit nur einer Betriebsspannung $+U_B$** versorgt werden kann. Der Arbeitspunkt des Treibers T3 wird so eingestellt, daß an den Emitteranschlüssen der Endstufentransistoren T1/T2 das Potential $U_B/2$ steht. Der Verbraucherwiderstand R_V wird über einen Kondensator C mit Masse verbunden. Das bedeutet, daß sich dieser Kondensator vorerst auch auf $U_B/2$ auflädt. Gelangt nun an die Basen von T1 und T2 zunächst eine negative Signalhalbwelle, so wird T1 gesperrt und T2 geöffnet. Dadurch kann sich der auf $U_B/2$ aufgeladene Kondensator entladen, d.h., er dient dem Transistor T2 als Batterie. Bei positiver Signalhalbwelle wird T1 geöffnet und T2 gesperrt. Dadurch kann der Kondensator wieder geladen werden. Durch das wechselseitige Auf- und Entladen des Kondensators entsteht an R_V ein Spannungsabfall $\underline{U}_2$, der der Eingangsspannung $\underline{U}_1$ proportional ist.

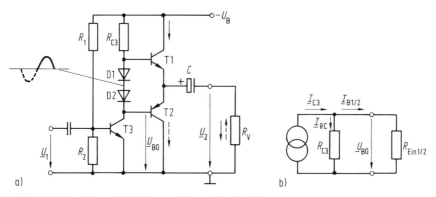

Bild 2.77 Serien-Gegentaktschaltung mit nur einer Betriebsspannung
a) Schaltung, b) Ersatzschaltung zur Untersuchung der Aussteuerungsverhältnisse

Die Aussteuerungsverhältnisse dieser Schaltung sind jedoch vielfach unbefriedigend. Setzt man für T1/T2 eine Verstärkung von $V_U = 1$ voraus (Kollektorschaltung), so wird an den Basen dieser Transistoren für deren Vollaussteuerung eine Spannung $\hat{U}_{B0} = \hat{U}_2 = U_B/2$ benötigt. Eine so große Steuerspannung kann, wie die nachfolgende Betrachtung zeigt, nicht aufgebracht werden:

Bei Vernachlässigung der Dioden D1/D2 gilt für den Kollektorwiderstand

$$R_{C3} = \frac{1}{2} \frac{U_B}{I_{C3}}. \tag{2.326}$$

Dabei wird vorausgesetzt, daß bei fehlender Aussteuerung der Eingangswiderstand der Endstufentransistoren sehr groß ist (B-Betrieb). Sobald jedoch ausgesteuert wird, muß für das Signalverhalten dieser Eingangswiderstand $R_{\text{Ein}\,1/2}$ berücksichtigt werden, und man kann die im Bild 2.77b dargestellte Ersatzschaltung angeben.

Für $\hat{U}_{B0}$ gilt:

$$\hat{U}_{B0} = \hat{I}_{C3} \frac{R_{C3}\, R_{\text{Ein}\,1/2}}{R_{C3} + R_{\text{Ein}\,1/2}}. \tag{2.327}$$

$\hat{I}_{C3}$ kann aus I_{C3} ermittelt werden, denn bei A-Betrieb (T3) gilt:

$$\hat{I}_{C3} = I_{C3} = \frac{1}{2} \frac{U_B}{R_{C3}}. \tag{2.328}$$

Damit folgt:

$$\hat{U}_{B0} = \frac{1}{2} U_B \frac{1}{1 + \dfrac{R_{C3}}{R_{\text{Ein}\,1/2}}} < \frac{1}{2} U_B. \tag{2.329}$$

Die Forderung $\hat{U}_{B0} = U_B/2$ könnte nur dann erfüllt werden, wenn $R_{C3} \ll R_{\text{Ein}\,1/2}$ gewählt würde. Einem solchen Bemühen sind Grenzen gesetzt, da dabei I_{C3} und die Steuerleistung für T3 stark ansteigen.

Die erstrebte Vollaussteuerung kann nur dann verwirklicht werden, wenn der Transistor T3 entweder aus einer größeren Betriebsspannung gespeist oder das Bootstrap-Prinzip angewendet wird. Aus praktischen Gründen entscheidet man sich für das zweite. D.h., man muß dafür sorgen, daß die Versorgungsspannung für T3 mit der Ausgangsspannung $\underline{U}_2$ „mitläuft" und dadurch der Wechselspannungsabfall über R_{C3} klein bleibt. Bild 2.78a zeigt eine solche **Serien-Gegentaktstufe mit Bootstrap-Schaltung.**

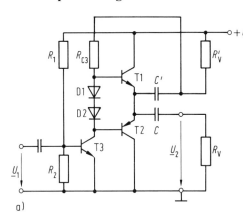
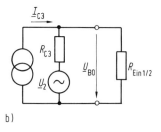

Bild 2.78 Serien-Gegentaktschaltung mit nur einer Betriebsspannung und Anwendung des Bootstrap-Prinzips
a) Schaltung, b) Ersatzschaltung zur Untersuchung der Aussteuerungsverhältnisse

Ohne Aussteuerung des Verstärkers liegt R_{C3} nach wie vor an der vollen Betriebsspannung U_B, da R'_V in der Regel sehr niederohmig und der Spannungsabfall an R'_V, hervorgerufen durch den Kollektorruhestrom I_{C3}, vernachlässigbar gering ist. Wird die Anordnung jedoch ausgesteuert, liegt R_{C3} nicht mehr an konstantem U_B, sondern an einer mit der Ausgangsspannung $\underline{U}_2$ überlagerten Betriebsspannung. Wechselspannungsmäßig gilt jetzt die im Bild 2.78b dargestellte Ersatzschaltung.

Die für Vollaussteuerung erforderliche Spannung $\hat{U}_{B0}$ kann nun erneut berechnet werden, und man erhält

$$\hat{U}_{B0} = \left(\hat{I}_{C3} + \frac{\hat{U}_2}{R_{C3}}\right) \frac{R_{C3}\,R_{\text{Ein}1/2}}{R_{C3} + R_{\text{Ein}1/2}}. \tag{2.330}$$

Mit Gl.(2.328) und $\hat{U}_2 = U_B/2$ folgt:

$$\hat{U}_{B0} = \frac{U_B}{R_{C3}} \frac{R_{C3}\,R_{\text{Ein}1/2}}{R_{C3} + R_{\text{Ein}1/2}} = U_B \frac{1}{1 + \dfrac{R_{C3}}{R_{\text{Ein}1/2}}}. \tag{2.331}$$

Wählt man

$$R_{C3} = R_{\text{Ein}1/2}, \tag{2.332}$$

so wird

$$\hat{U}_{B0} = \frac{1}{2} U_B, \tag{2.333}$$

und die angestrebte Vollaussteuerung ist realisierbar.

Gegentaktschaltungen können auch ohne Schwierigkeiten mit MOSFETs aufgebaut werden. Bild 2.79 zeigt eine **Serien-Gegentaktschaltung mit komplementären MOS-Transistoren.**

Die beiden Verstärkerbauelemente T1 und T2 werden als komplementäre Sourcefolger betrieben und arbeiten auf den gemeinsamen Verbraucherwiderstand R_V. Zur Linearisierung der Übertragungskennlinie sind Gatevorspannungen U_{V1} $= U_{V2} \geq U_t$ erforderlich. Die Schwellspannung U_t liegt bei Leistungs-MOSFETs im Bereich von 1 bis 4 V. Die Widerstände R_1 und R_2 dienen zur Stabilisierung der sich dabei einstellenden kleinen Ruheströme; sie können bei integrierten Strukturen (CMOS-Technik) entfallen [2.4].

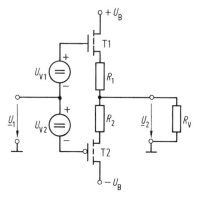

Bild 2.79 Serien-Gegentaktschaltung mit komplementären MOS-Tranistoren

Die maximal erzielbare Ausgangsleistung und der Wirkungsgrad können in gleicher Weise berechnet werden, wie dies bei der Serien-Gegentaktschaltung mit Bipolartransistoren geschehen ist.

Der Vorteil von komplementären Sourcefolgern besteht in ihren günstigeren HF-Eigenschaften (kleinere Ein- und Ausschaltzeiten der MOSFETs gegenüber Bipolartransistoren). Dadurch können Gegentaktschaltungen bis zu Frequenzen von 1 MHz und darüber realisiert werden [2.1].

2.3   Operationsverstärker

2.3.1   Prinzipielle Eigenschaften von Operationsverstärkern

Operationsverstärker sind gleichspannungsgekoppelte Breitbandverstärker mit Differenzeingang. Sie zeichnen sich durch hohe Verstärkung, hohen Eingangswiderstand, niedrigen Ausgangswiderstand und geringe Drift aus. Ihre Übertragungseigenschaften sind durch die äußere Beschaltung der eigentlichen Verstärkereinheit programmierbar. Daraus folgt eine große Anpassungsfähigkeit für die verschiedensten Anwendungen [2.1, 2.7, 2.13, 2.14, 2.15].

Im Bild 2.80 ist das Schaltsymbol des Operationsverstärkers dargestellt. Der mit dem Minuszeichen markierte Eingang (N-Eingang) wirkt invertierend, d.h., ein dort anliegendes Steuersignal $\underline{U}_N$ ist gegenüber dem Ausgangssignal $\underline{U}_A$ um 180° phasenverschoben. Der mit dem Pluszeichen versehene Eingang (P-Eingang) wirkt nichtinvertierend, d.h., ein hier angelegtes Steuersignal $\underline{U}_P$ ist mit dem Ausgangssignal in Phase.

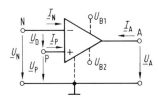

Bild 2.80 Schaltsymbol des Operationsverstärkers

Die Zählpfeilrichtung wurde so gewählt, daß die Ausgangsspannung $\underline{U}_A$ gegenüber der Differenzeingangsspannung $\underline{U}_D$ um 180° phasenverschoben ist.

Der Operationsverstärker benötigt im allgemeinen eine positive und eine negative Betriebsspannung (U_{B1} und U_{B2}). Die hierfür erforderlichen Anschlüsse sind in den Schaltplänen oft nicht mit eingezeichnet.

Der wichtigste Kennwert des Operationsverstärkers ist die *Differenzverstärkung* $\underline{V}_D$

$$\underline{V}_D = \frac{\underline{U}_A}{\underline{U}_D} = \frac{\underline{U}_A}{\underline{U}_N - \underline{U}_P} = \begin{cases} \dfrac{\underline{U}_A}{\underline{U}_N} & \text{für } \underline{U}_P = 0 \\[2ex] \dfrac{\underline{U}_A}{-\underline{U}_P} & \text{für } \underline{U}_N = 0. \end{cases} \tag{2.334}$$

Steuert man die Eingänge mit einer Gleichtaktspannung $\underline{U}_{Gl} = \underline{U}_N = \underline{U}_P$ an, so wird $\underline{U}_D = 0$ und es müßte auch die Ausgangsspannung $\underline{U}_A = 0$ werden. Dies ist beim realen Operationsverstärker nicht der Fall, und man definiert daher als weitere Kennwerte die *Gleichtaktverstärkung*

$$\underline{V}_{Gl} = \frac{\underline{U}_A}{\underline{U}_{Gl}} \quad \text{mit } \underline{U}_{Gl} = \underline{U}_N = \underline{U}_P \tag{2.335}$$

und die *Gleichtaktunterdrückung*

$$G = \left| \frac{\underline{V}_D}{\underline{V}_{Gl}} \right|. \tag{2.336}$$

Zur Beschreibung des Verstärkereinganges dienen der *Differenzeingangswiderstand*

$$\underline{R}_D = \begin{cases} \dfrac{\underline{U}_N}{\underline{I}_N} & \text{für } \underline{U}_P = 0 \\[2ex] \dfrac{\underline{U}_P}{\underline{I}_P} & \text{für } \underline{U}_N = 0 \end{cases} \tag{2.337}$$

und der *Gleichtakteingangswiderstand*

$$\underline{R}_{Gl} = \frac{\underline{U}_{Gl}}{\underline{I}_{Gl}} \quad \text{mit} \quad \begin{aligned} \underline{U}_{Gl} &= \underline{U}_N = \underline{U}_P \\ \underline{I}_{Gl} &= \underline{I}_N + \underline{I}_P. \end{aligned} \tag{2.338}$$

Weiterhin kann dem Verstärkerausgang ein *Ausgangswiderstand* $\underline{R}_{Aus}$ zugeordnet werden.

Unter Berücksichtigung der genannten Kennwerte ist es möglich, für den realen Operationsverstärker die im Bild 2.81a dargestellte Ersatzschaltung anzugeben. Beim idealen Operationsverstärker sind $\underline{R}_D$ und $\underline{R}_{Gl}$ unendlich groß, während $\underline{R}_{Aus}$ und $\underline{V}_{Gl}$ als vernachlässigbar klein betrachtet werden können (Bild 2.81b).

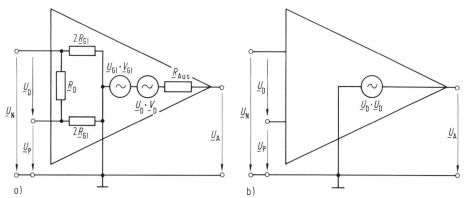

Bild 2.81 Ersatzschaltung des Operationsverstärkers
a) real, b) ideal

Neben den Signaleingangsströmen $\underline{I}_N$ und $\underline{I}_P$ sind für die Einstellung der Arbeitspunkte der Verstärkerbauelemente des Operationsverstärkers konstante Ruheströme I_N und I_P erforderlich. Sie werden im *Eingangsruhestrom* I_B zusammengefaßt; er ist definiert als

$$I_B = \frac{I_N + I_P}{2} \quad \text{für} \quad U_N = U_P = 0. \tag{2.339}$$

Infolge unvermeidlicher Unsymmetrien in der Eingangsstufe des Operationsverstärkers tritt eine Nullabweichung der statischen Ausgangsspannung U_A auf. Die zur Kompensation dieser Nullpunktabweichung erforderliche Verschiebe- oder Nullpunktfehlergröße wird eingangsbezogen als *Offsetspannung* U_{E0} angegeben. Es gilt:

$$U_{E0} = |U_N - U_P| \quad \text{für} \quad U_A = 0. \tag{2.340}$$

Bild 2.82 zeigt die Übertragungskennlinie des Operationsverstärkers. Die Wirkung der Offsetspannung ist daraus unmittelbar abzulesen. U_{Amax} und U_{Amin} bestimmen den maximalen Ausgangsspannungshub.

Die Abhängigkeit der Offsetspannung von der Temperatur, der Zeit (Langzeit) und der Betriebsspannung wird als Drift bezeichnet. Für die *Driftspannung* U_{Dr}

gilt:

$$U_{Dr} = \frac{\partial U_{E0}}{\partial \vartheta} \Delta \vartheta + \frac{\partial U_{E0}}{\partial t} \Delta t + \frac{\partial U_{E0}}{\partial U_B} \Delta U_B. \tag{2.341}$$

Die Beschreibung des Rauschverhaltens erfolgt durch die auf den Eingang des Operationsverstärkers bezogenen *Ersatzrauschquellen* U_r und I_r (s. Abschn. 1.2.6.2). Die Korrelation zwischen beiden kann angesichts der dadurch möglichen Vereinfachungen vernachlässigt werden. Der Effektivwert U_r wird bei eingangsseitigem Kurzschluß ermittelt und der Effektivwert I_r bei eingangsseitigem Leerlauf. Beide Größen werden als auf eine Bandbreite von 1 Hz bezogene Spektraldichte in $V/\sqrt{Hz}$ bzw. $A/\sqrt{Hz}$ angegeben. Da der Operationsverstärker in vielen Applikationen am Eingang bei annäherndem Kurzschluß betrieben wird ($R_D \gg R_Q$), beschränkt man sich oft auf die Angabe der Spektraldichte von U_r. Dies ist vor allem bei Operationsverstärkern mit Feldeffekttransistoren ($R_D \geq 100$ GΩ) gerechtfertigt.

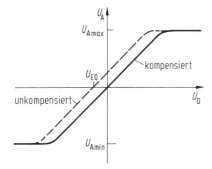

Bild 2.82 Übertragungskennlinie des Operationsverstärkers mit und ohne Kompensation der Nullpunktabweichung (Offset)

Zur Kennzeichnung des dynamischen Verhaltens dienen die Transitfrequenz, die Slew-Rate und die Einstellzeit.

Die *Transitfrequenz* f_T ist die Kleinsignalfrequenz, bei der der Betrag der Differenzverstärkung den Wert Eins annimmt:

$$|\underline{V}_D(f)||_{f=f_T} = 1. \tag{2.342}$$

f_T ist mit dem Verstärkungs-Bandbreiten-Produkt (GBW, gain bandwidth product) identisch.

Unter der *Slew-Rate* S_R ist die maximale Änderungsgeschwindigkeit der Ausgangsspannung zu verstehen. Diese Änderungsgeschwindigkeit wird durch die endlichen internen Operationsverstärkerströme I begrenzt, die parasitären Kapazitäten der Verstärkerstufen und die zur Frequenzgangkorrektur zusätzlich eingeschalteten Kapazitäten C laden. Es gilt daher für die Slew-Rate:

$$S_R = \frac{d u_A(t)}{d t}\bigg|_{max} = \frac{I}{C}. \tag{2.343}$$

Durch die so begrenzte Änderungsgeschwindigkeit können bei schnellen Eingangssignalen starke Verzerrungen der Ausgangsspannung entstehen; man bezeichnet sie als Anstiegsverzerrungen (TIM, Transient Intermodulation).

Bei sinusförmiger Erregung ist die Änderungsgeschwindigkeit im Nulldurchgang am größten:

$$\left.\frac{\mathrm{d}u(t)}{\mathrm{d}t}\right|_{\text{max}} = 2\pi f\hat{U}. \tag{2.344}$$

Um Anstiegsverzerrungen zu vermeiden, muß die durch Gl.(2.344) gegebene Steigung immer unter der Slew-Rate liegen:

$$2\pi f\hat{U}_{\text{A}} \leq S_{\text{R}}. \tag{2.345}$$

Setzt man für $\hat{U}_{\text{A}}$ die maximal mögliche Ausgangsspannung $U_{\text{A max}}$, so folgt für die Frequenz, bei der die Verzerrungen einsetzen,

$$f_{\text{max}} = \frac{S_{\text{R}}}{2\pi\, U_{\text{A max}}}. \tag{2.346}$$

f_{max} wird als Großsignalgrenzfrequenz bezeichnet.

Die *Einstellzeit (Settling-Time)* t_{S} charakterisiert das Einschwingverhalten am Ausgang des Operationsverstärkers nach einer sprungförmigen Erregung (z.B. 1-V-Sprung) am Eingang (Bild 2.83). Der Operationsverstärker wird dabei meist als Spannungsfolger (s. Abschn. 2.3.3.2) betrieben. Die Einstellzeit ist erreicht, wenn die Sprungantwort am Ausgang nur noch um einen bestimmten Prozentsatz (z.B. $\pm 0,1\%$) von ihrem Endwert abweicht.

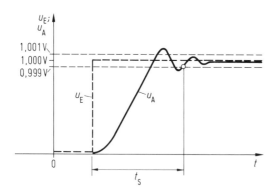

Bild 2.83 0,1%-Einstellzeit des Operationsverstärkers bei 1-V-Sprung am Spannungsfolger

2.3.2 Aufbau von Operationsverstärkern

Der prinzipielle Aufbau eines Operationsverstärkers ist durch die an ihn gestellten Kenndatenforderungen festgelegt und im Bild 2.84 dargestellt.

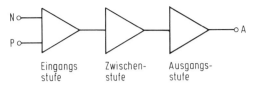

Bild 2.84 Standardaufbau des Operationsverstärkers

Die Eingangsstufe ist ein Differenzverstärker. Sie dient der Realisierung der beiden hochohmigen Eingänge sowie der Gewährleistung einer entsprechenden Verstärkung, eines geringen Rauschens und einer hohen Gleichtaktunterdrückung. Durch den symmetrischen Aufbau werden günstige Offseteigenschaften und eine geringe Drift sichergestellt.

Mit der Zwischenstufe wird meist der Hauptanteil der Verstärkung erbracht und − so nicht bereits in der Eingangsstufe erfolgt − der Übergang von der symmetrischen zur asymmetrischen Signalverarbeitung vorgenommen.

Die Ausgangsstufe soll einen niedrigen Ausgangswiderstand besitzen und einen großen Ausgangsspannungshub ermöglichen. Bei den meisten Operationsverstärkern verwendet man deshalb eine Serien-Gegentaktendstufe. Oft werden Ausgangsstufen mit einem Überlastschutz in Form einer Begrenzung des Ausgangsstromes ausgerüstet. Um ein Ausgangsruhepotential von Null zu realisieren, wird in der Zwischen- oder in der Ausgangsstufe eine entsprechende Potentialverschiebung vorgenommen.

Die genannten Stufen selbst können unterschiedlich aufgebaut sein und dadurch unterschiedliche Eigenschaften des Operationsverstärkers realisiert werden. Dabei sind die Funktionen der Stufen vielfach so eng miteinander verknüpft, daß ein Auflösen der Gesamtschaltung in die einzelnen Stufen nicht immer möglich ist.

2.3.2.1 Operationsverstärker mit Eintaktendstufe (offener Kollektorausgang)

In vielen Anwendungsfällen werden möglichst einfache und wirtschaftliche Operationsverstärker benötigt, bei denen an Differenzverstärkung, Gleichtaktunterdrückung und Ausgangsleistung nur relativ niedrige Anforderungen zu stellen sind. Bild 2.85 zeigt eine Schaltung, die dieser Zielstellung entspricht (typische Vertreter: TAA 861, TAA 865 − Siemens, Philips).

Das Eingangssignal $U_D = U_N - U_P$ gelangt über die Widerstände R_1 und R_2 an den Differenzverstärker (T1/T2) der Eingangsstufe. R_1 und R_2 verhindern im Zusammenwirken mit den Dioden D1 und D2 eine Übersteuerung und eine damit verbundene Überlastung der Schaltung. Der Differenzverstärker ist emitterseitig mit einer Stromquelle (T3/T4) ausgerüstet.

Mit den Transistoren T5 und T6 der Zwischenstufe wird der Übergang von symmetrischer zu asymmetrischer Signalverarbeitung vorgenommen. T5 arbeitet als Emitterfolger und steuert T6 basisseitig. Gleichzeitig wird T6 aber auch am Emitter gesteuert, so daß am Kollektor das Differenzsignal in asymmetrischer Form zur Verfügung steht. Da dabei T 6 zwangsläufig ein pnp-Transistor sein muß, erzeugt die Kombination T 5/T 6 auch die erforderliche Potentialverschiebung.

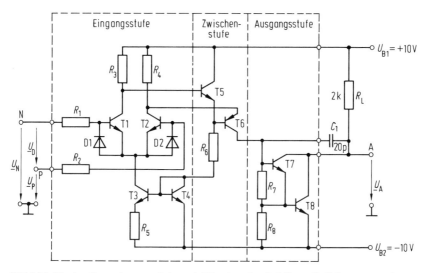

Bild 2.85 Bipolar-Operationsverstärker mit Eintaktendstufe (offener Kollektorausgang)

Als Ausgangsstufe kommt eine Standard-Darlington-Anordnung in Emitterschaltung zum Einsatz. Der Kollektorwiderstand dieser Stufe wird als Lastwiderstand R_L extern angeschaltet. Durch eine Rückführung vom Ausgang A über den Kondensator C_1 auf die Basis des Transistors T 7 erfolgt eine Stabilisierung der Schaltung gegen Schwingneigung (Frequenzgangkompensation, s. Abschn. 2.3.3.4). Der offene Kollektorausgang ermöglicht das ausgangsseitige Parallelschalten mehrerer Operationsverstärker, die dann auf einen gemeinsamen Lastwiderstand R_L arbeiten.

Für Schaltkreise dieser Art sind Differenzverstärkungen von $-\underline{V}_D = 10\,000 \cong 80$ dB und Gleichtaktunterdrückungen von $G = 5000 \cong 74$ dB typisch; die Offsetspannungen liegen bei $U_{E0} \leq 10$ mV.

2.3.2.2 Operationsverstärker mit Gegentaktendstufe

Eine spürbare Erhöhung der Differenzverstärkung und Gleichtaktunterdrückung sowie eine universellere Einsetzbarkeit im Zusammenhang mit der Anschaltung des Lastwiderstandes kann mit der Schaltung nach Bild 2.86 erreicht werden (typische Vertreter: µA 741 — Fairchild, Texas Instruments; TBA 221 — Siemens, Philips).

Die Gesamtschaltung kann in zwei Teilschaltungen untergliedert werden: die Eingangsstufe und die Ausgangsstufe.

Von der Eingangsstufe werden die Funktionen des Eingangsdifferenzverstärkers und des Zwischenverstärkers übernommen; ihre Verstärkung beträgt etwa 400.

Das Differenzsignal $\underline{U}_D$ wird den beiden npn-Transistoren T1 und T2 zugeführt. Diese steuern die pnp-Lateraltransistoren T3 und T4. Die Summe der Basisströme von T3 und T4 wird durch Stromquellen konstant gehalten. Das bedeutet, daß auch die Summe der Emitterströme von T3 und T4 bzw. T1 und T2 konstant ist und damit das Hauptmerkmal einer Differenzverstärkerstufe vorhanden ist [2.7]. Dieser Differenzverstärker arbeitet auf den Stromspiegel T5/T6, so daß am Ausgang A^I ein asymmetrisches Signal bei voller Ausnutzung der symmetrischen Differenzverstärkung zur Verfügung steht (Übergang von symmetrischer zu asymmetrischer Signalverarbeitung). Durch geeignete Wahl der Emitter-Kollektor-Spannung der Transistoren T5 und T6 kann das Ausgangspotential so verschoben werden, daß damit unmittelbar die Ansteuerung der Ausgangsstufe möglich wird (Potentialverschiebung).

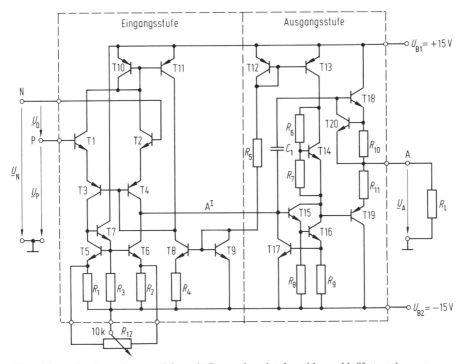

Bild 2.86 Bipolar-Operationsverstärker mit Gegentaktendstufe und kurzschlußfestem Ausgang

Der erforderliche Konstantstrom für die Basen von T3 und T4 wird aus der Differenz der Ströme der Quellen T8/T9 und T10/T11 gewonnen und dadurch das Drift- und Gleichtaktverhalten verbessert (Stromgegenkopplung). Die Ruheströme der beiden Eingangstransistoren T1 und T2 liegen bei je 10 µA. Als Stromspiegel wirken die Bauelemente T5, T6, T7, R_1, R_2 und R_3. Durch das Einfügen des

Transistors T7 wird der Symmetriefehler des Stromspiegels reduziert (s. Abschn. 2.2.2.2). Durch die Widerstände R_1 und R_2 wird es im Zusammenwirken mit einem extern anzuschließenden Potentiometer R_{12} möglich, verbleibende Unsymmetrien der Eingangsstufe zu kompensieren und damit die Offsetspannung zu minimieren.

Die Ausgangsstufe dient der Bereitstellung einer entsprechend hohen Ausgangsleistung. Außerdem wird eine Ausgangsstrombegrenzung vorgenommen und der Frequenzgang kompensiert. Die wesentlichsten Bestandteile der Ausgangsstufe sind ein Treiber mit den Darlington-Transistoren T15/T16 und eine Serien-Gegentaktschaltung mit den komplementären Transistoren T18/T19. Die Verstärkung der Ausgangsstufe liegt bei 450.

Die Darlington-Transistoren des Treibers arbeiten in Emitterschaltung und sind durch R_9 schwach serien-serien-gegengekoppelt. Als Kollektorwiderstand des Treibers wirkt die Stromquelle T12/T13. Zur Linearisierung der Übertragungskennlinie der Gegentaktschaltung wird zwischen den Basen der Endstufentransistoren T18/ T19 eine Potentialverschiebung vorgenommen. Dies geschieht mit einem U_{F0}-Vervielfacher (T14, R_6, R_7). Seine Widerstände R_6 und R_7 sind so gewählt, daß sich mit Gl.(2.13) eine Verschiebespannung von etwa 2,5 U_{F0} ergibt und dabei der Ruhestrom der Gegentakttransistoren T18/T19 etwa 60 µA beträgt. Zur Stabilisierung dieses Stromes dienen kleine Emitterwiderstände (R_{10}, R_{11}). Der pnp-Transistor T19 ist als Lateraltransistor realisiert.

Zur Begrenzung des Ausgangsstromes (kurzschlußfester Ausgang) dienen die Transistoren T17 und T20. Überschreitet der positive Ausgangsstrom seinen vorgegebenen Maximalwert, so wird T20 bei $U_{BE} = U_{F0}$ leitend und verbindet die Basis von T18 mit dem Ausgang. Der positive Ausgangsstrom wird dadurch bei entsprechender Bemessung von R_{10} auf etwa 20 mA limitiert. Die Begrenzung des negativen maximalen Ausgangsstromes muß infolge der geringen Stromverstärkung des Lateraltransistors T19 bereits am Eingang des Treibers erfolgen. Beim Überschreiten eines bestimmten Emitterstromes von T16 wird T17 bei $U_{BE} = U_{F0}$ leitend und verbindet die Basis von T15 mit der negativen Betriebsspannung U_{B2}. Der Widerstand R_9 ist so dimensioniert, daß der negative Ausgangsstrom auf diese Weise wieder auf etwa 20 mA begrenzt wird.

Der Ruhestrom des gesamten Operationsverstärkers wird maßgeblich durch den über R_5 festgelegten Referenzstrom für die Quellen T8/T9 und T12/T13 bestimmt.

Zur Stabilisierung der Schaltung gegenüber Schwingneigung ist der Treiber T15/ T16 mit $C_1 = 30$ pF parallel-parallel-gegengekoppelt (Frequenzgangkompensation, s. Abschn. 2.3.3.4). C_1 ist als MOS-Kondensator mit integriert. Eine zusätzliche externe Beschaltung zur dynamischen Stabilisierung ist nicht erforderlich. Dies ist für viele Applikationen vorteilhaft, bringt aber auch oft unnötige Einschränkungen bezüglich der Bandbreite. Es werden deshalb auch Varianten dieses Schaltkreises ohne den Kondensator C_1 hergestellt (z.B. µA 748). Hier muß dann extern kompensiert werden, wobei diese Kompensation dem speziellen Anwendungsfall optimal angepaßt werden kann.

Typisch für den Schaltkreis sind Differenzverstärkungen von $200\,000 \cong 106$ dB, Gleichtaktunterdrückungen von $32\,000 \cong 90$ dB, Offsetwerte von 1 mV und Ausgangswiderstände von 75 Ω.

2.3.2.3 Operationsverstärker mit Feldeffekttransistoren

Bei Operationsverstärkern mit Feldeffekttransistoren können drei Gruppen unterschieden werden: BIFET-Operationsverstärker, BIMOS-Operationsverstärker und MOS-Operationsverstärker.

BIFET-Operationsverstärker enthalten Bipolartransistoren und Sperrschicht-Feldeffekttransistoren. Die SFETs werden in der Eingangsstufe eingesetzt. Sie gewährleisten einen hohen statischen Eingangswiderstand und lassen sich in der Standard-Bipolartechnologie ohne zusätzlichen Aufwand realisieren. Bild 2.87 zeigt eine entsprechende Schaltung (typische Vertreter: TL 080 — Texas Instruments; CA 080 — Harris) [2.17].

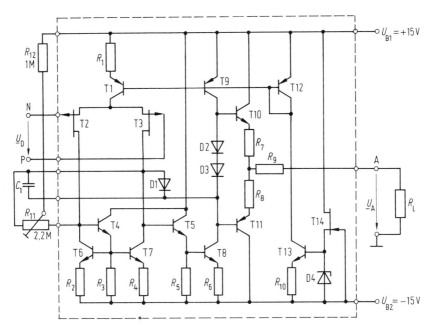

Bild 2.87 BIFET-Operationsverstärker

Als Eingangsstufe wirkt der Differenzverstärker mit den p-Kanal-SFETs T2/T3 und der sourceseitigen Stromquelle T1/T12. Er arbeitet auf eine aktive Last in Form der Stromspiegelschaltung T4/T6/T7 (Übergang von symmetrischer zu asymmetrischer Signalverarbeitung). Es schließen sich der Emitterfolger T5 und der auf die Stromquelle T9/T12 arbeitende Treiber T8 an. Der Treiber steuert eine Serien-Gegentaktschaltung mit den komplementären Transistoren T10/T11. Der Ausgang ist kurzschlußfest. Die Elemente T13, T14 und D4 dienen der Erzeugung des Referenzstromes für die o.g. Stromquellen T1/T12 und T9/T12.

Durch den Anschluß eines externen Potentiometers R_{11} ist es möglich, einen Offsetabgleich vorzunehmen.

Mit der externen Kapazität C_1 erfolgt eine Frequenzgangkorrektur. C_1 kann auch als MOS-Kapazität (18 pF) mit integriert werden (z.B. TL 081).

Die Differenzverstärkung liegt bei $50\,000 \cong 94$ dB, die Gleichtaktunterdrückung bei $16\,000 \cong 84$ dB und die Offsetspannung bei 5 mV. Hervorhebenswert sind der hohe Differenzeingangswiderstand von $10^{12}\ \Omega$ und die große Slew-Rate von 12 V/µs.

BIMOS-Operationsverstärker sind mit Bipolartransistoren und MOS-Feldeffekttransistoren aufgebaut. Die Eingangsstufen sind mit MOSFETs ausgerüstet. In den hochverstärkenden Zwischenstufen kommen Bipolartransistoren zum Einsatz. Die Serien-Gegentaktendstufen werden mit komplementären Bipolar- und MOS-Transistoren realisiert. Die erzielbaren Parameter sind denen der BIFET-Operationsverstärker ähnlich (typische Vertreter: CA 3130, CA 3140, CA 3160 – Harris) [2.18, 2.19].

MOS-Operationsverstärker sind meist Bestandteil komplexer VLSI-Strukturen und werden ausschließlich mit MOS-Feldeffekttransistoren realisiert. Man unterscheidet zwischen solchen in NMOS- und solchen in CMOS-Technik [2.5].

Bild 2.88 zeigt ein Beispiel eines *NMOS-Operationsverstärkers* mit Enhancement- und Depletiontransistoren [2.20]. Die Depletiontransistoren werden hauptsächlich als Lasttransistoren eingesetzt. In der Schaltung sind die drei Funktionsgruppen Eingangsstufe, Zwischenstufe und Ausgangsstufe deutlich voneinander zu unterscheiden.

Die Eingangsstufe besteht aus dem Differenzverstärker T2/T3/T4/T5 mit der zugehörigen Stromquelle T1/T12/T13/T14 sowie der phasenaddierenden Schaltung mit

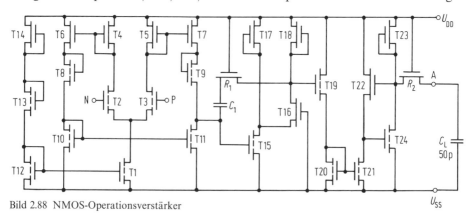

Bild 2.88 NMOS-Operationsverstärker

T6 bis T11. Durch letztere werden der Übergang zur asymmetrischen Signalverarbeitung sowie die notwendige Potentialverschiebung verwirklicht. Die Verstärkung
der Eingangsstufe beträgt etwa 15.

Die anschließende Zwischenstufe wird durch die Kaskodeschaltung T15/T16/T18
mit zusätzlicher Konstantstromspeisung über T17 auf T15 realisiert. Durch die
Stromeinspeisung wird eine deutliche Erhöhung der Steilheit von T15 und damit
eine Vergrößerung der Verstärkung der Zwischenstufe erreicht; sie beträgt etwa 100.

Die Ausgangsstufe besteht aus der Sourceschaltung T24 mit der aktiven Last T23
und der zugehörigen Ansteuerschaltung in Form des Sourcefolgers T19 mit Strom-
spiegellast T20/21. Zur Reduzierung des Ausgangswiderstandes der Endstufe ist
diese mit einer Gegenkopplung (T22) ausgestattet. Die Verstärkung der Ausgangsstufe liegt bei 1,3.

Zur Stabilisierung der Schaltung gegen Schwingneigung ist eine interne Frequenzgangkompensation vorhanden. Sie besteht aus der Gegenkopplung der Zwischenstufe mit Hilfe von C_1 und R_1.

Mit dem beschriebenen Operationsverstärker sind u.a. folgende Parameter er-
zielbar: $-V_D = 2000 \triangleq 66$ dB, $G = 3200 \triangleq 70$ dB, $R_D = 10^{13}$ Ω, $R_{Aus} = 2$ kΩ und
$U_{E0} = 12$ mV.

Besonders vorteilhafte und einfache Schaltungsstrukturen ergeben sich für *CMOS-
Operationsverstärker*. Es werden n- und p-Kanal-Enhancementtransistoren eingesetzt. Die dabei erreichbaren Stufenverstärkungen betragen 100 und mehr, so daß
meist zweistufige Anordnungen ausreichen. Bild 2.89 zeigt ein dafür charakteristisches Beispiel [2.5, 2.12].

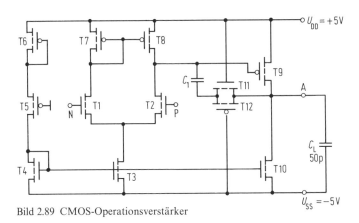

Bild 2.89 CMOS-Operationsverstärker

Die Eingangsstufe besteht aus dem Differenzverstärker T1/T2 mit der Stromquelle
T3 bis T6. T1 und T2 arbeiten auf den Stromspiegel T7/T8, wodurch sich ein
einfacher Übergang zur asymmetrischen Signalverarbeitung ergibt.

Die Ausgangsstufe wird durch den in Sourceschaltung betriebenen Transistor T9 gebildet, der auf die Stromquelle T10/T4 arbeitet. Zur Frequenzgangkorrektur dienen die Elemente C_1, T11 und T12; letztere wirken als Widerstand.

Folgende Parameter sind für die Schaltung typisch: $-V_D = 45000 \hat{=} 93$ dB, $G = 16000 \hat{=} 84$ dB, $R_D = 10^{13}$ Ω, $U_{E0} = 10$ mV und $S_R = 2,5$ V/μs. Die Schaltung eignet sich hauptsächlich zum Treiben kleiner kapazitiver Lasten ($C_L = 5 \ldots 50$ pF). Bei ohmschen Belastungen am Ausgang ist es zweckmäßig, die Ausgangsstufe als Gegentaktschaltung aufzubauen. CMOS-Operationsverstärker gewinnen zunehmend an Bedeutung. Sie werden auch als Einzelschaltkreise hergestellt (z.B. TLC 251, TLC 271 — Texas Instruments) [2.21].

2.3.2.4 Vergleich der Kennwerte idealer und realer Operationsverstärker

In Tabelle 2.1 sind typische Kennwerte realer Operationsverstärker denen eines idealen Operationsverstärkers gegenübergestellt. Man kann daraus erkennen, daß die Kennwerte der realen Schaltkreise denen einer idealen Struktur in den meisten Fällen recht nahe kommen. Dies wird besonders deutlich, wenn man bedenkt, daß der Operationsverstärker stets in Gegenkopplungsschaltungen betrieben wird und dadurch einige Parameter des realen Verstärkers weiter „idealisiert" werden (z.B. der Ausgangswiderstand, s. Abschn. 2.3.3.1 und 2.3.3.2). Die Wirkung der Nullpunktfehlergrößen kann weitgehend kompensiert werden (s. Abschn. 2.3.3.3).

Tabelle 2.1 Vergleich der Kennwerte idealer und realer Operationsverstärker

Kennwerte	Idealer OV	Realer Bipolar-OV	Realer BIFET-OV	Realer CMOS-OV
Differenzverstärkung V_D	∞	200000	50000	50000
Gleichtaktunterdrückung G	∞	32000	16000	16000
Differenzeingangswiderstand R_D	∞	1 MΩ	$>$ 100 GΩ	$>$ 100 GΩ
Ausgangswiderstand R_{Aus}	0	100 Ω		3 kΩ
Eingangsruhestrom I_B	0	300 nA	30 pA	1 pA
Offsetspannung U_{E0}	0	1 mV	5 mV	10 mV
TK der Offsetspannung $\Delta U_{E0}/\Delta \vartheta$	0	3 μV/K	10 μV/K	10 μV/K
Rauschspannung U_r (bei $f = 10$ kHz)	0	30 nV/$\sqrt{\text{Hz}}$	30 nV/$\sqrt{\text{Hz}}$	200 nV/$\sqrt{\text{Hz}}$
Transitfrequenz f_T	∞	1 MHz	3 MHz	1 MHz
Slew-Rate S_R	∞	0,5 V/μs	12 V/μs	3 V/μs
0,1%-Einstellzeit t_S	0	10 μs		5 μs

Spürbare Einschränkungen ergeben sich beim dynamischen Verhalten. Die erreichten Transitfrequenzen, Anstiegsgeschwindigkeiten und Einstellzeiten sind nicht immer befriedigend. Optimierungen sind im Zusammenhang mit einer Frequenzgangkompensation (s. Abschn. 2.3.3.4) möglich. Unbefriedigend ist auch das relativ hohe Rauschen.

Im Zusammenhang mit diesen Einschränkungen muß jedoch angemerkt werden, daß es sich hier um Standard-Operationsverstärker, d.h., universell einsetzbare

Schaltkreise handelt. Neben diesen Universaltypen gibt es ein breites Spektrum von Operationsverstärkern für spezielle Einsatzbereiche, bei denen sich bestimmte Kennwerte weiter verbessern lassen. Dazu zählen u. a. [2.19]:

- Präzisions-Operationsverstärker. Sie haben eine hohe Differenzverstärkung $|V_D| > 10^7$, eine niedrige Offsetspannung $U_{E0} < 30\ \mu V$ mit geringer Temperaturabhängigkeit $\Delta U_{E0}/\Delta \vartheta < 0,5\ \mu V/K$ und eine sehr kleine Rauschspannung $U_r < 3\ nV/\sqrt{Hz}$ (typische Vertreter: LT 1028 − Texas Instruments, Linear Technology; TLE 2027, TLE 2037 − Texas Instruments) [2.22].
- Operationsverstärker mit hoher Bandbreite. Charakteristische Parameter sind: $f_T > 100\ MHz$ bzw. $S_R > 100\ V/\mu s$. Die Differenzverstärkung ist mit $|V_D| < 10^3$ relativ gering (typische Vertreter: NE/SE 5539 − Philips; AD 9617, AD 9618 − Analog Devices) [2.23].
- Operationsverstärker mit niedrigem Leistungsbedarf. Sie arbeiten bereits bei Betriebsspannungen von $\pm 0,5\ V$ bzw. $\pm 1\ V$ und benötigen dazu Betriebsströme im Bereich von 10 bis 100 μA (typische Verteter: ICL 7611, ICL 7612 − Harris; NE 5230 − Philips) [2.24].

Es werden auch zahlreiche Mehrfach-Operationsverstärker angeboten. Bevorzugt handelt es sich dabei um zwei oder vier gleichartige Operationsverstärker in einem Gehäuse.

2.3.3 Betriebsverhalten von Operationsverstärkern

Das Betriebsverhalten des Operationsverstärkers wird durch seine äußere Beschaltung bestimmt. Das Grundprinzip dieser Beschaltung besteht in der Gegenkopplung des Verstärkers. Die Gegenkopplung kann aufgrund der hohen Differenzverstärkung $\underline{V}_D$ so gewählt werden, daß das Gesamtverhalten der Schaltung nur noch von den Elementen des Gegenkopplungsnetzwerkes abhängig ist. Von den verschiedenen Möglichkeiten der Gestaltung der Gegenkopplung sind zwei von besonderer Bedeutung; es sind dies der invertierende Operationsverstärker und der nichtinvertierende Operationsverstärker.

Weitere Konsequenzen für die äußere Beschaltung ergeben sich aus Maßnahmen zur Kompensation der Nullpunktfehlergrößen und des Frequenzganges sowie aufgrund gelegentlich vorzusehender Schaltelemente zum Schutz vor eingangs- und ausgangsseitiger Überlastung.

2.3.3.1 Invertierender Operationsverstärker

Die Grundschaltung eines invertierenden Operationsverstärkers mit Gegenkopplung ist im Bild 2.90 dargestellt.

Bei Verwendung der Kennwerte des idealen Operationsverstärkers ($-\underline{V}_D = \infty$; $\underline{V}_{GI} = 0$; $\underline{R}_D = \infty$; $\underline{R}_{GI} = \infty$ und $\underline{R}_{Aus} = 0$) gilt:

$$\underline{I}_N = \underline{I}_1' + \underline{I}_{RN} = 0 \tag{2.347}$$

und $\quad \underline{U}_\mathrm{D} = \dfrac{\underline{U}_2'}{\underline{V}_\mathrm{D}} = 0.$ $\hfill$ (2.348)

Daraus folgt für die Spannungsverstärkung

$$\underline{V}_\mathrm{U}' = \frac{\underline{U}_2'}{\underline{U}_1'} = -\frac{R_\mathrm{N}}{R_1}. \hfill (2.349)$$

$\underline{V}_\mathrm{U}'$ wird nur von den Gegenkopplungswiderständen bestimmt. Das negative Vorzeichen bringt die Phasenumkehr zwischen $\underline{U}_2'$ und $\underline{U}_1'$ zum Ausdruck, und man bezeichnet den invertierenden Operationsverstärker auch als Umkehrverstärker.

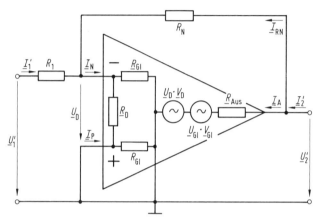

Bild 2.90 Grundschaltung des invertierenden Operationsverstärkers mit Gegenkopplung

Für die Eingangs- und Ausgangswiderstände gilt:

$$\underline{R}_\mathrm{Ein}' = \frac{\underline{U}_1'}{\underline{I}_1'} = R_1, \hfill (2.350)$$

$$\underline{R}_\mathrm{Aus}' = \frac{\underline{U}_2'}{\underline{I}_2'} = 0. \hfill (2.351)$$

Der Eingangswiderstand wird durch R_1 bestimmt. Das kann insbesondere bei großen $\underline{V}_\mathrm{U}'$-Werten dazu führen, daß $\underline{R}_\mathrm{Ein}'$ recht niederohmig wird.

Die Fehler, die durch die Verwendung der Kennwerte des idealen Operationsverstärkers gemacht werden, sind im allgemeinen vernachlässigbar klein. Dies kann überprüft werden, indem man jeweils einen oder auch mehrere Kennwerte real annimmt und die verbleibenden ideal beläßt.

Soll beispielsweise der Einfluß der endlichen Differenzverstärkung $\underline{V}_\mathrm{D}$ auf $\underline{V}_\mathrm{U}'$ ermittelt werden, so ist nicht $\underline{U}_\mathrm{D} = 0$, sondern $\underline{U}_\mathrm{D} = \underline{U}_2'/\underline{V}_\mathrm{D}$ zu setzen. Mit $\underline{I}_1' = -\underline{I}_\mathrm{RN}$ gilt dann

$$\frac{\underline{U}_1' - \underline{U}_\mathrm{D}}{R_1} = -\frac{\underline{U}_2' - \underline{U}_\mathrm{D}}{R_\mathrm{N}}, \hfill (2.352)$$

und man erhält für die Spannungsverstärkung

$$\underline{V}'_U = -\frac{R_N}{R_1}\frac{\underline{V}_D}{\underline{V}_D - \left(1 + \frac{R_N}{R_1}\right)}. \tag{2.353}$$

Aus dem Vergleich dieser Gleichung mit der allgemeingültigen Beziehung für den rückgekoppelten Verstärker – Gl.(1.141) – folgt für den Rückkopplungsfaktor

$$\underline{K} = \frac{R_1}{R_1 + R_N} \tag{2.354}$$

und für die Übersetzungsverhältnisse

$$\underline{\ddot{U}}_1 = \frac{R_N}{R_1 + R_N} \quad \text{und} \quad \underline{\ddot{U}}_2 = 1. \tag{2.355}$$

Für den relativen Fehler, der bei Benutzung der Gl.(2.349) anstelle der Gl.(2.353) entsteht, gilt:

$$\frac{\Delta \underline{V}'_U}{\underline{V}'_U} = -\frac{1}{\underline{V}_D}\left(1 + \frac{R_N}{R_1}\right). \tag{2.356}$$

Mit $\underline{V}_D = -10^4$ und $R_N/R_1 = 10^2$ beträgt der Fehler $+1\%$.

Bei der Analyse des Eingangswiderstandes ist es von Interesse, den Einfluß der Kennwerte $\underline{V}_D$, $\underline{R}_D$ und $\underline{R}_{GI}$ des realen Operationsverstärkers zu prüfen. Durch $\underline{R}_D$ und $\underline{R}_{GI}$ wird unmittelbar am Operationsverstärker ein Eingangswiderstand $\underline{R}_D \parallel 2\underline{R}_{GI}$ wirksam. Für den Eingangswiderstand der Gesamtschaltung gilt dann:

$$\underline{R}'_{Ein} = R_1 + \left(\underline{R}_D \parallel 2\underline{R}_{GI} \parallel \frac{\underline{U}_D}{-\underline{I}_{RN}}\right). \tag{2.357}$$

Mit $\underline{I}_{RN} = (\underline{U}'_2 - \underline{U}_D)/R_N$ und $\underline{U}'_2 = \underline{U}_D\underline{V}_D$ folgt

$$\underline{R}'_{Ein} = R_1 + \frac{1}{\dfrac{1 - \underline{V}_D}{R_N} + \dfrac{1}{\underline{R}_D} + \dfrac{1}{2\underline{R}_{GI}}}. \tag{2.358}$$

Für den relativen Fehler, der demgegenüber bei Benutzung der Gl.(2.350) entsteht, erhält man

$$\frac{\Delta \underline{R}'_{Ein}}{\underline{R}'_{Ein}} = -\frac{1}{1 + \dfrac{R_1}{R_N}(1 - \underline{V}_D) + R_1\left(\dfrac{1}{\underline{R}_D} + \dfrac{1}{2\underline{R}_{GI}}\right)}. \tag{2.359}$$

Mit $\underline{V}_D = -10^4$; $R_N/R_1 = 10^2$; $R_1 = 1\,\text{k}\Omega$; $\underline{R}_D = 0{,}2\,\text{M}\Omega$ und $\underline{R}_{GI} = 30\,\text{M}\Omega$ beträgt der Fehler -1%.

Bei der Untersuchung des Ausgangswiderstandes $\underline{R}'_{\text{Aus}}$ sollen für $\underline{V}_{\text{D}}$ und $\underline{R}_{\text{Aus}}$ Kennwerte eines realen Operationsverstärkers Berücksichtigung finden. R'_{Aus} kann aus dem Quotienten von $\underline{U}'_2$ und $\underline{I}'_2$ berechnet werden. Für $\underline{I}'_2$ gilt bei $\underline{U}'_1 = 0$:

$$\underline{I}'_2 = \underline{I}_{\text{RN}} + \underline{I}_{\text{A}} = \frac{\underline{U}'_2}{R_1 + R_{\text{N}}} + \frac{\underline{U}'_2 - \underline{U}_{\text{D}}\,\underline{V}_{\text{D}}}{\underline{R}_{\text{Aus}}}. \tag{2.360}$$

Mit $\quad \underline{U}_{\text{D}} = \underline{U}'_2 \dfrac{R_1}{R_1 + R_{\text{N}}} = \underline{U}'_2 \dfrac{1}{1 - \underline{V}'_{\text{U}}} \tag{2.361}$

folgt $\quad \underline{I}'_2 = \underline{U}'_2 \left[\dfrac{1 - \underline{V}'_{\text{U}} - \underline{V}_{\text{D}}}{\underline{R}_{\text{Aus}}(1 - \underline{V}'_{\text{U}})} + \dfrac{1}{R_1 + R_{\text{N}}} \right]. \tag{2.362}$

Damit erhält man

$$\underline{R}'_{\text{Aus}} = \frac{\underline{R}_{\text{Aus}}}{1 - \dfrac{\underline{V}_{\text{D}}}{1 - \underline{V}'_{\text{U}}}} \, \Big\| (R_1 + R_{\text{N}}). \tag{2.363}$$

Da in den meisten Fällen $|\underline{V}_{\text{D}}| \gg |\underline{V}'_{\text{U}}| \gg 1$ und $|\underline{R}_{\text{Aus}}(\underline{V}'_{\text{U}}/\underline{V}_{\text{D}})| \ll (R_1 + R_{\text{N}})$ ist, gilt in guter Näherung:

$$\underline{R}'_{\text{Aus}} \approx \underline{R}_{\text{Aus}} \frac{\underline{V}'_{\text{U}}}{\underline{V}_{\text{D}}}. \tag{2.364}$$

Mit $\underline{V}_{\text{D}} = -10^4$; $\underline{V}'_{\text{U}} = -10^2$ und $\underline{R}_{\text{Aus}} = 100\ \Omega$ wird $\underline{R}'_{\text{Aus}} = 1\ \Omega$.

2.3.3.2 Nichtinvertierender Operationsverstärker

Bild 2.91 zeigt die Grundschaltung eines nichtinvertierenden Operationsverstärkers mit Gegenkopplung. Geht man vom idealen Operationsverstärker aus ($-\underline{V}_{\text{D}} = \infty$; $\underline{V}_{\text{GI}} = 0$; $\underline{R}_{\text{D}} = \infty$; $\underline{R}_{\text{GI}} = \infty$ und $\underline{R}_{\text{Aus}} = 0$), so kann $\underline{U}_{\text{D}}$, $\underline{I}_{\text{N}}$ und $\underline{I}_{\text{P}}$ wieder gleich Null gesetzt werden.

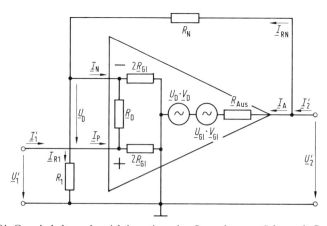

Bild 2.91 Grundschaltung des nichtinvestierenden Operationsverstärkers mit Gegenkopplung

Man erhält dann für die Spannungsverstärkung

$$\underline{V}'_U = \frac{U'_2}{U'_1} = 1 + \frac{R_N}{R_1}.$$ (2.365)

Im Gegensatz zum Umkehrverstärker ist die Verstärkung positiv, d.h., Eingangs- und Ausgangsspannung sind in Phase.

Für die Eingangs- und Ausgangswiderstände gilt:

$$\underline{R}'_{Ein} = \frac{U'_1}{I'_1} = \frac{U'_1}{I_P} = \infty,$$ (2.366)

$$\underline{R}'_{Aus} = \frac{U'_2}{I'_2} = 0.$$ (2.367)

Aufgrund des hochohmigen Eingangswiderstandes bezeichnet man den nichtinvertierenden Operationsverstärker auch als Elektrometerverstärker.

Berücksichtigt man bei der Berechnung von $\underline{V}'_U$ eine endliche Differenzverstärkung $\underline{V}_D$, so erhält man

$$\underline{V}'_U = \left(1 + \frac{R_N}{R_1}\right) \frac{\underline{V}_D}{\underline{V}_D - \left(1 + \frac{R_N}{R_1}\right)}.$$ (2.368)

Vergleicht man diese Gleichung mit der allgemeingültigen Beziehung für den rückgekoppelten Verstärker — Gl.(1.141) —, so folgt für den Rückkopplungsfaktor

$$\underline{K} = \frac{R_1}{R_1 + R_N}$$ (2.369)

und für die Übersetzungsverhältnisse

$$\ddot{U}_1 = -1 \quad \text{und} \quad \ddot{U}_2 = 1.$$ (2.370)

Der relative Fehler, der bei Annahme einer unendlich großen Differenzverstärkung entsteht, kann aus den Gln.(2.365) und (2.368) berechnet werden. Man erhält dasselbe Ergebnis wie beim invertierenden Verstärker:

$$\frac{\Delta \underline{V}'_U}{\underline{V}'_U} = -\frac{1}{\underline{V}_D}\left(1 + \frac{R_N}{R_1}\right).$$ (2.371)

Für den Eingangswiderstand $\underline{R}'_{Ein} = U'_1/I_P$ ist es interessant, den Einfluß von $\underline{V}_D$, $\underline{R}_D$ und $\underline{R}_{Gl}$ zu kennen. Es gilt:

$$\underline{I}_P = \frac{U'_1}{2\underline{R}_{Gl}} - \frac{U_D}{\underline{R}_D}.$$ (2.372)

Mit $\underline{U}_D = \underline{U}'_2/\underline{V}_D = U'_1(\underline{V}'_U/\underline{V}_D)$ folgt

$$\underline{I}_P = U'_1\left(\frac{1}{2\underline{R}_{Gl}} - \frac{\underline{V}'_U}{\underline{V}_D \underline{R}_D}\right),$$ (2.373)

und man erhält

$$R'_{\text{Ein}} = R_D \left. \frac{-V_D}{V'_U} \right\| 2 R_{\text{Gl}}. \tag{2.374}$$

Setzt man beispielsweise $R_D = 0{,}2$ MΩ; $V_D = -10^4$; $V'_U = 10^2$ und $R_{\text{Gl}} = 30$ MΩ, so wird $R'_{\text{Ein}} = 15$ MΩ.

Beim Ausgangswiderstand $R'_{\text{Aus}} = U'_2/I'_2$ ist es wesentlich, den Einfluß von V_D und R_{Aus} zu ermitteln. Für I'_2 erhält man unter der Bedingung $U'_1 = 0$

$$I'_2 = I_A + I_{RN} = \frac{U'_2 - U_D V_D}{R_{\text{Aus}}} + \frac{U'_2}{R_1 + R_N}. \tag{2.375}$$

Mit $U_D = U'_2 R_1/(R_1 + R_N) = U'_2/V'_U$ folgt

$$I'_2 = U'_2 \left(\frac{V'_U - V_D}{V'_U R_{\text{Aus}}} + \frac{1}{R_1 + R_N} \right), \tag{2.376}$$

und man erhält

$$R'_{\text{Aus}} = \left. \frac{R_{\text{Aus}}}{1 - \dfrac{V_D}{V'_U}} \right\| (R_1 + R_N). \tag{2.377}$$

Mit $|V_D| \gg |V'_U|$ und $|R_{\text{Aus}}(V'_U/V_D)| \ll (R_1 + R_N)$ folgt in guter Näherung

$$R'_{\text{Aus}} \approx R_{\text{Aus}} \frac{V'_U}{-V_D}. \tag{2.378}$$

Das Ergebnis entspricht dem für den invertierenden Verstärker.

Ein Sonderfall des nichtinvertierenden Operationsverstärkers mit Gegenkopplung ist der sogenannte *Spannungsfolger* (Bild 2.92). Bei ihm ist $R_N = 0$ und $R_1 = \infty$, und man erhält mit Gl.(2.365) eine Spannungsverstärkung von 1.

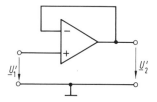

Bild 2.92 Operationsverstärker als Spannungsfolger

2.3.3.3 Kompensation der Eingangsfehlergrößen

In Verbindung mit der Einstellung der Arbeitspunkte des realen Operationsverstärkers fließen an seinen Eingängen die statischen Ströme I_N und I_P. Sie verursachen an den dort angeordneten Widerständen Spannungsabfälle, deren Differenz eine unerwünschte Aussteuerung des Operationsverstärkers zur Folge hat. Es ist daher notwendig, diese Spannungsabfälle zu kompensieren. Bild 2.93 zeigt entsprechende schaltungstechnische Möglichkeiten. Als Kompensationselement wirkt der Widerstand R_P.

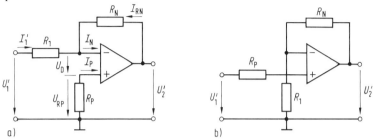

Bild 2.93 Kompensation der Ruheströme
a) invertierender Operationsverstärker, b) nichtinvertierender Operationsverstärker

Für den invertierenden Verstärker gilt mit $I_\mathrm{N}=I_\mathrm{P}=I_\mathrm{B}$, $U_\mathrm{D}=0$ und $U_\mathrm{RP}=-I_\mathrm{B}\,R_\mathrm{P}$:

$$\frac{U_1'+I_\mathrm{B}\,R_\mathrm{P}}{R_1}+\frac{U_2'+I_\mathrm{B}\,R_\mathrm{P}}{R_\mathrm{N}}-I_\mathrm{B}=0. \tag{2.379}$$

Durch Eliminieren von U_2' erhält man

$$U_2'=-\frac{R_\mathrm{N}}{R_1}\,U_1'+R_\mathrm{N}\,I_\mathrm{B}-R_\mathrm{P}\,I_\mathrm{B}\left(\frac{R_\mathrm{N}}{R_1}+1\right). \tag{2.380}$$

Der erste Term der Gl.(2.380) entspricht der Ausgangsspannung des idealen invertierenden Operationsverstärkers; der zweite und dritte Term wird durch die Ruheströme verursacht. Soll die Wirkung der Ruheströme kompensiert werden, so muß

$$R_\mathrm{P}\,I_\mathrm{B}\left(\frac{R_\mathrm{N}}{R_1}+1\right)=R_\mathrm{N}\,I_\mathrm{B} \tag{2.381}$$

sein. Das ist erreichbar, wenn

$$R_\mathrm{P}=R_\mathrm{N}\parallel R_1 \tag{2.382}$$

gewählt wird.

Die Untersuchung des nichtinvertierenden Operationsverstärkers liefert für die Bemessung von R_P das gleiche Ergebnis.

Neben der Kompensation der Wirkung der Ruheströme ist meist eine zusätzliche Kompensation der noch verbleibenden Offsetspannung erforderlich. Die Offsetspannung $U_{\mathrm{E}0}$ ist als eine im N- oder P-Eingang des idealen Operationsverstärkers angeordnete Fehlspannung aufzufassen. Bild 2.94 verdeutlicht ihr Wirken.

Für den invertierenden Verstärker gilt mit $I_\mathrm{N}=I_\mathrm{P}=0$ und $U_\mathrm{D}=0$:

$$\frac{U_1'-U_{\mathrm{E}0}}{R_1}+\frac{U_2'-U_{\mathrm{E}0}}{R_\mathrm{N}}=0. \tag{2.383}$$

Durch Auflösen nach U_2' erhält man

$$U_2' = -\frac{R_N}{R_1} U_1' + \left(\frac{R_N}{R_1} + 1\right) U_{E0}. \tag{2.384}$$

Das erste Glied der Gl.(2.384) entspricht wieder der Ausgangsspannung des idealen Verstärkers; das zweite Glied wird durch die Offsetspannung verursacht. Soll der damit verbundene Ausgangsfehler beseitigt werden, so kann dies beispielsweise durch eine Kompensationsspannung der Größe $-U_{E0}$ geschehen, die in Reihe zur angenommenen Fehlspannungsquelle U_{E0} anzuordnen ist.

Beim nichtinvertierenden Operationsverstärker kommt man zum gleichen Ergebnis.

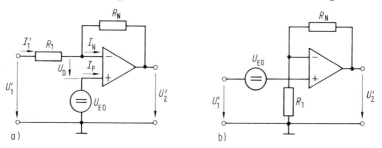

Bild 2.94 Wirken der Offsetspannung
a) invertierender Operationsverstärker, b) nichtinvertierender Operationsverstärker

Bild 2.95 zeigt schaltungstechnische Möglichkeiten der Offsetspannungskompensation. Die Kompensationsspannung wird aus den Betriebsspannungen abgeleitet. Die dazu erforderlichen Widerstände sind so zu bemessen, daß die durch R_N und R_1 bestimmte Verstärkung bzw. die mit R_P herbeigeführte Ruhestromkompensation nicht beeinflußt werden.

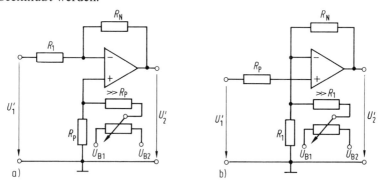

Bild 2.95 Kompensation der Offsetspannung
a) invertierender Operationsverstärker, b) nichtinvertierender Operationsverstärker

Bei feststehender äußerer Beschaltung eines Operationsverstärkers ist es aufgrund der Tatsache, daß sich die Eingangsfehlergrößen linear überlagern, möglich, die Auswirkungen aller Eingangsfehler auf die Ausgangsspannung mit nur einer Kompensationsspannung bzw. einem Kompensationsstrom auszugleichen. Dies geschieht vorzugsweise durch den Einsatz von Balance-Reglern in den Eingangsstufen (s. Bild 2.86, Potentiometer R_{12} und Bild 2.87, Potentiometer R_{11}). Die meisten Operationsverstärker besitzen Anschlüsse für derartige Balance-Regler.

2.3.3.4 Frequenzgang und Frequenzgangkompensation

Die Frequenzabhängigkeit einer direktgekoppelten Verstärkerstufe kann durch die Kettenschaltung eines frequenzunabhängigen Verstärkers mit der Verstärkung V_U und eines RC-Tiefpaßgliedes mit dem Spannungsübersetzungsverhältnis $\underline{\ddot{U}}_U$ beschrieben werden. Für die Verstärkung der Kettenschaltung gilt:

$$\underline{V}_U = V_U\,\underline{\ddot{U}}_U = V_U\,\frac{1}{1+\mathrm{j}\omega CR} = \frac{V_U}{1+\mathrm{j}\dfrac{\omega}{\omega_{P\nu}}}. \tag{2.385}$$

$\omega_{P\nu} = 1/RC$ entspricht der Grenzfrequenz des RC-Gliedes.

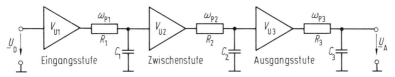

Bild 2.96 Ersatzschaltung des Operationsverstärkers zur Untersuchung des Frequenzverhaltens

Bei der Untersuchung des Frequenzverhaltens eines Operationsverstärkers geht man von der im Bild 2.96 dargestellten Ersatzschaltung aus. Sie besteht aus drei frequenzunabhängigen Verstärkern und drei voneinander entkoppelten RC-Gliedern. Die RC-Gliedern besitzen die Grenzfrequenz ω_{P1}, ω_{P2} und ω_{P3}, wobei meist $\omega_{P1} \ll \omega_{P2} \ll \omega_{P3}$ ist. Für die Differenzverstärkung $\underline{V}_D$ kann unter Beachtung der Gl.(2.385) geschrieben werden

$$\underline{V}_D = \frac{\underline{U}_A}{\underline{U}_D} = V_{U1}\,V_{U2}\,V_{U3}\,\underline{\ddot{U}}_{U1}\,\underline{\ddot{U}}_{U2}\,\underline{\ddot{U}}_{U3}$$

$$= -\frac{|V_{U1}\,V_{U2}\,V_{U3}|}{\left(1+\mathrm{j}\dfrac{\omega}{\omega_{P1}}\right)\left(1+\mathrm{j}\dfrac{\omega}{\omega_{P2}}\right)\left(1+\mathrm{j}\dfrac{\omega}{\omega_{P3}}\right)}. \tag{2.386}$$

Durch das Minuszeichen wird ausgedrückt, daß die frequenzunabhängigen Verstärker mit der Gesamtverstärkung $V_D = V_{U1}\,V_{U2}\,V_{U3}$ eine resultierende Phasenverschiebung von 180° verursachen (die jedoch infolge der RC-Glieder nur bei $\omega = 0$ voll zur Wirkung kommt).

Die Gl.(2.386) kann entweder als Ortskurve (Nyquist-Diagramm) oder in der Form des Bode-Diagramms dargestellt werden. Die Ortskurve ist eine Parameterdarstellung in der komplexen Ebene, während beim Bode-Diagramm der Betrag und die Phase getrennt in doppelt- bzw. einfachlogarithmischer Teilung aufgetragen wird.

Entscheidet man sich für das Bode-Diagramm, so erhält man die im Bild 2.97 dargestellten prinzipiellen Verläufe (die dabei und im folgenden angenommenen Zahlenwerte für $|\underline{V}_D|$ und ω haben nur Beispielcharakter). Anhand der Kurven können folgende Aussagen getroffen werden:

– Jedes RC-Glied verursacht oberhalb seiner Grenzfrequenz einen Amplitudenabfall von 20 dB/Dekade.
– Jedes RC-Glied bewirkt eine Phasenverschiebung von maximal $-90°$. Dieser Phasenwinkel wird etwa beim zehnfachen Wert der Grenzfrequenz erreicht. Bei der Grenzfrequenz selbst beträgt die Phasenverschiebung $-45°$.

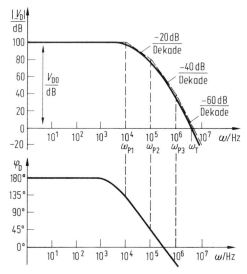

Bild 2.97 Amplituden- und Phasengang der Differenzverstärkung eines Operationsverstärkers (Bode-Diagramm)

Die Darstellung in der Form des Bode-Diagramms hat gegenüber der des Nyquist-Diagramms folgende Vorteile:

– Der Amplitudengang kann bei hinreichender Genauigkeit durch Geraden mit einer Steigerung von $-n$ 20 dB/Dekade genähert werden. Die durch die Schnittpunkte der Geraden bestimmten Eckfrequenzen entsprechen den Grenzfrequenzen.
– Bei Minimalphasensystemen, und um solche handelt es sich bei Operationsverstärkern, besteht über die Hilbert-Transformation eine Verknüpfung zwischen Amplituden- und Phasengang [2.25, 2.26]. Einem Amplitudenabfall von n 20 dB/Dekade ist ein Phasenabfall von n 90° (Endwert) zugeordnet. Aufgrund dieses Zusammenhanges kann man bei der Untersuchung des Frequenzverhaltens vielfach auf die Darstellung des Phasenganges verzichten.

Aus dem Frequenzgang der Differenzverstärkung kann man den der Schleifenverstärkung $\underline{V}_S = \underline{K}\,\underline{V}_D$ ermitteln. Da das Rückkopplungsnetzwerk beim invertierenden und nichtinvertierenden Operationsverstärker in der Regel keine Blindschaltelemente enthält, kann $\underline{K}$ als reelle Größe betrachtet werden. Die Multiplikation ist im Bode-Diagramm aufgrund der logarithmischen Teilung durch einfaches Parallelverschieben der Abszissenachse durchführbar (Bild 2.98).

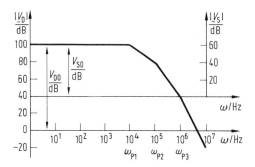

Bild 2.98 Amplitudengang der Differenz- und Schleifenverstärkung eines Operationsverstärkers

Der Frequenzgang der Schleifenverstärkung ist entscheidend für die Stabilität des Verstärkers beim Schließen der Rückkopplungsschleife. In diesem Fall gilt

$$\underline{V}_U' = \frac{\underline{V}_D}{1 - \underline{K}\,\underline{V}_D} = \frac{\underline{V}_D}{1 - \underline{V}_S}. \tag{2.387}$$

Die Stabilität der Schaltung ist gewährleistet, wenn $\underline{V}_U'$ endlich bleibt. d.h., wenn vermieden wird, daß $|1 - \underline{K}\,\underline{V}_D| = 0$ wird. Dies ist beispielsweise gegeben, wenn $\underline{V}_S$ bei sehr niedriger Frequenz negativ reell ist. Mit steigender Frequenz sinkt jedoch der Phasenwinkel der Schleifenverstärkung φ_S allmählich von $180°$ auf $0°$ ab, und die Gegenkopplung verwandelt sich in eine Mitkopplung. Das Stabilitätskriterium lautet daher:

Ein rückgekoppelter Verstärker ist stabil, wenn bei einem Phasenwinkel der Schleifenverstärkung $\varphi_S = 0$ der Betrag der Schleifenverstärkung $|\underline{V}_S| < 1$ ist.

Da der Phasenwinkel $\varphi_S = 0$ mit einer Steigung des Amplitudenganges von -40 dB/Dekade verbunden ist, kann man bei der Formulierung des Stabilitätskriteriums auch ausschließlich auf den Amplitudengang der Schleifenverstärkung Bezug nehmen und folgende Aussage treffen:

Ein rückgekoppelter Verstärker ist stabil, wenn der Abfall des Amplitudenganges der Schleifenverstärkung im Schnittpunkt mit der 0-dB-Geraden kleiner als 40 dB/Dekade ist.

Die formulierten Kriterien beinhalten Mindestforderungen. Im allgemeinen verlangt man jedoch, daß ein rückgekoppelter Verstärker eine ausreichende Stabilitätsreserve besitzt. Dem kann dadurch Rechnung getragen werden, daß man für $|\underline{V}_S| = 1$ einen bestimmten verbleibenden Phasenwinkel der Schleifenverstärkung $\varphi_S = \varphi_{Skrit}$ fordert. φ_{Skrit} wird als kritischer Phasenspielraum, Phasensicherheit oder Phasenrand bezeichnet.

Die Größe des zu fordernden Phasenrandes ist von den Toleranzen, die für $|\underline{V}_S|$ zugelassen werden sollten, und von der Größe des am rückgekoppelten Verstärker auftretenden vertretbaren Überschwingens abhängig. In der Praxis werden für φ_{Skrit} Werte zwischen 90° und 45° bevorzugt (Bild 2.99).

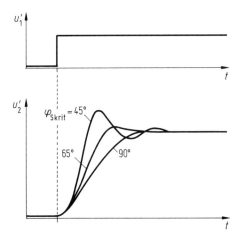

Bild 2.99 Einschwingverhalten des Operationsverstärkers bei sprungartiger Erregung am Eingang

$\varphi_{Skrit} = 90°$ wird man wählen, wenn auf aperiodisches Einschwingen und hohe Stabilitätsreserve Wert gelegt wird; 90° Phasenrand erhält man als Endwert eines Amplitudenabfalles von 20 dB/Dekade. Für geringere Anforderungen an die Stabilitätsreserve kann $\varphi_{Skrit} = 45°$ gewählt werden, wobei jedoch bereits ein Überschwingen der Ausgangsspannung von etwa 25% in Kauf genommen werden muß; 45° ergeben sich beim Übergang des Amplitudenabfalles von 20 dB/Dekade auf 40 dB/Dekade. Optimales Einschwingverhalten (etwa 4% Überschwingen) kann bei einem Phasenrand $\varphi_{Skrit} = 65°$ erreicht werden [2.1].

Bezieht man den Phasenrand in die Stabilitätsbedingung mit ein und setzt einen reellen Rückkopplungsfaktor K voraus, so muß für den stabilen Betrieb

$$|\underline{V}_S(\varphi_S = \varphi_{Skrit})| = K\,|\underline{V}_D(\varphi_D = \varphi_{Skrit})| \leq 1 \tag{2.388}$$

bzw.

$$\frac{1}{K} \geq |\underline{V}_D(\varphi_D = \varphi_{Skrit})| \tag{2.389}$$

gefordert werden. Da bei tiefen Frequenzen und für $\underline{V}_D \to \infty$ die Verstärkung des rückgekoppelten Verstärkers $V'_U \approx 1/K$ wird, folgt:

$$V'_U \geq |\underline{V}_D(\varphi_D = \varphi_{Skrit})|. \tag{2.390}$$

Die Gl.(2.390) zeigt deutlich, daß die Sicherstellung der Stabilität mit entscheidenden Einschränkungen für die Betriebsparameter des rückgekoppelten Verstärkers und insbesondere des Operationsverstärkers verbunden sein kann. Um diese Einschränkungen so gering wie möglich zu halten, ist man bemüht, den Frequenzgang der Schleifenverstärkung in bestimmter Weise zu beeinflussen. Man spricht dabei von einer Frequenzgangkompensation.

Das Ziel der Frequenzgangkompensation besteht darin, den Frequenzgang der Schleifenverstärkung so zu verändern, daß für $|\underline{V}_S| \geq 1$ der zugehörige Phasenwinkel $\varphi_S \geq \varphi_{Skrit}$ wird.

Für diese Beeinflussung bieten sich zwei Möglichkeiten an:

— Erzeugung einer oder Veränderung der Frequenzabhängigkeit von $\underline{K}$,
— Veränderung der Frequenzabhängigkeit von $\underline{V}_D$.

Im ersten Fall spricht man von äußerer und im zweiten Fall von innerer Frequenzgangkompensation [2.27]. Zur Veränderung der Frequenzabhängigkeit selbst wird in beiden Fällen die Wirkung von RC-Netzwerken (Kompensationsglieder) genutzt.

Bei **äußerer Frequenzgangkompensation** werden die Kompensationsglieder in den Rückkopplungtrakt eingefügt. Dies soll so geschehen, daß sie von den drei RC-Gliedern des Verstärkers als völlig entkoppelt betrachtet werden können. Bild 2.100 zeigt die Schaltung von zwei gebräuchlichen Kompensationsgliedern.

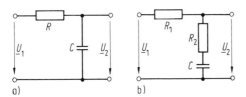

Bild 2.100 Kompensationsglieder
a) RC-Glied, b) RCR-Glied

Für das Spannungsübersetzungsverhältnis $\underline{\dot{U}}_U$ des RC-Gliedes gilt:

$$\underline{\dot{U}}_U = \frac{U_2}{\underline{U}_1} = \frac{1}{1 + j\omega CR} = |\dot{U}_2| \, e^{j\varphi}. \tag{2.391}$$

Führt man die Grenzfrequenz $\omega_{PK} = 1/CR$ ein, so folgt für Betrag und Phase:

$$|\dot{\underline{U}}_U| = \frac{1}{\sqrt{1 + \left(\dfrac{\omega}{\omega_{PK}}\right)^2}}, \tag{2.392}$$

$$\varphi = -\arctan \frac{\omega}{\omega_{PK}}. \tag{2.393}$$

Die Gln.(2.392) und (2.393) sind im Bild 2.101a dargestellt.

Das Verhalten des RCR-Gliedes kann wie folgt beschrieben werden:

$$\dot{\underline{U}}_U = \frac{U_2}{\underline{U}_1} = \frac{1 + j\omega CR_2}{1 + j\omega C(R_1 + R_2)} = |\dot{U}_U| \, e^{j\varphi}. \tag{2.394}$$

Mit den Grenzfrequenzen $\omega_{\mathrm{PK}} = 1/C(R_1 + R_2)$ und $\omega_{\mathrm{NK}} = 1/CR_2$ folgt:

$$|\underline{\ddot{U}}_{\mathrm{U}}| = \sqrt{\frac{1 + \left(\dfrac{\omega}{\omega_{\mathrm{NK}}}\right)^2}{1 + \left(\dfrac{\omega}{\omega_{\mathrm{PK}}}\right)^2}}, \qquad (2.395)$$

$$\varphi = -\arctan \frac{\omega(\omega_{\mathrm{NK}} - \omega_{\mathrm{PK}})}{\omega^2 + \omega_{\mathrm{PK}}\,\omega_{\mathrm{NK}}}. \qquad (2.396)$$

Die Gln.(2.395) und (2.396) sind im Bild 2.101 b dargestellt.

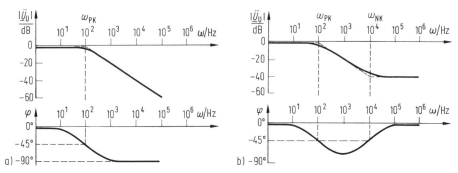

Bild 2.101 Amplituden- und Phasengang der Kompensationsglieder nach Bild 2.100
a) RC-Glied, b) RCR-Glied

Wird die Frequenzgangkompensation mit einem RC-Glied gemäß Bild 2.100a vorgenommen, so wählt man seine Grenzfrequenz so, daß allein der durch dieses Glied verursachte Abfall des Amplitudenganges den Abfall der Schleifenverstärkung an der Stelle $|\underline{V}_{\mathrm{S}}| = 1$ bestimmt (Bild 2.102). Für die Grenzfrequenz des RC-Gliedes gilt demzufolge:

$$\omega_{\mathrm{PK}} = \frac{\omega_{\mathrm{P1}}}{10\,V_{\mathrm{S0}}} = \frac{1}{RC}. \qquad (2.397)$$

Mit den im Bild 2.102 angenommenen Zahlenwerten $\omega_{\mathrm{P1}} = 10^4$ Hz und $V_{\mathrm{S0}} = 1000 \cong 60$ dB erhält man eine Grenzfrequenz $\omega_{\mathrm{PK}} = 1$ Hz.

Der Phasenrand wird unter den der Gl.(2.397) zugrunde liegenden Bedingungen ebenfalls allein durch das RC-Glied bestimmt und beträgt $\varphi_{\mathrm{Skrit}} = 90°$.

Soll ein Operationsverstärker universell einsetzbar sein, so muß der gewählte Phasenrand von 90° auch im ungünstigsten Fall, d.h. bei $|\underline{V}_{\mathrm{S}}| = |\underline{V}_{\mathrm{D}}|$, noch eingehalten werden. Das bedeutet, daß dann

$$\omega_{\mathrm{PK}} = \frac{\omega_{\mathrm{P1}}}{10\,V_{\mathrm{D0}}} = \frac{1}{RC} \qquad (2.398)$$

zu wählen ist.

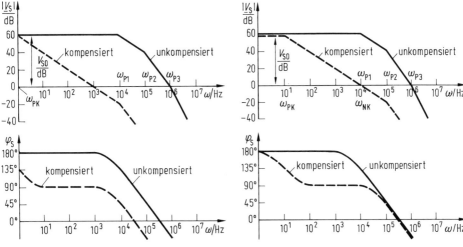

Bild 2.102 Äußere Frequenzgangkompensation mit einem RC-Glied gemäß Bild 2.100 a

Bild 2.103 Äußere Frequenzgangkompensation mit einem RCR-Glied gemäß Bild 2.100 b

Die Frequenzgangkompensation mit einem RC-Glied setzt $|\underline{V}_S|$ in einem großen Frequenzbereich stark herab und vermindert dadurch die Bandbreite erheblich.

Günstigere Verhältnisse ergeben sich mit einem RCR-Kompensationsglied gemäß Bild 2.100 b. Fügt man dieses Kompensationsglied in den Rückkopplungstrakt ein, so ist der im Bild 2.103 dargestellte Frequenzgang erzielbar.

Damit der resultierende Amplitudengang von $|\underline{V}_S|$ die 0-dB-Gerade bei ω_{P1} mit einer Steigung von -20 dB/Dekade schneidet, wählt man

$$\omega_{NK} = \omega_{P1} = \frac{1}{R_2\,C} \qquad (2.399)$$

und $\qquad \omega_{PK} = \frac{\omega_{NK}}{V_{S0}} = \frac{\omega_{P1}}{V_{S0}} = \frac{1}{(R_1 + R_2)\,C}. \qquad (2.400)$

Der zugehörige Phasenverlauf zeigt, daß $\varphi_{Skrit} = 90°$ beträgt.

Vergleicht man die Frequenzgänge, die mit den beiden untersuchten Kompensationsgliedern erreicht wurden, so kann festgestellt werden, daß die resultierende Bandbreite bei Einsatz des RCR-Gliedes um eine Dekade größer ist.

Die **innere Frequenzgangkompensation** wird im Verstärkertrakt vorgenommen. Die Kompensationspunkte werden so gewählt, daß sie mit den Stellen der Verstärkerschaltung übereinstimmen, die für deren Grenzfrequenzen ω_{P1}, ω_{P2} und ω_{P3} bestimmend sind. Da diese Punkte in der Regel relativ hochohmig sind, wird der komplexe Innenwiderstand der Schaltung an diesen Stellen (R_i und C_i) zum Bestandteil des Kompensationsgliedes. Es ist somit nur ein Zuschalten weiterer Kompensationselemente notwendig; ein Auftrennen der Schaltung wird nicht erforderlich.

Bei gleichzeitigem Einsatz verschiedenartiger Kompensationsglieder an mehreren Kompensationspunkten ergeben sich eine Vielzahl unterschiedlicher Möglichkeiten zur Frequenzgangbeeinflussung. Sie alle anzugeben wäre aufwendig und kaum sinnvoll. Praktisch sind nämlich nur die zwei tiefsten Pole, d.h. die Frequenzen ω_{P1} und ω_{P2} wichtig; ω_{P3} liegt meist schon in unmittelbarer Nähe der Transitfrequenz ω_T und ist damit für die Betrachtung von geringerer Bedeutung.

Unter diesen Voraussetzungen kann die innere Frequenzgangkompensation auf die Lösung der folgenden zwei Aufgaben konzentriert werden:

— Verschiebung von ω_{P2} nach $\omega_{P2K} > \omega_T$ und
— Erzeugung eines dominanten Poles durch Verlagerung von ω_{P1} nach ω_{P1K} $= \omega_{P3}/V_{D0}$ (Bild 2.104a).

Schaltungstechnisch gelingt dies durch eine kapazitive Parallel-Parallel-Gegenkopplung der Zwischenstufe des Operationsverstärkers (Bild 2.104b) [2.1, 2.20, 2.28].

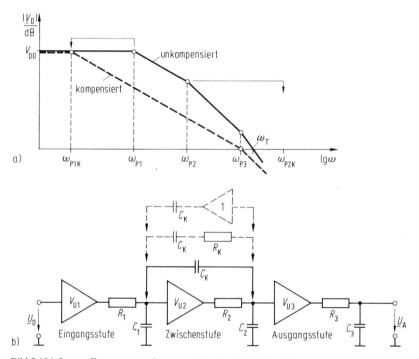

Bild 2.104 Innere Frequenzgangkompensation durch Pol-Splitting
a) Amplitudengang der Differenzverstärkung, b) schaltungstechnische Realisierung

Mit Hilfe einer solchen Gegenkopplung erfolgt zunächst eine starke Vergrößerung von C_1 infolge des Miller-Effektes. Es gilt mit Gl.(2.128):

$$C_1' = C_1 + C_K(1 - V_{U2}) \approx C_K(-V_{U2}). \tag{2.401}$$

Dadurch sinkt ω_{P1} auf

$$\omega_{P1K} = \frac{1}{R_1\,C_1'} \approx \frac{1}{R_1\,C_K(-V_{U2})}. \tag{2.402}$$

Gleichzeitig erfolgt eine Erhöhung der Polfrequenz ω_{P2} auf

$$\omega_{P2K} \approx \frac{V_{U2}}{R_2\left(C_1 + C_2 + \dfrac{C_1\,C_2}{C_K}\right)} > \omega_T. \tag{2.403}$$

Die Ursache für diese Erhöhung kann in einer Reduzierung des Ausgangswiderstandes der Verstärkerstufe gesehen werden.

Im Ergebnis der Gegenkopplung werden also die beiden Polfrequenzen ω_{P1} und ω_{P2} auseinander geschoben, und man bezeichnet diese Vorgehensweise daher als *Pol-Splitting*.

Neben diesen angestrebten Polverschiebungen tritt im Zusammenhang mit dem Pol-Splitting aber auch noch eine unerwünschte Nullstelle bei

$$\omega_{N1K} \approx \frac{V_{U2}}{R_2\,C_K} \tag{2.404}$$

auf. Bei bipolaren Operationsverstärkern ist V_{U2} so groß, daß ω_{N1K} oberhalb von ω_T liegt und demzufolge keinen nachteiligen Einfluß hat. Bei MOS-Operationsverstärkern ist V_{U2} oft kleiner, und ω_{N1K} kann unterhalb von ω_T liegen. Dies würde Instabilitäten bei starker Gegenkopplung zur Folge haben. Um dem zu begegnen, schaltet man in solchen Fällen einen Widerstand oder eine Trennstufe (Sourcefolger) in Reihe zu C_K (s. Bild 2.104 b); Widerstände verschieben die Nullstelle, Trennverstärker beseitigen sie. Beispiele für das Einschalten von Widerständen sind in den MOS-Operationsverstärkern nach Bild 2.88 (C_1/R_1) und nach Bild 2.89 ($C_1/T\,11/T\,12$) zu sehen.

Weiterhin ist zu beachten, daß die relativ große Miller-Kapazität $C_K(1 - V_{U2})$ in Verbindung mit den geringen Strömen der Eingangsstufe eine starke Reduzierung der Slew-Rate zur Folge haben kann.

Pol-Splitting wird heute bevorzugt zur Frequenzgangkompensation angewandt. Man benötigt oft nur das Kompensationselement C_K, das mit integriert werden kann. Der Operationsverstärker µA 741 (Bild 2.86) ist dafür ein typisches Beispiel. Die Polfrequenzen des unkompensierten Verstärkers liegen bei $f_{P1} \approx 8$ kHz, bei $f_{P2} \approx 200$ kHz und bei $f_{P3} \approx 3$ MHz. Durch das Einschalten von $C_K = 32$ pF wird f_{P1} auf $f_{P1K} \approx 10$ Hz abgesenkt und f_{P2} über die Transitfrequenz f_T hinaus auf $f_{P2K} \geq 10$ MHz angehoben. Man erhält dadurch im Bereich von $f_{P1K} \approx 10$ Hz bis zur unveränderten Polfrequenz $f_{P3} \approx 3$ MHz den angestrebten Abfall des Amplitudenganges von 20 dB/Dekade. Es wird so die Einstellung beliebiger Verstärkungen im Bereich $|V_D| \geq |V_U| \geq 1$ bei einem Phasenrand von $\varphi_{Skrit} \approx 60°$ möglich, und man spricht daher von einer *universellen Kompensation*.

Dem Vorteil der einfachen Handhabung universell kompensierter Verstärker steht der Nachteil gegenüber, daß gegebenenfalls die Bandbreite zu stark reduziert wird. Dieser Nachteil kann bei einer an die geforderte Verstärkung angepaßten *speziellen Kompensation* vermieden werden. Verzichtet man beispielsweise im Fall des µA 741 auf die Gewährleistung der Stabilität im Bereich $10 \geq |V'_U| \geq 1$, so genügt eine Korrekturkapazität $C_K = 3$ pF. Damit ergibt sich der dominante Pol bei $f_{P1K} \approx 100$ Hz, und man erhält im Bereich $|V_D| \geq |V'_U| \geq 10$ einen Bandbreitengewinn von einer Dekade. Allerdings wird dabei natürlich auch f_{P2} weniger weit nach oben verschoben, so daß derartigen Optimierungen Grenzen gesetzt sind. Die Durchführung einer speziellen Kompensation setzt voraus, daß die Korrekturkapazität extern angeschaltet werden kann; das ist bei vielen Operationsverstärkern nach wie vor möglich (z.B. µA 748; TL 080).

2.3.4 Analogrechenschaltungen mit Operationsverstärkern

Ursprünglich wurde der Operationsverstärker für die Realisierung bestimmter Rechenoperationen in Analogrechnern entwickelt und eingesetzt. Die Analogrechner wurden später durch die Digitalrechner mit ihrer wesentlich höheren Leistungsfähigkeit und Genauigkeit fast völlig verdrängt. Dessenungeachtet haben Analogrechenschaltungen mit Operationsverstärkern zur Durchführung von Einzeloperationen im gesamten Bereich der Analogtechnik ihre fundamentale Bedeutung behalten. Die wichtigsten dieser Schaltungen sollen im folgenden erläutert werden. Die dabei angegebenen Übertragungsbeziehungen gelten unter der Annahme idealer Operationsverstärker-Kenndaten.

2.3.4.1 Addierer

Für die Addition mehrerer Spannungen kann die im Bild 2.105 gezeigte Schaltung genutzt werden.

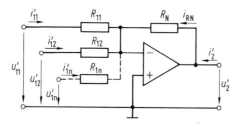

Bild 2.105 Addierer

Die Strombilanz im Summationspunkt lautet:

$$i'_{11} + i'_{12} + \ldots + i'_{1n} = -i_{RN} \tag{2.405}$$

bzw.

$$\frac{u'_{11}}{R_{11}} + \frac{u'_{12}}{R_{12}} + \ldots + \frac{u'_{1n}}{R_{1n}} = -\frac{u'_2}{R_N}. \tag{2.406}$$

Daraus folgt für die Ausgangsspannung:

$$u_2' = -\left(\frac{R_N}{R_{11}} u_{11}' + \frac{R_N}{R_{12}} u_{12}' + \ldots + \frac{R_N}{R_{1n}} u_{1n}'\right). \tag{2.407}$$

Wählt man $R_{11} = R_{12} = \ldots = R_{1n} = R_1$, dann erhält man

$$u_2' = -\frac{R_N}{R_1}(u_{11}' + u_{12}' + \ldots + u_{1n}'). \tag{2.408}$$

2.3.4.2 Subtrahierer

Bei der Subtrahierschaltung nach Bild 2.106 berechnet man zunächst die Spannungen

$$u_N = \frac{R_N u_{11}' + R_{11} u_2'}{R_{11} + R_N} \tag{2.409}$$

und $\quad u_P = \frac{R_P u_{12}'}{R_{12} + R_P}. \tag{2.410}$

Mit $u_N - u_P = u_D = 0$ kann u_2' ermittelt werden:

$$u_2' = -\frac{R_N}{R_{11}}\left[u_{11}' - \frac{(R_{11} + R_N) R_P}{(R_{12} + R_P) R_N} u_{12}'\right]. \tag{2.411}$$

Wählt man $R_{11} = R_{12} = R_1$ und $R_P = R_N$, so folgt:

$$u_2' = -\frac{R_N}{R_1}(u_{11}' - u_{12}'). \tag{2.412}$$

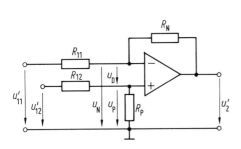

Bild 2.106 Subtrahierer

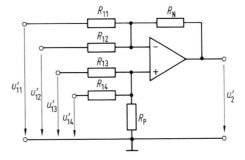

Bild 2.107 Mehrfachsubtrahierer

Die Funktionen des Addierens und Subtrahierens können in einer Schaltung vereint werden (Bild 2.107).

Mit $R_{11} = R_{12} = R_{13} = R_{14} = R_1$ und $R_P = R_N$ gilt dann

$$u_2' = -\frac{R_N}{R_1}[(u_{11}' + u_{12}') - (u_{13}' + u_{14}')]. \tag{2.413}$$

Es ist zu beachten, daß bei Subtrahierschaltungen der Operationsverstärker auch gleichtaktmäßig ausgesteuert wird. Für eine genaue Differenzbildung ist daher eine hohe Gleichtaktunterdrückung erforderlich.

2.3.4.3 Integrierer

Für den im Bild 2.108 dargestellten Integrierer gilt:

$$i'_1 = -i_{CN} \tag{2.414}$$

bzw.

$$\frac{u'_1}{R_1} = -C_N \frac{du'_2}{dt}. \tag{2.415}$$

Durch Integration dieser Beziehung folgt für das Ausgangssignal:

$$u'_2 = -\frac{1}{R_1 C_N} \int_0^t u'_1 \, dt + U'_{20}. \tag{2.416}$$

Die Spannung U'_{20} stellt eine Anfangsbedingung dar; es ist die Ausgangsspannung zur Zeit $t = 0$.

Legt man an den Eingang eine sinusförmige Wechselspannung $u'_1 = \hat{U}'_1 \sin \omega t$, so erhält man am Ausgang (für $U'_{20} = 0$)

$$u'_2 = -\frac{1}{R_1 C_N} \int \hat{U}'_1 \sin \omega t \, dt = \frac{1}{\omega R_1 C_N} \hat{U}'_1 \cos \omega t. \tag{2.417}$$

Der Integrierer besitzt also einen mit $1/\omega$, d.h. mit 20 dB/Dekade fallenden Amplitudengang.

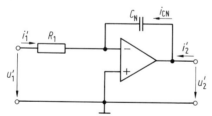

Bild 2.108 Integrierer

Da keine Gleichspannungsgegenkopplung vorhanden ist, können der Eingangsruhrstrom und die Offsetspannung erhebliche Störungen hervorrufen und müssen unbedingt kompensiert werden.

2.3.4.4 Differenzierer

Bei der Untersuchung der im Bild 2.109 gezeigten Differenzierschaltung wollen wir zunächst $R_1 = 0$ setzen. Unter dieser Voraussetzung wird

$$i'_1 = -i_{RN} \tag{2.418}$$

bzw.

$$C_1 \frac{\mathrm{d}u_1'}{\mathrm{d}t} = -\frac{u_2'}{R_\mathrm{N}}. \tag{2.419}$$

Daraus folgt für die Ausgangsspannung:

$$u_2' = -C_1 R_\mathrm{N} \frac{\mathrm{d}u_1'}{\mathrm{d}t}. \tag{2.420}$$

Für $u_1' = \hat{U}_1' \sin \omega t$ wird

$$u_2' = -\omega C_1 R_\mathrm{N} \hat{U}_1' \cos \omega t. \tag{2.421}$$

Die Differenzierschaltung besitzt also einen mit ω, d.h. mit 20 dB/Dekade steigenden Amplitudengang. Aufgrund dieses Sachverhaltes neigt sie zur Instabilität und hat einen niedrigen Eingangswiderstand ($\underline{R}_\mathrm{Ein}' \approx 1/\mathrm{j}\omega C_1$). Zur Beseitigung dieser Mängel wird der Widerstand R_1 in die Schaltung eingefügt. Dadurch wird allerdings auch der Frequenzbereich, in dem ein differenzierendes Verhalten zu verzeichnen ist, eingeschränkt; er erstreckt sich nun von $\omega = 0$ bis $\omega \ll \omega_1 = 1/(R_1 C_1)$.

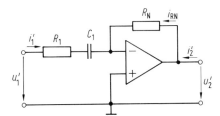

Bild 2.109 Differenzierer

Wird ein Differenzierer mit hohem Eingangswiderstand benötigt, so kann die im Bild 2.110 angegebene nichtinvertierende Variante eingesetzt werden.

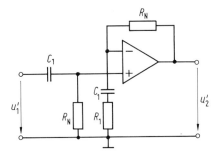

Bild 2.110 Differenzierer mit hohem Eingangswiderstand

An der Differentiation sind beide $R_\mathrm{N} C_1$-Glieder beteiligt; bei tiefen Frequenzen wirkt das Glied am Eingang und bei hohen Frequenzen das im Gegenkopplungspfad. Da ihre Zeitkonstanten gleich groß sind, fügen sich beide Frequenzverläufe im gewünschten Sinne aneinander. Die Spannung am Ausgang ist nun

$$u_2' = C_1 R_\mathrm{N} \frac{\mathrm{d}u_1'}{\mathrm{d}t}. \tag{2.422}$$

Der Eingangswiderstand sinkt auch bei hohen Frequenzen nicht unter R_N. R_1 wirkt auch hier stabilisierend, schränkt aber den Frequenzbereich in gleicher, bereits erläuterter Weise ein.

2.3.4.5 Logarithmierer

Zum Logarithmieren eines Signales eignet sich die im Bild 2.111 skizzierte Schaltung.

Der Strom im Gegenkopplungszweig wird durch den Kollektorstrom des Transistors T 1 bestimmt. Für diesen gilt bei $U_{BE} = -u_2'$ gemäß Gl.(1.20):

$$I_C = A_N I_{ES} \exp\left(\frac{U_{BE}}{U_T} - 1\right) \approx I_{ES} \exp\left(\frac{-u_2'}{U_T}\right). \tag{2.423}$$

Mit
$$\frac{u_1'}{R_1} - I_{ES} \exp\left(\frac{-u_2'}{U_T}\right) = 0 \tag{2.424}$$

folgt für die Ausgangsspannung

$$u_2' = -U_T \ln\left(\frac{u_1'}{R_1 I_{ES}}\right). \tag{2.425}$$

u_2' ist über U_T und I_{ES} stark temperaturabhängig. Dieser Einfluß muß in den meisten Einsatzfällen kompensiert werden.

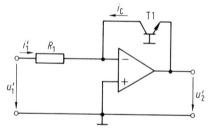

Bild 2.111 Logarithmierer

2.3.4.6 Delogarithmierer

Für die Delogarithmierung werden Exponentialverstärker (Bild 2.112) eingesetzt.

Mit $U_{BE} = -u_1'$ berechnet sich in diesem Fall die Strombilanz zu

$$I_{ES} \exp\left(\frac{-u_1'}{U_T}\right) - \frac{u_2'}{R_N} = 0, \tag{2.426}$$

und man erhält für die Ausgangsspannung

$$u_2' = R_N I_{ES} \exp\left(\frac{-u_1'}{U_T}\right). \tag{2.427}$$

Auch hier ist in der Regel eine sorgfältige Temperaturkompensation erforderlich.

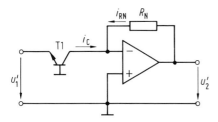

Bild 2.112 Delogarithmierer

2.3.4.7 Multiplizierer

Mit zwei Logarithmierern, einem Addierer und einem Delogarithmierer kann der im Bild 2.113 gezeigte Multiplizierer aufgebaut werden.

Für die Ausgangsspannung gilt:

$$u_2 = \exp(\ln u_{11} + \ln u_{12}) = u_{11} u_{12}. \tag{2.428}$$

Bei gut temperaturkompensierten Komponenten liegt der Fehler solcher Schaltungen unter 1%. Für die Eingangssignale ist ein Dynamikbereich von etwa drei Dekaden beherrschbar. Als typische Bandbreiten können 100 kHz genannt werden.

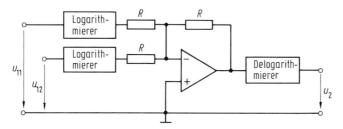

Bild 2.113 Multiplikation durch Addition von Logarithmen

Nachteilig ist es, daß die Eingangsspannungen immer positiv sein müssen (Einquadrantenmultiplizierer). Ist diese Einschränkung nicht akzeptabel, so muß der Multiplizierer mit Differenzverstärkern realisiert werden (s. Abschn. 2.2.4.10, Bilder 2.63 und 2.64).

2.3.4.8 Dividierer

Ersetzt man den Addierer im Bild 2.113 durch eine Subtrahierschaltung, so erhält man einen Dividierer (Bild 2.114).

Als Ausgangsspannung erhält man

$$u_2 = \exp(\ln u_{11} - \ln u_{12}) = \frac{u_{11}}{u_{12}}. \tag{2.429}$$

Weiterhin ist es möglich, jeden Multiplizierer in Verbindung mit einem Operationsverstärker als Dividierer zu betreiben (Bild 2.115).

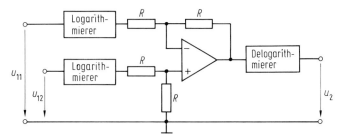

Bild 2.114 Division durch Subtraktion von Logarithmen

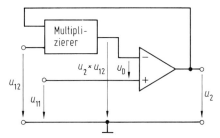

Bild 2.115 Einsatz eines Multiplizierers als Dividierer

Mit $u_D \approx 0$ wird $u_{11} = u_2\,u_{12}$ und man erhält als Ausgangssignal

$$u_2 = \frac{u_{11}}{u_{12}}. \tag{2.430}$$

u_{12} muß stets positiv sein, damit die Gegenkopplung des Operationsverstärkers nicht zur Mitkopplung wird. u_{11} kann beide Polaritäten annehmen (Zweiquadrantendividierer).

2.3.4.9 Komparatoren

Für die Operation des Vergleiches zweier Signale werden Komparatoren benötigt. Es handelt sich dabei im einfachsten Falle um Operationsverstärker ohne Gegenkopplung (Bild 2.116).

Das Übertragungsverhalten ist gekennzeichnet durch

$$U_2 = \begin{cases} U_{2\max} & \text{für } U_1 > U_{\text{Ref}} \\ U_{2\min} & \text{für } U_1 < U_{\text{Ref}}. \end{cases} \tag{2.431} \tag{2.432}$$

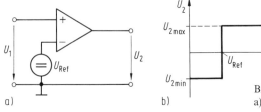

Bild 2.116 Komparator
a) Schaltung, b) Übertragungskennlinie

Beim Umschalten können in Verbindung mit der Slew Rate und der Übersteuerung erhebliche Verzögerungen auftreten. Es kommen daher oft spezielle Komparatorschaltkreise zum Einsatz, bei denen diese Verzögerungszeiten klein gehalten sind.

Häufig werden Komparatoren mit einer Schalthysterese ausgestattet, und man bezeichnet sie dann auch als *Schmitt-Trigger* (s. hierzu auch Abschn. 3.5.1). Bild 2.117 zeigt eine solche Schaltung mit invertierendem Verhalten.

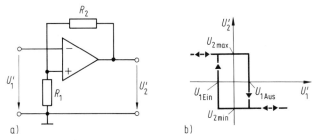

Bild 2.117 Invertierender Komparator mit Hysterese (Schmitt-Trigger)
a) Schaltung, b) Übertragungskennlinie

Es erfolgt eine Rückführung vom Ausgang auf den P-Eingang (Mitkopplung). Die dadurch dort wirksamen Spannungen $U_{2\,min} R_1/(R_1 + R_2)$ bzw. $U_{2\,max} R_1/(R_1 + R_2)$ müssen von U_1' immer erst überwunden werden. Für die Schaltspannungen $U_{1\,Ein}$ und $U_{1\,Aus}$ erhält man demzufolge:

$$U_{1\,Ein} = \frac{R_1}{R_1 + R_2} U_{2\,min}, \tag{2.433}$$

$$U_{1\,Aus} = \frac{R_1}{R_1 + R_2} U_{2\,max}. \tag{2.434}$$

Die Differenz $U_{1\,Aus} - U_{1\,Ein} = \Delta U_1$ bezeichnet man als Schalthysterese.

Beim nichtinvertierenden Komparator mit Hysterese gemäß Bild 2.118 gilt:

$$U_{1\,Ein} = -\frac{R_1}{R_2} U_{2\,min}, \tag{2.435}$$

$$U_{1\,Aus} = -\frac{R_1}{R_2} U_{2\,max}. \tag{2.436}$$

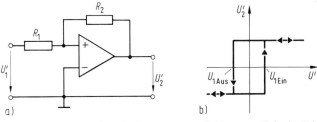

Bild 2.118 Nichtinvertierender Komparator mit Hysterese (Schmitt-Trigger)
a) Schaltung, b) Übertragungskennlinie

2.4   Leistungsverstärker

Der Aufbau von Leistungsverstärkern wird wesentlich durch die zum Einsatz gelangenden Endstufen bestimmt. Endstufen können im Ein- und Gegentakt betrieben werden. Bei Gegentaktschaltungen ist zwischen Parallel- und Serien-Gegentaktanordnungen zu unterscheiden. Aufgrund der Möglichkeiten der integrierten Technik und der Forderung nach hohem Wirkungsgrad kommen für integrierte Leistungsverstärker nur Serien-Gegentaktendstufen in Betracht. Sie können mit Transistoren gleicher und komplementärer Zonenfolge realisiert werden.

2.4.1   Verstärker für kleine und mittlere Ausgangsleistungen

Verstärkerschaltkreise für kleine und mittlere Ausgangsleistungen werden im allgemeinen für nur eine Betriebsspannung U_B, gegen Masse wirkend, konzipiert. Um dabei eine möglichst große symmetrische Aussteuerung am Ausgang zu gewährleisten, ist das Ausgangsruhepotential auf $U_B/2$ zu halten, d.h., es ist eine sogenannte Mittenspannungsstabilisierung erforderlich. Weiterhin ist eine einfache Einstellung der Verstärkung mit Hilfe der äußeren Beschaltung des Schaltkreises wünschenswert.

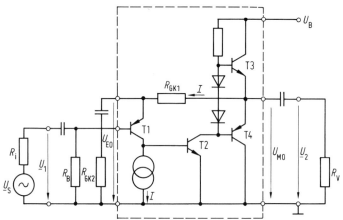

Bild 2.119 Prinzipieller Aufbau eines Leistungsverstärkers mit komplementärer Serien-Gegentaktendstufe und Mittenspannungsstabilisierung

Bild 2.119 zeigt den prinzipiellen Aufbau eines solchen Verstärkers. Das Eingangssignal wird dem in Emitterschaltung betriebenen pnp-Transistor T 1 zugeführt; er arbeitet auf eine Stromquelle als Lastwiderstand. Der sich anschließende Treiber T 2 steuert die komplementäre Gegentaktendstufe T 3/T 4. Das Ausgangspotential wird über R_{GK1} auf den Emitter von T 1 rückgeführt (Serien-Parallel-Gegenkopplung). Die Basis von T 1 liegt über R_B gleichstrommäßig auf Masse.

Für die Mittenspannung U_{M0} gilt bei Vernachlässigung der Basisströme der Transistoren T 1 und T 2:

$$U_{M0} = U_{F0} + I R_{GK1}.\tag{2.437}$$

Sorgt man dafür, daß die Ergiebigkeit der Stromquelle I von der Betriebsspannung U_B in der Form $I = U_\mathrm{B}/R$ gesteuert wird, und wählt $R = 2R_{\mathrm{GK}1}$, so folgt:

$$U_{\mathrm{M}0} = U_{\mathrm{F}0} + \frac{U_\mathrm{B}}{2} \approx \frac{U_\mathrm{B}}{2}. \tag{2.438}$$

Die Anordnung garantiert somit eine gute Arbeitspunkt- und Mittenspannungsstabilität.

Für die Spannungsverstärkung $\underline{V}_\mathrm{U}$ gilt:

$$\underline{V}_\mathrm{U} = \frac{U_2}{\underline{U}_1} \approx \frac{U_2}{\underline{U}_{\mathrm{E}0}} = \frac{R_{\mathrm{GK}1} + (R_{\mathrm{GK}2} \parallel \underline{R}_{\mathrm{Ausc}})}{R_{\mathrm{GK}2} \parallel \underline{R}_{\mathrm{Ausc}}} \tag{2.439}$$

mit $\underline{U}_{\mathrm{E}0}$ — Signalspannung am Emitter von T1 und
      $\underline{R}_{\mathrm{Ausc}}$ — Ausgangswiderstand von T1 in Kollektorschaltung.

Bei den meisten praktischen Schaltungen ist $|\underline{R}_{\mathrm{Ausc}}| \gg R_{\mathrm{GK}2}$, und man erhält in guter Näherung

$$\underline{V}_\mathrm{U} \approx \frac{R_{\mathrm{GK}1}}{R_{\mathrm{GK}2}} + 1. \tag{2.440}$$

Über den externen Widerstand $R_{\mathrm{GK}2}$ kann der gewünschte V_U-Wert eingestellt werden.

Im Bild 2.120 ist ein nach diesem Prinzip arbeitender Leistungsverstärker dargestellt (typisch für: TBA 810S — SGS-Ates; TDA 1037 — Siemens) [2.30].

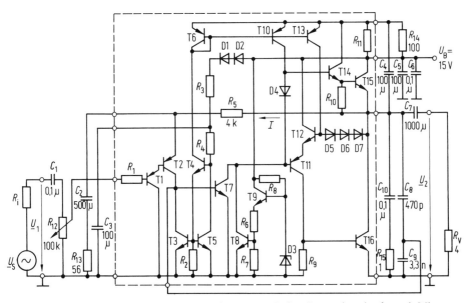

Bild 2.120 Leistungsverstärker mit quasikomplementärer Serien-Gegentaktendstufe und Mittenspannungsstabilisierung

Die Eingangsstufe ist zur Erzielung eines hohen Eingangswiderstandes als Darlington-Anordnung (T1/T2) ausgebildet. T2 arbeitet als stromgegengekoppelte Emitterschaltung mit einer Stromquelle (T3, T4, T5, R_2) als Lastwiderstand. Die Stromquelle liefert gleichzeitig den zur Mittenspannungsstabilisierung benötigten Strom I. Der Treibertransistor T7 verarbeitet das Signal weiter. Er wird in Emitterschaltung betrieben und arbeitet auf eine zweite Stromquelle (T6, T10). Der Treiber speist die Endstufe. Sie ist mit komplementären Darlington-Transistoren aufgebaut; T14/T15 bilden den npn-Zweig und T11/T16 den pnp-Zweig. Die Diode D4 erzeugt einen Teil der für einen verzerrungsarmen Betrieb der Endstufe notwendigen Potentialverschiebung. Den anderen Teil bewirkt die Kombination des Transistors T12 mit den Dioden D5, D6, D7 in Verbindung mit der dritten Stromquelle, bestehend aus T6 und T13. Vom Emitter des Transistors T15 wird das Ausgangssignal über C_7 dem Verbraucher (R_V) zugeführt. Gleichzeitig wird von diesem Punkt über R_5 auf den Emitter von T2 rückgeführt. Damit werden die Mittenspannungsregelung und in Verbindung mit C_2 und R_{13} die Einstellung der Verstärkung realisiert.

Unter Beachtung der Gl.(2.437) gilt für die Mittenspannung:

$$U_{M0} = 2 U_{F0} + I R_5. \tag{2.441}$$

Für den durch die erste Stromquelle (T3, T4, T5, R_2) bestimmten Strom I gilt

$$I = \frac{U_B - 4 U_{F0}}{R_3 + R_4}. \tag{2.442}$$

Wählt man $R_3 + R_4 = 2 R_5$, so folgt:

$$U_{M0} = \frac{U_B}{2}. \tag{2.443}$$

Für die Spannungsverstärkung erhält man mit Gl.(2.440)

$$\underline{V}_U \approx \frac{R_5}{R_{13}} + 1. \tag{2.444}$$

Mit den dem Bild 2.120 zu entnehmenden Zahlenwerten wird $\underline{V}_U = 72 \hat{=} 37$ dB.

Zur Erhöhung des Ausgangsspannungshubes wird das Bootstrap-Prinzip angewendet (C_4, $R_{11} \parallel R_{14}$).

Die Kombination C_{10}/R_{15} verhindert die Selbsterregung des Verstärkers. Mit C_8/C_9 wird eine Parallel-Parallel-Gegenkopplung für hohe Frequenzen verwirklicht; sie hat starken Einfluß auf die Bandbreite des Verstärkers. Eine gute Siebung und Entkopplung zwischen Eingangs- und Endstufe wird durch C_3 in Verbindung mit R_3 erzielt.

Der Schaltkreis ist mit einer Temperaturschutzschaltung ausgerüstet. Mit Hilfe von D3, R_6, R_7, R_8 und T9 wird eine temperaturkompensierte Referenzspannung von etwa 0,4 V erzeugt. Sie wirkt als Basis-Emitter-Spannung von T 8, der dabei und bei Normaltemperatur noch sicher sperrt. Bei etwa 130° C Kristalltemperatur wird T 8 leitend und unterbindet die weitere Ansteuerung der Endstufe. Dadurch wird eine thermische Überlastung verhindert.

Das Verhalten der Gesamtschaltung kann durch folgende Richtwerte charakterisiert werden:

Ausgangsleistung
(bei $U_\mathrm{B} = 15$ V; $R_\mathrm{V} = 4\,\Omega$; $k = 10\%$) $P_2 = 6$ W
Klirrfaktor (bei $P_2 = 3$ W) $k = 0{,}3\%$
Spannungsverstärkung $\underline{V}_\mathrm{U} = 72 \mathrel{\hat=} 37$ dB
Eingangswiderstand $\underline{R}_\mathrm{Ein} \geq 100$ kΩ
Frequenzbereich   0 Hz...40 kHz.

2.4.2 Verstärker für große Ausgangsleistungen (Leistung-Operationsverstärker)

Verstärkerschaltkreise für hohe Ausgangsleistungen (> 10 W) sind dadurch gekennzeichnet, daß sie für den Betrieb mit einer positiven und einer negativen Versorgungsspannung ausgelegt sind und daß das Operationsverstärkerkonzept uneingeschränkt angewendet wird. Man bezeichnet sie daher auch als Leistungs-Operationsverstärker. Weiterhin ist es charakteristisch, daß solche Verstärker mit Schutzschaltungen zur Temperatur- sowie zur Strom- und Leistungsbegrenzung ausgestattet sind. Bild 2.121 zeigt eine entsprechende Blockschaltung.

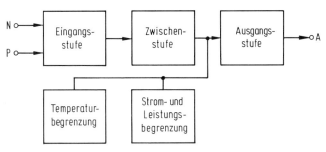

Bild 2.121 Blockschaltbild eines Verstärkers für große Ausgangsleistung

Die Eingangsstufe ist als Differenzverstärker realisiert. Es folgt die Zwischenstufe, die im wesentlichen die Treiberfunktion für die Ausgangsstufe zu erfüllen hat. Letztere ist als Serien-Gegentaktschaltung mit Transistoren gleicher oder komplementärer Zonenfolge ausgebildet. Bei Transistoren gleicher Zonenfolge müssen von der Zwischenstufe zwei um 180° phasenverschobene Treibersignale zur Verfügung gestellt werden. Die Schaltungen zur Temperatur- sowie zur Strom- und Leistungsbegrenzung schließen bei Überschreitung entsprechender Grenzwerte die Steuersignale für die Ausgangsstufe kurz und verhindern dadurch die Überlastung des Schaltkreises.

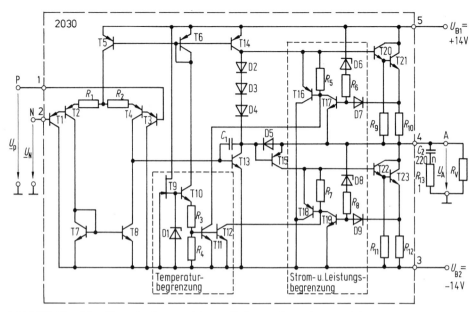

Bild 2.122 Verstärker für große Ausgangsleistung (Leistungs-Operationsverstärker)

Im Bild 2.122 ist die Schaltung eines solchen Verstärkers mit Gegentakttransistoren gleicher Zonenfolge dargestellt (typisch für TDA 2030, L 465 — SGS-Ates; TCA 365 — Siemens) [2.31, 2.32].

Das Eingangssignal gelangt über den P- und über den N-Eingang an den Differenzverstärker mit den pnp-Lateraltransistoren T1/T2 und T3/T4. Dieser ist emitterseitig mit einer Stromquelle (T5, T6) ausgestattet und arbeitet auf einen Stromspiegel (T7, T8). Das auf diese Weise verstärkte und asymmetrisch ausgekoppelte Signal wird der Treiberstufe zugeführt. Dort werden mit Hilfe der Emitterschaltung T13 und der Dioden D2, D3, D4 sowie des Stromspiegels D5/T15 zwei um $3\,U_{F0}$ versetzte und um 180° phasenverschobene Signale gewonnen, mit denen dann die Ausgangsstufe angesteuert wird. Als Ausgangsstufe wirkt eine Serien-Gegentaktschaltung mit zwei npn-Standard-Darlington-Transistoren (T20/T21, T22/T23); sie nehmen etwa die Hälfte der Chipfläche des Schaltkreises in Anspruch. Der Verbraucher (R_V) ist galvanisch angekoppelt und arbeitet gegen Masse.

Zur Temperaturbegrenzung dienen die Temperaturfühler T11 und T12. Die Basen dieser Transistoren liegen auf einer konstanten, temperaturkompensierten Vorspannung von etwa 340 mV (erzeugt mit T9, D1, T10, R_3 und R_4). Beim Überschreiten der maximal zulässigen Temperatur von 150° C werden T11 und T12 leitend und reduzieren über T16 und T18 der Schutzschaltung zur Strom- und Leistungsbegrenzung die Steuerleistung für die Endstufen.

Bei der Strom- und Leistungsbegrenzung werden mit Hilfe von R_{10} bzw. von R_{12} (Leitbahnwiderstände) die Ausgangsströme und über D6/R_6 bzw. über D8/R_8 die

Ausgangsspannungen gemessen und diese Meßwerte den Basen von T17 bzw. T19 zugeführt. Beim Überschreiten vorgegebener Strom- oder Leistungsgrenzen gehen T17 und T16 bzw. T19 und T18 in den leitenden Zustand über und vermindern — ebenso wie bei der Temperaturbegrenzung — die Steuersignale für die Endstufentransistoren.

Der integrierte Kondensator $C_1 = 10$ pF und die extern angeschalteten Elemente C_2 und R_{13} dienen der Frequenzgangkorrektur.

Für die Gesamtschaltung sind folgende Daten charakteristisch:

Ausgangsleistung (bei $U_B = \pm 14$ V;
$\underline{V}'_U = 30$ dB; $k = 10\%$; $R_L = 4\,\Omega$) $P_2 = 18$ W
Klirrfaktor (bei $P_2 = 12$ W) $k = 0,1\%$
obere Grenzfrequenz (bei $P_2 = 12$ W) $f_0 = 170$ kHz
Differenzverstärkung $|\underline{V}_D| = 10\,000 \,\widehat{=}\, 80$ dB
Gleichtaktunterdrückung $G = 630 \,\widehat{=}\, 56$ dB
Differenzeingangswiderstand $\underline{R}_D \geq 100$ kΩ.

Im Bild 2.123 ist der typische Einsatz des Schaltkreises als NF-Leistungsverstärker dargestellt.

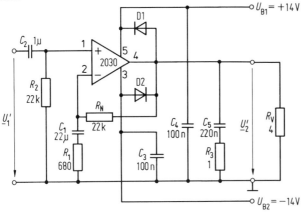

Bild 2.123 Leistungs-Operationsverstärker bei symmetrischer Betriebsspannungsversorgung

Man arbeitet im nichtinvertierenden Betrieb, d.h., für die Spannungsverstärkung gilt:

$$\underline{V}'_U = \frac{R_N}{R_1} + 1, \tag{2.445}$$

und mit den angegebenen Zahlenwerten folgt $\underline{V}'_U = 33 \,\widehat{=}\, 30$ dB. Für diese Verstärkung gilt die bereits genannte obere Grenzfrequenz von 170 kHz. Soll sie applikationsbedingt reduziert werden, so ist dies durch eine zusätzliche RC-Beschaltung parallel zu R_N leicht möglich. Wird von der Standardverstärkung $\underline{V}'_U = 33$ abgewichen, so kann es bei Verstärkungen von $\underline{V}'_U \leq 3$ zu Instabilitäten kommen. Dem kann durch ein zusätzliches RC-Glied parallel zum R_1-Zweig begegnet werden.

Die 100%ige Gleichspannungsgegenkopplung gewährleistet eine gute Arbeitspunktstabilität. Die beiden Dioden D1 und D2 am Schaltkreisausgang (Freilaufdio-
den) schützen diesen gegen Schaltspannungsspitzen bei induktiven Lastkomponen-
ten.

Die angegebene maximale Ausgangsleistung wird nur dann erreicht, wenn die dazu
notwendigen Betriebsspannungen auch bei Vollaussteuerung unvermindert anlie-
gen. Dies ist meist nur durch den Einsatz stabilisierter Stromversorgungsschaltungen (s. Abschn. 2.11) zu garantieren. Es ist weiterhin notwendig, die Betriebsspannungen unmittelbar am Schaltkreis nochmals abzublocken (C_3, C_4).

Steht nur eine positive Betriebsspannung U_B zur Verfügung, so wird der Schaltkreis
gemäß Bild 2.124 betrieben. Um eine symmetrische Aussteuerung zu gewährleisten,
ist der Ausgang auf $U_B/2$ zu legen. Dies geschieht, indem man dem P-Eingang
dieses Potential zuordnet ($R_2 = R_3$); dabei ist auf eine gute Siebung zu achten (C_3;
Netzbrummunterdrückung). R_V ist kapazitiv angekoppelt. Für das Erreichen der
maximalen Ausgangsleistung ist eine Betriebsspannung von $U_B = U_{B1} + U_{B2}$ (in unserem Fall also 28 V) erforderlich.

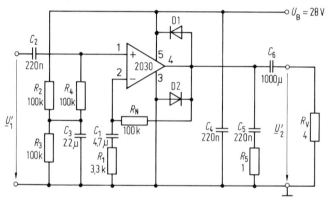

Bild 2.124 Leistungs-Operationsverstärker bei unsymmetrischer Betriebsspannungsversorgung

Zur weiteren Erhöhung der Ausgangsleistung können zwei Schaltkreise in einer
Brückenanordnung eingesetzt werden (Bild 2.125). Dabei verdoppelt sich die für
die Gegentaktendstufen der Schaltkreise wirksame Betriebsspannung, so daß die
Signalleistung bei gleichbleibendem Lastwiderstand gemäß Gl.(2.322) auf das Vier-
fache ansteigen würde. Dem steht jedoch der maximal zulässige Ausgangsstrom
der Schaltkreise im Wege. Er würde überschritten werden, und man ist daher ge-
zwungen, den Lastwiderstand auf das Zweifache zu erhöhen. Damit wird, im Vergleich zum Einzelschaltkreis, die doppelte Signalausgangsleistung (in unserem Fall
also 36 W) erzielt.

Verstärker mit Ausgangsleistungen über 50 W werden meist mit diskreten Bauelementen aufgebaut. Für die Gegentaktendstufen steht ein breites Sortiment von
Leistungstransistoren zur Verfügung, die dann auch mit größeren Versorgungsspan-
nungen betrieben werden können.

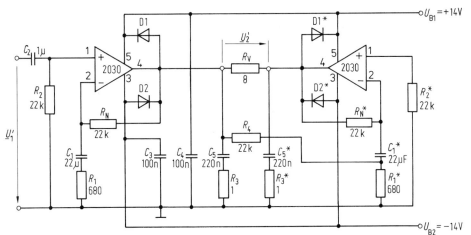

Bild 2.125 Leistungs-Operationsverstärker in Brückenschaltung

2.4.3 Leistungsverstärker mit sehr hohem Wirkungsgrad (D-Verstärker)

Der Wirkungsgrad von Gegentakt-B-Endstufen beträgt bei sinusförmiger Aussteuerung maximal 78,5%. Bei Verstärkern für sehr hohe Ausgangsleistungen wird man aber stets bemüht sein, einen Wirkungsgrad von nahe 100% zu erreichen. Dies ist möglich, wenn man das zu verstärkende analoge Signal in eine entsprechend modulierte Impulsfolge umwandelt. Diese Impulse können mit sehr hohem Wirkungsgrad verstärkt werden, da die aktiven Bauelemente im Schalterbetrieb arbeiten. Abschließend wird das Signal wieder in die analoge Form zurückgewandelt. Als Modulationsart kommt die Pulsdauermodulation zur Anwendung. Die Demodulation kann dann durch einfache Mittelung in Verbindung mit einem Tiefpaß erfolgen. Anordnungen dieser Art bezeichnet man als D-Verstärker. Bild 2.126 zeigt eine Möglichkeit ihres prinzipiellen schaltungstechnischen Aufbaus [2.33, 2.34].

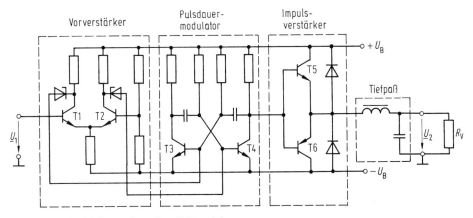

Bild 2.126 Prinzipieller Aufbau eines D-Verstärkers

Das Signal wird zunächst einem Vorverstärker zugeführt. Er ist als Differenzverstärkerstufe aufgebaut und steuert nach entsprechender Potentialverschiebung (Z-Dioden) den Pulsdauermodulator. Dieser Modulator besteht aus einem Multivibrator
(s. Abschn. 2.7.2.2), dessen (die Pulsdauer bestimmenden) Entladezeitkonstanten
durch das Signal variiert werden. Bei optimaler Dimensionierung ist ein linearer
Zusammenhang zwischen dem Eingangssignal U_1 und dem Tastverhältnis der
Impulse erzielbar. Die Impulsfolgefrequenz wird fünf- bis siebenmal so groß wie
die maximale Signalfrequenz gewählt. Bei Tonfrequenzverstärkern arbeitet man
meist mit 100 kHz.

Der nachfolgende Impulsverstärker besteht aus einer komplementären Gegentakt-
anordnung. Bei einem maximalen Modulationsindex von 0,9 muß er eine obere
Grenzfrequenz besitzen, die etwa 200- bis 400mal höher als die höchste Signalfrequenz liegt.

Der ausgangsseitige Tiefpaß hat die Aufgabe, alle oberhalb der maximalen Signalfrequenz liegenden Frequenzen zu sperren und dadurch den arithmetischen Mittelwert der Impulse zu bilden. Bei genügendem Abstand zwischen Signal- und Impulsfolgefrequenz ist dies bereits mit geringem Aufwand möglich.

Dem Vorteil des größeren Wirkungsgrades von D-Verstärkern stehen folgende
nicht zu übersehende Nachteile gegenüber:

— größerer Schaltungsaufwand,
— hohe Forderungen bezüglich der Bandbreite des Impulsverstärkers,
— Störstrahlung in Verbindung mit energiereichen steilen Impulsen,
— Auftreten von Blindschaltelementen im Modulator und Tiefpaß.

2.5   Selektivverstärker

Selektivverstärker haben die Aufgabe, Signale in einem bestimmten Frequenzbereich zu verstärken und alle außerhalb dieses Bereiches liegenden Anteile zu dämpfen. Beim Aufbau solcher Verstärker können zwei unterschiedliche Wege beschritten
werden (Bild 2.127):

— Kopplung einzelner Verstärkerstufen mit RLC-Filtern (verteilte Selektion) und
— Kopplung eines meist mehrkreisigen Filters (Kompaktfilter) mit einem mehrstufigen Breitbandverstärker (konzentrierte Selektion).

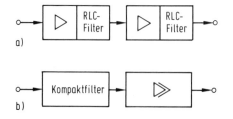

Bild 2.127 Realisierungsvarianten von
Selektivverstärkern
a) Verstärker mit verteilter Selektion,
b) Verstärker mit konzentrierter Selektion

Zusätzliche schaltungstechnische Anforderungen ergeben sich bei der Verarbeitung modulierter Signale in Zwischenfrequenzverstärkern (Amplitudenregelung und Amplitudenbegrenzung); sie sollen ebenfalls in diesem Abschnitt analysiert werden.

2.5.1 Verstärker mit verteilter Selektion

Bei Verstärkern mit verteilter Selektion sind die einzelnen in Kette geschalteten Verstärkerstufen über Parallelschwingkreise oder Bandfilter miteinander verbunden.

Bild 2.128 zeigt eine **Verstärkerstufe mit Parallelschwingkreis.** Der Transistor T 1 ist über eine Anzapfung mit dem Übersetzungsverhältnis $\ddot{u}_1 = w_1/w_{ges} < 1$ an den Schwingkreis angekoppelt. Die Ansteuerung des nachfolgenden Transistors T 2 erfolgt über eine getrennte Koppelwicklung mit dem Übersetzungsverhältnis $\ddot{u}_2 = w_2/w_{ges} < 1$. $\ddot{u}_1$ und $\ddot{u}_2$ werden so gewählt, daß die Bedämpfung des Schwingkreises durch R_{AusT1} und R_{EinT2} gering bleibt und die Selektionsanforderungen erfüllt werden können.

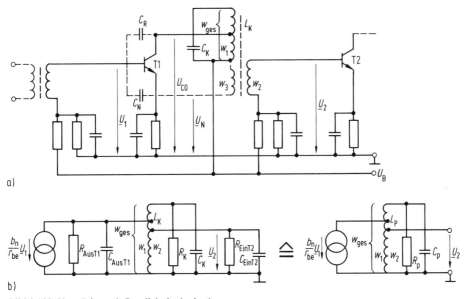

Bild 2.128 Verstärker mit Parallelschwingkreis
a) Schaltung, b) Ersatzschaltung

Bei der Analyse des Verstärkers geht man von der im Bild 2.128 b dargestellten Ersatzschaltung aus; die Rückwirkung der Transistoren wird zunächst vernachlässigt. R_K stellt den Resonanzwiderstand des Schwingkreises dar. Er wird maßgeblich durch den Reihenverlustwiderstand R_R der Induktivität L_K bestimmt. Es gilt:

$$R_K = \frac{(\omega_0 L_K)^2}{R_R}. \tag{2.446}$$

Bezieht man R_{AusT1}, C_{AusT1}, R_{EinT2} und C_{EinT2} mit in den Schwingkreis ein, so erhält man folgende Ersatzelemente:

$$L_{\mathrm{P}} = L_{\mathrm{K}}, \tag{2.447}$$

$$C_{\mathrm{P}} = C_{\mathrm{K}} + \ddot{u}_1^2\, C_{\mathrm{AusT1}} + \ddot{u}_2^2\, C_{\mathrm{EinT2}}, \tag{2.448}$$

$$G_{\mathrm{P}} = G_{\mathrm{K}} + \ddot{u}_1^2\, G_{\mathrm{AusT1}} + \ddot{u}_2^2\, G_{\mathrm{EinT2}} = \frac{1}{R_{\mathrm{P}}}. \tag{2.449}$$

Damit können Resonanzfrequenz, Lastwiderstand, Verstärkung und Bandbreite bestimmt werden.

Für die Resonanzfrequenz gilt:

$$\omega_0 = \frac{1}{\sqrt{L_{\mathrm{P}}\, C_{\mathrm{P}}}} = \frac{1}{\sqrt{L_{\mathrm{K}}(C_{\mathrm{K}} + \ddot{u}_1^2\, C_{\mathrm{AusT1}} + \ddot{u}_2^2\, C_{\mathrm{EinT2}})}}. \tag{2.450}$$

Man erkennt, daß die Transistorkapazitäten C_{AusT1} und C_{EinT2} mit in den Schwingkreis eingestimmt werden und damit im Unterschied zum Breitbandverstärker ohne negativen Einfluß sind.

Der komplexe Lastwiderstand der Verstärkerstufe berechnet sich zu

$$\underline{R}_{\mathrm{P}} = \frac{1}{G_{\mathrm{P}} + \mathrm{j}\,\omega C_{\mathrm{P}} + \dfrac{1}{\mathrm{j}\,\omega L_{\mathrm{P}}}} = \frac{R_{\mathrm{P}}}{1 + \mathrm{j}\,\dfrac{R_{\mathrm{P}}}{\omega_0 L_{\mathrm{P}}}\left(\dfrac{\omega}{\omega_0} - \dfrac{\omega_0}{\omega}\right)}. \tag{2.451}$$

Mit $\quad \dfrac{R_{\mathrm{P}}}{\omega_0 L_{\mathrm{P}}} = \varrho\ -$ Güte,

$$\frac{\omega}{\omega_0} - \frac{\omega_0}{\omega} = v \approx \frac{2\Delta\omega}{\omega_0}\ -\ \text{Verstimmung und}$$

$$\varrho v = \Omega\ -\ \text{normierte Verstimmung des Schwingkreises}$$

erhält man

$$\underline{R}_{\mathrm{P}} = \frac{R_{\mathrm{P}}}{1 + j\Omega}. \tag{2.452}$$

Für die komplexe Spannungsverstärkung folgt:

$$\underline{V}_{\mathrm{U}} = \frac{\underline{U}_2}{\underline{U}_1} = -\ddot{u}_1\, \ddot{u}_2\, \frac{b_{\mathrm{n}}}{r_{\mathrm{be}}}\, \underline{R}_{\mathrm{P}} = -\ddot{u}_1\, \ddot{u}_2\, \frac{b_{\mathrm{n}}}{r_{\mathrm{be}}}\, \frac{R_{\mathrm{P}}}{1 + j\Omega}. \tag{2.453}$$

Im Resonanzfall gilt:

$$V_{\mathrm{U0}} = -\ddot{u}_1\, \ddot{u}_2\, \frac{b_{\mathrm{n}}}{r_{\mathrm{be}}}\, R_{\mathrm{P}}. \tag{2.454}$$

Der Betrag der komplexen Verstärkung lautet:

$$|\underline{V}_U| = \ddot{u}_1\,\ddot{u}_2\,\frac{b_n}{r_{be}}\,\frac{R_P}{\sqrt{1+\Omega^2}} = |V_{U0}|\,\frac{1}{\sqrt{1+\Omega^2}}. \qquad (2.455)$$

Setzt man

$$\frac{|V_U|}{|V_{U0}|} = \frac{1}{\sqrt{1+\Omega_g^2}} = \frac{1}{\sqrt{2}}, \qquad (2.456)$$

so kann daraus mit

$$\Omega_g = \varrho\,v \approx \frac{R_P}{\omega_0\,L_P}\,\frac{2\Delta\omega}{\omega_0} = 1 \qquad (2.457)$$

die Bandbreite B berechnet werden; man erhält

$$B = 2\Delta f = \frac{1}{2\pi\,C_P\,R_P}. \qquad (2.458)$$

Bei hohen Frequenzen ist die Vernachlässigung der Rückwirkung nicht mehr zulässig. Es muß hier unbedingt die Rückwirkungskapazität C_R beachtet werden. Durch sie wird ein Teil der Kollektorspannung $\underline{U}_{C0}$ auf die Basis rückgekoppelt, was zur Selbsterregung führen kann. Durch eine zusätzliche Wicklung mit dem Übersetzungsverhältnis $\ddot{u}_3 = w_3/w_{ges}$ läßt sich eine zu $\underline{U}_{C0}$ gegenphasige Spannung $\underline{U}_N$ erzeugen, die über einen Kondensator C_N ebenfalls auf die Basis zurückgeführt werden kann (s. Bild 2.128 a). Wählt man

$$C_N = C_R\,\frac{w_1}{w_3}, \qquad (2.459)$$

so wird die ursächliche Wirkung von C_R aufgehoben (*Neutralisation*).

Schaltet man mehrere solche Verstärkerstufen in Kette und verteilt die Resonanzfrequenz der Einzelkreise über den zu realisierenden Durchlaßbereich, so kann damit vielfältigen Forderungen an die Form der Durchlaßkurve entsprochen werden. Man bezeichnet derartige Anordnungen als sogenannte *Verstimmungsfilter*.

Bild 2.129 zeigt eine **Verstärkerstufe mit Bandfilter.** Im vorliegenden Fall besteht das Filter aus zwei induktiv gekoppelten Schwingkreisen. Im allgemeinen wird $L_{K1} = L_{K2} = L_K$ gewählt. M entspricht der Gegeninduktivität. Der Grad der Kopplung $k = M/L_K$ bestimmt die Form der Durchlaßkurve, und man spricht daher auch von *Kopplungsfiltern*. Meist wird der sogenannten kritischen Kopplung der Vorzug gegeben, d.h., man wählt eine normierte Kopplung von $k\varrho = 1$. Die Analyse kann in ähnlicher Weise wie beim Verstärker mit Einzelkreisen vorgenommen werden [2.35].

Verstärker mit verteilter Selektion sind nicht bzw. nur schwer integrierbar. Die notwendigen Schwingkreise bzw. Bandfilter können nur als diskrete Elemente realisiert werden. Ihre Kopplung mit den integrierbaren Verstärkerstufen durch eine umfangreiche äußere Beschaltung ist unzweckmäßig.

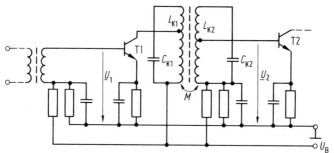

Bild 2.129 Verstärker mit Bandfilter

2.5.2 Verstärker mit konzentrierter Selektion

Verstärker mit konzentrierter Selektion sind durch die Kettenschaltung eines Kompaktfilters mit einem mehrstufigen Breitbandverstärker gekennzeichnet.

Als Kompaktfilter kommen RLC-Netzwerke oder mechanische Resonatoren zum Einsatz.

Die Berechnung von RLC-Filtern ist Aufgabe der klassischen Filtertheorie (s. z.B. [2.35, 2.36]) und soll hier nicht weiter ausgeführt werden. Die praktische Bedeutung dieser Filter ist außerdem im Sinken begriffen, da der Herstellungsaufwand und die geometrischen Abmessungen groß sind und dadurch die Kompatibilität zu integrierten Schaltungen meist nicht gegeben ist.

Demgegenüber steigt der Einsatz mechanischer Resonatoren stark an. Dabei wird das vorliegende elektrische Signal in Kraft-Schnelle-Änderungen umgewandelt, in diesem Bereich die gewünschte Frequenzselektion realisiert und abschließend die Rücktransformation in das elektrische Signal vorgenommen. Mechanische Filter zeichnen sich durch hohe Güten, geringe Temperaturabhängigkeiten, kleine Abmessungen und relativ niedrige Kosten aus. Man unterscheidet zwischen

— Metallresonatorfiltern,
— Quarz- und Keramikfiltern sowie
— AOW-Filtern (Nutzung des **a**kustischen **O**berflächen**w**ellen-Prinzips).

Besonders starke Verbreitung haben Keramikfilter und AOW-Filter gefunden. Ihr prinzipieller Aufbau ist in Bild 2.130 dargestellt.

Beim Keramikfilter werden auf einem piezoelektrischem Substrat paarweise metallische Elektroden aufgedampft und so Energiewandler und Resonatoren realisiert, die über das Substratvolumen miteinander gekoppelt sind.

Beim AOW-Filter werden auf einem ebenfalls piezoelektrischem Substrat (meist Lithiumniobat) kammförmig ineinandergreifende metallische Strukturen (Interdigitalwandler) aufgebracht. Sie wandeln eingangsseitig die elektrischen Schwingungen in mechanische (akustische) Oberflächenwellen und diese ausgangsseitig wieder in elektrische Schwingungen. Der Durchlaßbereich ist von der Geometrie der Interdigitalwandler abhängig. AOW-Filter besitzen extrem lineare Phasengänge und große Aussteuerungsbereiche [2.37].

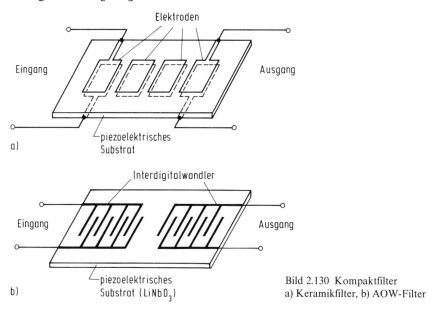

Bild 2.130 Kompaktfilter
a) Keramikfilter, b) AOW-Filter

Bild 2.131 zeigt den Einsatz eines Keramikfilters als Kompaktfilter für einen 10,7-MHz-Selektivverstärker (ZF-Verstärker in einem UKW-Empfänger; s. Abschn. 2.5.3.2) [2.38].

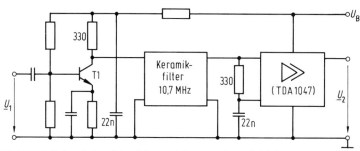

Bild 2.131 Beispiel eines Verstärkers mit konzentrierter Selektion

Keramikfilter dieser Art enthalten 4 bzw. 8 mechanische Resonatoren und sind mit den vom Hersteller angegebenen Impedanzen ein- und ausgangsseitig abzuschließen; im vorliegenden Fall mit $330\,\Omega \parallel 10\,\text{pF}$. Die Exaktheit dieser Abschlüsse wird in Verbindung mit der vorgeschalteten Verstärkerstufe (T 1) und dem nachfolgenden Verstärkerschaltkreis gewährleistet. Folgende Kennwerte sind für ein 10,7-MHz-Filter mit 8 Resonatoren typisch: 3-dB-Bandbreite $\geq 180\,\text{kHz}$; Durchlaßdämpfung $\leq 11\,\text{dB}$; Sperrdämpfung $\geq 60\,\text{dB}$.

Die Verstärkung erfolgt mit einem mehrstufigen Breitbandverstärker. Es werden meist integrierte Standardschaltkreise eingesetzt. Übersteuerung und Kreuzmodulation sind, bedingt durch das vorgeschaltete Kompaktfilter, gut beherrschbar. Ein Filterabgleich ist nicht erforderlich. Nachteilig ist allerdings, daß die erzielbare Verstärkung mit steigender Bandmittenfrequenz sinkt. Bei sehr hohen Frequenzen sind daher Verstärker mit konzentrierter Selektion nicht mehr einsetzbar, und man muß auf Strukturen mit verteilter Selektion zurückgreifen.

2.5.3 Zwischenfrequenzverstärker

ZF-Verstärker werden meist als Verstärker mit konzentrierter Selektion realisiert. Im Verstärkertrakt gilt es jedoch einige Besonderheiten zu beachten. Beim Einsatz in Funkempfängern z. B. schwanken die Eingangsspannungen etwa um den Faktor 10^3, wobei der kleinste Signalpegel in der Größenordnung von $10\,\mu V$ liegt. Die zu fordernde Spannungsverstärkung beträgt 50 bis 90 dB. Weitere Forderungen an die Bandbreite, die Mittenfrequenz und andere Übertragungseigenschaften werden in starkem Maß vom gewählten Übertragungssystem und insbesondere von der Art der Modulation des Signals bestimmt. Man unterscheidet daher zwischen ZF-Verstärkern für amplitudenmodulierte Signale und ZF-Verstärkern für frequenzmodulierte Signale.

2.5.3.1 AM-ZF-Verstärker

Bei ZF-Verstärkern für amplitudenmodulierte Signale muß ein linearer Zusammenhang zwischen Eingangs- und Ausgangsspannung gewährleistet werden. Weiterhin soll der Ausgangspegel einen ausreichend großen, annähernd konstanten Wert annehmen und von Schwankungen des Eingangspegels in weiten Grenzen unabhängig sein. Zur Erfüllung der zweiten Forderung ist eine automatische Verstärkungsregelung notwendig. Die dazu benötigte Regelspannung wird aus dem gleichgerichteten Ausgangssignal gewonnen und die Regelkreiszeitkonstante so groß gewählt, daß nur langsame Schwankungen des Signals ausgeregelt werden (d.h., die Modulation des Signals bleibt davon unbetroffen). Der Regelhub soll 50 bis 60 dB betragen.

Amplitudenmodulation wird bei der Hörrundfunk-Tonübertragung und bei der Fernsehrundfunk-Bildübertragung eingesetzt. Bei der Tonübertragung wird mit einer Zwischenfrequenz von 450 bis 470 kHz und einer Kanalbreite von 9 kHz gearbeitet. Bei der Übertragung von Bildsignalen liegt die Zwischenfrequenzen bei 38 MHz, und die Kanalbreite beträgt 7 MHz. Der Aufbau der integrierten Verstärker erfolgt in beiden Fällen nach den gleichen Gesichtspunkten.

Bild 2.132 zeigt die Schaltung eines AM-ZF-Verstärkers, wie er in Hörrundfunk-Empfängern zum Einsatz kommt (typisch für den ZF-Verstärker im Schaltkreis TCA 440 — Siemens sowie anderen komplexen Empfängerschaltkreisen) [2.39, 2.40].

Die Schaltung besteht aus vier Differenzverstärkerstufen (T 1/T 2, T 5/T 6, T 9/T 10, T 13/T 14), die über Emitterfolger (T 3/T 4, T 7/T 8, T 11/T 12) gekoppelt sind. Zur

Arbeitspunktstabilisierung werden die Ausgangssignale der dritten Differenzverstärkerstufe über die Emitterfolger T11 bzw. T12 und die Widerstände $R_1 + R_2$
bzw. R_{11} auf die Eingänge der ersten Stufe rückgeführt. Wechselstrommäßig wird
diese Gegenkopplung durch Ablockung mit den Kondensatoren C_1 und C_2 unwirksam gemacht.

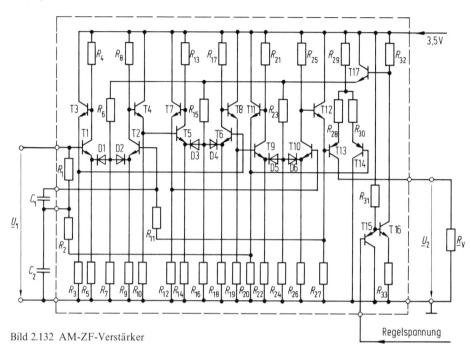

Bild 2.132 AM-ZF-Verstärker

Die Verstärkungsregelung der Schaltung erfolgt mit den ersten drei Differenzverstärkerstufen. Die dazu erforderliche Regelspannung wird dem Demodulator als
positive Spannung entnommen und mit Hilfe der Transistoren T15, T16 und T17
verstärkt bzw. in seinem Potential verschoben. Über die Widerstände R_6, R_{15} und
R_{23} gelangt die Regelspannung an die regelbaren Differenzverstärker und steuert
die Dioden D1 bis D6. Durch die dabei auftretende Veränderung der differentiellen
Widerstände der Dioden ist die Verstärkung der Differenzstufen in weiten Bereichen
beeinflußbar (s. Abschn. 2.2.4.10).

Die Versorgungsspannung von 3,5 V wird einer schaltkreisinternen Stabilisierungs-
schaltung entnommen.

Folgende Betriebskennwerte sind für den ZF-Verstärker charakteristisch:

Spannungsverstärkung	$\underline{V}_U = 30\,000 \cong 90$ dB
Regelhub	$\Delta \underline{V}_U = 1000:1 \cong 60$ dB
Eingangsspannung bei Regeleinsatz	$\underline{U}_{1R} = 80\ \mu V$
max. Eingangsspannung (Übersteuerungsbeginn)	$\underline{U}_{1\,max} = 200$ mV.

2.5.3.2 FM-ZF-Verstärker

Bei ZF-Verstärkern für frequenzmodulierte Signale ist es wichtig, daß die Ausgangsamplitude bereits bei kleinen Eingangssignalen eine exakte Begrenzung erfährt.
Dadurch wird eine automatische Verstärkungsregelung überflüssig und der Aufbau
der Anordnung gegenüber AM-ZF-Verstärkern vereinfacht.

Frequenzmodulation wird bei der Hörrundfunk- und Fernsehrundfunk-Tonüber-
tragung eingesetzt. Bei der Hörrundfunk-Tonübertragung wird mit einer Zwischenfrequenz von 10,7 MHz gearbeitet. Für die Übertragung des Fernsehbegleittones
wird eine Zwischenfrequenz von 5,5 MHz benutzt. Die Kanalbreite beträgt jeweils
200 kHz. Der Aufbau der integrierten Verstärker erfolgt in beiden Fällen nach
den gleichen Gesichtspunkten. Die meisten Schaltkreise sind sowohl für die Rund-
funk- als auch für die Fernseh-Tonübertragung geeignet.

Bild 2.133 zeigt das Schaltbild eines solchen universell einsetzbaren ZF-Verstärkers
(typisch für den ZF-Verstärker innerhalb der integrierten Schaltungen TBA 120
und TDA 1047 – Siemens sowie anderer komplexer Empfängerschaltkreise) [2.41,
2.42, 2.43, 2.44].

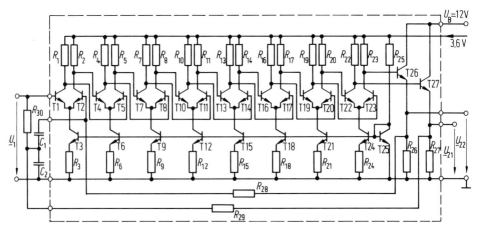

Bild 2.133 FM-ZF-Verstärker

Die Anordnung besteht aus der Kettenschaltung von acht Differenzverstärkern
(T 1/T 2, T 4/T 5, T 7/T 8, T 10/T 11, T 13/T 14, T 16/T 17, T 19/T 20, T 22/T 23), deren
Emitterströme aus einer Mehrfachstromquelle (T 3, T 6, T 9, T 12, T 15, T 18, T 21,
T 24, T 25) geliefert werden. Als Ausgangsstufen fungieren zwei Emitterfolger (T 26,
T 27).

Zum Zwecke der Arbeitspunktstabilisierung werden die Ausgangsspannungen $\underline{U}_{21}$
und $\underline{U}_{22}$ über die Widerstände $R_{29} + R_{30}$ bzw. R_{28} auf die Basen der Transistoren
T 1 bzw. T 2 rückgeführt. Wechselstrommäßig wird diese Gegenkopplung durch
die Kondensatoren C_1 und C_2 unwirksam gemacht.

Die Versorgungsspannung für die Differenzverstärker und die Mehrfachstromquelle ist gegenüber Schwankungen der Betriebsspannung U_B schaltkreisintern stabilisiert (3,6 V).

Die Differenzverstärker arbeiten als Amplitudenbegrenzer (s. Abschn. 2.2.4.10). Aufgrund der großen Stufenzahl ist die Begrenzung sehr wirkungsvoll.

Folgende Kennwerte sind für die Schaltung charakteristisch:

Spannungsverstärkung $\underline{V}_U = 2500 \;\hat{=}\; 68$ dB
Eingangsspannung bei Begrenzereinsatz $\underline{U}_{1B} = 30 \; \mu V$
Ausgangsspannung bei Begrenzung $\underline{U}_{21} = \underline{U}_{22} = 250 \; mV_{ss}$.

2.6 Aktive Filter

Aktive Filter bestehen aus einem mehrstufigen Breitbandverstärker und einem frequenzabhängigen Rückkopplungsnetzwerk (Bild 2.134).

Als Breitbandverstärker kommen Operationsverstärker zum Einsatz. Beim Aufbau des Rückkopplungsnetzwerkes beschränkt man sich auf RC-Komponenten. In der Tatsache, daß auf Induktivitäten völlig verzichtet werden kann, liegt einer der Hauptvorteile aktiver Filter. Die RC-Netzwerke werden häufig in Schichttechnik realisiert. In neuerer Zeit werden anstelle der RC-Netzwerke in zunehmendem Maße geschaltete Kapazitäten verwendet. Damit können auch vollintegrierte programmierbare Universalfilter verwirklicht werden.

Für den Aufbau aktiver Filter gibt es viele bereits katalogartig aufbereitete Möglichkeiten [2.45, 2.46, 2.47, 2.48]. Eine kleine Auswahl davon soll im folgenden vorgestellt werden.

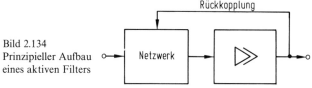

Bild 2.134
Prinzipieller Aufbau
eines aktiven Filters

2.6.1 Tiefpaßfilter

Für ein Tiefpaßfilter ersten Grades gilt folgende Übertragungsfunktion

$$\underline{A} = A_0 \frac{1}{1 + j\dfrac{\omega}{\omega_g}} = A_0 \frac{1}{1 + P} \tag{2.460}$$

mit A_0 — frequenzunabhängiger Übertragungsfaktor (bei aktiven Filtern in der Regel die Verstärkung),

ω_g — Grenzfrequenz und

$P = j\dfrac{\omega}{\omega_g}$ — normierte komplexe Frequenz.

Weit oberhalb der Grenzfrequenz wird $|\underline{A}| = \omega_g/\omega$, d.h. der Betrag der Übertragungsfunktion fällt mit -20 dB/Dekade.

Bild 2.135 zeigt den Aufbau eines solchen Filters als aktives RC-Filter.

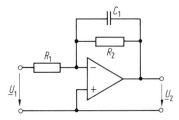

Bild 2.135 Aktiver Tiefpaß ersten Grades

Das Übertragungsverhalten ist charakterisiert durch

$$\underline{A} = \frac{U_2}{U_1} = -\frac{R_2}{R_1}\frac{1}{1 + \mathrm{j}\,\omega\,C_1\,R_2}. \tag{2.461}$$

Aus dem Vergleich mit Gl.(2.460) folgt für die Dimensionierung:

$$R_1 = -\frac{R_2}{A_0}, \tag{2.462}$$

$$R_2 = \frac{1}{\omega_g\,C_1}. \tag{2.463}$$

Tiefpaßfilter zweiten Grades können durch die Übertragungsfunktion

$$\underline{A} = A_0\frac{1}{1 + aP + b\,P^2} \tag{2.464}$$

beschrieben werden. $|\underline{A}|$ fällt weit oberhalb der Grenzfrequenz mit -40 dB/Dekade.

Die Koeffizienten a und b bestimmen die Form der Durchlaßkurve, d.h. den Filtertyp. Besonders gebräuchlich sind [2.1]:

— *Bessel-Filter* ($a = 1{,}3617$; $b = 0{,}6180$): Optimales Rechteckübertragungsverhalten bei konstanter Gruppenlaufzeit und sehr geringem Überschwingen (Sprungantwort) von ca. 0,5%
— *Butterworth-Filter* ($a = 1{,}4142$; $b = 1{,}0000$): Steiler Abfall oberhalb der Grenzfrequenz bei einem Überschwingen von ca. 5%
— *Tschebyscheff-Filter* ($a = 1{,}3022$; $b = 1{,}5515$): Sehr steiler Abfall oberhalb der Grenzfrequenz bei einem Überschwingen von ca. 15% und einer monotonen Welligkeit im Durchlaßbereich von 1 dB.

Die angegebenen Zahlenwerte für a und b gelten für Filter zweiten Grades.

Bild 2.136 zeigt eine Schaltung für einen aktiven Tiefpaß zweiten Grades.

Über die Widerstände R_3 und R_4 wird, völlig unabhängig von der frequenzabhängigen Rückführung, die Verstärkung A_0 eingestellt. Die frequenzabhängige Rückkopplung ist als Mitkopplung ausgeführt.

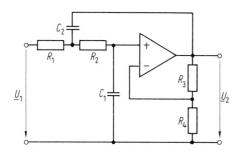

Bild 2.136 Aktiver Tiefpaß
zweiten Grades

Häufig wählt man $R_3 = 0$ und $R_4 = \infty$; damit ergibt sich eine Verstärkung $A_0 = 1$. Setzt man weiterhin $R_1 = R_2 = R$, so gilt:

$$\underline{A} = \frac{1}{1 + j\omega\, 2\, C_1\, R - \omega^2\, C_1\, C_2\, R^2}. \tag{2.465}$$

Der Vergleich mit Gl.(2.464) liefert die Dimensionierungsbeziehungen

$$C_1 = \frac{a}{2\,\omega_g\, R}, \tag{2.466}$$

$$C_2 = \frac{2b}{a\,\omega_g\, R}. \tag{2.467}$$

Sind die gestellten Selektionsanforderungen mit Filtern ersten bzw. zweiten Grades nicht erfüllbar, so müssen Selektionsmittel höherer Ordnung eingesetzt werden. Sie können beispielsweise durch Kettenschaltung der beschriebenen Filter realisiert werden. Es ist jedoch zu beachten, daß sich dabei die den Filtertyp bestimmenden Koeffizienten a und b ändern.

2.6.2 Hochpaßfilter

Ein Hochpaßfilter ersten Grades besitzt die Übertragungsfunktion

$$\underline{A} = A_0\, \frac{1}{1 + \dfrac{\omega_g}{j\omega}} = A_0\, \frac{1}{1 + \dfrac{1}{P}}, \tag{2.468}$$

wobei für P wieder $j\omega/\omega_g$ zu setzen ist.

Eine einfache schaltungstechnische Realisierung zeigt Bild 2.137.

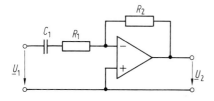

Bild 2.137 Aktiver Hochpaß
ersten Grades

Die Übertragungsfunktion berechnet sich zu

$$\underline{A} = -\frac{R_2}{R_1} \frac{1}{1 + \dfrac{1}{j\omega C_1 R_1}}. \tag{2.469}$$

Durch Vergleich mit Gl.(2.468) erhält man:

$$R_2 = -A_0 R_1, \tag{2.470}$$

$$R_1 = \frac{1}{\omega_g C_1}. \tag{2.471}$$

Für das Hochpaßfilter zweiten Grades gilt:

$$\underline{A} = A_0 \frac{1}{1 + \dfrac{a}{P} + \dfrac{b}{P^2}}. \tag{2.472}$$

Über die Koeffizienten a und b kann in gleicher Weise wie beim Tiefpaßfilter die Form der Durchlaßkurve, d.h. der Filtertyp eingestellt werden.

Bild 2.138 zeigt eine Möglichkeit der schaltungstechnischen Umsetzung.

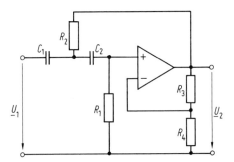

Bild 2.138 Aktiver Hochpaß zweiten Grades

A_0 wird mit den Widerständen R_3 und R_4 festgelegt. Der frequenzabhängige Teil der Rückkopplung ist als Mitkopplung ausgeführt. Die Schaltung entspricht der des Tiefpasses zweiten Grades, lediglich die Widerstände und Kondensatoren sind miteinander vertauscht.

Wählt man auch hier wieder $A_0 = 1$ (d.h. $R_3 = 0$ und $R_4 = \infty$) und setzt $C_1 = C_2 = C$, so erhält man für die Übertragungsfunktion

$$\underline{A} = \frac{1}{1 + \dfrac{2}{j\omega C R_1} - \dfrac{1}{\omega^2 C^2 R_1 R_2}}. \tag{2.473}$$

Aus dem Vergleich mit Gl.(2.472) folgt:

$$R_1 = \frac{2}{a \omega_g C}, \tag{2.474}$$

$$R_2 = \frac{a}{2b\,\omega_g\,C}.$$ (2.475)

Hochpaßfilter höheren Grades können, ebenso wie die entsprechenden Tiefpaßfilter, durch Kettenschaltungen verwirklicht werden.

2.6.3 Bandpaßfilter

Die Durchlaßkurve eines Bandpaßfilters zweiten Grades ist durch folgende Übertragungsfunktion darstellbar:

$$\underline{A} = A_0 \frac{\Delta\Omega\,P}{1 + \Delta\Omega\,P + P^2}$$ (2.476)

mit $P = j\,\dfrac{\omega}{\omega_0}$ — normierte komplexe Frequenz,

ω_0 — Resonanzfrequenz,

$\Delta\Omega = \dfrac{\omega_o - \omega_u}{\omega_0}$ — normierte Bandbreite,

ω_o — obere Grenzfrequenz und

ω_u — untere Grenzfrequenz.

Die Grenzfrequenzen sind mit der Resonanzfrequenz über die Beziehung $\omega_o\,\omega_u = \omega_0^2$ verknüpft. $|\underline{A}|$ durchläuft bei ω_0 das Maximum A_0. Bei ω_u und ω_o wird $|\underline{A}| = A_0/\sqrt{2}$.

Im Bild 2.139 ist eine Schaltung dargestellt, mit der die Übertragungsfunktion realisiert werden kann.

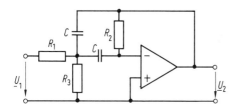

Bild 2.139 Aktiver Bandpaß

Für $\underline{A}$ gilt:

$$\underline{A} = \frac{-\dfrac{R_2\,R_3}{R_1 + R_3}\,j\omega\,C}{1 + \dfrac{2R_1\,R_3}{R_1 + R_3}\,j\omega\,C - \dfrac{R_1\,R_2\,R_3}{R_1 + R_3}\,\omega^2\,C^2}.$$ (2.477)

Aus dem Vergleich mit Gl.(2.476) ist zu ersehen, daß im Resonanzfall der dem P^2-Glied entsprechende Term Eins wird, und es folgt

$$\omega_0 = \frac{1}{C}\sqrt{\frac{R_1 + R_3}{R_1\,R_2\,R_3}}.$$ (2.478)

Mit ω_0 kann A_0 berechnet werden:

$$A_0 = \underline{A}(\omega_0) = -\frac{R_2}{2R_1}.$$
(2.479)

Für die normierte Bandbreite $\Delta\Omega$ erhält man:

$$\Delta\Omega = \frac{2}{\omega_0 C R_2} = \frac{2}{\sqrt{\dfrac{(R_1 + R_3)R_2}{R_1 R_3}}}.$$
(2.480)

Der Kehrwert der normierten Bandbreite $1/\Delta\Omega$ kann als Güte des Filters interpretiert werden

$$Q = \frac{1}{\Delta\Omega} = \frac{1}{2}\sqrt{\frac{(R_1 + R_3)R_2}{R_1 R_3}}.$$
(2.481)

Für die Erzielung hoher Güten muß $R_2 \gg (R_1 \parallel R_3)$ gewählt werden.

Die Bandbreite B berechnet sich aus

$$B = f_o - f_u = \Delta\Omega f_0 = \frac{1}{\pi C R_2}.$$
(2.482)

2.6.4 Sperrfilter

Das Übertragungsverhalten eines Sperrfilters zweiten Grades kann durch die Funktion

$$\underline{A} = A_0 \frac{1 + P^2}{1 + \Delta\Omega P + P^2}$$
(2.483)

beschrieben werden. Für P und $\Delta\Omega$ gelten die bereits beim Bandpaßfilter gegebenen Definitionen. $|\underline{A}|$ durchläuft bei der Resonanzfrequenz ω_0 eine Nullstelle. Für $\omega \ll \omega_0$ und $\omega \gg \omega_0$ wird $|\underline{A}| = A_0$.

Bild 2.140 zeigt eine Möglichkeit der schaltungstechnischen Umsetzung der Übertragungsfunktion.

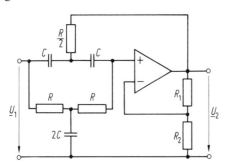

Bild 2.140 Aktive Bandsperre

Mit den Widerständen R_1 und R_2 wird die Verstärkung A_0 eingestellt. Als frequenzabhängiges Rückkopplungsnetzwerk wirkt ein Doppel-T-Filter (s. Abschn. 1.2.3).

Für $\underline{A}$ gilt:

$$\underline{A} = \frac{\left(1 + \dfrac{R_1}{R_2}\right)(1 - \omega^2 C^2 R^2)}{1 + 2\left(1 - \dfrac{R_1}{R_2}\right)\mathrm{j}\,\omega\,C\,R - \omega^2 C^2 R^2}. \tag{2.484}$$

Aus dem Vergleich mit Gl.(2.483) folgt zunächst für die Verstärkung

$$A_0 = 1 + \frac{R_1}{R_2}. \tag{2.485}$$

Weiterhin erkennt man, daß im Resonanzfall die den P^2-Gliedern entsprechenden Terme Eins werden. Daraus ergibt sich die Resonanzfrequenz

$$\omega_0 = \frac{1}{C\,R}. \tag{2.486}$$

Für die normierte Bandbreite $\Delta\Omega$ erhält man

$$\Delta\Omega = 2\left(1 - \frac{R_1}{R_2}\right) = 2(2 - A_0). \tag{2.487}$$

$\Delta\Omega$ ist von der Verstärkung A_0 abhängig; es sind nur A_0-Werte zwischen 1 und 2 sinnvoll.

$1/\Delta\Omega$ kann wieder als Maß für die Güte des Filters angesehen werden:

$$Q = \frac{1}{\Delta\Omega} = \frac{1}{2(2 - A_0)}. \tag{2.488}$$

Wählt man $A_0 = 2$, so wird die Güte theoretisch unendlich groß. Dem sind jedoch praktische Grenzen durch die Genauigkeit des Filterabgleiches und die Stabilität der Anordnung gesetzt.

2.6.5 SC-Filter

Bei den bisher analysierten aktiven Filtern ist die Übertragungsfunktion durch die RC-Komponenten des Rückkopplungsnetzwerkes festgelegt. Die dabei notwendigen engen Toleranzen dieser Komponenten lassen sich bei den Widerständen in integrierten Schaltungen nur schwer gewährleisten. Dieser Mangel kann mit Hilfe von sogenannten SC-Filtern (SC – switched capacitor) umgangen werden; zusätzlich ergibt sich dabei noch die Möglichkeit der Realisierung programmierbarer Universalfilter. Das Charakteristische des SC-Filters besteht darin, daß ein Teil oder auch alle Widerstände des aktiven RC-Filters durch geschaltete Kapazitäten ersetzt werden [2.1, 2.4, 2.5, 2.37]. Bild 2.141 zeigt Möglichkeiten der Anordnung solcher geschalteter Kapazitäten.

Ist der Schalter der Grundstruktur (Bild 2.141a) in der linken Stellung, so wird die Kapazität C auf U_1 aufgeladen. Wird der Schalter anschließend in die rechte

Position gebracht, so wird C auf U_2 entladen. Die Ladung, die bei diesem Umschaltvorgang vom Eingang zum Ausgang fließt, ist also

$$Q = C(U_1 - U_2).\tag{2.489}$$

Bei einer Schaltfrequenz $f_S = 1/T_S$ gilt für den vom Eingang zum Ausgang fließenden Strom

$$I = \frac{Q}{T_S} = f_S\, C(U_1 - U_2).\tag{2.490}$$

Ist die Schaltfrequenz f_S viel größer als die Signalfrequenz f, kann die geschaltete Kapazität C direkt zum Ersatz eines Widerstandes dienen. Für diesen äquivalenten Widerstand gilt:

$$R = \frac{U_1 - U_2}{I} = \frac{1}{f_S\, C}.\tag{2.491}$$

Die Grundstruktur nach Bild 2.141a hat den Nachteil, daß die Schaltimpulse über unvermeidliche Streukapazitäten auf den Signalpfad gelangen können. Man verwendet daher in der Praxis häufig die im Bild 2.141b dargestellte streuinsensitive Variante.

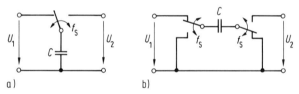

a)   b)

Bild 2.141 Geschaltete Kapazitäten
a) Grundstruktur, b) streuinsensitive Struktur

Die Schalter werden durch MOS- bzw. CMOS-Strukturen realisiert (s. Abschn. 2.10).

Geschaltete Kapazitäten können sehr vorteilhaft beim Aufbau von SC-Integrierern eingesetzt werden (Bild 2.142).

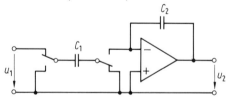

Bild 2.142 SC-Integrierer

Der Widerstand des herkömmlichen RC-Integrierers (s. Bild 2.108) wurde durch eine geschaltete Kapazität ersetzt. Bei jedem Umschaltvorgang wird das Ladungspaket $C_1 U_1$ auf C_2 transportiert und damit die Spannung U_2 um

$$\Delta U_2 = \frac{C_1}{C_2}\, U_1\tag{2.492}$$

erhöht. Daraus folgt für den Zusammenhang zwischen Ein- und Ausgangssignal des SC-Integrierers:

$$u_2 = f_S \frac{C_1}{C_2} \int u_1 \, dt. \tag{2.493}$$

Bei sinusförmiger Erregung gilt

$$\underline{U}_2 = \frac{f_S C_1}{j\omega C_2} \underline{U}_1 = \frac{1}{j\omega\tau} \underline{U}_1. \tag{2.494}$$

Die Integrationszeitkonstante $\tau = C_2/C_1 f_S$ wird durch das Kapazitätsverhältnis C_2/C_1 und durch den Kehrwert der Schaltfrequenz f_S bestimmt. Für C_2/C_1 sind Werte von 50 bis 200 typisch. f_S ist frei wählbar.

Durch die Kombination von SC-Integrierern mit einer Summierschaltung lassen sich programmierbare Universalfilter aufbauen. Bild 2.143 zeigt dafür ein einfaches Beispiel.

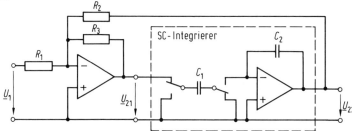

Bild 2.143 SC-Filter ersten Grades

Die Übertragungsfunktion

$$\underline{A}_1 = \frac{\underline{U}_{22}}{\underline{U}_1} = \frac{-\dfrac{R_2}{R_1}}{1 + j\omega\tau \dfrac{R_2}{R_3}} \tag{2.495}$$

charakterisiert einen aktiven Tiefpaß ersten Grades mit den Kennwerten

$$A_{01} = -\frac{R_2}{R_1}, \tag{2.496}$$

$$\omega_{g1} = \frac{R_3}{\tau R_2} = f_S \frac{C_1 R_3}{C_2 R_2}. \tag{2.497}$$

Die Übertragungsfunktion

$$\underline{A}_2 = \frac{\underline{U}_{21}}{\underline{U}_1} = \frac{-\dfrac{R_3}{R_1}}{1 + \dfrac{1}{j\omega\tau} \dfrac{R_3}{R_2}} \tag{2.498}$$

kennzeichnet einen aktiven Hochpaß ersten Grades mit den Parametern

$$A_{02} = -\frac{R_3}{R_1},$$ (2.499)

$$\omega_{g2} = \frac{R_3}{\tau R_2} = f_S \frac{C_1 R_3}{C_2 R_2}.$$ (2.500)

Die beiden Grenzfrequenzen ω_{g1} und ω_{g2} sind gleich und durch die Wahl der Schaltfrequenz f_S einstellbar.

SC-Filter sind gut monolithisch integrierbar. Schaltkreise dieser Art enthalten SC-Integrierer, Summierer und steuerbare Oszillatoren für die Schaltfrequenzen. Die Schaltfrequenzen liegen beim 50- bis 100fachen der Grenzfrequenzen. Häufig werden Filter zweiten Grades integriert. Sie ermöglichen die gleichzeitige Realisierung von Tiefpaß-, Hochpaß- und Bandpaßfunktionen (*Biquad-Strukturen*). Durch ihre Kaskadierung können auch leicht Filter höheren Grades verwirklicht werden [2.49].

2.7 Signalgeneratoren

2.7.1 Sinus-Oszillatoren

2.7.1.1 Grundsätzlicher Aufbau

Oszillatoren sind Schaltungen zur Erzeugung ungedämpfter harmonischer Schwingungen. Die dazu notwendige Entdämpfung passiver Netzwerke kann mit aktiven Zwei- oder Vierpolen vorgenommen werden. Man unterscheidet dementsprechend zwischen Zweipol- und Vierpoloszillatoren. Der Einsatz von Zweipoloszillatoren beschränkt sich im wesentlichen auf das Höchstfrequenzgebiet (Schwingfrequenzen > 10 GHz). Als aktive Zweipole werden häufig Tunneldioden (Nutzung des fallenden Kennlinienteiles) verwendet. Für alle anderen Anwendungen, und das ist die überwiegende Mehrheit, kommen Vierpoloszillatoren in Betracht. Die folgende Analyse ist daher auf diese Oszillatoren orientiert.

Vierpoloszillatoren können als rückgekoppelte Verstärker aufgefaßt werden (Bild 2.144). Das prinzipielle Verhalten rückgekoppelter Anordnungen ist bereits im Abschnitt 1.2.4.2 untersucht worden und kann durch Gl. (1.142) beschrieben werden

$$\underline{V}' = \frac{\underline{S}_2'}{\underline{S}_1'} = \frac{\underline{V}}{1 - \underline{K}\,\underline{V}}.$$ (2.501)

Wählt man

$$\underline{K}\,\underline{V} = 1,$$ (2.502)

so wird $\underline{V}' = \infty$. Das bedeutet, es tritt Selbsterregung ein, die ursprüngliche Steuerung des rückgekoppelten Verstärkers durch $\underline{S}_1'$ kann entfallen, und die Anordnung ist zum Oszillator geworden.

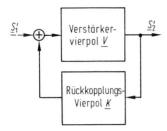

Bild 2.144 Oszillator als rückgekoppelter
Verstärker (Vierpoloszillator)

Die Gl. (2.502) wurde erstmals von *Barkhausen* formuliert und als *Schwingbedingung* bezeichnet. Da der Rückkopplungsfaktor $\underline{K}$ und die Verstärkung $\underline{V}$ komplexe Größen sind, kann auch geschrieben werden

$$\underline{K}\,\underline{V} = K V \exp[\mathrm{j}(\varphi_\mathrm{K} + \varphi_\mathrm{V})] = 1. \tag{2.503}$$

Der Betrag von $\underline{K}\,\underline{V}$ liefert dann die *Amplitudenbedingung*

$$KV = 1. \tag{2.504}$$

Aus der Exponentialfunktion gewinnt man die *Phasenbedingung*

$$\varphi_\mathrm{K} + \varphi_\mathrm{V} = 0, \quad 2\pi, 4\pi, \dots . \tag{2.505}$$

Die Amplitudenbedingung sagt aus, daß das Produkt KV mindestens 1 ergeben muß, wenn die Schaltung schwingen soll. In der Praxis wählt man KV stets etwas größer als 1, um ein sicheres Anschwingen zu gewährleisten. V nimmt aufgrund von Nichtlinearitäten im Kennlinienfeld des Verstärkerbauelementes mit wachsender Amplitude ab, so daß im eingeschwungenen Zustand KV exakt 1 wird. Ist die Amplitudenabhängigkeit der Verstärkung z.B. in der Form $V(U)$ bekannt, so kann durch Einsetzen derselben in Gl. (2.504) die Schwingamplitude U im eingeschwungenen Zustand berechnet werden. K ist im allgemeinen amplitudenunabhängig. Wählt man KV zu groß, so können Kippschwingungen auftreten; dies ist zu vermeiden.

Die Phasenbedingung besagt, daß der Phasenwinkel der Verstärkung φ_V durch den entgegengesetzt gerichteten Phasenwinkel des Rückkopplungsfaktors φ_K ausgeglichen werden muß. Die Phasenwinkel sind stark frequenzabhängig. Man kann daher aus $\varphi_\mathrm{K}(f) + \varphi_\mathrm{V}(f) = 0$ die die Schwingfrequenz f_0 des Oszillators berechnen.

2.7.1.2 LC-Oszillatoren

Bei LC-Oszillatoren werden Schwingkreise als frequenzbestimmende Elemente genutzt. Sie werden bevorzugt im Frequenzbereich von 50 kHz bis 300 MHz verwendet. Von den zahlreichen schaltungstechnischen Varianten sollen drei herausgegriffen und analysiert werden.

Beim **Meißner-Oszillator** (Bild 2.145) erfolgt die Rückkopplung über einen Übertrager, dessen Primärwicklung (w_1) zusammen mit einem Kondensator C den frequenzbestimmenden Schwingkreis darstellt. Als Verstärkerbauelement wirkt ein Transistor in Emitterschaltung. Das zu wählende Übersetzungsverhältnis $ü = w_2/w_1$ kann anhand der Ersatzschaltung (Bild 2.145b) mit Hilfe der Amplitudenbedingung berechnet werden [2.50]

$$ü = \frac{w_2}{w_1} = -\frac{U_R}{\underline{U}_A} = -K = -\frac{1}{V}. \tag{2.506}$$

Für $1/V$ erhält man (s. Tabelle 1.3)

$$\frac{1}{V} = \frac{r_{be}}{b_n}\left(\frac{1}{R_L} + r_{ce}\right). \tag{2.507}$$

R_L entspricht dem resultierenden Lastwiderstand; für ihn gilt mit $R_{Ein} = r_{be}$:

$$\frac{1}{R_L} = \frac{1}{R_V} + \frac{1}{R_P} + \frac{ü^2}{r_{be}}. \tag{2.508}$$

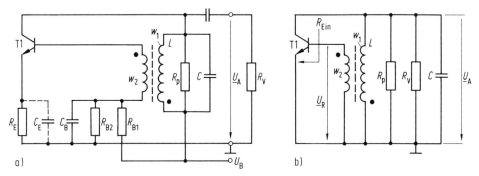

Bild 2.145 Meißner-Oszillator mit Transistor im Emitterschaltung
a) Schaltung, b) Ersatzschaltung

Durch Einsetzen der Gln. (2.507) und (2.508) in Gl. (2.506) erhält man

$$ü^2 - üb_n + \frac{r_{be}}{R_V \| R_P \| r_{ce}} = 0. \tag{2.509}$$

Mit $R_V \| R_P \| R_{ce} = R_{ges}$ ergibt sich als Lösung für

$$ü_{1/2} = \frac{b_n}{2} \pm \sqrt{\left(\frac{b_n}{2}\right)^2 - \frac{r_{be}}{R_{ges}}}. \tag{2.510}$$

Gl. (2.510) ist im Bild 2.146 in der Form $ü = f(R_{ges}/r_{be})$ dargestellt. R_{ges}/r_{be} kann als normierte Belastung des Oszillators aufgefaßt werden. Für $ü$ existieren zwei Lösungen, die unterhalb und oberhalb von $b_n/2$ liegen. Um Kippschwingungen zu vermeiden, wird $ü$ möglichst klein, d.h. $ü = ü_1$, gewählt.

Die Schwingfrequenz f_0 kann aus der Phasenbedingung ermittelt werden. Geht man davon aus, daß bei der Rückkopplung mit dem Übertrager eine Phase $\varphi_K = -180°$ erzeugt wird, so muß

$$\varphi_V = -\varphi_K = 180° \tag{2.511}$$

werden. Diese Forderung ist nur bei reellem Lastwiderstand, d.h., wenn der Schwingkreis bei Resonanz betrieben wird, zu erfüllen. Es ist daher:

$$f_0 = \frac{1}{2\pi\sqrt{LC}}. \tag{2.512}$$

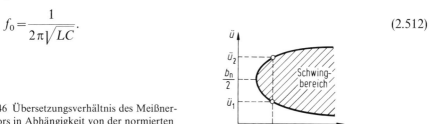

Bild 2.146 Übersetzungsverhältnis des Meißner-Oszillators in Abhängigkeit von der normierten Belastung

Zur Stabilisierung des Betriebsverhaltens werden Meißner-Oszillatoren in der Regel mit einer Seriengegenkopplung (Emitterwiderstand R_E) und einem Basisspannungsteiler ausgerüstet. Der Verbraucherwiderstand ist hochohmig und konstant zu halten (gegebenenfalls Impedanzwandler einfügen!), und die Betriebsspannung ist zu stabilisieren.

Bei Erzeugung hoher Frequenzen wird der Transistor meist in Basisschaltung betrieben (höhere Grenzfrequenz; Bild 2.147). In diesem Falle gilt für das Übersetzungsverhältnis

$$\ddot{u} = \frac{1}{2} - \sqrt{\frac{1}{4} - \frac{r_{be}}{b_n R_{ges}}} \tag{2.513}$$

mit $R_{ges} \approx R_V \| R_P$. Die Schwingfrequenz f_0 bleibt unverändert durch Gl. (2.512) bestimmt.

Werden hohe Ausgangsleistungen gefordert, so kann der Meißner-Oszillator auch nach dem Gegentaktprinzip aufgebaut werden (Bild 2.148). Der Verstärker arbeitet

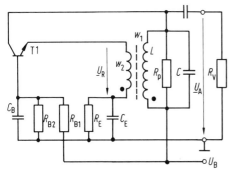

Bild 2.147 Meißner-Oszillator mit Transistor in Basisschaltung

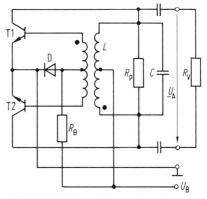

Bild 2.148 Meißner-Gegentaktoszillator

als Parallel-Gegentaktschaltung mit Transistoren gleicher Zonenfolge. R_B und D wirken als Basisspannungsteiler.

Ersetzt man den Übertrager der Meißner-Schaltung durch eine Spule mit Anzapfung, so erhält man eine Struktur, die als **Hartley-Oszillator (induktive Dreipunktschaltung)** bezeichnet wird (Bild 2.149). Die Analyse kann in der gleichen Weise durchgeführt werden wie beim Meißner-Oszillator. Für die Übersetzungsverhältnisse erhält man in guter Näherung:

— Emitterschaltung

$$\ddot{u} = \frac{w_2}{w_1} = \frac{b_n}{2} - \sqrt{\left(\frac{b_n}{2}\right)^2 - \frac{r_{be}}{R_{ges}}} \qquad (2.514)$$

mit $R_{ges} = R_V \| R_P \| r_{ce}$ und für $(R_{B1} \| R_{B2}) \gg r_{be}$,

— Basisschaltung

$$\ddot{u} = \frac{w_2}{w_{ges}} = \frac{1}{2} - \sqrt{\frac{1}{4} - \frac{r_{be}}{b_n R_{ges}}} \qquad (2.515)$$

mit $w_{ges} = w_1 + w_2$; $R_{ges} \approx R_V \| R_P$ und für $R_E \gg (r_{be}/b_n)$.

Die Schwingfrequenz liegt in beiden Fällen bei

$$f_0 = \frac{1}{2\pi\sqrt{LC}}. \qquad (2.516)$$

Eine weiterhin oft angewendete LC-Oszillatorschaltung ist der **Colpitts-Oszillator (kapazitive Dreipunktschaltung).** Die Rückkopplung wird hier über einen kapazitiven Spannungsteiler vorgenommen (Bild 2.150). Für den zu wählenden Abgriff am Spannungsteiler gilt in Näherung:

— Emitterschaltung

$$\frac{C_1}{C_2} = \frac{b_n}{2} - \sqrt{\left(\frac{b_n}{2}\right)^2 - \frac{r_{be}}{R_{ges}}} \qquad (2.517)$$

mit $R_{ges} = R_V \| R_P \| R_C \| r_{ce}$ und für $(R_{B1} \| R_{B2}) \gg r_{be}$,

— Basisschaltung

$$\frac{C_{ges}}{C_2} = \frac{1}{2} - \sqrt{\frac{1}{4} - \frac{r_{be}}{b_n R_{ges}}} \qquad (2.518)$$

mit $C_{ges} = \frac{C_1 C_2}{C_1 + C_2}$; $R_{ges} \approx R_V \| R_P$ und für $R_E \gg (r_{be}/b_n)$.

Die Oszillatoren schwingen bei

$$f_0 = \frac{1}{2\pi\sqrt{LC_{ges}}}. \qquad (2.519)$$

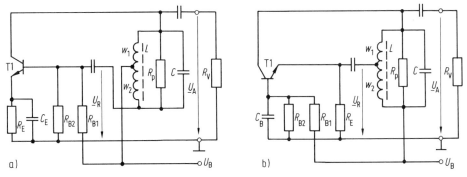

Bild 2.149 Hartley-Oszillator (induktive Dreipunktschaltung)
a) mit Transistor in Emitterschaltung, b) mit Transistor in Basisschaltung

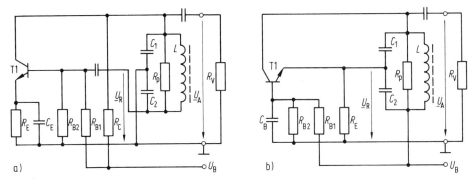

Bild 2.150 Colpitts-Oszillator (kapazitive Dreipunktschaltung)
a) mit Transistor in Emitterschaltung, b) mit Transistor in Basisschaltung

2.7.1.3 RC-Oszillatoren

Bei RC-Oszillatoren wird die Rückkopplung des Verstärkervierpols über RC-Netzwerke vorgenommen. Es werden Phasenschiebernetzwerke, überbrückte T-Glieder,
Doppel-T-Glieder und Brückenschaltungen eingesetzt. RC-Oszillatoren werden
vorzugsweise im Frequenzbereich von 0,1 Hz bis 10 MHz verwendet. Sie haben
gegenüber den LC-Oszillatoren folgende Vorteile:

– Durch den Wegfall der Induktivitäten besitzen sie günstigere Voraussetzungen
  für die Schaltungsintegration und ermöglichen auch bei diskretem Aufbau kleinere geometrische Abmessungen.
– Bei durchstimmbaren Oszillatoren kann eine größere Frequenzvariation erreicht
  werden.
– Mit ausgewählten RC-Oszillatorschaltungen ist eine sehr gute Frequenz- und
  Amplitudenstabilität erzielbar.

Schwingschaltungen mit Phasenschiebern im Rückkopplungspfad werden als **Phasenschieberoszillatoren** bezeichnet. Bild 2.151 zeigt ein Beispiel für den Aufbau einer

solchen Schaltung. Der Phasenschieber wird durch eine dreigliedrige RC-Tiefpaß-
kette gebildet. Die Glieder sind gleichartig aufgebaut (die Parallelschaltung von
R_{B1}, R_{B2} und R_{Ein} wird so bemessen, daß sie ebenfalls den Wert R liefert). Jedes
Glied dreht die Phase bei der Schwingfrequenz f_0 um 60°, so daß mit der in Emitterschaltung betriebenen Verstärkerstufe ($\varphi_V = 180°$) die Phasenbedingung $\varphi_V + \varphi_K = 0$
erfüllt wird. Die Verstärkung muß so bemessen werden, daß damit die Dämpfung
des Phasenschiebers bei f_0 ausgeglichen und so der Amplitudenbedingung entsprochen wird. Für die Dimensionierung ist es notwendig, den Rückkopplungsfaktor,
d.h. das Spannungsübersetzungsverhältnis des Phasenschiebers, zu berechnen

$$\frac{1}{\underline{K}} = \frac{\underline{U}_A}{\underline{U}_R} = 1 - \frac{5}{(\omega RC)^2} + j\left[\frac{1}{(\omega RC)^3} - \frac{6}{\omega RC}\right]. \tag{2.520}$$

Zur Erfüllung der Phasenbedingung muß $\varphi_K = -180°$ sein, d.h., der Imaginärteil
von Gl. (2.520) muß Null werden. Daraus ist f_0 berechenbar

$$f_0 = \frac{1}{2\pi RC\sqrt{6}}. \tag{2.521}$$

Setzt man Gl. (2.521) in Gl. (2.520) ein, so erhält man die zur Erfüllung der Amplitudenbedingung notwendige Verstärkung

$$V = \frac{1}{K} = -29. \tag{2.522}$$

Phasenschieberoszillatoren haben den Nachteil, daß ihre Frequenz- und Amplitu-
denkonstanz gering sind. Bei starker Rückkopplung neigen sie zu Kippschwingungen.

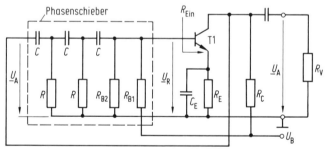

Bild 2.151 RC-Phasenschieberoszillator

Sehr günstige Voraussetzungen für den Aufbau stabiler Oszillatoren bilden Brük-
kenschaltungen. Besonders vorteilhaft haben sich **Wien-Robinson-Brücken-Oszilla-
toren** erwiesen. Bild 2.152 zeigt ihren prinzipiellen Aufbau. Als frequenzabhängiges
Rückkopplungsnetzwerk verwendet man eine Wien-Robinson-Brücke. Für die
Brückenelemente gilt:

$$R_2 = \frac{R_1}{2+\varepsilon}, \tag{2.523}$$

$$R_3 = R_4 = R, \qquad (2.524)$$

$$C_3 = C_4 = C. \qquad (2.525)$$

Mit ε soll eine kleine Abweichung vom Wert $R_1/2$ ausgedrückt werden. Der Verstärker ist als Differenzverstärker mit $R_{Ein} \to \infty$ und $R_{Aus} \to 0$ ausgebildet. Unter diesen Voraussetzungen kann der Rückkopplungsfaktor berechnet werden, und man erhält

$$\underline{K} = \frac{\underline{U}_R}{\underline{U}_A} = \frac{\underline{U}_{1R}}{\underline{U}_A} - \frac{\underline{U}_{2R}}{\underline{U}_A} = \frac{1}{3 + j\left(\omega RC - \dfrac{1}{\omega RC}\right)} - \frac{1}{3 + \varepsilon}. \qquad (2.526)$$

Setzt man $\omega RC = \Omega$ und wertet die Gl. (2.526) nach Betrag und Phase aus, so ergeben sich die im Bild 2.153 dargestellten Verläufe.

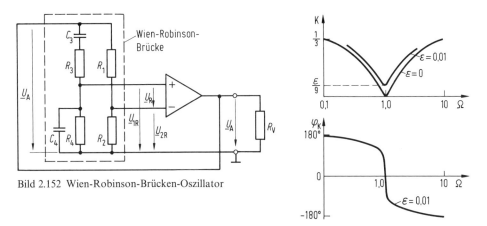

Bild 2.152 Wien-Robinson-Brücken-Oszillator

Bild 2.153 Rückkopplungsfaktor des Wien-Robinson-Oszillators in Abhängigkeit von der Frequenz

Der Frequenzgang der Phase hat einen sehr steilen Nulldurchgang. Es kann daher an dieser Stelle eine hohe Frequenzkonstanz der selbsterregten Schwingung erzielt werden. Mit $\Omega = \omega CR = 1$ folgt für die Schwingfrequenz

$$f_0 = \frac{1}{2\pi RC}. \qquad (2.527)$$

Da hierbei $\varphi_K = 0$ ist, muß φ_V ebenfalls 0 bzw. $n \cdot 360°$ sein (Phasenbedingung). Das bedeutet, daß man mit nichtinvertierenden Verstärkern arbeiten muß. Aus dem Frequenzgang des Betrages von $\underline{K}$ ist zu ersehen, daß die Brücke stets bei einer bestimmten geringfügigen Verstimmung (d.h. $\varepsilon > 0$) betrieben werden muß, da bei exaktem Abgleich (d.h. $\varepsilon = 0$) $K = 0$ wird und die Amplitudenbedingung nicht erfüllt werden kann. Für den Betrag von $\underline{K}$ an der Stelle $\Omega = \omega CR = 1$ folgt aus Gl. (2.526)

$$K = \frac{\varepsilon}{9 + 3\varepsilon}. \qquad (2.528)$$

Damit erhält man für die Verstärkung

$$V = \frac{1}{K} = \frac{9}{\varepsilon} + 3 \approx \frac{9}{\varepsilon} \quad \text{für } \varepsilon \ll 1. \tag{2.529}$$

Der Einfluß von ε auf K bzw. V bietet die Möglichkeit einer einfachen und wirkungs-vollen Amplitudenregelung (Bild 2.154). Das Brückenelement $R_2 = R_1/(2 + \varepsilon)$ wird durch die Reihenschaltung eines Widerstandes R_2' mit einem Feldeffekttransistor realisiert. Der FET wirkt infolge der kleinen Drain-Source-Spannung als regelbarer Widerstand. Als Regelspannung dient die gleichgerichtete Ausgangsspannung des Oszillators. Die Schwingfrequenz kann durch R- oder C-Variation in großen Berei-chen verändert werden. Die Frequenzkonstanz derartiger Schaltungen liegt bei etwa 10^{-3} [2.1].

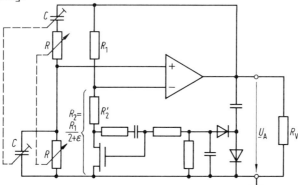

Bild 2.154 Wien-Robinson-Brücken-Oszillator mit Amplitudenstabilisierung

2.7.2 Rechteck- und Dreieckgeneratoren

2.7.2.1 Grundsätzlicher Aufbau

Neben den Sinusschwingungen werden in der Schaltungstechnik sehr häufig Recht-ecksignale (Impulse) sowie Dreiecksignale einschließlich ihrer Sonderform, der Sägezahnsignale (Rampen), benötigt. Zu ihrer Erzeugung dienen ebenfalls Rück-kopplungsschaltungen. Im Bild 2.155 sind zwei Prinzipien für den Aufbau solcher Generatoren dargestellt [2.1, 2.51].

Bei der Variante a) wird der Kondensator C zunächst von der Stromquelle $+I_1$ geladen. Dabei erhält man eine linear über der Zeit anwachsende Spannung am Kondensator

$$U_C = \frac{1}{C} I_1 t. \tag{2.530}$$

Diese wird über den Trennverstärker dem mit einer Hysterese ausgestatteten Kom-parator zugeführt. Bei Erreichen der oberen Komparatorschwelle $U_{K\,Ein}$ schaltet dieser die Konstantstromquellen von $+I_1$ auf $-I_1$ um. D.h., der Kondensator wird nunmehr entladen, wobei U_C linear über der Zeit abfällt, bis bei Erreichen der unteren Komparatorschwelle $U_{\text{K Aus}}$ wieder umgeschaltet wird und der Vorgang von neuem beginnt. Im Ergebnis dieses Ablaufs steht am Ausgang A_1 eine Dreieckspannung und am Ausgang A_2 eine Rechteckspannung zur Verfügung (Bild 2.155c).

Für die Amplitude der Dreieckspannung am Ausgang A_1 gilt (mit $V_U = 1$)

$$\hat{U}_{\text{A1}} = \hat{U}_{\text{C}} = U_{\text{K Ein}} = -U_{\text{K Aus}} . \tag{2.531}$$

Für das Laden des Kondensators C von 0 auf U_C wird die Zeit

$$t_{\text{L}} = \frac{C\hat{U}_{\text{A1}}}{I_1} \tag{2.532}$$

benötigt. Damit folgt für die Frequenz beider Signale

$$f = \frac{1}{T} = \frac{1}{4 t_{\text{L}}} = \frac{4 C \hat{U}_{\text{A1}}}{I_1} . \tag{2.533}$$

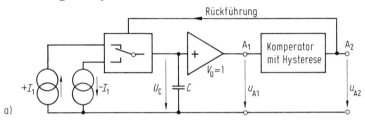

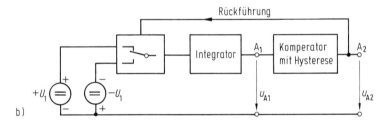

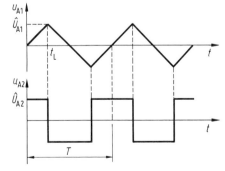

Bild 2.155 Prinzipieller Aufbau von Generatoren für Rechteck- und Dreiecksignale
a) mittels Konstantstromladung eines Kondensators, b) mittels Integrator, c) Spannungsverläufe an den Ausgängen A_1 und A_2

Werden die Konstantströme $+I_1$ und $-I_1$ in ihrer Größe unterschiedlich bemessen, so können dadurch die Steigungen der Dreiecksflanken bzw. das Tastverhältnis der Impulse verändert werden. Wählt man beispielsweise $|+I_1| \ll |-I_1|$, so erhält man eine Sägezahnspannung bzw. sehr schmale negative Impulse.

Bei der Variante b) sind die zwei Konstantstromquellen durch zwei Spannungsquellen ersetzt, die alternierend an den Eingang eines Integrators geschaltet werden. Dadurch ergibt sich das gleiche Schaltungsverhalten wie im Falle a).

2.7.2.2 Ausgewählte Generatorschaltungen

Die einfachste Schaltung zur Erzeugung von Rechtecksignalen ist die des **astabilen Vibrators bzw. Multivibrators** (Bild 2.156). Der Aufbau entspricht im wesentlichen dem Prinzip nach Bild 2.155a, obwohl die dort ausgewiesenen Funktionsblöcke hier nicht so explizit in Erscheinung treten.

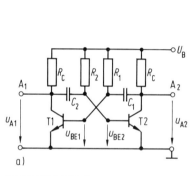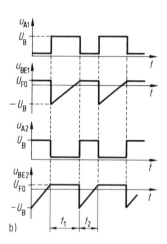

Bild 2.156 Multivibrator
a) Schaltung, b) Spannungsverläufe

Nehmen wir an, u_{A1} fällt gerade von U_B auf 0 (s. Bild 2.156b), so wird dieser Spannungssprung über C_2 auf die Basis von T2 übertragen und dort als $u_{BE2} = -U_B$ wirksam; T2 wird gesperrt und u_{A2} steigt von 0 auf U_B. Der Strom durch R_2 ($\hat{=}$ Stromquelle 2) lädt C_2 um, so daß das Basispotential wieder linear ansteigt. Beim Erreichen der Spannung $u_{BE2} = U_{F0}$ ($\hat{=}$ Komparatorschwelle) wird der Ladevorgang abgebrochen, da die Basis-Emitter-Diode leitend und damit sehr niederohmig wird; T2 wird geöffnet und u_{A2} fällt von U_B auf 0. Dieser Sprung teilt sich über C_1 der Basis von T1 mit und u_{BE1} nimmt den Wert $-U_B$ an; T1 wird gesperrt und u_{A1} steigt von 0 auf U_B. Der Strom durch R_1 ($\hat{=}$ Stromquelle 1) lädt C_1 wieder um, d.h., u_{BE1} wird linear von $-U_B$ auf U_{F0} ($\hat{=}$ Komparatorschwelle) angehoben; in diesem Moment wird T1 leitend, u_{A1} fällt, und der Vorgang beginnt von neuem. Es werden so Dreieck- und Rechteckspannungen erzeugt, wie sie für das Prinzip nach Bild 2.155a typisch sind. Als Nutzsignal wird beim Multivibrator in der Regel jedoch nur das Rechtecksignal ausgekoppelt.

Die Berechnung der Schaltzeiten t_1 und t_2 kann anhand der im Bild 2.157 dargestellten Ersatzschaltung vorgenommen werden. Sie charakterisiert den Zustand der
Schaltung innerhalb des Zeitintervalles t_2. Es gilt:

Mit
$$U_B + u_{C2} - i_2 R_2 = 0. \tag{2.534}$$

$$i_2 = i_{C2} = -C_2 \frac{d u_{C2}}{dt} \tag{2.535}$$

folgt

$$U_B + u_{C2} + R_2 C_2 \frac{d u_{C2}}{dt}. \tag{2.536}$$

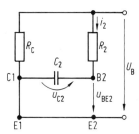

Bild 2.157 Ersatzschaltung zur
Berechnung der Schaltzeiten

Unter Beachtung der Anfangsbedingung $u_{C2}(0) = U_B$ erhält man als Lösung der
Differentialgleichung (2.536)

$$u_{C2} = U_B \left[2 \exp\left(-\frac{t}{R_2 C_2}\right) - 1 \right]. \tag{2.537}$$

Setzt man nun

$$u_{C2} = u_{BE2} = U_{F0}, \tag{2.538}$$

so kann daraus t_2 ermittelt werden, und man erhält

$$t_2 = R_2 C_2 \ln\left(\frac{2 U_B}{U_B - U_{F0}}\right) \approx R_2 C_2 \ln 2. \tag{2.539}$$

In analoger Weise ergibt sich

$$t_1 = R_1 C_1 \ln\left(\frac{2 U_B}{U_B - U_{F0}}\right) \approx R_1 C_1 \ln 2. \tag{2.540}$$

Für die Frequenz des Multivibrators gilt:

$$f = \frac{1}{T} = \frac{1}{t_1 + t_2} \approx \frac{1}{(R_1 C_1 + R_2 C_2) \ln 2}. \tag{2.541}$$

Eine sehr vielseitig einsetzbare, integrationsfreundliche Variante des astabilen
Vibrators ist der im Bild 2.158 gezeigte **emittergekoppelte Multivibrator.** Er benötigt

nur noch einen extern anzuschaltenden Kondensator C, der in Verbindung mit den Stromquellen T5/T7 und T6/T7 rhythmisch umgeladen wird. Unter der Annahme kleiner Impulsamplituden ($U_{ss} \approx 0,5$ V; $U_B = 5$ V) gilt für die Schaltzeiten [2.52]

$$t_1 = 2 R_1 C \left(1 + \frac{I_2}{I_1}\right), \tag{2.542}$$

$$t_2 = 2 R_1 C \left(1 + \frac{I_1}{I_2}\right), \tag{2.543}$$

wobei für

$$R_1 = \frac{U_{ss}}{I_1 + I_2} \tag{2.544}$$

zu setzen ist.

Wählt man $I_1 = I_2 = I$, so folgt aus den Gln. (2.542) bis (2.544) für die Frequenz

$$f = \frac{1}{T} = \frac{1}{t_1 + t_2} = \frac{I}{4 C U_{ss}}. \tag{2.545}$$

Durch die lineare Stromabhängigkeit ergeben sich einfache und wirkungsvolle Möglichkeiten zur Frequenzsteuerung. Diese Steuerung kann entweder direkt durch den Referenzstrom $I_{Ref} = I_{St}$ der Mehrfachstromquelle erfolgen oder durch eine Steuerspannung U_{St} vorgenommen werden, die dem Strom I_{St} proportional ist.

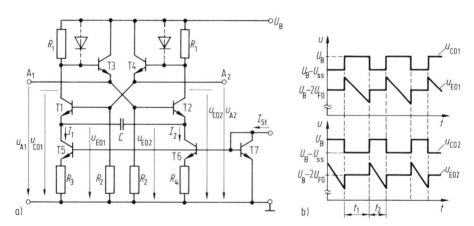

Bild 2.158 Emittergekoppelter Multivibrator
a) Schaltung, b) Spannungsverläufe

Da die Transistoren außerhalb der Sättigung arbeiten, sind wesentlich höhere Frequenzen erreichbar, als dies mit der Schaltung nach Bild 2.156 der Fall ist. Zur Amplitudenstabilisierung können parallel zu den Widerständen R_1 Dioden in Flußrichtung angeordnet werden ($U_{ss} = U_{F0}$).

Gesteuerte Multivibratoren dieser Art sind als Schaltkreise verfügbar (z.B. SN 74 LS 624…629 — Texas Instruments). Durch die Variation des externen Kondensators C können Frequenzen im Bereich von 0,1 Hz bis 100 MHz eingestellt werden.

Benötigt man neben den Rechtecksignalen auch Dreiecksignale, so kann der im Bild 2.159 gezeigte einfache **Dreieck-/Rechteck-Generator** genutzt werden.

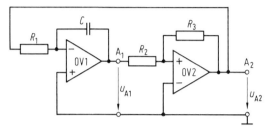

Bild 2.159 Dreieck-/Rechteckgenerator

Der Aufbau entspricht dem im Bild 2.155b dargestellten Prinzip. Mit der ersten Stufe (0V1) wird der Integrator realisiert und die zweite Stufe (0V2) verkörpert einen nichtinvertierenden Komparator mit Hysterese. Die sich sprungartig ändernde Ausgangsspannung des Komparators mit der Amplitude $\hat{U}_{A2}$ wird auf den Integratoreingang rückgeführt. Dieser macht daraus die gewünschte Dreieckspannung mit der Amplitude $\hat{U}_{A1}$, die ihrerseits wieder den Komparator ansteuert. Zwischen den Amplituden der Dreieck- und Rechteckspannung gilt folgender, durch die Übertragungsfunktion des Komparators (s. Gl. (2.435)) bestimmter Zusammenhang

$$\hat{U}_{A1} = \frac{R_2}{R_3} \hat{U}_{A2}.$$ (2.546)

Der Integrator benötigt für das Durchlaufen des Ausgangsspannungsbereiches $0\ldots\hat{U}_{A1}$ die Zeit (s. Abschn. 2.3.4.3)

$$t_L = R_1 C \frac{\hat{U}_{A1}}{\hat{U}_{A2}} = \frac{R_1 R_2 C}{R_3}.$$ (2.547)

Damit folgt für die Frequenz des Generators

$$f = \frac{1}{T} = \frac{1}{4 t_L} = \frac{R_3}{4 R_1 R_2 C}.$$ (2.548)

Ein weiteres Beispiel für den Aufbau eines **frequenzgesteuerten Generators** ist im Bild 2.160 angegeben [2.1].

Die Schaltung besteht aus zwei steuerbaren Spannungsquellen, einem Umschalter für diese, einem Integrator und einem Komparator mit Hysterese (Prinzip gemäß Bild 2.155b).

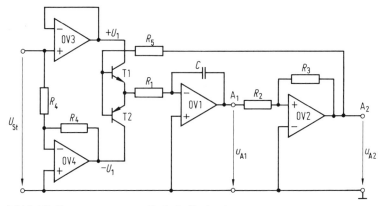

Bild 2.160 Frequenzgesteuerter Dreieck-/Rechteckgenerator

In den steuerbaren Quellen (0 V 3; 0 V 4) wird die Steuerspannung $U_{St} > 0$ in die beiden zu schaltenden Spannungen $+U_1$ und $-U_1$ umgewandelt. Das Umschalten erfolgt mit einer Serien-Gegentaktanordnung (T 1; T 2) in Abhängigkeit von der Ausgangsspannung des Komparators. Die nachfolgenden Stufen — Integrator und Komparator — entsprechen in ihrem Aufbau und in ihrer Funktion denen des bereits behandelten Generators gemäß Bild 2.159.

Die Amplituden der Dreieck- und Rechteckschwingungen an den Ausgängen A_1 und A_2 sind wieder über die Beziehung

$$\hat{U}_{A1} = \frac{R_2}{R_3} \hat{U}_{A2} \tag{2.549}$$

miteinander verknüpft. Für das Durchlaufen des Ausgangsspannungsbereiches $0 \dots \hat{U}_{A1}$ benötigt der Integrator die Zeit

$$t_L = R_1 C \frac{\hat{U}_{A1}}{U_1} = R_1 C \frac{\hat{U}_{A1}}{U_{St}} = \frac{R_1 R_2 C}{R_3} \frac{\hat{U}_{A2}}{U_{St}}. \tag{2.550}$$

Daraus kann die Frequenz des Generators berechnet werden

$$f = \frac{1}{T} = \frac{1}{4 t_L} = \frac{1}{4 R_1 C \hat{U}_{A1}} U_{St} = \frac{R_3}{4 R_1 R_2 C \hat{U}_{A2}} U_{St}. \tag{2.551}$$

Die Frequenz f ist unmittelbar der Steuerspannung U_{St} proportional, so daß auf diese Weise Frequenzmodulatoren mit großem Hub und hoher Linearität aufgebaut werden können.

2.7.3 Frequenzstabilisierte Generatoren

Die bisher untersuchten Schwingungserzeuger besitzen im besten Falle eine Frequenzstabilität von $\Delta f/f = 10^{-3}$; dies ist oft unzureichend. Eine wesentliche Verbesserung kann jedoch durch den Einsatz von *Schwingquarzen* erreicht werden. Dabei werden die hochkonstanten mechanischen Schwingungen von Quarzkristallen und ihre Wechselwirkung zu elektrischen Feldern (direkter und reziproker piezoelektrischer Effekt) ausgenutzt. Das elektrische Verhalten des Schwingquarzes kann mit Hilfe einer Ersatzschaltung (Bild 2.161 b) beschrieben werden. Die Elemente c_{qu}, l_{qu} und r_{qu} werden unmittelbar durch die mechanischen Eigenschaften des Quarzes bestimmt und haben eine hohe Konstanz. c'_{qu} entspricht der Kapazität der Elektroden und Zuleitungen; seine Konstanz ist wesentlich schlechter (Zahlenbeispiel für 1-MHz-Quarz: $l_{qu} = 1{,}5$ H; $c_{qu} = 0{,}016$ pF; $r_{qu} = 60\ \Omega$; $c'_{qu} = 1$ pF$\dots 5$ pF).

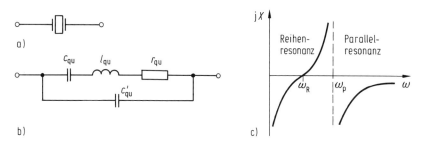

Bild 2.161 Schwingquarz
a) Symbol, b) Ersatzschaltung, c) Blindwiderstandsverlauf

Die Wirkung von r_{qu} kann im allgemeinen vernachlässigt werden, und man erhält unter dieser Voraussetzung folgenden resultierenden Gesamtwiderstand:

$$\underline{R}_{Qu} = j X_{Qu} = j\,\frac{\omega^2 l_{qu} c_{qu} - 1}{\omega(c'_{qu} + c_{qu} - \omega^2 l_{qu} c_{qu} c'_{qu})}. \tag{2.552}$$

Der Verlauf dieses Blindwiderstandes ist im Bild 2.161 c dargestellt. Man erkennt daraus, daß der Quarz zwei Resonanzfrequenzen hat, die Reihenresonanzfrequenz

$$f_R = \frac{1}{2\pi\sqrt{l_{qu} c_{qu}}} \tag{2.553}$$

und die Parallelresonanzfrequenz

$$f_P = \frac{1}{2\pi\sqrt{l_{qu} c_{qu}}}\sqrt{1 + \frac{c_{qu}}{c'_{qu}}} = f_R\sqrt{1 + \frac{c_{qu}}{c'_{qu}}}. \tag{2.554}$$

f_R wird von den konstanten Elementen l_{qu} und c_{qu} bestimmt. f_P wird außerdem von dem weniger konstanten Element c'_{qu} beeinflußt.

Schwingquarze werden für f_R-Frequenzen im Bereich von 1 kHz bis 100 MHz hergestellt. Der Temperaturkoeffizient liegt im allgemeinen bei $(10^{-6}\dots 10^{-8})$/K. Mit Quarzgeneratoren kann eine Frequenzstabilität $\Delta f/f = 10^{-6}\dots 10^{-10}$ erreicht werden. Der Quarz wird vielfach in einem Thermostat bei $(50 \pm 1)\,°C$ untergebracht. Der Generator ist vom Verbraucher mit Hilfe eines Impedanzwandlers zu entkoppeln.

Bild 2.162 zeigt für den Aufbau von Quarzgeneratoren typische schaltungstechnische Varianten. Die Variante a) ist ein **Meißner-Oszillator mit Quarzstabilisierung**. Der Quarz liegt im Rückkopplungspfad. Bei der Reihenresonanz f_R wird er niederohmig und dadurch die Rückkopplung wirksam. Mit der variablen Reihenkapazität C_Z kann die Quarzfrequenz geringfügig beeinflußt („gezogen") werden. C_Z zieht f_R auf eine etwas höhere Frequenz

$$f_R' = f_R \sqrt{1 + \frac{c_{qu}}{c_{qu}' + C_Z}}. \tag{2.555}$$

Die relative Frequenzerhöhung beträgt

$$\frac{\Delta f}{f_R} \approx \frac{1}{2} \cdot \frac{c_{qu}}{c_{qu}' + C_Z}. \tag{2.556}$$

Der zusätzlich vorhandene Schwingkreis ist auf die Quarzfrequenz abgestimmt. Er verhindert, daß der Quarz auf Nebenresonanzen schwingt und erleichtert das Anschwingen.

Bild 2.162b zeigt einen **quarzstabilisierten Colpitts-Oszillator** mit Transistor in Basisschaltung. Auch hier liegt der Quarz im Rückkopplungspfad, und die Schaltung schwingt bei f_R des Quarzes. Es ist aber hier auch möglich, den Schwingkreis

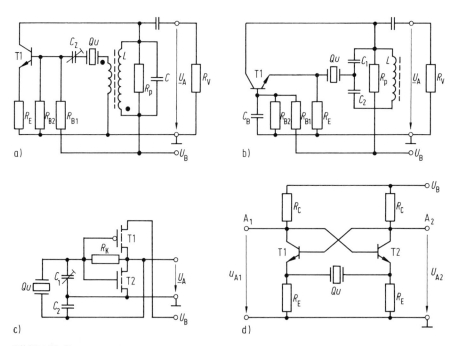

Bild 2.162 Quarzgeneratoren
a) Meißner-Oszillator mit Quarzstabilisierung, b) Colpitts-Oszillator mit Quarzstabilisierung, c) Pierce-Oszillator in CMOS-Technik, d) emittergekoppelter Quarzmultivibrator

auf die dritte oder fünfte Oberwelle des Quarzes abzustimmen und dadurch Schwingungen bei diesen Frequenzen anzuregen. Davon macht man dann Gebrauch, wenn Quarzgeneratoren für $f > 100$ MHz aufzubauen sind.

Bild 2.162c zeigt einen sogenannten **Pierce-Oszillator** in CMOS-Technik. Als Verstärker wirkt der Inverter T1/T2. Mit Hilfe von R_K (einige MΩ) wird am Ausgang $U_B/2$ eingestellt und dadurch eine symmetrische Aussteuerung und eine maximale Verstärkung (maximale Steigung der Transferkennlinie) gewährleistet. Der Quarz wirkt wie eine Induktivität in einer kapazitiven Dreipunktschaltung (vergleiche Bild 2.150a), d.h., der Oszillator schwingt im Bereich zwischen f_R und f_P des Quarzes. Mit dem Trimmer C_1 kann die Frequenz gezogen werden. Strukturen dieser Art haben einen sehr geringen Energiebedarf und werden in Uhrenschaltkreisen eingesetzt; der Quarz und der Trimmer bilden die äußere Beschaltung. Typische Werte für diese Applikation: $U_B = 1,55$ V; $C_1 = 4,5 \ldots 30$ pF; $f = 32,768$ kHz; $\Delta f/f \leq 1,5 \cdot 10^{-6}$ [2.53].

Als letztes Beispiel ist im Bild 2.162d ein **emittergekoppelter Quarzmultivibrator** zu sehen. Bei f_R wird der Quarz niederohmig und dadurch die Rückkopplung wirksam.

Ähnliche frequenzstabilisierende Wirkungen wie sie mit Schwingquarzen erzielt werden können, sind auch mit AOW-Bauelementen (s. Abschn. 2.5.2) erreichbar. Während beim Quarz mechanische Volumenschwingungen als Frequenzreferenz verwendet werden, nutzt man bei den AOW-Bauelementen akustische Oberflächenwellen auf piezoelektrischen Substraten.

Das elektrische Verhalten eines solchen *AOW-Zweipolresonators* kann wieder anhand einer Ersatzschaltung, die der des Schwingquarzes (s. Bild 2.161b) sehr ähnlich ist, berechnet werden. Der daraus ableitbare Impedanzverlauf entspricht ebenfalls dem des Schwingquarzes, so daß es auch in der Applikation keine prinzipiellen Unterschiede gibt. Bevorzugt werden Schaltungen gemäß Bild 2.162b, in denen anstelle des Quarzes der AOW-Resonator eingesetzt wird.

AOW-Zweipolresonatoren werden für Frequenzen von 3 MHz bis 3 GHz hergestellt. D.h., man kann damit auch den von Schwingquarzen nicht bzw. nur schwer erreichbaren Bereich oberhalb von 100 MHz überstreichen. Der Temperaturkoeffizient ist dem des Schwingquarzes etwa gleich, da als Substrat hier meist auch Quarz eingesetzt wird; die Frequenzstabilität ist etwas geringer und liegt bei $\Delta f/f = 10^{-5} \ldots 10^{-9}$ [2.54].

2.7.4 Gesteuerte Generatoren

Schwingschaltungen, deren Frequenz durch ein Steuersignal beeinflußt werden kann, bezeichnet man als gesteuerte Generatoren. Man unterscheidet zwischen Spannungssteuerung (voltage controlled oscillator, VCO) und Stromsteuerung (current controlled oscillator, CCO). Bei LC-Oszillatoren muß dabei lediglich ein steuerbarer Blindwiderstand parallel zum frequenzbestimmenden Schwingkreis geschaltet werden. Als steuerbare Blindwiderstände können Kapazitätsdioden eingesetzt werden. Bild 2.163 zeigt dazu ein Schaltungsbeispiel. Parallel zur Kreiskapazität C liegt die steuerbare Kapazität $C_D/2$. Durch die gewählte Reihenschaltung zweier Dioden bleibt der Einfluß der Schwingamplitude auf den Steuervorgang (amplitudenabhängige Änderung der Schwingfrequenz) gering. R_v dient der Entkopplung von Oszillator- und Steuersignal und kann relativ hochohmig gewählt werden.

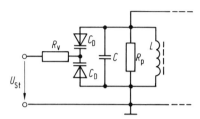

Bild 2.163 Schwingkreisabstimmung mit Kapazitätsdioden

Für große Frequenzvariationsbereiche verwendet man meist gesteuerte Multivibratoren (s. Abschn. 2.7.2.2). Weitere Möglichkeiten der Frequenzsteuerung ergeben sich auch in Verbindung mit Phasenregelkreisen und programmierbaren Teilern (Frequenzsynthese, s. Abschn. 2.8.2).

2.8   Phasenregelkreise

Unter einem Phasenregelkreis (phasenstarr verkettete Regelschleife, phase locked loope, PLL) versteht man ein rückgekoppeltes System, mit dem es möglich ist, die Frequenz eines internen, steuerbaren Oszillators mit der Frequenz eines externen Referenzsignales zu synchronisieren (Nachlaufsynchronisation). Die zum Nachführren benötigte Regelgröße wird durch Phasenvergleich von Referenz- und Oszillatorsignal gewonnen.

2.8.1   Aufbau und Wirkungsweise von Phasenregelkreisen

Bild 2.164 zeigt den prinzipiellen Aufbau eines Phasenregelkreises. Die Anordnung besteht aus

— einem Phasendetektor, der beispielsweise durch einen Analogmultiplizierer (s. Bild 2.64) realisiert werden kann,
— einem Tiefpaß, meist in Form eines einfachen RC-Gliedes,
— einem Verstärker und
— einem gesteuerten Oszillator (VCO, s. Abschn. 2.7.4), bei dem ein möglichst linearer Zusammenhang zwischen Steuerspannung und Schwingfrequenz anzustreben ist.

Das am Eingang anliegende Referenzsignal u_1 wird im Phasendetektor mit der vom VCO erzeugten Ausgangsspannung u_2 verglichen und dabei die Regelabweichung u_φ gewonnen. u_φ durchläuft den Tiefpaß, wird verstärkt und steuert als Stellspannung U_{St} den Oszillator. Da U_{St} der Phasendifferenz von u_1 und u_2 proportional ist, bewirkt die Regelung, daß die Frequenzdifferenz $\omega_1 - \omega_2$ der beiden Spannungen u_1 und u_2 gleich Null wird.

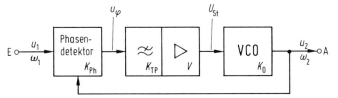

Bild 2.164 Prinzipieller Aufbau eines Phasenregelkreises

Wir wollen diesen Vorgang am Beispiel sinusförmiger Signale analysieren. Mit

$$u_1 = \hat{U}_1 \sin \omega_1 t \tag{2.557}$$

und $\quad u_2 = \hat{U}_2 \sin(\omega_2 t + \varphi_2) \tag{2.558}$

erhält man am Ausgang des Phasendetektors

$$u_\varphi = K_{Ph} u_1 u_2$$

$$= \frac{1}{2} K_{Ph} \hat{U}_1 \hat{U}_2 \{\cos[(\omega_1 - \omega_2) t - \varphi_2] - \cos[(\omega_1 + \omega_2) t + \varphi_2]\}. \tag{2.559}$$

Durch den nachfolgenden Tiefpaß mit der Grenzfrequenz $\omega_g \ll 2\omega_1$ wird die ($\omega_1 + \omega_2$)-Komponente abgetrennt und man erhält als Stellspannung am VCO

$$u_{St} = \frac{1}{2} K_{Ph} K_{TP} V \hat{U}_1 \hat{U}_2 \cos[(\omega_1 - \omega_2) t - \varphi_2]. \tag{2.560}$$

Für den Zusammenhang zwischen dieser Stellspannung und der Oszillatorfrequenz gilt:

$$\omega_2 = \omega_0 + K_0 u_{St}, \tag{2.561}$$

wobei ω_0 der Freilauffrequenz (d.h. der Frequenz des Oszillators bei $u_{St} = 0$) entspricht. Durch die damit wirksame Regelung wird die Regelabweichung der Frequenz $\omega_1 - \omega_2 = 0$ und aus den Gln.(2.560) und (2.561) folgt:

$$u_{St} = \frac{\omega_1 - \omega_0}{K_0} = \frac{1}{2} K_{Ph} K_{TP} V \hat{U}_1 \hat{U}_2 \cos \varphi_2. \tag{2.562}$$

u_{St} ist zur Gleichspannung U_{St} geworden, und die Gl.(2.562) charakterisiert die Verhältnisse im „eingerasteten Zustand" des Phasenregelkreises.

Da $\cos \varphi_2$ maximal den Wert Eins annehmen kann, erhält man für die Grenzen des eingerasteten Zustandes aus Gl.(2.562)

$$|\omega_1 - \omega_0|_{max} = \Delta \omega_H = \frac{1}{2} K_0 K_{Ph} K_{TP} V \hat{U}_1 \hat{U}_2. \tag{2.563}$$

Das bedeutet, daß die PLL-Schaltung in diesem Zustand der Eingangsfrequenz ω_1 maximal im Bereich $\omega_0 \pm \Delta \omega_H$ folgen kann. Man bezeichnet daher $2\Delta \omega_H = 2|\omega_1 - \omega_0|$ als den *Haltebereich* des Phasenregelkreises. Er ist abhängig von den Übertragungsfaktoren K_0, K_{Ph}, K_{TP}, V und von den Spannungsamplituden $\hat{U}_1$ und $\hat{U}_2$.

Neben dem Haltebereich ist der *Fangbereich* des Phasenregelkreises von Interesse. Darunter versteht man die Frequenzdifferenz $2\Delta\omega_F = 2|\omega_1 - \omega_2|$ die unterschritten werden muß, damit die Schaltung einrastet. Der Fangbereich wird im wesentlichen durch die Grenzfrequenz ω_g des Tiefpasses bestimmt und ist kleiner als der Haltebereich.

Fang- und Haltebereich sind aus Bild 2.165 ablesbar. Weiterhin erkennt man die für den Phasenregelkreis typische Hysterese der Stellspannung in Abhängigkeit von der Richtung der Frequenzänderung.

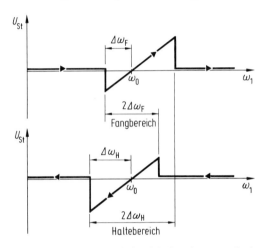

Bild 2.165 Fang- und Haltebereich des Phasenregelkreises

Der Nachteil von PLL-Schaltungen mit Analogmultiplizierern als Phasendetektoren besteht im oft zu kleinen Fangbereich. Verbesserungen sind durch den Einsatz frequenzempfindlicher Phasendetektoren erzielbar. Sie sind aus RS-Flipflops aufgebaut und ermöglichen die Realisierung eines theoretisch unbegrenzten Fangbereiches; allerdings ist er praktisch auch nicht voll nutzbar, da die Steuerbarkeit der VCOs ebenfalls limitiert ist [2.1, 2.55].

Phasenregelkreise sind gut integrierbar und werden als Bipolarschaltkreise (z.B. NE 567 — Signetics) und als CMOS-Schaltkreise (z.B. HEF 4046 B, PC 74 HCT 7046 — Valvo) hergestellt [2.18].

2.8.2   Einsatzmöglichkeiten von Phasenregelkreisen

Phasenregelkreise gewinnen durch ihre Verfügbarkeit als integrierte Schaltkreise in den Bereichen der Nachrichtentechnik, der Datenübertragung sowie der Meß- und Regelungstechnik zunehmend an Bedeutung. Sie werden u.a. eingesetzt bei der Frequenzsynthese, bei der Frequenzstabilisierung, bei der Frequenzselektion, bei der FM-Demodulation, bei der Hilfsträgergewinnung in Stereodekodern und bei der digitalen Frequenzmodulation.

Einige Beispiele sollen die Vorteile, die sich bei Anwendung des PLL-Prinzips ergeben, verdeutlichen.

Frequenzsynthese. Oft ist es notwendig, eine in definierten Schritten durchstimmbare
Frequenz hoher Genauigkeit zu erzeugen. Diese Genauigkeit kann ausschließlich
durch einen Quarzgenerator gewährleistet werden, dessen Frequenz sich jedoch
nur in sehr kleinen Bereichen variieren läßt (s. Abschn. 2.7.3). Die Lösung dieses
widersprüchlichen Problems ist durch den Einsatz eines Phasenregelkreises möglich.
Bild 2.166 zeigt dafür ein Beispiel.

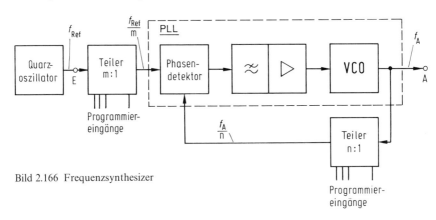

Bild 2.166 Frequenzsynthesizer

Die PLL-Schaltung wurde durch zwei Frequenzteiler mit den Teilerverhältnissen
$m{:}1$ und $n{:}1$ ergänzt. Ein Quarzgenerator liefert ein Referenzsignal der Frequenz
f_{Ref}, das dem Eingang E der Anordnung zugeführt wird. Die Frequenz des Ausgangssignals beträgt dann

$$f_A = \frac{n}{m}\, f_{Ref}. \tag{2.564}$$

Setzt man programmierbare Teiler ein, so kann eine große Anzahl unterschiedlicher
Frequenzen mit der durch den Quarz gegebenen hohen Frequenzgenauigkeit und
Stabilität erzeugt werden (geeignete Schaltkreise: HEF 4750 B — Valvo als PLL
und HEF 4751 B — Valvo als programmierbarer Teiler).

Ein typischer Anwendungsfall für eine solche Frequenzsynthese ist die Bereitstellung hochstabiler Oszillatorfrequenzen in Hör- und Fernseh-Rundfunkempfängern.
Es wird ein Frequenzraster erzeugt, dessen Schrittweite den Kanalabständen des
zu verarbeitenden Wellenbereichs entspricht. Da in diesem Zusammenhang auch
noch zahlreiche andere Abstimm- und Anzeigefunktionen verwirklicht werden können, haben sich mikrorechnergesteuerte Radio- bzw. Video-Tuning-Systeme heraus-
gebildet, die mit wenigen komplexen Schaltkreisen realisierbar sind.

FM-Demodulation. Eine dafür geeignete Schaltung ist im Bild 2.167 dargestellt.
Sie besteht aus den typischen Grundbausteinen des Phasenregelkreises. Die Frei-

lauffrequenz des VCO ist auf die Trägerfrequenz des zu demodulierenden FM-Signales abgestimmt. Letzteres wird dem Eingang E zugeführt und seine Phase mit der des Oszillatorsignales im Phasendetektor verglichen. Die aus diesem Vergleich abgeleitete Nachstimmspannung für den VCO entspricht dem Modulationsinhalt und kann dem Ausgang A als demoduliertes Signal entnommen werden.

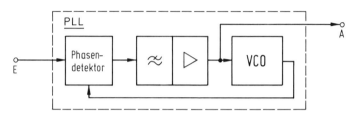

Bild 2.167 FM-Demodulator

Demodulatoren dieser Art zeichnen sich durch einen großen Störabstand aus. Die Demodulationsverzerrungen werden durch die Nichtlinearitäten der VCO-Kennlinie bestimmt und sind im angegebenen Aussteuerungsbereich sehr gering.

Hilfsträgergewinnung in Stereodekodern. Bei der Dekodierung von Stereosignalen in Rundfunkempfängern ist es notwendig, den senderseitig unterdrückten Hilfsträger (38 kHz) im Empfänger wieder zu erzeugen. Dies geschieht mit Hilfe des Pilottones (19 kHz) und eines Phasenregelkreises. Bild 2.168 zeigt eine dafür geeignete Struktur (typisch für die Hilfsträgergewinnung im Schaltkreis MC 1310 P − Motorola) [2.56].

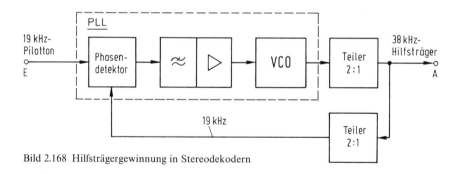

Bild 2.168 Hilfsträgergewinnung in Stereodekodern

Der Aufbau entspricht dem eines einfachen Phasenregelkreises, der um zwei 2:1-Teiler erweitert wurde. Die Frequenz des VCO liegt im eingerasteten Zustand bei 76 kHz, so daß sich mit dem ersten 2:1-Teiler der gewünschte 38-kHz-Hilfsträger ergibt.

Die VCO-Frequenz kann in Verbindung mit anderen Teilerverhältnissen auch höher gewählt werden (z.B. 228 kHz beim Schaltkreis TCA 4510 − Siemens) [2.57].

2.9   Modulatoren und Demodulatoren

Unter dem Begriff der *Modulation* versteht man das Aufprägen eines Signales auf einen Träger. Ziel dieser Operation ist es, eine optimale Anpassung des Signales an ein Übertragungsmedium bzw. ein Verarbeitungssystem zu gewährleisten.

Der Begriff der *Demodulation* kennzeichnet die Rückgewinnung des Signales aus dem modulierten Träger nach erfolgter Übertragung bzw. Verarbeitung.

Bei einer *sinusförmigen Trägerschwingung* lassen sich Amplitude, Frequenz und Phase durch das Signal steuern, und man spricht von *Amplituden-, Frequenz- und Phasenmodulation*.

In ähnlicher Weise unterscheidet man bei *impulsförmigen Trägern* zwischen *Pulsamplituden-, Pulsfrequenz- und Pulsphasenmodulation*. Wird die Impulsdauer beeinflußt, so bezeichnet man das als *Pulsdauermodulation*. Bei der *Pulskodemodulation* werden die Amplitudenwerte des Signales abgetastet und in ein aus einer digitalen Impulsfolge bestehendes Kodezeichen umgewandelt.

2.9.1   Amplitudenmodulation (AM)

2.9.1.1 Modulation, Mischung und Demodulation

Bei der **Modulation** wird die Amplitude U_T einer harmonischen Trägerschwingung

$$u_T = \hat{U}_T \cos \omega_T t \qquad (2.565)$$

durch eine Modulationsschwingung

$$u_M = \hat{U}_M \cos \omega_M t \qquad (2.566)$$

verändert, und man erhält

$$u = \hat{U}_T (1 + m \cos \omega_M t) \cos \omega_T t . \qquad (2.567)$$

$m = \hat{U}_M / \hat{U}_T$ wird als Modulationsgrad bezeichnet.

Aus Gl.(2.567) folgt nach trigonometrischer Umstellung

$$u = \hat{U}_T \left[\cos \omega_T t + \frac{m}{2} \cos(\omega_T + \omega_M) t + \frac{m}{2} \cos(\omega_T - \omega_M) t \right]. \qquad (2.568)$$

Diese Beziehung gibt Auskunft über die spektrale Zusammensetzung der amplitudenmodulierten Schwingung (Bild 2.169). Neben der Trägerfrequenz ω_T treten die beiden Seitenfrequenzen $\omega_T + \omega_M$ und $\omega_T - \omega_M$ auf. Zur Informationsübertragung ist nur eine der beiden Seitenfrequenzen erforderlich.

Der Vorgang der Modulation steht im engen Zusammenhang mit dem der Mischung und dem der Demodulation. Beide können als spezielle Formen der Modulation betrachtet werden.

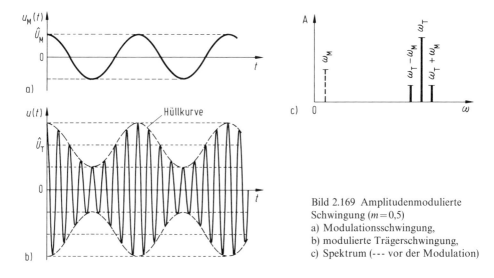

Bild 2.169 Amplitudenmodulierte
Schwingung ($m = 0,5$)
a) Modulationsschwingung,
b) modulierte Trägerschwingung,
c) Spektrum (--- vor der Modulation)

Die Aufgabe der **Mischung** besteht im Wechsel der Trägerfrequenz einer bereits modulierten Schwingung. Man moduliert zu diesem Zweck die Trägerfrequenz ω_{T1} einschließlich ihrer Seitenfrequenzen $\omega_{T1} \pm \omega_M$ auf eine zweite Trägerfrequenz ω_{T2} (Bild 2.170).

Die neuen Trägerfrequenzen $\omega_{T2} \pm \omega_{T1}$ werden als Zwischenfrequenzen ω_{ZF} bezeichnet. Sie sind in der gleichen Weise moduliert wie die ursprüngliche Trägerschwingung ω_{T1}. Wählt man $\omega_{T2} > \omega_{T1}$, so spricht man von einer Aufwärtsmischung; bei $\omega_{T2} < \omega_{T1}$ handelt es sich um eine Abwärtsmischung.

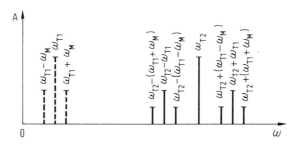

Bild 2.170 Spektrum bei der Mischung (--- vor der Mischung)

Das Ziel der **Demodulation** besteht in der Rückgewinnung der Modulationsschwingung aus der modulierten Trägerschwingung. Zu diesem Zweck kann man das zu demodulierende Signal auf einen Träger mit der Frequenz $\omega = 0$ umsetzen; d.h., man moduliert mit einem Träger $\omega_{T2} = \omega_{T1}$ (Bild 2.171).

Wesentliche Vereinfachungen ergeben sich bei Anwendung der sogenannten *Hüllkurvendemodulation*. Dabei geht man davon aus, daß das Modulationssignal der

Hüllkurve der modulierten Trägerschwingung entspricht (s. Bild 2.169). Man braucht daher diese Trägerschwingung nur gleichzurichten. Es muß jedoch einschränkend bemerkt werden, daß dieses Verfahren nur dann anwendbar ist, wenn die vollständige modulierte Schwingung, d.h. der Träger mit seinen beiden Seitenfrequenzen übertragen wurde. Da dies aus Gründen der Frequenz- und Leistungsökonomie nur noch in wenigen Anwendungsbereichen (z.B. AM-Hörrundfunk) zu gewährleisten ist, nimmt die Bedeutung der Hüllkurvendemodulation stark ab.

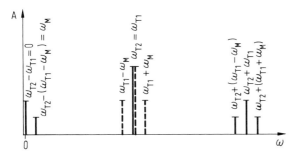

Bild 2.171 Spektrum bei der Demodulation (--- vor der Demodulation)

Die enge Verknüpfung zwischen Modulation, Mischung und Demodulation ermöglicht eine weitgehend einheitliche Beschreibung und schaltungstechnische Realisierung.

2.9.1.2 AM-Modulatoren

Die meisten AM-Modulatoren nutzen die Schalterwirkung von Dioden und Transistoren und können in Eintakt-, Gegentakt- und Doppelgegentaktschaltungen gegliedert werden. Davon abweichende Lösungen ergeben sich bei Modulatoren für hohe Ausgangsleistungen.

Eintaktschaltungen (Bild 2.172)

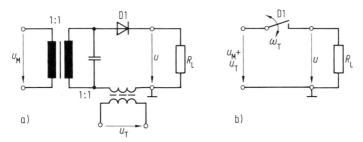

Bild 2.172 Eintaktmodulator
a) Schaltung, b) Ersatzschaltung

Für $\hat{U}_T > \hat{U}_M$ und $\hat{U}_T > U_{F0}$ wird die Diode im Rhythmus der Trägerfrequenz ω_T geschaltet. Am Ausgang erhält man:

$$u_2(t) = [u_M(t) + u_T(t)] \, \ddot{u}^I(t). \tag{2.569}$$

$\ddot{u}^I(t)$ entspricht der im Bild 2.173 wiedergegebenen Spannungsübersetzung des Modulators, die sich als Fourierreihe wie folgt darstellen läßt:

$$\ddot{u}^I(t) = \hat{U}\left[\frac{1}{2} + \frac{2}{\pi}\left(\cos\omega_T t - \frac{1}{3}\cos 3\omega_T t + \frac{1}{5}\cos 5\omega_T t - + \dots\right)\right]. \tag{2.570}$$

Damit kann Gl.(2.569) ausgewertet werden und man erhält nach entsprechender Umformung und mit $\hat{U} = 1$:

$$u_2(t) = \hat{U}_T\left[\frac{1}{\pi} + \frac{m}{2}\cos\omega_M t + \frac{1}{2}\cos\omega_T t + \frac{m}{\pi}\cos(\omega_T \pm \omega_M) t + \frac{2}{3\pi}\cos 2\omega_T t\right.$$

$$-\frac{m}{3\pi}\cos(3\omega_T \pm \omega_M) t - \frac{2}{15\pi}\cos 4\omega_T t$$

$$\left. + \frac{m}{5\pi}\cos(5\omega_T \pm \omega_M) t + \dots\right]. \tag{2.571}$$

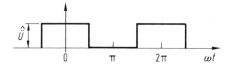

Bild 2.173 Spannungsübersetzungsfunktion $\ddot{u}^I(t)$

Die Ausgangsspannung enthält einen Gleichanteil, die Modulationsfrequenz ω_M, die Trägerfrequenz ω_T und die Seitenfrequenzen $\omega_T \pm \omega_M$. Die außerdem auftretenden unerwünschten Frequenzanteile $2\omega_T$, $4\omega_T$ ... und $3\omega_T \pm \omega_M$, $5\omega_T \pm \omega_M$ ... werden in der Regel mit einem nachgeschalteten Tiefpaß selektiert.

Gegentaktschaltungen (Bild 2.174)

Wird $\hat{U}_T > \hat{U}_M$ und $\hat{U}_T > U_{F0}$ gewählt, so wirken die Dioden als Schalter, die im Rhythmus der Trägerfrequenz ω_T in gleicher Weise betätigt werden. Für die Ausgangsspannung gilt:

$$u_2(t) = u_M(t) \, \ddot{u}^I(t). \tag{2.572}$$

$\ddot{u}^I(t)$ entspricht wieder der Spannungsübersetzung des Modulators und wird durch die Gl.(2.570) beschrieben. Durch Einsetzen in Gl.(2.572) erhält man nach kurzer Zwischenrechnung und für $\hat{U} = 1$:

$$u_2(t) = \hat{U}_T\frac{m}{\pi}\left[\frac{\pi}{2}\cos\omega_M t + \cos(\omega_T \pm \omega_M) t\right.$$

$$\left. - \frac{1}{3}\cos(3\omega_T \pm \omega_M) t + \frac{1}{5}\cos(5\omega_T \pm \omega_M) t \dots\right]. \tag{2.573}$$

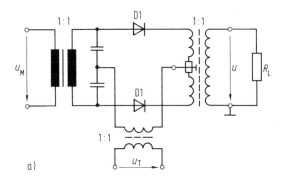
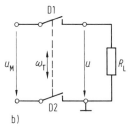

Bild 2.174 Gegentaktmodulator
a) Schaltung, b) Ersatzschaltung

Die Ausgangsspannung enthält die Modulationsfrequenz ω_M, die Seitenfrequenzen $\omega_T \pm \omega_M$ und deren ungradzahlige Vielfache $3\omega_T \pm \omega_M$, $5\omega_T \pm \omega_M$ usw. Die Trägerfrequenz ω_T ist nicht enthalten. In der Praxis vorhandene Trägerreste können mit dem Symmetrieregler des Ausgangsübertragers minimiert werden.

Doppelgegentaktschaltungen (Bild 2.175)

Setzt man wieder reinen Schalterbetrieb, d.h. $\hat{U}_T > \hat{U}_M$ und $\hat{U}_T > U_{F0}$ voraus, so werden bei positiver Halbwelle der Trägerspannung die Dioden D1 und D4 leitend, während bei negativer Halbwelle der Trägerspannung D2 und D3 durchgeschaltet sind. Das bedeutet, daß hier die Modulationsspannung im Rhythmus der Trägerfrequenz ständig umgepolt wird. Man bezeichnet die Schaltung auch als *Ringmodulator*. Für die Ausgangsspannung gilt:

$$u_2(t) = u_M(t)\, \ddot{u}^{II}(t). \tag{2.574}$$

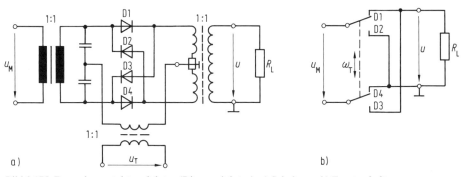

Bild 2.175 Doppelgegentaktmodulator (Ringmodulator); a) Schaltung, b) Ersatzschaltung

Die Spannungsübersetzungsfunktion $\ddot{u}^{II}(t)$ ist im Bild 2.176 dargestellt und kann als Fourierreihe wie folgt geschrieben werden

$$\ddot{u}^{II}(t) = \hat{U}\,\frac{4}{\pi}\left(\cos\omega_T t - \frac{1}{3}\cos 3\omega_T t + \frac{1}{5}\cos 5\omega_T t - + \dots\right). \tag{2.575}$$

Damit ist $u_2(t)$ berechenbar und man erhält mit $\hat{U} = 1$:

$$u_2(t) = \hat{U}_T \frac{2m}{\pi} \left[\cos(\omega_T \pm \omega_M)\, t - \frac{1}{3} \cos(3\,\omega_T \pm \omega_M)\, t \right.$$

$$\left. + \frac{1}{5} \cos(5\,\omega_T \pm \omega_M)\, t - + ... \right]. \qquad (2.576)$$

Das Spektrum enhält nur noch die Seitenfrequenzen $\omega_T \pm \omega_M$ und deren ungradzahlige Vielfache $3\,\omega_T \pm \omega_M$, $5\,\omega_T \pm \omega_M$ usw.

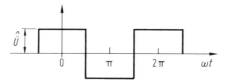

Bild 2.176 Spannungsübersetzungsfunktion $u^{II}(t)$

Schaltungstechnisch besonders günstige Realisierungsmöglichkeiten von Doppelgegentaktanordnungen ergeben sich bei Verwendung kreuzgekoppelter Differenzverstärker. Bild 2.177 zeigt dafür ein Beispiel.

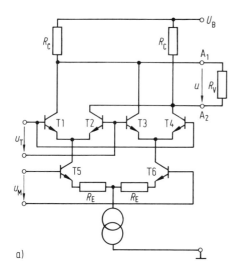

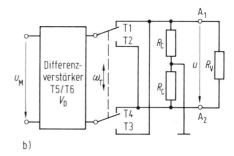

Bild 2.177 Kreuzgekoppelter Differenzverstärker als Doppelgegentaktmodulator
a) Schaltung, b) Ersatzschaltung

Der untere Differenzverstärker T5/T6 wird mit dem Modulationssignal u_M angesteuert. Durch die Emitterwiderstände R_E besitzt dieser Verstärker einen relativ großen linearen Aussteuerungsbereich. Die beiden oberen Differenzverstärker T1/T2 und T3/T4 sind kreuzgekoppelt und werden durch das Trägersignal u_T gesteuert. Die Amplitude des Trägers ist dabei so groß, daß die Transistoren im Schalterbetrieb arbeiten. Das verstärkte Modulationsignal wird auf diese Weise

durch den Träger geschaltet. Infolge der gekreuzten Kollektoren der Transistoren
$T2$ und $T3$ kommt es außerdem zu einer Signalumpolung. Für die Ausgangsspannung zwischen A_1 und A_2 kann somit wieder geschrieben werden

$$u_2(t) = u_M(t)\, V_D\, \ddot{u}^{II}(t) \tag{2.577}$$

und mit Gl.(2.575) folgt

$$u_2(t) = \hat{U}_T\, V_D\, \hat{U}\, \frac{2m}{\pi} \left[\cos(\omega_T \pm \omega_M)\,t - \frac{1}{3}\cos(3\,\omega_T \pm \omega_M)\,t \right.$$
$$\left. + \frac{1}{5}\cos(5\,\omega_T \pm \omega_M)\,t - + \dots \right]. \tag{2.578}$$

Man erkennt, daß die Funktion der Schaltung unmittelbar der des Doppelgegentaktmodulators entspricht. Die Anordnung hat den Vorteil, daß keine Übertrager
benötigt werden und eine Realisierung als integrierte Schaltung ohne Schwierigkeiten möglich ist.

Modulatoren für hohe Ausgangsleistungen. Die Modulation von AM-Großsendern
(>100 kW) erfolgt meist in der Senderendstufe. Infolge der hohen Leistungen kommen Elektronenröhren zum Einsatz. Am häufigsten wird das Prinizip der *Anodenspannungsmodulation* angewandt (Bild 2.178).

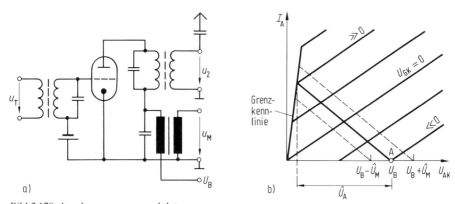

Bild 2.178 Anodenspannungsmodulator
a) Schaltung, b) Ausgangskennlinienfeld der Sendetriode

Die Trägerspannung u_T wird dem Gitter der Sendetriode zugeführt, während die
Modulationsspannung u_M der Anodenspannung (Betriebsspannung U_B) überlagert
wird. Die Röhre arbeitet im C-Betrieb (Arbeitspunkt A liegt im Sperrbereich der
$I_A U_{GK}$-Kennlinie; $U_{GK} \ll 0$). Die Trägeramplitude wird so groß gewählt, daß stets
eine Begrenzung an der Grenzkennlinie erfolgt. Da die wirksame Betriebsspannung
im Rhythmus von u_M schwankt, werden sich auch die begrenzten Trägeramplituden
in diesem Rhythmus ändern:

$$\hat{U}_A = \hat{U}_T + \hat{U}_M \cos \omega_M\, t. \tag{2.579}$$

Die durch die Begrenzung und den C-Betrieb entstehenden unerwünschten Oberwellen und Kombinationsfrequenzen werden durch den als Lastwiderstand wirkenden Resonanzkreis unterdrückt und man erhält am Ausgang

$$u_2(t) = \hat{U}_T(1 + m \cos \omega_M t) \cos \omega_T t.$$ (2.580)

Es ist eine verzerrungsarme Modulation bis $m \leq 1$ möglich. Problematisch ist die Bereitstellung der großen Leistung für das Modulationssignal.

2.9.1.3 AM-Demodulatoren

Wie wir bereits im Abschnitt 2.9.1.1 erläutert haben, kann man die Demodulation als Modulation eines AM-Signales mit dem eigenen Träger auffassen. Es ist daher möglich, jede Modulatorschaltung als Demodulator zu betreiben. Besondere Bedeutung haben integrierte Synchrondemodulatoren erlangt. Weiterhin sind Hüllkurvendemodulatoren wegen ihres einfachen Aufbaues stark verbreitet.

Synchrondemodulatoren. Es handelt sich um Doppelgegentaktschaltungen, bei denen der zuzusetzende Träger aus einem mitübertragenen Trägerrest gewonnen wird. Bild 2.179 zeigt das Prinzip eines solchen Demodulators. Es soll am Beispiel der Demodulation von AM-Bildsignalen erläutert werden.

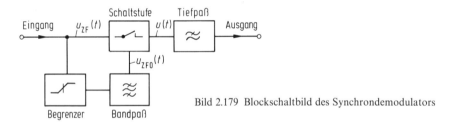

Bild 2.179 Blockschaltbild des Synchrondemodulators

Am Eingang liegt die amplitudenmodulierte Bildträgerschwingung $u_{ZF}(t)$. Sie wird im Restseitenbandverfahren übertragen und enthält nur den Träger (mit halber Amplitude) und die obere Seitenschwingung; in diesem Fall gilt:

$$u_{ZF}(t) = \hat{U}_{ZF}\left[\frac{1}{2}\cos \omega_{ZF} t + \frac{m}{2}\cos(\omega_{ZF} + \omega_M) t\right].$$ (2.581)

$u_{ZF}(t)$ wird parallel einer Schaltstufe und einem Begrenzer zugeführt. Mit Hilfe des Begrenzers und eines auf ω_{ZF} abgestimmten Bandpasses wird aus dem modulierten Signal $u_{ZF}(t)$ der unmodulierte Träger

$$u_{ZF0}(t) = k\hat{U}_{ZF}\cos \omega_{ZF} t$$ (2.582)

zurückgewonnen; k ist ein durch Begrenzer und Bandpaß bestimmter Proportionalitätsfaktor.

$u_{ZF0}(t)$ steuert den Schalter, d.h., die Eingangsspannung $u_{ZF}(t)$ wird im Rhythmus der Trägerfrequenz ω_{ZF} unterbrochen bzw. voll übertragen. Am Ausgang der

Schaltstufe erhält man

$$u(t) = u_{ZF}(t)\,\ddot{u}(t).$$ (2.583)

$\ddot{u}(t)$ entspricht wieder der Spannungsübersetzung der Schaltstufe. Meist wird die Umpolfunktion $\ddot{u}^{II}(t)$ gemäß Gl. (2.575) realisiert. Damit kann $u(t)$ berechnet werden, und man erhält bei Vernachlässigung aller oberhalb von $2\omega_{ZF} + \omega_M$ liegenden Frequenzanteile

$$u(t) = \hat{U}_{ZF}\,\hat{U}\,\frac{1}{\pi}\left[1 + m\cos\omega_M t + \frac{2}{3}\cos 2\omega_{ZF}\,t\right.$$

$$\left. + m\cos(2\omega_{ZF} + \omega_M)\,t - \frac{m}{3}\cos(2\omega_{ZF} - \omega_M)\,t\right].$$ (2.584)

Die unerwünschten Frequenzanteile ω_{ZF} und $2\omega_{ZF} \pm \omega_M$ können durch einen Tiefpaß ohne Schwierigkeiten entfernt werden, so daß am Ausgang des Demodulators nur die ω_M-Komponente und der Gleichanteil vorliegen.

Im Bild 2.180 ist die Schaltung eines nach diesem Prinzip arbeitenden AM-Demodulators für Fernseh-Bildsignale dargestellt (typisch für den Demodulator innerhalb der integrierten Schaltungen: TDA 440 — SGS-Ates; TDA 2541 — Valvo; TDA 5835 — Siemens) [2.40, 2.58].

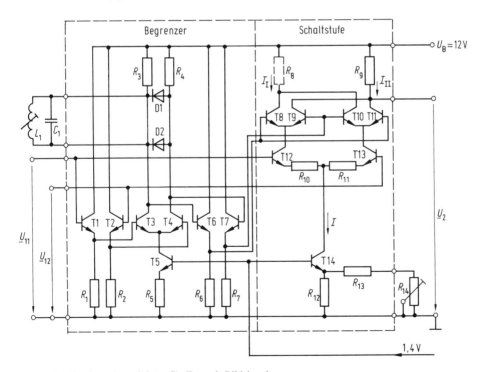

Bild 2.180 Synchrondemodulator für Fernseh-Bildsignale

Der Begrenzerverstärker wird mit einer symmetrischen ZF-Spannung $u_{ZF}(t)$ ange-steuert. Sie gelangt zunächst an zwei Emitterfolger (T1; T2) und von dort an einen Differenzverstärker (T3/T4). Der Differenzverstärker ist mit einer Stromquelle ausgestattet. Das an R_3 und R_4 abfallende symmetrische Ausgangssignal des Diffe-renzverstärkers wird durch die Dioden D1 und D2 begrenzt und mit dem als Bandpaß wirkenden Parallelresonanzkreis L_1/C_1 von den dabei entstehenden Ober-wellen befreit. Über die Emitterfolger T6 und T7 gelangt der so aufbereitete Träger $u_{ZF0}(t)$ an die Schaltstufe.

Die Schaltstufe besteht aus den drei Differenzverstärkerstufen T8/T9, T10/T11 und T12/T13 sowie der Stromquelle T14. Der untere Differenzverstärker T12/T13 wird wie der Begrenzer mit dem modulierten ZF-Signal $u_{ZF}(t)$ angesteuert. Durch die Emitterwiderstände R_{10} und R_{11} besitzt dieser Verstärker einen relativ großen linearen Aussteuerungsbereich. Die beiden oberen Differenzverstärker T8/T9 und T10/T11 sind kreuzgekoppelt und werden durch das unmodulierte Trägersignal $u_{ZF0}(t)$ gesteuert. Die Amplitude des Trägers ist dabei so groß, daß die Transistoren im Schalterbetrieb arbeiten. Das verstärkte Eingangs-ZF-Signal wird somit durch den Träger geschaltet. Aufgrund der gekreuzten Kollektoren der Transistoren T9 und T10 erfolgt außerdem eine Signalumpolung. Das Ausgangssignal wird der Schaltstufe unsymmetrisch am Widerstand R_9 entnommen. Die Auskoppelmög-lichkeit an R_8 bleibt ungenutzt; es wird daher auf R_8 meist gänzlich verzichtet.

Man kann die Wirkungsweise der Schaltstufe in einer Ersatzschaltung darstellen (Bild 2.181) [2.59]. Es ist zu erkennen, daß durch die Schaltstufe die postulierte Umpolfunktion $\ddot{u}^{II}(t)$ realisiert wird und damit die Gesamtanordnung als AM-Demodulator im mathematisch beschriebenen Sinne wirkt.

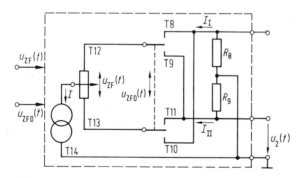

Bild 2.181 Ersatzschaltung der Schaltstufe des Synchrondemodulators

Mit Hilfe des regelbaren Widerstandes R_{14} können die Ergiebigkeit der Stromquelle T14 und damit der Gesamtstrom der Schaltstufe verändert werden. Dies entspricht einer Einstellung des Weißwertes des Videosignales. Da der Impulsgrund des Video-signales auf $1,9 \text{ V} \pm 0,2 \text{ V}$ getastet wird, bedeutet die Einstellung des Weißwertes gleichzeitig eine Einstellung des BAS-Ausgangspegels.

Die Funktion des Tiefpasses zur Selektion der unerwünschten Frequenzanteile wird vom nachfolgenden Videoverstärker übernommen, der eine ausgeprägte Tiefpaß-charakteristik mit einer Grenzfrequenz von 10 MHz aufweist.

Der Demodulator benötigt eine Eingangsspannung von etwa 120 mV; sie schwankt aufgrund des über 55 dB geregelten ZF-Verstärkers (s. Abschn. 2.5.3.1) nur wenig. Die Amplitude des demodulierten Bildsignales (BAS) liegt bei etwa 3,3 V_{ss}; sie wird am Ausgang des Videoverstärkers gemessen. Der Intermodulationsabstand des Tonträger-Farbträger-Mischproduktes (1,07 MHz) vom Farbträger liegt bei 50 dB.

AM-Demodulatoren für Bildsignale werden meist gemeinsam mit dem ZF-Verstär-ker, dem Videovorverstärker und der Einheit zur Regelspannungserzeugung kombi-niert integriert (vgl. Abschn. 2.5.3.1) bzw. sind Bestandteil komplexer Fernsehemp-fänger-Schaltkreise.

Hüllkurvendemodulatoren. Ihre Funktion beruht auf einer Spitzenwertgleichrich-tung der modulierten Trägerspannung (vgl. Abschn. 2.9.1.1). Bild 2.182 zeigt die dafür geeigneten Schaltungen. Die Entladezeitkonstante $\tau_{ent} = C R_L$ ist so zu bemes-sen, daß einerseits die Trägerfrequenz ω_T hinreichend geglättet und andererseits die Modulationsfrequenz ω_M nicht kurzgeschlossen wird:

$$\frac{10}{\omega_T} < C R_L < \frac{1}{\omega_M}. \tag{2.585}$$

Für die Eingangswiderstände der beiden Schaltungen gilt bei sinusförmigen Span-nungen:

$$\text{Serienschaltung} \quad - R_{Ein} = \frac{1}{2} R_L, \tag{2.586}$$

$$\text{Parallelschaltung} - R_{Ein} = \frac{1}{3} R_L. \tag{2.587}$$

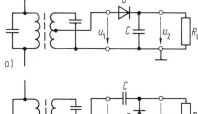

Bild 2.182 Hüllkurvendemodulatoren
a) Serienschaltung, b) Parallelschaltung

Wie bereits im Abschnitt 2.9.1.1 betont, ist die Hüllkurvendemodulation nur dann anwendbar, wenn der Träger und beide Seitenfrequenzen übertragen werden, denn nur dann ist die Hüllkurve mit dem Modulationssignal identisch. Typische Einsatz-gebiete sind AM-Hörrundfunkempfänger einfacher Bauweise.

2.9.2 Frequenz- und Phasenmodulation (FM; PhM)

2.9.2.1 Frequenz- und phasenmodulierte Schwingungen

Bei der Frequenz- bzw. Phasenmodulation wird die Frequenz bzw. Phase einer harmonischen Trägerschwingung im Rhythmus eines Modulationssignales verändert. Für die Trägerschwingung gilt:

$$u(t) = \hat{U} \cos \psi(t). \tag{2.588}$$

Mit $\omega = d\psi/dt$ folgt für

$$\psi(t) = \int_0^t \omega(t) + \varphi(t). \tag{2.589}$$

Als modulationsabhängige Momentanfrequenz $\omega(t)$ bzw. Phase $\varphi(t)$ wirken

$$\omega(t) = \omega_T + \Delta\omega_T \cos \omega_M t, \tag{2.590}$$

$$\varphi(t) = \varphi_T + \Delta\varphi_T \cos \omega_M t. \tag{2.591}$$

$\Delta\omega_T$ wird als Frequenzhub und $\Delta\varphi_T$ als Phasenhub bezeichnet. Beide sind der Amplitude der Modulationsschwingung proportional.

Durch Einsetzen der Gln.(2.590) bzw. (2.591) in (2.589) und (2.588) erhält man:

— für die **frequenzmodulierte Schwingung**

$$u(t) = \hat{U} \cos\left(\omega_T t - \frac{\Delta\omega_T}{\omega_M} \sin \omega_M t + \varphi_T\right), \tag{2.592}$$

— für die **phasenmodulierte Schwingung**

$$u(t) = \hat{U} \cos(\omega_T t + \Delta\varphi_T \cos \omega_M t + \varphi_T). \tag{2.593}$$

Die Anfangsphase φ_T ist für die Informationsübertragung im allgemeinen ohne Bedeutung und kann daher weggelassen werden. Aus den gleichen Gründen kann in Gl.(2.592) auch $-\sin \omega_M t$ durch $+\cos \omega_M t$ ersetzt werden.

Beide Modulationsarten sind über die Beziehung

$$\Delta\omega(t) = \frac{d\varphi(t)}{dt} \quad \text{bzw.} \quad \varphi(t) = \int_0^t \Delta\omega(t)\, dt \tag{2.594}$$

miteinander verknüpft. Sie sind ineinander überführbar und können daher auch einheitlich behandelt werden.

Um eine Aussage über die spektrale Zusammensetzung der so modulierten Schwingungen machen zu können, entwickelt man die Gl.(2.593) als Fourierreihe und erhält:

$$u(t) = \hat{U} \{ J_0(\Delta\varphi_T) \cos\omega_T t$$
$$- J_1(\Delta\varphi_T)[\sin(\omega_T + \omega_M)t + \sin(\omega_T - \omega_M)t]$$
$$- J_2(\Delta\varphi_T)[\cos(\omega_T + 2\omega_M)t + \cos(\omega_T - 2\omega_M)t]$$
$$+ J_3(\Delta\varphi_T)[\sin(\omega_T + 3\omega_M)t + \sin(\omega_T - 3\omega_M)t] + \ldots \}. \tag{2.595}$$

Die Koeffizienten J_ν dieser Reihe sind Besselfunktionen 1. Art (Bild 2.183).

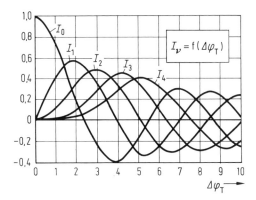

Bild 2.183 Besselfunktionen 1. Art

Das Spektrum besteht aus der Trägerfrequenz ω_T und unendlich vielen Seitenfrequenzen $\omega_T \pm \nu\omega_M$; es ist symmetrisch zu ω_T (Bild 2.184).

Bei hochwertigen Informationsübertragungen sind alle Spektrallinien zu berücksichtigen, deren Amplituden $\geq 10\%$ der unmodulierten Trägeramplitude sind. Das ist bei einer Bandbreite

$$B \geq 2\omega_M(\Delta\varphi_T + 1) \tag{2.596}$$

gewährleistet, wobei $\Delta\varphi_T \leq 5$ gewählt wird.

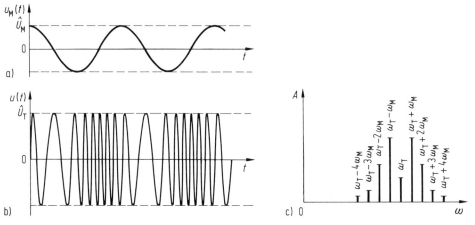

Bild 2.184 Frequenzmodulierte Schwingung ($\Delta\varphi_T = 2$)
a) Modulationsschwingung, b) modulierte Trägerschwingung, c) Spektrum

2.9.2.2 FM-Modulatoren

Man unterscheidet zwischen direkter und indirekter Frequenzmodulation. Zur Vergrößerung der Frequenz- bzw. Phasenhübe der Modulatoren werden Frequenzvervielfacher eingesetzt.

Direkte Frequenzmodulation. Das Modulationssignal wird unmittelbar zur Steuerung der Frequenz eines Generators benutzt. Solche steuerbaren Generatoren wurden bereits im Abschnitt 2.7.4 behandelt; besondere Bedeutung haben:

— Oszillatoren mit gesteuerten Blindschaltelementen parallel zum frequenzbestimmenden Schwingkreis. Als Blindschaltelemente kommen bevorzugt Kapazitätsdioden zum Einsatz (s. Bild 2.163). Der erreichbare relative Frequenzhub liegt bei $\Delta\omega_T/\omega_T \approx 1\%$. Bei größeren Hüben treten meist starke Modulationsverzerrungen auf.
— Multivibratoren bei denen die Entladezeiten der frequenzbestimmenden Kondensatoren gesteuert werden (s. Bilder 2.158 und 2.160). Es können Frequenzhübe von $\Delta\omega_T/\omega_T \geq 10\%$ erreicht werden. Problematisch ist die Erzeugung von Mittenfrequenz > 100 MHz.

Der große Nachteil der direkten Frequenzmodulation besteht darin, daß die Trägerfrequenz ω_T nicht stabilisiert werden kann. Dieser Mangel ist bei der indirekten Frequenzmodulation vermeidbar.

Indirekte Frequenzmodulation. Es kommt ein Phasenmodulator zum Einsatz dem ein Integrierglied vorgeschaltet ist (Bild 2.185). Die Ausgangsspannung ist — wie aus Gl.(2.594) herleitbar — ein FM-Signal.

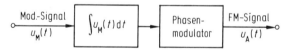

Bild 2.185 Indirekte Frequenzmodulation

Der Phasenmodulator kann aus einem Quarzoszillator und einem nachgeschalteten steuerbaren Phasenschieber aufgebaut werden. Bild 2.186 zeigt dafür ein Beispiel.

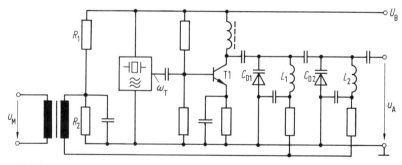

Bild 2.186 Phasenmodulator

Als Phasenschieber dient ein Selektivverstärker, dessen Schwingkreise (C_{D1}/L_1, C_{D2}/L_2) mittels Kapazitätsdioden verstimmt werden. Die erforderliche Vorspannung der Dioden (Arbeitspunkt) wird mit Hilfe eines Spannungsteilers (R_1/R_2) aus U_B abgeleitet. Bei Verwendung mehrerer Resonanzkreise kann man durch entsprechende Einstellung der Kopplung der Kreise die Phasenkurve linearisieren. So können beispielsweise mit 4 Kreisen Phasenhübe bis zu $\Delta\varphi_T \approx 3$ erreicht werden; die dabei auftretenden Modulationsverzerrungen liegen bei 1% [2.60]. Da mit der Verstimmung der Schwingkreise auch eine unerwünschte Amplitudenmodulation verbunden ist, empfiehlt es sich, diese durch einen nachfolgenden Amplitudenbegrenzer zu beseitigen.

Modulatoren mit Frequenzvervielfachern. Zur Erhöhung der Frequenz- und Phasenhübe können den Modulatoren Frequenzvervielfacher nachgeschaltet werden. Es handelt sich dabei um Schaltungen mit stark nichtlinearen Übertragungskennlinien, durch die eine entsprechende Verzerrung der vom Modulator kommenden Schwingung bewirkt wird. Für das Ausgangssignal des Vervielfachers gilt:

$$u(t) = \sum_{n=1}^{\infty} U_n \cos(n\omega_T t + n\,\Delta\varphi_T \cos\omega_M t). \tag{2.597}$$

Die Trägerfrequenz ω_T und der Phasenhub $\Delta\varphi_T$ werden mit dem Faktor n vervielfacht. Unerwünschte Kombinationsfrequenzen müssen durch Filter selektiert werden. Praktisch werden Vervielfacherstufen mit $n \leq 3$ verwirklicht und im Bedarfsfall eine Kaskadierung mehrerer solcher Stufen vorgenommen. Die Tatsache, daß bei der Vervielfachung auch die Trägerfrequenz ω_T erhöht wird, muß bereits bei der Festlegung dieser Frequenz im Modulator Berücksichtigung finden.

2.9.2.3 FM-Demodulatoren

Für die Demodulation einer frequenzmodulierten Schwingung bieten sich zahlreiche, zum Teil sehr unterschiedliche schaltungstechnische Möglichkeiten [2.59]. Die wichtigsten von ihnen wollen wir in diesem Abschnitt vorstellen. Eine wesentliche Voraussetzung für die einwandfreie Funktion der Mehrzahl dieser Demodulatoren ist eine konstante Amplitude der zu demodulierenden Schwingung. Diese Bedingung ist zunächst durch das Prinzip der FM-Modulation erfüllt. Da jedoch auf dem Übertragungsweg erhebliche Störungen überlagert werden können, ist es notwendig, vor jeder Demodulation eine Amplitudenbegrenzung vorzunehmen.

Amplitudenbegrenzer. Eine häufig verwendete Schaltung ist der im Bild 2.187 gezeigte Diodenbegrenzer.

Für die Amplitude der Ausgangsspannung gilt:

$$\hat{U}_2 = U_{F0}. \tag{2.598}$$

Werden größere Amplituden benötigt, so werden mehrere Dioden in Reihe geschaltet oder Z-Dioden verwendet. Auch vorgespannte Dioden können eingesetzt werden.

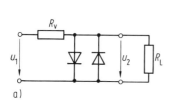
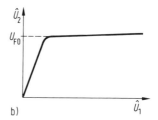

Bild 2.187 Diodenbegrenzer
a) Schaltung, b) Begrenzerkennlinie

Weiterhin kann mit Differenzverstärkern eine sehr wirksame Amplitudenbegren-
zung erzielt werden (s. Abschn. 2.2.4.10, Bild 2.57); meist kommen mehrstufige
Anordnungen in Form von integrierten Schaltungen zum Einsatz (s. Abschn. 2.5.3.2,
Bild 2.133).

Flankendemodulatoren. Bei diesen Demodulatoren wird die FM-Schwingung an
der Flanke eines bzw. zweier gegenüber der Trägerfrequenz verstimmter Schwingkreise in eine amplitudenmodulierte Schwingung umgewandelt und anschließend
gleichgerichtet. Man unterscheidet zwischen Einflanken- und Gegentaktflankende-
modulatoren. Bild 2.188 zeigt als Beispiel einen Gegentaktflankendemodulator.

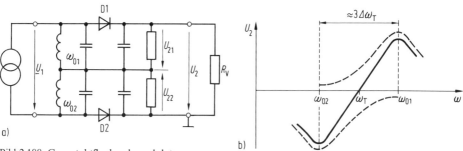

Bild 2.188 Gegentaktflankendemodulator
a) Schaltung, b) Demodulationskennlinie

Er besteht aus zwei nicht miteinander gekoppelten Einzelkreisen, die auf die Fre-
quenzen ω_{01} und ω_{02} abgestimmt sind. ω_{01} und ω_{02} liegen etwa im Abstand
des 1,5fachen Frequenzhubes $\Delta\omega_T$ symmetrisch zur Trägerfrequenz ω_T. Die an
den Flanken der beiden Schwingkreise abfallenden Spannungen werden gleichgerichtet und zur Ausgangsspannung

$$U_2 = U_{21} - U_{22} \tag{2.599}$$

zusammengefügt.

Bei sorgfältiger Abstimmung der Kreise ist eine gute Linearität der Demodulationskennlinie zu erreichen.

Phasendiskriminator (Riegger-Kreis). Für die Schaltung ist der im Bild 2.189a
gezeigte Aufbau charakteristisch.

Eingangsseitig ist ein zweikreisiges, induktiv gekoppeltes Bandfilter angeordnet; es ist auf ω_T abgestimmt. Die Spannung des Primärkreises $\underline{U}_1$ wird kapazitiv an die Mittelanzapfung des Sekundärkreises geführt, so daß an den beiden Dioden die Spannungen

$$\underline{U}_{D1} = \underline{U}_1 + \frac{\underline{U}_{K2}}{2} \tag{2.600}$$

und $$\underline{U}_{D2} = \underline{U}_1 - \frac{\underline{U}_{K2}}{2} \tag{2.601}$$

entstehen. Nach der Gleichrichtung der beiden Komponenten (der Gleichstromweg ist über die Drossel Dr geschlossen) erhält man als Ausgangsspannung

$$U_2 = U_{21} - U_{22} = |\underline{U}_{D1}| - |\underline{U}_{D2}|. \tag{2.602}$$

Bei der Addition bzw. Subtraktion von $\underline{U}_1$ und $\underline{U}_{K2}/2$ in den Gln.(2.600) und (2.601) sind die Phasenlagen der beiden Spannungen zu berücksichtigen (Bild 2.189 b). Stimmt die Momentanfrequenz der FM-Schwingung mit der Mittenfrequenz ω_0 des Bandfilters überein, so stehen $\underline{U}_1$ und $\underline{U}_{K2}$ senkrecht aufeinander, d.h. $|\underline{U}_{D1}| = |\underline{U}_{D2}|$ und $U_2 = 0$. Für $\omega \neq \omega_0$ ändert sich diese Phase zwischen $\underline{U}_1$ und $\underline{U}_{K2}$ und es entsteht eine Ausgangsspannung U_2 die im Bereich von $\omega_T \pm \Delta\omega_T$ etwa proportional zur Frequenz ist.

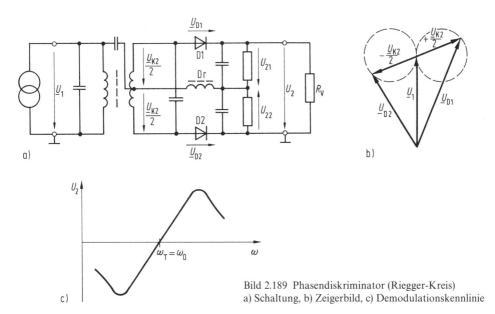

Bild 2.189 Phasendiskriminator (Riegger-Kreis)
a) Schaltung, b) Zeigerbild, c) Demodulationskennlinie

Mit symmetrisch aufgebauten Bandfiltern und einer normierten Kopplung $x = k\varrho \approx 2$ ist bei sorgfältigem Abgleich eine gute Linearität der Demodulationskennlinie erzielbar [2.60].

Koinzidenzdemodulator. Er kann sehr vorteilhaft mit kreuzgekoppelten Differenzverstärkern als integrierte Schaltung realisiert werden und zeichnet sich durch eine äußerst verzerrungsarme Demodulation sowie einen einfachen Abgleich aus. Besondere Bedeutung erlangte er bei der Demodulation von Hörrundfunk- und Fernsehrundfunk-Tonsignalen.

Im Bild 2.190 ist das Prinzip eines Koinzidenzdemodulators dargestellt.

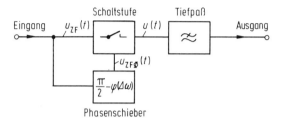

Bild 2.190 Blockschaltbild des Koinzidenzdemodulators

Am Eingang liegt die frequenzmodulierte, amplitudenbegrenzte ZF-Spannung $u_{ZF}(t)$. Sie kann als Rechteckkurve durch folgende Fourierreihe dargestellt werden:

$$u_{ZF}(t) = \hat{U}_{ZFB} \frac{4}{\pi} \left(\cos x - \frac{1}{3} \cos 3x + \frac{1}{5} \cos 5x - + \ldots \right) \qquad (2.603)$$

mit $x = \omega_{ZF} t + \dfrac{\Delta \omega_T}{\omega_M} \cos \omega_M t.$

$\hat{U}_{ZFB}$ entspricht der Amplitude der begrenzten ZF-Spannung.

$u_{ZF}(t)$ wird gleichzeitig einer Schaltstufe und einem Phasenschieber zugeführt. Der Phasenschieber bewirkt eine Phasenverschiebung von $\Phi = \pi/2 - \varphi$, wobei φ linear vom Frequenzhub $\Delta \omega_T$ abhängt. Da bei Frequenzmodulation zwischen dem Frequenzhub und der Amplitude der Modulation ein linearer Zusammenhang besteht, ist φ auch linear von der Amplitude des Modulationssignales abhängig.

Für die Spannung am Ausgang des Phasenschiebers gilt:

$$u_{ZF\Phi}(t) = -\hat{U}_{ZFB} k \left[\sin(x - \varphi) + \frac{1}{3} \sin 3(x - \varphi) + \frac{1}{5} \sin 5(x - \varphi) + \ldots \right]. \qquad (2.604)$$

k entspricht einem durch den Phasenschieber bestimmten Proportionalitätsfaktor.

$u_{ZF\Phi}(t)$ steuert den Schalter. Beschreibt man sein Transferverhalten mit der Spannungsübersetzungsfunktion $\ddot{u}^{II}(t)$ gemäß Gl.(2.575), so gilt

$$\ddot{u}^{II}(t) = -\hat{U} \frac{4}{\pi} \left[\sin(x - \varphi) + \frac{1}{3} \sin 3(x - \varphi) + \frac{1}{5} \sin 5(x - \varphi) + \ldots \right]. \qquad (2.605)$$

Damit kann die Spannung am Ausgang der Schaltstufe gemäß

$$u(t) = u_{ZF}(t) \, \ddot{u}^{II}(t) \qquad (2.606)$$

berechnet werden. Die auftretenden unerwünschten Mischprodukte werden durch das Tiefpaßfilter beseitigt, und man erhält am Ausgang des Demodulators folgende Spannung:

$$U = \hat{U}_{ZFB}\,\hat{U}\,\frac{8}{\pi^2}\left(\sin\varphi - \frac{1}{9}\sin 3\varphi + \frac{1}{25}\sin 5\varphi - +\ldots\right). \tag{2.607}$$

Diese Gleichung entspricht der Fourierreihe für eine Dreieckkurve (Bild 2.191). Im Bereich $-\pi/2 < \varphi < +\pi/2$ ist die Ausgangsspannung des Demodulators dem Phasenwinkel φ und damit der Amplitude der Modulationsspannung proportional.

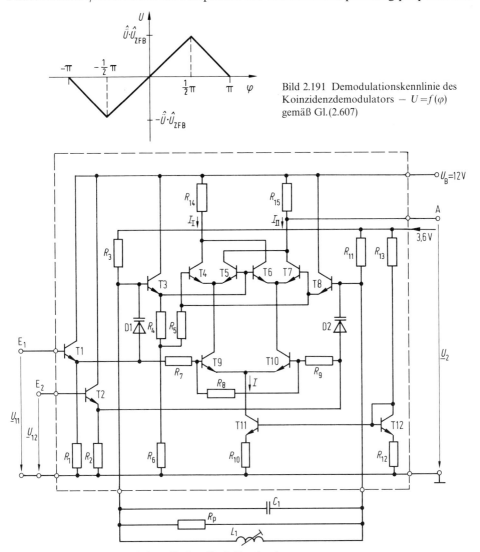

Bild 2.191 Demodulationskennlinie des Koinzidenzdemodulators — $U = f(\varphi)$ gemäß Gl.(2.607)

Bild 2.192 Koinzidenzdemodulator für Rundfunk-Tonsignale

Im Bild 2.192 ist die vereinfachte Schaltung eines nach diesem Prinzip arbeitenden FM-Demodulators wiedergegeben (typisch für die Demodulatoren innerhalb der integrierten Schaltungen: TBA 120 und TDA 1047 — Siemens) [2.41, 2.42, 2.43, 2.44].

Die Schaltung wird an den Eingängen E_1 und E_2 mit einer symmetrischen ZF-Spannung $u_{ZF}(t)$ angesteuert. Diese gelangt über die Emitterfolger T1 und T2 an die Schaltstufe und an den Phasenschieber.

Als Phasenschieber wirkt ein Parallelschwingkreis L_1/C_1 in Verbindung mit den als Koppelkondensatoren dienenden Kapazitätsdioden D1 und D2. Der Schwingkreis ist auf ω_{ZF} abgestimmt. Die am Schwingkreis abfallende Spannung ist gegenüber der Eingangsspannung um den Phasenwinkel Φ verschoben. Für die Ermittlung von Φ ist im Bild 2.193 die Schaltung des Phasenschiebers nochmals getrennt dargestellt. Die Koppelkapazitäten C entsprechen in ihren Größen denen der Kapazitätsdioden D1 bzw. D2.

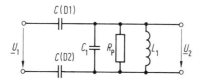

Bild 2.193 Phasenschieber des Koinzidenzdemodulators

Für das Verhältnis $\underline{U}_2$ zu $\underline{U}_1$ gilt:

$$\frac{\underline{U}_2}{\underline{U}_1} = \frac{\underline{R}_P}{\underline{R}_P + \dfrac{2}{j\omega C}} \approx j\omega \frac{C}{2} \underline{R}_P. \tag{2.608}$$

$\underline{R}_P$ ist die Schwingkreisimpedanz. Die Näherung gilt unter der Voraussetzung, daß der Schwingkreis nur sehr lose angekoppelt wird, d.h., daß $|\underline{R}_P| \ll 2/\omega C$ ist. Setzt man für

$$\underline{R}_P = \frac{R_P}{1 + j\varrho v}, \tag{2.609}$$

so folgt

$$\frac{\underline{U}_2}{\underline{U}_1} \approx \frac{\omega \dfrac{C}{2} R_P}{1 + \varrho^2 v^2}(\varrho v + j) = \frac{\omega \dfrac{C}{2} R_P}{\sqrt{1 + \varrho^2 v^2}} e^{j\left(\frac{\pi}{2} - \arctan \varrho v\right)}. \tag{2.610}$$

Der gesuchte Phasenwinkel Φ ist demzufolge

$$\Phi \approx \frac{\pi}{2} - \arctan \varrho v. \tag{2.611}$$

Für kleine v- bzw. ϱv-Werte gilt in Näherung:

$$\Phi \approx \frac{\pi}{2} - \arctan \varrho \frac{2\Delta\omega_T}{\omega_{ZF}} \approx \frac{\pi}{2} - \varrho \frac{2\Delta\omega_T}{\omega_{ZF}}. \tag{2.612}$$

Diese lineare Abhängigkeit entspricht der an den Phasenschieber zu stellenden Forderung.

Die durch den Phasenschieber aufbereitete ZF-Spannung $u_{ZF\Phi}(t)$ wird über die Emitterfolger T3 und T8 der Schaltstufe zugeführt.

Die Schaltstufe besteht aus den drei Differenzverstärkerstufen T4/T5, T6/T7 und T9/T10 sowie der Stromquelle T11. Der untere Differenzverstärker wird unmittelbar mit dem ZF-Signal $u_{ZF}(t)$ angesteuert. Die ZF-Amplitude ist so groß, daß die Transistoren T9/T10 im Schalterbetrieb arbeiten und dadurch der von der Stromquelle T11 gelieferte Strom im Rhythmus von $u_{ZF}(t)$ an die Emitter der beiden oberen Stufen gelangt. Man erreicht so eine sehr gute zusätzliche Begrenzung des Signales und damit eine wirkungsvolle AM-Unterdrückung unmittelbar im Modulator. An den Basen der beiden oberen Differenzverstärker liegt das phasenverschobene Signal $u_{ZF\Phi}(t)$. Dieses Signal hat infolge des Aufbaues des Phasenschiebers nicht die gemäß Gl.(2.604) angenommene Form einer Rechteckkure, sondern verläuft sinusförmig. Die Amplituden sind jedoch immer noch so groß, daß auch die Transistoren T4/T5 und T6/T7 im Schalterbetrieb arbeiten. Das ZF-Signal $u_{ZF}(t)$ wird somit durch das phasenverschobene Signal $u_{ZF\Phi}(t)$ geschaltet. Aufgrund der gekreuzten Kollektoren der Transistoren T5 und T6 erfolgt außerdem eine Signalumpolung.

Die Wirkungsweise der Schaltstufe kann in einer Ersatzschaltung verdeutlicht werden (Bild 2.194) [2.59].

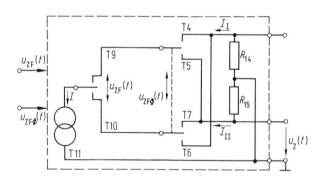

Bild 2.194 Ersatzschaltung der Schaltstufe des Koinzidenzdemodulators

Man erkennt, daß durch die Schaltstufe die postulierte Spannungsübersetzungsfunktion $\ddot{u}^{II}(t)$ realisiert wird und die Steuerung so erfolgt, daß die Gesamtanordnung als FM-Demodulator im mathematisch beschriebenen Sinne wirkt.

Der Tiefpaß zur Selektion der unerwünschten Frequenzanteile ist Bestandteil des nachfolgenden NF-Verstärkers.

Ein Teil der Versorgungsspannung für die einzelnen Stufen ist gegenüber Schwankungen der Betriebsspannung schaltkreisintern stabilisiert (3,6 V).

Folgende Kennwerte sind für den beschriebenen Demodulator charakteristisch:

ZF-Eingangsspannung am Demodulator $\qquad \underline{U}_{11} = -\underline{U}_{12} = 200\ \mathrm{mV_{ss}}$

NF-Spannung am Ausgang des nachfolgenden
NF-Verstärkers (bei $f_{ZF} = 10{,}7\ \mathrm{MHz}$;
$\Delta f_T = \pm 75\ \mathrm{kHz}$; $\varrho = 25$; $f_M = 1\ \mathrm{kHz}$) $\qquad \underline{U}_2 = 0{,}3\ \mathrm{V}$

Klirrfaktor (bei $f_{ZF} = 10{,}7\ \mathrm{MHz}$;
$\Delta f_T = \pm 75\ \mathrm{kHz}$; $\varrho = 25$; $f_M = 1\ \mathrm{kHz}$) $\qquad k = 0{,}4\%$

AM-Unterdrückung (in Verbindung mit dem im
Abschn. 2.5.3.2 beschriebenen ZF-Verstärker
und bei $f_{ZF} = 10{,}7\ \mathrm{MHz}$; $\varrho = 25$;
$f_M = 1\ \mathrm{kHz}$; $m = 30\%$; $\underline{U}_{\mathrm{Ein\,ZF}} = 10\ \mathrm{mV}$) $\qquad a_{\mathrm{AM}} \geq 60\ \mathrm{dB}$.

Koinzidenzdemodulatoren dieser Art werden meist mit dem zugehörigen ZF-Verstärker kombiniert integriert (vgl. Abschn. 2.5.3.2) bzw. sind Bestandteil komplexer Rundfunk- bzw. Fernsehempfänger-Schaltkreise.

Zähldiskriminator. Bei diesem Demodulator wird jeder Nulldurchgang der FM-Schwingung $u_1(t)$ in einen Impuls konstanter Amplitude und Dauer umgewandelt. Der mittlere Gleichstrom dieser Impulsfolge ist der Anzahl der Impulse pro Zeiteinheit und damit dem Modulationssignal $u_M(t)$ proportional (Bild 2.195).

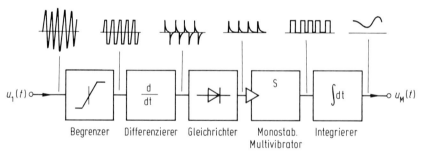

Bild 2.195 Blockschaltbild eines Zähldiskriminators

Zur Erzeugung der Impulse wird die begrenzte FM-Schwingung einem Differenzierer zugeführt, anschließend eine Gleichrichtung vorgenommen und damit ein monostabiler Multivibrator angesteuert. Die Mittelwertbildung erfolgt mit Hilfe eines Integrierers. Um hinreichend große Ausgangsamplituden zu erhalten, ist ein großer relativer Frequenzhub erforderlich. Das Eingangssignal wird daher auf eine sehr niedrige Zwischenfrequenz umgesetzt (bei FM-Rundfunkempfängern auf etwa 200 kHz).

Da die Amplitude und die Dauer der Impulse völlig unabhängig von der Amplitude der FM-Schwingung sind, wird eine zusätzliche hohe AM-Unterdrückung innerhalb des Modulators erzielt. Die Demodulation erfolgt extrem verzerrungsarm; ein Abgleich ist nicht erforderlich.

Phasenverketteter Demodulator. Beim Aufbau dieses Demodulators kommt ein Phasenregelkreis zum Einsatz (s. Abschn. 2.8.2, Bild 2.167). Die Mittenfrequenz des steuerbaren Oszillators ist auf die Trägerfrequenz der zu demodulierenden FM-Schwingung abgestimmt. Im Phasendetektor werden die Phasen der Oszillator-schwingung und der FM-Schwingung verglichen. Die aus diesem Vergleich abgeleitete Nachführspannung für den Oszillator entspricht dem demodulierten Signal.

Durch das Prinzip wird eine hohe zusätzliche AM-Unterdrückung gewährleistet. Die Demodulationsverzerrungen sind auch bei relativ großen Frequenz- bzw. Phasenhüben äußerst gering.

2.9.3 Pulsmodulationen

In diesem Abschnitt wollen wir als Ergänzung zu den analogen Modulationsverfahren noch einen kurzen Überblick über die Pulsmodulationen geben, wie sie in Abtastsystemen angewendet werden. In Abtastsystemen werden dem analogen Signal in gleichen Zeitabständen T_a (T_a – Abtastperiodendauer) Proben entnommen. Dies erfolgt mit Abtast-Halteschaltungen (s. Abschn. 2.10.4). Für bandbegrenzte Schaltungen muß dabei das Abtasttheorem $T_a < 1/2f_g$ eingehalten werden, wobei f_g die Grenzfrequenz der entsprechenden Schaltung ist. Für die Weiterverarbeitung dieser Abtastwerte, insbesondere in digitalen Schaltungen und Systemen, werden Pulsmodulationsverfahren angewendet, von denen die Pulskodemodulation die bedeutendste ist.

Pulskodemodulation (PCM). Hier erfolgt die Umwandlung des abgetasteten Analogsignales in kodiert modulierte Impulsfolgen. Die dabei entstehenden Kodeworte bestehen aus impulsförmigen Elementarsignalen (Bits), die in einem einheitlichen Zeitraster zusammengesetzt sind. Es handelt sich hierbei praktisch um eine Analog-Digital-Wandlung. Die entsprechenden Schaltungen werden wir im Abschnitt 4 behandeln.

Bei der *Differenzpulskodemodulation* wird die Differenz von Abtastwert und Vorhersagewert (z.B. der vorhergehende Abtastwert) kodiert übertragen.

Eine Sonderform der Differenzpulskodemodulation ist die *Deltamodulation*. Eine entsprechende Blockschaltung ist im Bild 2.196 gezeigt.

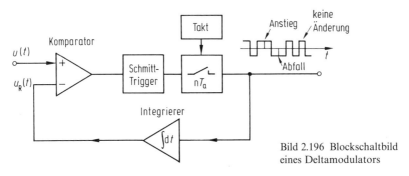

Bild 2.196 Blockschaltbild
eines Deltamodulators

Dieses Verfahren arbeitet mit *Oversampling*, d.h. es wird in wesentlich kleineren Zeitabständen abgetastet als dies das Abtasttheorem (Samplingtheorem) fordert $(T_a \ll 1/2f_g)$. Am Ausgang entsteht eine Bitfolge (Impulsfolge) entsprechend der Signaländerung (und nicht entsprechend des Absolutwertes). Das zu modulierende (wandelnde) Signal $u(t)$ wird zusammen mit einer Rückführungsgröße $u_R(t)$ einem Komparator mit nachgeschaltetem Schmitt-Trigger zugeführt. Ist während der Abtastung $\hat{U} > \hat{U}_R$, so wird vom Schmitt-Trigger ein positives Datensignal $+A$ abgegeben, im anderen Falle ein negatives $-A$. Am Ausgang entsteht damit zu jedem Abtastzeitpunkt nT_a ein positiver oder negativer Impuls. Die Integration dieser Impulse ergibt das Rückführungssignal u_R. Damit kann aus der Impulsfolge des Deltamodulators auf die Änderung des Signales geschlossen werden. Bei einem modifizierten Deltamodulator, dem *Sigma-Delta-Wandler*, befindet sich der Integrierer im Vorwärtszweig und ein 1-Bit-Analog-Digital-Wandler im Rückführungszweig. Dadurch kann nun aus der Impulsfolge durch Mittelwertbildung direkt auf die Signalgröße geschlossen werden.

Pulsamplitudenmodulation (PAM). Hierbei wird die Amplitude des Impulses proportional zum Abtastwert gemacht. Im Beispiel von Bild 2.197 ist die Impulsamplitude gleich dem Abtastwert.

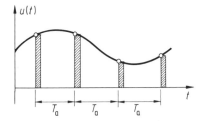

Bild 2.197 Prinzip der Pulsamplitudenmodulation

Pulsdauermodulation (PDM). Die Pulsdauermodulation (auch Pulslängenmodulation PLM genannt) wandelt den Abtastwert in eine dazu proportionale Pulsdauer t_i einer periodischen Folge von Rechteckimpulsen um, wie dies im Bild 2.198 veranschaulicht ist.

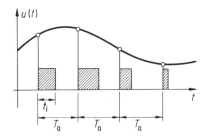

Bild 2.198 Prinzip der Pulsdauermodulation

Pulsfrequenzmodulation (PFM). Hier erfolgt die Umwandlung des abgetasteten Analogsignales in eine zu diesem proportionale Impulsfolgefrequenz. Schaltungstechnisch kann dies z.B. mit spannungsgesteuerten Rechteckgeneratoren (s. Bild 2.160) gelöst werden.

Pulsphasenmodulation (PPM). Die Pulsphasenmodulation (auch als Pulslagemodulation bezeichnet) besteht darin, daß der Impuls gegenüber dem Abtastzeitpunkt nT_a um eine Zeit τ verzögert entsteht. τ ist proportional zum Abtastwert $u(nT_a)$ (Bild 2.199).

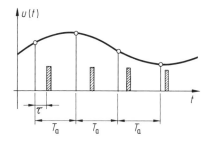

Bild 2.199 Prinzip der Pulsphasenmodulation

2.10 Analogschalter und Abtast-Halte-Schaltungen

2.10.1 Allgemeine Eigenschaften

Analogschalter haben die Aufgabe, analoge Signale möglichst verlustlos und verzerrungsarm zu übertragen. In elektronischen Schaltungen werden anstelle mechanischer Schaltkontakte elektronische Bauelemente (z.B. Transistoren) eingesetzt. Grundsätzlich gibt es zwei Varianten von Analogschaltern, den Serien- und den Parallelschalter (Bild 2.200). Wegen der Symmetrie der Kennlinie und der leistungslosen Steuerung sind Feldeffekttransistoren besonders für die Realisierung von Analogschaltern geeignet. Am häufigsten verwendet werden die in Bild 2.201 gezeigten Serienschalter mit MOS-Feldeffekttransistoren (NMOS und CMOS) [2.29].

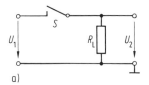 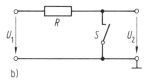

Bild 2.200 Schalterprinzipien
a) Serienschalter, b) Parallelschalter

2.10.2 NMOS-Schalter

Der NMOS-Schalter besteht, wie es das Bild 2.201a zeigt, aus einem n-Kanal-Enhancementtransistor, der mit einer positiven Steuerspannung U_{SE} eingeschaltet und mit einer negativen Steuerspannung U_{SA} ausgeschaltet wird. Bei einer Analogspannung mit einem Maximalwert (Amplitude) von $\hat{U}_1$ lautet die Ausschaltbedingung

$$U_{SA} < -\hat{U}_1, \tag{2.613}$$

da sonst bei negativen Eingangsspannungen $U_1(t)$ der MOS-Transistor eingeschaltet würde. Die Ausschaltbedingung erfordert für das Gateoxid eine maximale Spannungsfestigkeit des MOS-Transistors von $U_{max} > 2\hat{U}_1$.

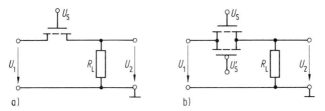

Bild 2.201 Analogschalter mit MOS-Feldeffekttransistoren
a) NMOS-Schalter, b) CMOS-Schalter

Im Einschaltzustand ist der Transistor stets im aktiven Bereich, solange

$$U_{SE} - U_t \geq \hat{U}_1 \qquad (2.614)$$

ist. Diese Bedingung wollen wir stets als gültig voraussetzen, da sonst im Pinch-
off die Ausgangsspannung U_2 unabhängig von U_1 konstant bliebe, was für
einen Analogschalter ein sinnloses Verhalten wäre.

Es gilt also zunächst für die positiven Eingangsspannungen $U_1 > 0$ mit der
MOS-Transistorkennlinie im aktiven Bereich:

$$K[2(U_{SE} - U_t - U_2)(U_1 - U_2) - (U_1 - U_2)^2] = \frac{U_2}{R_L}. \qquad (2.615)$$

Hierin ist U_t die Schwellspannung und K die Transistorkonstante

$$K = \frac{\mu_n \varepsilon_{ox} b}{2 d_{ox} l}. \qquad (2.616)$$

Normieren wir die Spannungen U_1 und U_2 auf die effektive Steuerspannung
$U_{SE} - U_t$ und setzen dafür $u_{1/2} = U_{1/2}/(U_{SE} - U_t) \leq 1$, so wird aus Gl.(2.615)

$$2(1 - u_2)(u_1 - u_2) - (u_1 - u_2)^2 = k u_2 \qquad (2.617)$$

mit $\quad k = \dfrac{1}{R_L K (U_{SE} - U_t)}.$

Die Lösung von Gl.(2.617) liefert die Übertragungsfunktion

$$u_2 = \frac{2 + k}{2} - \sqrt{\left(\frac{2 + k}{2}\right)^2 + u_1^2 - 2 u_1}. \qquad (2.618)$$

Das Ergebnis ist für $k = 1$ und $k = 0,1$ in Bild 2.202 dargestellt. Man erkennt,
daß sich nur für $k \ll 1$ über den gesamten Aussteuerbereich eine zufriedenstel-
lende lineare Übertragung ergibt. Kleine k-Werte erhält man, wenn der Lastwiderstand R_L, die effektive Steuerspannung $U_{SE} - U_t$ und das b/l-Verhältnis des
Transistors groß gewählt werden.

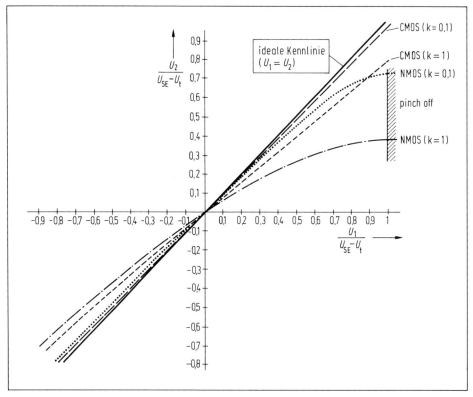

Bild 2.202 Übertragungskennlinien des NMOS- und CMOS-Schalters für ausgewählte Werte des Parameters $k = 1/[KR_L(U_{SE} - U_t)]$

Um beispielsweise $k = 0,1$ zu gewährleisten, müßte bei $R_L = 1\,\mathrm{k\Omega}$, $U_{SE} - U_t = U_1 = 5\,\mathrm{V}$ und $\varepsilon_{ox}\,\mu_n/2\,d_{ox} = 10\,\mu\mathrm{A/V^2}$ das b/l-Verhältnis des MOS-Transistors 200 sein.

Für negative Eingangsspannungen $U_1 < 0$ ergibt sich auf analoge Weise

$$-u_2 = -\frac{2+k}{2} + \sqrt{\left(\frac{2+k}{2}\right)^2 - 2u_1 + u_1^2}. \qquad (2.619)$$

Wie Bild 2.202 zeigt, ist dafür eine bessere Linearität erreichbar.

2.10.3 CMOS-Schalter

Eine sehr gute Linearität erzielt man mit dem CMOS-Schalter nach Bild 2.201 b, da sich hier p- und n-Kanal-Transistor bei der Stromleitung ergänzen. Die Strom-Spannungs-Beziehungen lauten für positive Eingangsspannungen U_1 und der gleichen Normierung wie beim NMOS-Schalter mit $U_{SE} = -U_{SE}'$, $|U_{tn}| = |U_{tp}| = U_t$ (die

Schwellspannungen von n- und p-Kanal-Transistoren sind betragsmäßig gleich) und $u = U/(U_{SE} - U_t)$

$$2(1 - u_2)(u_1 - u_2) - (u_1 - u_2)^2 + 2(1 + u_1)(u_1 - u_2) - (u_1 - u_2)^2 = k u_2. \qquad (2.620)$$

Daraus folgt die lineare Übertragungskennlinie

$$u_2 = \frac{4}{4 + k} u_1, \qquad (2.621)$$

die ebenfalls im Bild 2.202 für $k = 1$ und $k = 0{,}1$ dargestellt ist. Zur Realisierung des Aus-Zustandes ist die Steuerspannung $U_{SA} = -\hat{U}_1$ am n-Kanal-Transistor und die Steuerspannung $U'_{SA} = +\hat{U}_1$ am p-Kanal-Transistor erforderlich. Das ergibt für beide Transistoren die gleiche notwendige Spannungsfestigkeit $U_{max} > 2\hat{U}_1$ wie für den NMOS-Schalter.

Neben den in Bild 2.202 gezeigten Nichtlinearitäten gibt es weitere Abweichungen vom idealen Schalterverhalten. Ein störender Einfluß beim dynamischen Betrieb (Aus- und Einschalten) ist die Spannungsüberkopplung über Kapazitäten des MOS-Transistors (Bild 2.203). Dies tritt besonders bei Spannungsänderungen am Gate G beim Umschalten vom Durchlaß- in den Sperrbereich (und umgekehrt) auf und führt zu Spannungsänderungen an einem Speicherknoten am Ausgang, dem *Schalteroffset*.

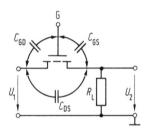 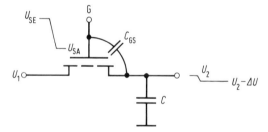

Bild 2.203 Parasitäre Kapazitäten am MOSFET-Schalter   Bild 2.204 Überkopplung eines Spannungssprunges vom Gate des Schalttransistors auf einen Speicherknoten

In Bild 2.204 ist gezeigt, daß bei einem Analogschalter, der auf eine Speicherkapazität C arbeitet (diesen Fall werden wir im nächsten Abschnitt bei den Abtast-Halte-Schaltungen kennenlernen), bei einer Gatespannungsänderung von $U_{SE} - U_{SA}$ am Ausgangsknoten eine Spannungsänderung von

$$\Delta U = \frac{C_{GS}}{C_{GS} + C}(U_{SE} - U_{SA}) \approx \frac{C_{GS}}{C}(U_{SE} - U_{SA}) \qquad (2.622)$$

auftritt. Die Näherung gilt für $C_{GS} \ll C$.

Dieser Spannungssprung am Speicherknoten und damit die Verfälschung des Spannungswertes U_2 beim Umschalten kann vermieden werden, wenn an den Ausgangsknoten ein als Kapazität wirkender Dummytransistor geschaltet wird

(Bild 2.205). Das Gate des Dummytransistors wird genau gegenphasig zum Schalt-transistor angesteuert und dadurch der ursprüngliche C_{GS}-Einfluß kompensiert.

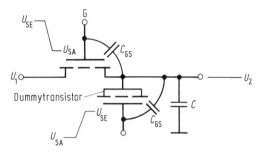

Bild 2.205 Kompensation der Überkopplung eines Spannungs-sprunges am Speicherknoten mit Hilfe eines Dummytransistors

2.10.4 Abtast-Halte-Schaltungen

Die Kombination eines Analogschalters mit einem Analogspeicher erlaubt die Kon-struktion von Abtast-Halte-Schaltungen (engl. sample and hold). Bei diesen Schal-tungen folgt die Ausgangsspannung beim eingeschalteten Schalter der Eingangs-spannung, und der Augenblickswert der Ausgangsspannung im Abtastzeitpunkt $n T_a$ wird im Ausschaltzeitpunkt gespeichert. Diese Schaltungsanordnungen werden in allen Abtastsystemen zusammen mit Analog-Digital-Wandlern zur Datenerfas-sung (engl. data aquisition) benötigt. Als Analogschalter kommt z.B. ein NMOS- oder ein CMOS-Schalter (s. Bilder 2.201) und als Analogspeicher eine Kapazität C in Frage. Zur Entkopplung von der Signalquelle und dem nachgeschalteten Signalverarbeitungssystem werden Spannungsfolger mit Operationsverstärkern vor- bzw. nachgeschaltet, wie es das Bild 2.206 zeigt.

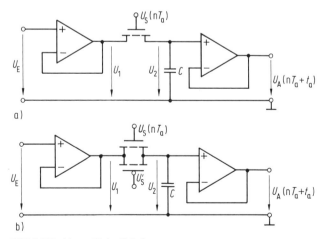

Bild 2.206 Abtast-Halte-Schaltungen
a) mit NMOS-Schalter, b) mit CMOS-Schalter

Die notwendige Dauer der Übernahmephase wird von der Aperturzeit (Einschaltzeit des Transistors) und der Einstellzeit (Aufladung bzw. Entladung des Kondensators C) bestimmt. Die Aperturzeit hängt in erster Linie von der Flankensteilheit der Steuerspannung U_S ab, da die inneren Verzögerungen der Transistoren in der Regel vernachlässigbar sind.

Die *Einstellzeit* (engl. aquisition time) wird vom Durchlaßwiderstand des Transistors und der Speicherkapazität C bestimmt. Für den Aufladevorgang mit einem NMOS-Schalter gilt

$$i_T = C \frac{dU_2}{dt}, \tag{2.623}$$

wobei i_T der Transistorstrom ist. Der Transistorstrom hängt sehr wesentlich von den Spannungsverhältnissen zum Abtastzeitpunkt $U_{SE}(nT_a)$, $U_1(nT_a)$ und $U_2(nT_a)$ ab. Nehmen wir an, daß die Steuerspannung U_{SE} in jedem Falle groß genug ist, so daß im Abtastzeitpunkt stets $U_{SE} - U_t > U_1$ bei Aufladung bzw. $U_{SE} - U_t > U_2$ bei Entladung ist, so befindet sich der Schalttransistor ständig im aktiven Bereich, und es gilt z.B. für die Aufladung zum Abtastzeitpunkt $(U_1(nT_a) > U_2)$

$$C \frac{dU_2}{dt} = K[2(U_{SE} - U_t - U_2)(U_1 - U_2) - (U_1 - U_2)^2]. \tag{2.624}$$

Mit der Normierung $u_{1/2} = U_{1/2}/(U_{SE} - U_t)$ folgt

$$\tau_N \frac{du_2}{dt} = u_2(u_2 - 2) + u_1(2 - u_1) \tag{2.625}$$

wobei für die Zeitkonstante

$$\tau_N = \frac{C}{K(U_{SE} - U_t)} \tag{2.626}$$

zu setzen ist.

Die Einstellzeit t_a kann jetzt durch Integration der Gl.(2.625) ermittelt werden. Berücksichtigt man dabei die Definition von t_a z.B. in der Form

$$U_2(nT_a + t_a) = 0{,}95\, U_1(nT_a), \tag{2.627}$$

so gilt

$$\int_{u_2(nT_a)}^{0,95 u_1(nT_a)} \frac{du_2}{u_2^2 - 2u_2 + u_1(2 - u_1)} = \int_0^{t_a} \frac{dt}{\tau_N}. \tag{2.628}$$

Die notwendige Dauer der Übernahmephase wird durch die größte Einstellzeit t_{am} bestimmt. Die größte Einstellzeit (worst case) ergibt sich beim Maximalwert der Abtastspannung und $U_2(nT_a) = 0$ (C zum Abtastzeitpunkt völlig entladen) mit $u_1(nT_a) = 1$ aus Gl.(2.628) zu

$$t_{am} = \tau_N \left(\frac{1}{1 - 0{,}95\, u_1(nT_a)} - 1 \right) = 19\, \tau_N. \tag{2.629}$$

Für das Zahlenbeispiel $C = 1$ nF, $U_{SE} - U_t = 4$ V, $K = 2 \times 10^{-3}$ A/V^2 erhält man $t_{am} = 2{,}4$ µs.

Wird anstelle des NMOS-Schalters ein CMOS-Schalter eingesetzt, so gilt bei gleichen Schwellspannungen $|U_{tn}| = |U_{tp}| = U_t$ und gleichen Transistorkonstanten K sowie unter Beachtung der Normierung $u_{1/2} = U_{1/2}/(U_{SE} - U_t)$

$$\tau_C \frac{d u_2}{d t} = u_1 - u_2 \tag{2.630}$$

mit der Zeitkonstanten

$$\tau_C = \frac{C}{4 K (U_{SE} - U_t)}. \tag{2.631}$$

Die Integration von Gl.(2.630) liefert:

$$u_2(n T_a + t) = u_1(n T_a) - (u_1(n T_a) - u_2(n T_a)) \exp - \frac{t}{\tau_C}, \tag{2.632}$$

und mit

$$U_2(n T_a + t_a) = 0{,}95 \, U_1(n T_a) \tag{2.633}$$

folgt für die Einstellzeit der Abtast-Halte-Schaltung mit CMOS-Schalter

$$t_a = \tau_C \ln \frac{u_1(n T_a) - u_2(n T_a)}{0{,}05 \, u_1(n T_a)}. \tag{2.634}$$

Für den worst case, d.h. die maximale Einstellzeit, gilt wieder $u_1(n T_a) = 1$ und $u_2(n T_a) = 0$ und damit

$$t_{am} = \tau_C \ln 20. \tag{2.635}$$

Mit den gleichen Zahlenwerten wie für den NMOS-Schalter ist jetzt $t_{am} = 93{,}7$ ns. Der CMOS-Schalter ist also nicht nur linearer, sondern er ist auch wesentlich schneller.

Ein wichtiger Parameter für die Haltephase ist die *Haltedrift* dU_2/dt. Diese wird beim ausgeschalteten Schalter vom Entladestrom I_L, bestehend aus Leckströmen des Kondensators, Subthresholdströmen des Schalttransistors und Eingangsströmen des Operationsverstärkers, bestimmt. Für die Haltedrift gilt

$$\frac{dU_2}{dt} = -\frac{I_L}{C}. \tag{2.636}$$

Bei einem bestimmten Entladestrom I_L ist die Haltedrift und damit die Spannungsverfälschung während der Haltephase um so geringer, je größer die Kapazität C ist. Eine große Kapazität vergrößert aber auch die Einstellzeit t_a (s. Gl.(2.629), (2.634)) und damit die Länge der Übernahmephase.

Eine Abtast-Halte-Schaltung kann auch als Integrierer geschaltet werden, wie es im Bild 2.207 gezeigt ist.

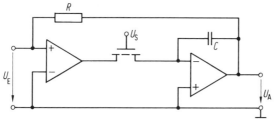

Bild 2.207 Abtast-Halte-Schaltung mit Integrierer

2.10.5 Analogmultiplexer

Die Kombination mehrerer Analogschalter ermöglicht die Realisierung eines Analogmultiplexers, wie er in Bild 2.208 dargestellt ist. Damit können mehrere Signalquellen (z. B. Meßwertgeber) wahlweise auf eine Übertragungsleitung geschaltet werden.

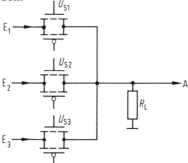

Bild 2.208 Prinzip eines Analogmultiplexers mit CMOS-Schaltern

2.11   Stromversorgungsschaltungen

Für den Betrieb elektronischer Schaltungen sind im allgemeinen ein bzw. zwei Betriebsspannungen erforderlich. Sie werden meist mittels Stromversorgungsschaltungen aus der Netzspannung gewonnen. Die Stromversorgungsbausteine bestehen

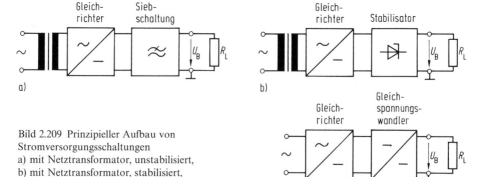

Bild 2.209 Prinzipieller Aufbau von
Stromversorgungsschaltungen
a) mit Netztransformator, unstabilisiert,
b) mit Netztransformator, stabilisiert,
c) Schaltnetzteil

im einfachsten Falle aus Netztransformator, Gleichrichter und Siebschaltung. Die Ausgangsspannungen sind von der Netzspannung und von der Belastung abhängig. Sind diese Abhängigkeiten unerwünscht, so ist an Stelle der Siebschaltung ein Spannungsstabilisator (stetiger Regler oder Schaltregler) anzuordnen (Bild 2.209 a und b). Zur Reduzierung der Verluste innerhalb der Stromversorgungsschaltungen werden zunehmend Schaltnetzteile eingesetzt. Bei ihnen verzichtet man auf den üblichen Netztransformator. Die Netzspannung wird unmittelbar gleichgerichtet und diese Gleichspannung mit einem Gleichspannungswandler (Schaltregler) auf die gewünschte Ausgangsgröße (U_B) gebracht und stabilisiert (Bild 2.209 c).

2.11.1 Gleichrichter

Gleichrichterschaltungen können in Einweggleichrichter, Zweiweggleichrichter und Spannungsvervielfacher gegliedert werden.

2.11.1.1 Einweggleichrichter

Den Aufbau eines **Einweggleichrichters mit ohmscher Belastung** zeigt Bild 2.210 a.

Nähert man das elektrische Verhalten der Diode durch eine geknickte, lineare Kennlinie mit den Parametern Flußwiderstand R_F und Flußspannung U_{F0}, so gilt für die Ausgangsgrößen $u_2(t)$ und $i_2(t)$:

$$u_2(t) = \begin{cases} \dfrac{R_L}{R_F + R_L}(u_1(t) - U_{F0}) & \text{für } u_1(t) > U_{F0} \\ 0 & \text{für } u_1(t) < U_{F0} \end{cases} \qquad (2.637)$$

$$i_2(t) = \begin{cases} \dfrac{u_1(t) - U_{F0}}{R_F + R_L} & \text{für } u_1(t) > U_{F0} \\ 0 & \text{für } u_1(t) < U_{F0}. \end{cases} \qquad (2.638)$$

Im Bild 2.210 b sind diese Zusammenhänge für eine sinusförmige Eingangsspannung dargestellt.

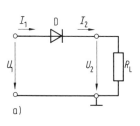

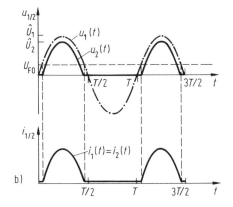

Bild 2.210 Einweggleichrichter
mit ohmscher Belastung
a) Schaltung,
b) Spannungs- und Stromverläufe

Für den *arithmetischen Mittelwert* der Ausgangsspannung $\bar{U}_2$ gilt:

$$\bar{U}_2 = \frac{1}{T} \int_0^T u_2(t)\, \mathrm{d}t$$

$$= \frac{1}{T} \int_0^{T/2} \hat{U}_2 \sin \omega t\, \mathrm{d}t = \frac{1}{\pi} \hat{U}_2. \qquad (2.639)$$

Auf den Effektivwert der Eingangsspannung U_1 bezogen, ergibt sich mit Gl. (2.637) und bei Vernachlässigung von U_{F0}

$$\bar{U}_2 = \frac{R_{\mathrm{L}}}{R_{\mathrm{F}}+R_{\mathrm{L}}} \frac{1}{\pi} \sqrt{2}\, U_1 \approx \frac{1}{\pi} \sqrt{2}\, U_1. \qquad (2.640)$$

Die Näherung gilt für $R_{\mathrm{F}} \ll R_{\mathrm{L}}$.

Der *quadratische Mittelwert* (*Effektivwert*) der Ausgangsspannung U_2 ist

$$U_2 = \sqrt{\frac{1}{T} \int_0^T u_2(t)^2\, \mathrm{d}t}$$

$$= \sqrt{\frac{1}{T} \int_0^{T/2} \hat{U}_2^2 \sin^2 \omega t\, \mathrm{d}t} = \frac{1}{2} \hat{U}_2. \qquad (2.641)$$

Auf U_1 bezogen gilt:

$$U_2 = \frac{R_{\mathrm{L}}}{R_{\mathrm{F}}+R_{\mathrm{L}}} \frac{1}{2} \sqrt{2}\, U_1 \approx \frac{1}{2} \sqrt{2}\, U_1. \qquad (2.642)$$

Die Ausgangsspannung U_2 besitzt noch eine hohe Wechselspannungskomponente U_{W}; sie beträgt von Spitze zu Spitze gemessen

$$U_{\mathrm{Wss}} = \hat{U}_2. \qquad (2.643)$$

Soll U_{W} als Effektivwert ausgedrückt werden, so ist von der Fourierreihe für $u_2(t)$ auszugehen

$$u_2(t) = \frac{2}{\pi} \hat{U}_2 \left(\frac{1}{2} + \frac{\pi}{4} \sin \omega t - \frac{\cos 2\omega t}{1 \cdot 3} - \frac{\cos 4\omega t}{3 \cdot 5} - \dots \right). \qquad (2.644)$$

Mit
$$U_{\mathrm{W}} = \sqrt{U_{\omega}^2 + U_{2\omega}^2 + U_{4\omega}^2 + \dots} \qquad (2.645)$$

folgt aus Gl. (2.644)

$$U_{\mathrm{W}} = \frac{1}{\pi} \hat{U}_2 \sqrt{\frac{\pi^2}{8} + \frac{2}{9} + \frac{2}{225} + \dots} = 0{,}39\, \hat{U}_2 = 1{,}21\, \bar{U}_2. \qquad (2.646)$$

Das Verhältnis dieses Effektivwertes U_{W} zum arithmetischen Mittelwert $\bar{U}_2$ wird als *Welligkeit*

$$w = \frac{U_{\mathrm{W}}}{\bar{U}_2} \qquad (2.647)$$

bezeichnet. w beträgt im vorliegenden Falle 121%. Gleichspannungen mit einer derartig großen Welligkeit sind als Betriebsspannungen elektronischer Schaltungen meist nicht verwendbar.

Wesentliche Veränderungen ergeben sich, wenn der **Einweggleichrichter mit Ladekondensator C_L** betrieben wird (Bild 2.211).

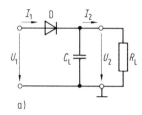

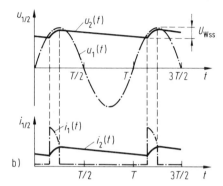

a)

Bild 2.211 Einweggleichrichter mit
Ladekondensator
a) Schaltung,
b) Spannungs- und Stromverläufe

Bei Vernachlässigung von U_{F0} und R_F kann die Wirkungsweise wie folgt beschrieben werden: Solange die positive Halbwelle der Eingangswechselspannung größer als die Spannung am Kondensator U_{CL} ist, werden der Lastwiderstand über die Diode gespeist und der Kondensator aufgeladen. Sobald aber die Spannung der positiven Halbwelle unter U_{CL} sinkt, wird die Diode gesperrt, und R_L wird aus C_L gespeist. Bei hochohmigem R_L wird die damit verbundene Entladung von C_L vernachlässigbar gering, und man erhält als Ausgangsspannung (Leerlauf)

$$U_{20} = \hat{U}_1 = \sqrt{2}\, U_1 . \tag{2.648}$$

Es handelt sich um eine *Spitzenwertgleichrichtung;* die Wechselspannungskomponente U_W ist unter diesen Bedingungen Null.

Bei zunehmender Belastung ist vor allem das Anwachsen von U_W zu berücksichtigen. U_W ist vom Laststrom I_2, dem Ladekondensator C_L und der Frequenz f abhängig. Es gilt in guter Näherung

$$U_{Wss} \approx \frac{1}{2}\frac{I_2}{C_L f}. \tag{2.649}$$

Für die Bemessung des Ladekondensators folgt daraus

$$C_L \approx \frac{1}{2}\frac{I_2}{U_{Wss} f}. \tag{2.650}$$

Will man beispielsweise bei $I_2 = 300$ mA und $f = 50$ Hz eine Wechselspannungskomponente $U_{Wss} \leq 0,6$ V$_{ss}$ gewährleisten, so ist dafür ein Ladekondensator $C_L \approx 5000$ µF erforderlich.

Bei der Auswahl der einzusetzenden Diode sind folgende Belastungen zu beachten:

— Maximale Sperrspannung (sie tritt in dem Moment auf, in dem die negative
 Halbwelle ihren Scheitelwert erreicht)

$$U_{R\,max} = 2\,\hat{U}_1 = 2\sqrt{2}\,U_1\,,\qquad(2.651)$$

— mittlerer Durchlaßstrom (er muß wegen der Erhaltung der C_L-Ladung gleich
 dem Ausgangsstrom sein)

$$\overline{I}_F = I_2 = \frac{U_2}{R_L} \approx \frac{\sqrt{2}\,U_1}{R_L}\,,\qquad(2.652)$$

— maximaler Durchlaßstrom beim Einschalten

$$\hat{I}_F = \frac{\sqrt{2}\,U_1}{R_F}\,.\qquad(2.653)$$

Sollte mit $\hat{I}_F$ der Grenzwert der ausgewählten Diode überschritten werden, so kann
in Reihe zur Diode ein Schutzwiderstand eingeschaltet werden.

Einweggleichrichter haben den Vorteil, daß der schaltungstechnische Aufwand
gering ist. Nachteilig ist die unsymmetrische Belastung der Speisespannungsquelle
und die relativ hohe Wechselspannungskomponente U_W.

2.11.1.2 Zweiweggleichrichter

Bei der Zweiweg- oder Vollweggleichrichtung werden beide Halbwellen der Speisespannung genutzt. Es ist zwischen Mittelpunkt- und Brückenschaltungen zu unterscheiden.

Den Aufbau einer **Mittelpunkt- oder Gegentaktschaltung** zeigt Bild 2.212.

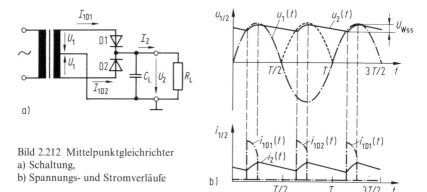

Bild 2.212 Mittelpunktgleichrichter
a) Schaltung,
b) Spannungs- und Stromverläufe

Am Eingang werden mit Hilfe eines Transformators mit Mittelabgriff zwei um
180° phasenverschobene Spannungen U_1 bereitgestellt. Dadurch können sowohl
die positive als auch die negative Halbwelle gleichgerichtet werden. Für die Ausgangsspannung beim Leerlauf gilt wieder

$$U_{20} = \hat{U}_1 = \sqrt{2}\, U_1 . \tag{2.654}$$

Die Wechselspannungskomponente sinkt im Vergleich zur Einweggleichrichtung auf die Hälfte, weil C_L zweimal pro Periodendauer nachgeladen wird:

$$U_{Wss} \approx \frac{1}{4} \frac{I_2}{C_L f} . \tag{2.655}$$

Die Belastung der Dioden kann wie folgt beschrieben werden:

— Maximale Sperrspannung (je Diode)

$$U_{R\,max} = 2\hat{U}_1 = 2\sqrt{2}\, U_1 , \tag{2.656}$$

— mittlerer Durchlaßstrom (je Diode)

$$\bar{I}_F = \frac{1}{2} I_2 = \frac{U_2}{2R_L} \approx \frac{\sqrt{2}\, U_1}{2R_L} , \tag{2.657}$$

— maximaler Durchlaßstrom beim Einschalten (je Diode)

$$\hat{I}_F = \frac{\sqrt{2}\, U_1}{R_F} . \tag{2.658}$$

Mittelpunktschaltungen werden auch häufig zur Erzeugung erdsymmetrischer Ausgangsspannungen eingesetzt. Dabei werden zwei Gleichrichterschaltungen mit unterschiedlich gepolten Dioden parallel angeordnet (Bild 2.213).

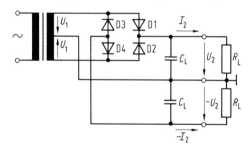

Bild 2.213 Mittelpunktgleichrichter für erdsymmetrische Ausgangsspannungen

Gegenüber dem Einweggleichrichter hat der Mittelpunktgleichrichter den Vorteil, daß die Speisespannungsquelle symmetrisch belastet wird und die Ausgangsspannung eine geringer Wechselspannungskomponent (mit doppelter Frequenz) hat. Nachteilig ist, daß zur Speisung ein Transformator mit Mittelanzapfung benötigt wird.

Bei der **Brücken- oder Graetz-Schaltung** (Bild 2.214) kann auf die Bereitstellung von zwei um 180° phasenverschobenen Eingangsspannungen verzichtet werden. Um beide Halbwellen nutzen zu können, werden vier Dioden eingesetzt. Während der positiven Halbwelle fließt der Strom über D 1, $R_L \| C_L$ und D 4; für die negative Halbwelle wird der Stromkreis über D 3, $R_L \| C_L$ und D 2 geschlossen. Soll U_2

einseitig geerdet werden, so muß U_1 erdsymmetrisch zugeführt werden, d.h., auch hier wird in der Regel ein Transformator benötigt.

Es gelten folgende Beziehungen:

— Ausgangsspannung (Leerlauf)

$$U_{20} = \hat{U}_1 = \sqrt{2}\,U_1, \tag{2.659}$$

— Wechselspannungskomponente

$$U_{Wss} \approx \frac{1}{4}\frac{I_2}{C_L f}, \tag{2.660}$$

— maximale Sperrspannung (je Diode)

$$U_{R\,max} = \hat{U}_1 = \sqrt{2}\,U_1, \tag{2.661}$$

— mittlerer Durchlaßstrom (je Diode)

$$\bar{I}_F = \frac{1}{2}I_2 = \frac{U_2}{2R_L} \approx \frac{\sqrt{2}\,U_1}{2R_L}, \tag{2.662}$$

— maximaler Spitzenstrom beim Einschalten (je Diode)

$$\hat{I}_F = \frac{\sqrt{2}\,U_1}{2R_F}. \tag{2.663}$$

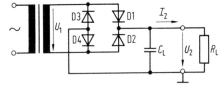

Bild 2.214 Brückengleichrichter
(Graetz-Schaltung)

Die maximale Sperrspannung ist nur halb so groß wie bei der Mittelpunktschaltung, weil jeweils zwei Dioden (D 1 und D 4 bzw. D 3 und D 2) in Reihe geschaltet sind. Dabei wird vorausgesetzt, daß die Dioden gleich große Sperrwiderstände R_R haben. Dies ist in der Praxis oft nicht der Fall; es ist daher bei spannungsmäßig hoch belasteten Dioden zu empfehlen, durch Parallelwiderstände (100 kΩ…1 MΩ) zu „symmetrieren".

Brückenschaltungen eignen sich auch gut zur *Gleichrichtung von Mehrphasenwechselströmen* [2.60]. Dabei kann bereits ohne Ladekondensator eine sehr geringe Welligkeit der Ausgangsspannung erreicht werden. Das ist besonders bei Stromversorgungsschaltungen für sehr hohe Ausgangsleistungen bedeutsam. Bild 2.215 zeigt eine solche Brückengleichrichterschaltung für einen Dreiphasenwechselstrom.

Von den Dioden D 1, D 2 und D 3 ist jeweils diejenige leitend, an der die positivste Phasenspannung anliegt; von den Dioden D 4, D 5 und D 6 leitet jeweils diejenige, an der die negativste Phasenspannung steht. So ist beispielsweise im Zeitintervall $T/12 \leq t \leq T/4$ $u_{11}(t)$ die positivste und $u_{12}(t)$ die negativste Phasenspannung, d.h., in diesem Intervall sind die Dioden D 1 und D 5 leitend und alle anderen gesperrt.

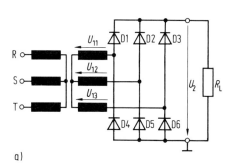

a)

Bild 2.215 Brückengleichrichter für Dreiphasenwechselstrom
a) Schaltung, b) Spannungsverläufe

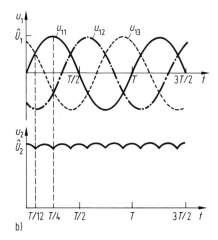

b)

Im Bild 2.215b ist die Ausgangsspannung des Gleichrichters dargestellt; sie kann bei Vernachlässigung von U_{F0} und R_F wie folgt beschrieben werden:

— Spitzenwert der Ausgangsspannung

$$\hat{U}_2 = \sqrt{3}\,\hat{U}_1 = \sqrt{6}\,U_1, \tag{2.664}$$

— arithmetischer Mittelwert der Ausgangsspannung

$$\bar{U}_2 = \frac{6}{T} \int_{T/12}^{T/4} \left[\hat{U}_1 \sin \omega t - \hat{U}_1 \sin \omega \left(t - \frac{T}{3} \right) \right] \mathrm{d}t$$

$$= \frac{3\sqrt{3}}{\pi}\,\hat{U}_1 = \frac{3\sqrt{6}}{\pi}\,U_1, \tag{2.665}$$

— Wechselspannungskomponente

$$U_{Wss} = \hat{U}_2 - \hat{U}_2 \cos 30° = 0{,}134\,\hat{U}_2, \tag{2.666}$$

bzw.

$$U_W = 0{,}042\,\bar{U}_2. \tag{2.667}$$

Das entspricht einer Welligkeit von 4,2%. Die Frequenz von U_W ist 6mal so groß wie die Speisefrequenz.

Die Dioden werden wie folgt belastet:

— Maximale Sperrspannung (je Diode)

$$U_{R\,max} = \sqrt{3}\,\hat{U}_1 = \sqrt{6}\,U_1, \tag{2.668}$$

— mittlerer Durchlaßstrom (je Diode)

$$\bar{I}_F = \frac{1}{3}\,\bar{I}_2 = \frac{\bar{U}_2}{3\,R_L} \approx \frac{\sqrt{6}\,U_1}{\pi R_L}, \tag{2.669}$$

– maximaler Durchlaßstrom (je Diode)

$$\hat{I}_F = \hat{I}_2 = \frac{\hat{U}_2}{R_L} \approx \frac{\sqrt{6}\,U_1}{R_L}.$$ (2.670)

2.11.1.3 Spannungsvervielfacher

Oft ist es erforderlich, aus einer Wechselspannung mit der Amplitude $\hat{U}_1$ eine Gleichspannung $U_2 = n\hat{U}_1$ zu erzeugen, wobei n die Werte 2 bis v annehmen soll. In diesen Fällen werden Spannungsvervielfacherschaltungen eingesetzt.

Die einfachste Möglichkeit besteht im Aufbau einer doppelten Einwegschaltung, die man als **Delon- oder Greinacher-Schaltung** bezeichnet (Bild 2.216).

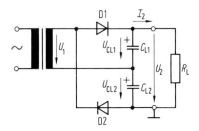

Bild 2.216 Doppelte Einwegschaltung
(Delon- oder Greinacher-Schaltung)

Während der positiven Halbwelle ist D 1 leitend und lädt C_{L1}; während der negativen Halbwelle wird C_{L2} über D 2 aufgeladen. Die beiden Kondensatorspannungen addieren sich, und man erhält als Ausgangsspannung (Leerlauf)

$$U_{20} = 2\hat{U}_1 = 2\sqrt{2}\,U_1.$$ (2.671)

Um zu gewährleisten, daß eine Verdopplung des Spitzenwertes von U_1 stattfindet, ist die Entladezeitkonstante genügend groß zu wählen. Mit $C_{L1} = C_{L2} = C_L$ muß

$$\tau_{ent} = R_L \frac{C_L}{2} \gg \frac{1}{f}$$ (2.672)

sein. Damit wird auch die Wechselspannungskomponente gering gehalten.

Bezüglich der Belastung der Dioden gilt das bei der Einwegschaltung mit Ladekondensator Ermittelte.

Soll U_2 einseitig geerdet werden, so muß U_1 erdsymmetrisch, d.h. über einen Transformator zugeführt werden. Dieser Nachteil der Delon-Schaltung kann beim Einsatz von Kaskadenschaltungen vermieden werden.

Bild 2.217 zeigt eine einstufige Kaskade; sie wird als **Villard-Schaltung** bezeichnet.

Zunächst erfolgt während der negativen Halbschwingung die Ladung von C_{L1} über D 1 auf die Spannung

$$U_{CL1} = \hat{U}_1 = \sqrt{2}\,U_1.$$ (2.673)

Bei vernachlässigbarer Entladung steht dann über D1

$$u_{D1} = U_{CL1} + u_1 = \sqrt{2}\,U_1 + u_1.$$

(2.674)

Mit dieser Spannung wird C_{L2} über D2 auf den Spitzenwert von u_{D1} geladen, und man erhält für die Ausgangsspannung (Leerlauf):

$$U_{20} = \hat{U}_{D1} = \sqrt{2}\,U_1 + \hat{U}_1 = 2\sqrt{2}\,U_1.$$

(2.675)

Es erfolgt also auch hier eine Spannungsverdopplung.

Die Belastung der Dioden entspricht der bei der Einwegschaltung mit Ladekondensator. Bei der Auswahl der Kondensatoren ist zu beachten, daß C_{L1} mit $\sqrt{2}\,U_1$ und C_{L2} mit $2\sqrt{2}\,U_1$ spannungsmäßig belastet wird.

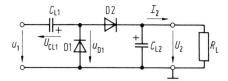

Bild 2.217 Einstufige Kaskadenschaltung (Villard-Schaltung)

Die Villard-Schaltung kann auch als mehrstufige Kaskadenschaltung aufgebaut und dadurch die Spannungsverdopplung beliebig wiederholt werden.

Die Nachteile der Kaskadenschaltungen sind die relativ großen Innenwiderstände und die daraus folgenden geringen Strombelastbarkeiten.

2.11.2 Siebschaltungen

Zur Reduzierung der Wechselspannungskomponente U_W einer gleichgerichteten Spannung werden Siebschaltungen eingesetzt. Bild 2.218 zeigt drei häufig verwendete Strukturen. Sie wirken als Tiefpaß und dämpfen dadurch die Wechselspannungskomponente.

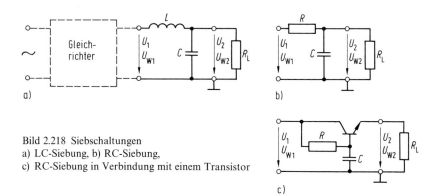

Bild 2.218 Siebschaltungen
a) LC-Siebung, b) RC-Siebung,
c) RC-Siebung in Verbindung mit einem Transistor

Die Siebwirkung kann mit Hilfe des *Sieb- oder Glättungsfaktors s* beschrieben werden:

$$s = \frac{U_{W1}}{U_{W2}}. \qquad (2.676)$$

Bei der Berechnung des Siebfaktors wird im allgemeinen vorausgesetzt, daß der Siebkondensator C so gewählt wurde, daß sein kapazitiver Widerstand sehr viel kleiner als der Lastwiderstand R_L ist. Bei der in Rechnung zu setzenden Frequenz geht man von der Grundwelle der Wechselspannungskomponente aus. Sie ergibt sich aus der Frequenz der gleichzurichtenden Wechselspannung f und der Art der Gleichrichtung (Einweggleichrichter f; Zweiweggleichrichter $2f$; Zweiweggleichrichter für Dreiphasenwechselstrom $6f$).

Für die **LC-Siebung** (Bild 2.218a) gilt bei Vernachlässigung des Wicklungswiderstandes der Induktivität und unter der Voraussetzung, daß der kapazitive Widerstand des Siebkondensators sehr viel kleiner als der Lastwiderstand ist:

$$s \approx \frac{\omega L - \dfrac{1}{\omega C}}{\dfrac{1}{\omega C}} = \omega^2 LC - 1, \qquad (2.677)$$

bzw. $\quad s \approx \omega^2 LC \quad$ für $\quad \omega^2 LC \gg 1.$ $\qquad (2.678)$

Die Gleichspannung wird vom LC-Glied nicht gedämpft. Die Induktivität beansprucht allerdings viel Platz, und man ist daher meist bemüht, die LC-Siebung zu umgehen.

Bei der **RC-Siebung** (Bild 2.218b) erhält man für den Siebfaktor

$$s \approx \sqrt{\omega^2 R^2 C^2 + 1}, \qquad (2.679)$$

bzw. $\quad s \approx \omega RC \quad$ für $\quad \omega^2 R^2 C^2 \gg 1.$ $\qquad (2.680)$

Gleichstrommäßig wirkt R als Ausgangswiderstand des Siebgliedes und verursacht eine starke Lastabhängigkeit von U_2.

Das Verhalten der RC-Siebung kann wesentlich verbessert werden, wenn man sie in Verbindung mit einem Transistor nutzt (Bild 2.218c). Das RC-Glied wird in diesem Fall nur mit dem Eingangswiderstand des Transistors ($\approx BR_L$) belastet, so daß der Gleichspannungsabfall am Widerstand R auch bei großen R-Werten besser in Grenzen gehalten werden kann. Die Schaltung hat einen niedrigen Ausgangswiderstand ($\approx R/B$), d.h., U_2 ist nur wenig lastabhängig. Eine Verminderung der Gleichspannung muß allerdings auch hier in Kauf genommen werden:

$$U_2 = U_1 - U_{CE}. \qquad (2.681)$$

Bei der Auswahl des Transistors ist die auftretende Verlustleistung zu beachten (Leistungstransistor!).

2.11.3 Spannungsstabilisatoren

Ein Spannungsstabilisator hat folgende Aufgaben zu erfüllen:

— Stabilisierung der Ausgangsspannung gegenüber Schwankungen der Netzspannung,
— Stabilisierung der Ausgangsspannung gegenüber Schwankungen der Belastung,
— Dämpfung der am Gleichrichterausgang noch vorhandenen Wechselspannungskomponente und
— Schutz der Stromversorgungsschaltung gegen Überlastung.

Beim Aufbau von Stabilisatoren können zwei unterschiedliche Wege beschritten werden (Bild 2.219).

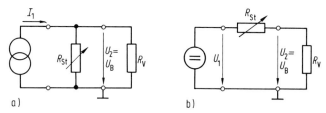

Bild 2.219 Möglichkeiten der Spannungsstabilisierung
a) Parallelstabilisator, b) Serienstabilisator

Im ersten Fall schaltet man einen zur Stabilisierung dienenden steuerbaren Widerstand R_{St} parallel zum Verbraucherwiderstand R_V und spricht von einer Parallelstabilisierung. Im zweiten Fall ordnet man R_{St} in Reihe zu R_V an und bezeichnet diese Methode als Serienstabilisierung. Der Widerstand R_{St} ist als Stellglied im Sinne einer Steuerung oder Regelung zu betrachten. Die Steuerung ist durch eine offene und die Regelung durch eine geschlossene Wirkungskette gekennzeichnet.

Parallelstabilisatoren werden bei hochohmigen Quellen, d.h. bei eingangsseitiger Stromspeisung angewendet. Sie haben einen schlechten Wirkungsgrad und werden daher vorrangig dort eingesetzt, wo die stabilisierte Spannung nur geringfügig belastet wird (Referenzspannungsquellen, s. Abschn. 2.2.1).

Serienstabilisatoren werden in Verbindung mit niederohmigen Quellen, d.h. bei eingangsseitiger Spannungsspeisung angewendet. Die Beeinflussung des Stellgliedes erfolgt meist durch Regelung. Dabei ist zwischen stetigen Reglern und Schaltreglern zu unterscheiden; beide wollen wir in den folgenden Abschnitten behandeln

2.11.3.1 Stetig arbeitende Spannungsregler

Die **Grundschaltung** eines stetig geregelten Stabilisators zeigt Bild 2.220.

Als Stellglied im Längszweig (Serienstabilisator) wirkt der Darlington-Leistungstransistor T1 in Kollektorschaltung. Die über R_1 und R_2 geteilte Ausgangsspannung U_2 wird mit der Referenzspannung

$$U_{Ref} = U_Z + U_{BE2} = U_Z + U_{F0} \tag{2.682}$$

verglichen, die Soll-Ist-Abweichung mit T2 verstärkt und damit das Stellglied T1 gesteuert. Für die so stabilisierte Ausgangsspannung gilt:

$$U_2 = U_{\text{Ref}}\left(1 + \frac{R_1}{R_2}\right). \tag{2.683}$$

Die erforderliche Eingangsspannung U_1 berechnet sich zu:

$$U_1 = U_2 + \Delta U_1 + U_{\text{DROP}} \tag{2.684}$$

mit ΔU_1 Schwankungsbereich der Eingangsspannung und
         U_{DROP} für die einwandfreie Funktion des Stabilisators erforderlicher minimaler Spannungsabfall (Dropout-Voltage), etwa 2,3 V.

Für die im Stabilisator entstehende Verlustleistung P_V gilt bei Vernachlässigung der von der Schaltung selbst benötigten Ströme:

$$P_V = (U_1 - U_2)\, I_2 = P_{\text{zu}} - P_{\text{ab}}. \tag{2.685}$$

Es können erhebliche Verlustleistungen auftreten, so daß der Wirkungsgrad, als Verhältnis von abgegebener und zugeführter Leistung,

$$\eta = \frac{P_{\text{ab}}}{P_{\text{zu}}} = \frac{1}{1 + \dfrac{P_V}{P_{\text{ab}}}} \tag{2.686}$$

meist nur bei 60 bis 70% liegt und bei niedrigen U_2-Werten (z.B. 5 V) auf $<30\%$ absinkt.

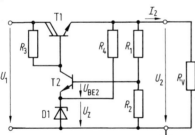

Bild 2.220 Grundschaltung eines stetig geregelten Stabilisators

Für den Aufbau stetig arbeitender Spannungsregler steht ein breites Spektrum integrierte Stabilisatoren zur Verfügung. Dabei unterscheidet man zwischen Stabilisatoren mit festen und variablen sowie positiven und negativen Ausgangsspannungen.

Integrierte **Stabilisatoren mit fest eingestellter Ausgangsspannung** besitzen meist nur drei Anschlüsse, über die die Quelle und der Verbraucher angeschaltet werden.

Im Bild 2.221 ist der prinzipielle Aufbau eines solchen Schaltkreises dargestellt (typische Vertreter: TDB 7800 — Siemens; L 7800 — National Semiconductor, SGS-Ates u.a.).

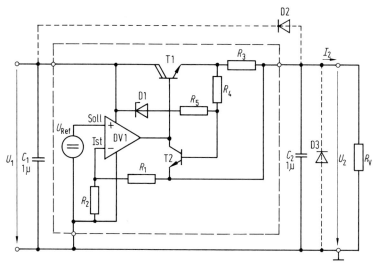

Bild 2.221 Aufbau eines Stabilisators mit fest eingestellter Ausgangspannung

Die Schaltung besteht aus einer Referenzspannungsquelle U_{Ref}, einem Differenzverstärker DV1, einem Darlington-Leistungstransistor T1 in Kollektorschaltung
als Stellglied sowie Schutzschaltungen zur Temperatur-, Strom- und Spannungsbegrenzung. Von letzteren ist nur der Teil zur Strom- und Spannungsbegrenzung
(R_3, R_4, R_5, D1, T2) dargestellt.

Die Ausgangsspannung U_2 wird nach dem festen, internen Spannungsteiler R_1/R_2
mit $U_{Ref} = 5$ V verglichen, die Differenz verstärkt und damit das Stellglied angesteuert. Als Ausgangsspannung erhält man

$$U_2 = U_{Ref}\left(1 + \frac{R_1}{R_2}\right). \tag{2.687}$$

Der Ausgangsstrom I_2 wird mit der Schutzschaltung auf

$$I_{2\,max} = \frac{U_{BE2}}{R_3} = \frac{U_{F0}}{R_3} \tag{2.688}$$

begrenzt. Bei Erreichen dieses Stromes wird T2 leitend und dadurch ein weiteres
Anwachsen der Ansteuerung des Stellgliedes verhindert.

Die dabei auftretende Verlustleistung ist

$$P_V = (U_1 - U_2)\,I_{2\,max}. \tag{2.689}$$

Kommt es am Ausgang zu einem Kurzschluß ($U_2 = 0$), so würde P_V trotz der Strombegrenzung weiter ansteigen, was eine Überlastung des Stabilisators zur Folge
haben könnte. Um dies zu verhindern, muß man die Strombegrenzung zusätzlich
von der Spannungsdifferenz $U_1 - U_2$ abhängig machen. Dies geschieht mit Hilfe
der Z-Diode D1 und des Widerstandes R_5. Sobald $U_1 - U_2$ einen vorgegebenen

Wert überschreitet, schaltet D1 durch und bewirkt so eine zusätzliche Ansteuerung von T2, die eine weitere Reduzierung von I_2 verursacht. Man erhält so eine rückläufige Strombegrenzung, deren Kennlinie im Bild 2.222 dargestellt ist.

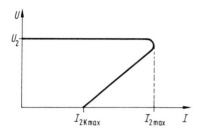

Bild 2.222 Ausgangskennlinie eines Stabilisators bei rückläufiger Strombegrenzung (fold-back-Kennlinie)

Die Ausgangsspannung U_2 bleibt bis zum Strom $I_{2\,max}$ konstant. Im Kurzschlußfall sinkt I_2 von $I_{2\,max}$ auf $I_{2\,K\,max}$. Das bedeutet, daß im Betriebsfall die maximal zulässige Verlustleistung des Stabilisators

$$P_{V\,max} = (U_1 - U_2)\,I_{2\,max} \tag{2.690}$$

voll ausgeschöpft werden kann, ohne daß beim Kurzschluß eine Überlastung eintritt. Gleichzeitig erfolgt damit ein Schutz gegenüber stark anwachsenden Eingangsspannungen U_1.

Die äußere Beschaltung des Schaltkreises ist minimal. C_1 unterdrückt Schwingneigungen und ist als Kunststoffolie- oder Tantalkondensator unmittelbar an den Schaltkreisklemmen anzuschließen. C_2 verbessert das Verhalten bei Lastschwankungen. Für $C_2 > 1$ µF (dabei sind auch die kapazitiven Komponenten des Verbrauchers mit zu beachten!) ist es notwendig, über D2 eine definierte Entladung beim Abschalten sicherzustellen (Gefahr der Zerstörung des Schaltkreises!). Bei induktiver Last ist außerdem D3 als Schutz vorzusehen.

Schaltkreise dieser 7800-Familie stehen für Ausgangsspannungen im Bereich von 5 V bis 24 V zur Verfügung. Der maximale Ausgangsstrom beträgt 1 A; dabei tritt ein Spannungsverlust $U_{DROP} = 2$ V auf. Die relativen U_2-Abweichungen bei Schwankungen der Eingangsspannung und des Ausgangsstromes liegen bei etwa 10^{-2}.

Bei integrierten **Stabilisatoren mit einstellbarer Ausgangsspannung** besteht die Möglichkeit, ihre Eigenschaften mit der äußeren Beschaltung zu programmieren. Sie sind, wie die Festspannungsstabilisatoren, in Gehäusen mit geringen Wärmewiderständen (z.B. TO-3 bzw. TO-220) untergebracht. Das Beschränken auf drei Anschlüsse gewährleistet auch hier eine einfache Handhabung.

Bild 2.223 zeigt das Prinzipschaltbild eines solchen universell einsetzbaren Stabilisators (typischer Vertreter: LM 317 — National Semiconductor, SGS-Ates u.a.) [2.62, 2.63].

Der Schaltungsaufbau ist dem der Festspannungsregler ähnlich. Die Referenzspannung U_{Ref} (Bandgap-Referenz) ist hier allerdings seriell zu der über R_1 und R_2

geteilten Ausgangsspannung U_2 angeordnet (sonst wäre ein vierter Schaltkreisan-
schluß als Masse erforderlich). R_1 und R_2 sind Bestandteil der äußeren Beschaltung
des Schaltkreises.

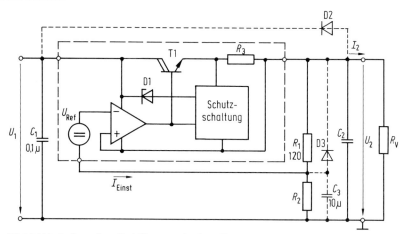

Bild 2.223 Aufbau eines Stabilisators mit einstellbarer Ausgangsspannung

Für die Ausgangsspannung gilt:

$$U_2 = U_{\text{Ref}}\left(1 + \frac{R_2}{R_1}\right) + I_{\text{Einst}}\,R_2 \tag{2.691}$$

mit $U_{\text{Ref}} = 1{,}25$ V und $I_{\text{Einst}} = 50\ldots100$ µA — Einstellstrom. Als Richtwert für R_1
werden $120\ldots240\ \Omega$ empfohlen. Der Term $I_{\text{Einst}}\,R_2$ ist meist vernachlässigbar.

C_1 dient der Unterdrückung von Schwingneigungen und ist als keramischer Kondensator oder als Kunststoffoliekondensator unmittelbar am Schaltkreis anzuschal-
ten. C_2 verbessert das Verhalten bei Lastschwankungen. Wird $C_2 > 1$ µF gewählt,
so ist die Schutzdiode D2 vorzusehen. Mit C_3 kann die Dämpfung der Wechselspannungskomponente erhöht werden, es ist dann eine weitere Schutzdiode D3
erforderlich.

Schaltkreise dieser 317-Familie sind für die Stabilisierung von Versorgungsspan-
nungen im Bereich von 1,3 V bis 37 V (57 V) geeignet. Der maximale Ausgangsstrom beträgt 1,5 A (3,0 A); dabei ist ein Spannungsverlust von $U_{\text{DROP}} = 2{,}3$ V zu
verzeichnen. Die relativen U_2-Abweichungen bei Schwankungen der Eingangsspannung und des Ausgangsstromes liegen zwischen 10^{-3} und 10^{-4}. Mit $C_3 = 10$ µF
kann bei $f = 100$ Hz eine Dämpfung der Wechselspannungskomponente von 75 dB
erreicht werden.

Für die **Stabilisierung negativer Spannungen** bieten sich die im Bild 2.224 dargestellten beiden Möglichkeiten.

Dabei kann einer der bisher behandelten Stabilisatoren für positive Ausgangsspannungen (Positiv-Regler) eingesetzt werden. Das Stellglied des Reglers ist dann auf

der geerdeten Seite angeordnet und kann nur wirksam sein, wenn U_1 als symmetrische Spannung zur Verfügung steht. Ist dies nicht der Fall, so müssen Stabilisatoren für negative Ausgangsspannungen (Negativ-Regler) zur Anwendung kommen.

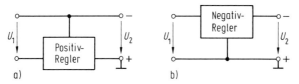

Bild 2.224 Stabilisierung negativer Spannungen
a) mit Positiv-Regler, b) mit Negativ-Regler

Der prinzipielle Aufbau solcher Negativ-Regler ist im Bild 2.225 dargestellt (typische Vertreter: L 7900, LM 337 — National Semiconductor, SGS-Ates u.a.).

Der charakteristische Unterschied zu den Positiv-Reglern besteht darin, daß der als Stellglied wirkende npn-Leistungstransistor T 1 hier in Emitterschaltung betrieben wird und dadurch den Polaritätsanforderungen in einfacher Weise entsprochen werden kann.

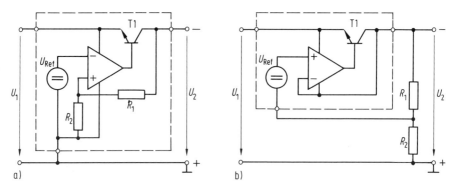

Bild 2.225 Aufbau von Stabilisatoren für negative Spannungen (Negativ-Regler)
a) fest eingestellte Ausgangsspannung (z.B. L 7900), b) einstellbare Ausgangsspannung (z.B. LM 337)

Derartig aufgebaute Stabilisatoren haben außerdem den Vorteil niedrigerer Längsspannungsverluste (Dropout-Voltage), da diese nur noch von der Sättigungsspannung der Leistungstransistoren (T 1) bestimmt werden. Diesen Umstand kann man auch beim Aufbau von verlustarmen Positiv-Reglern nutzen, indem man dort anstelle des npn-Leistungstransistors in Kollektorschaltung einen pnp-Leistungstransistor in Emitterschaltung verwendet. Das ist vor allem bei 5-V-Stabilisatoren wichtig; die Spannungsverluste können dann unter $U_{DROP} = 0{,}5$ V gehalten werden (z.B. TLE 4260 — Siemens; L 4941 — National Semiconductor, SGS-Ates).

Oft sind die maximalen Ausgangsströme einzelner integrierter Spannungsstabilisatoren nicht ausreichend. Im Bild 2.226 sind daher Möglichkeiten des Aufbaues von **Spannungsstabilisatoren für große Ausgangsströme** aufgezeigt.

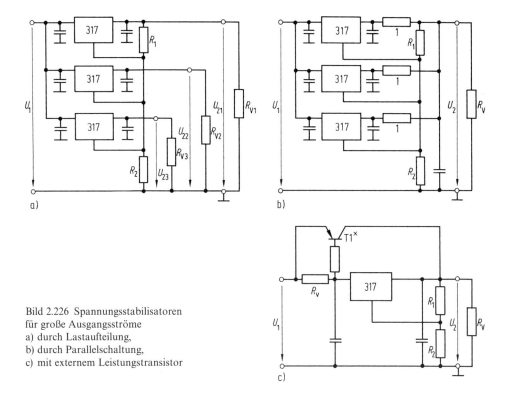

Bild 2.226 Spannungsstabilisatoren
für große Ausgangsströme
a) durch Lastaufteilung,
b) durch Parallelschaltung,
c) mit externem Leistungstransistor

Bei der Variante a) teilt man den Verbraucher in mehrere Stromkreise auf, die dann von einer entsprechenden Anzahl von Stabilisatorschaltkreisen getrennt versorgt werden; das wird allerdigs nicht in allen Fällen möglich sein.

Die Variante b) zeigt die ein- und ausgangsseitige Parallelschaltung, wobei am Ausgang eines jeden Stabilisatorschaltkreises ein Ausgleichswiderstand von etwa 1 Ω anzuordnen ist.

Bei der Variante c) wird der integrierte Stabilisator durch einen externen pnp-Leistungstransistor $T1^\times$ ergänzt. Beim Überschreiten eines durch den Vorwiderstand R_v bestimmten Stromes wird $T1^\times$ leitend und übernimmt den zusätzlichen Anteil.

2.11.3.2 Schaltregler

Im Gegensatz zum stetig arbeitenden Spannungsregler wird beim Schaltregler das Stellglied, in Verbindung mit einem Energiespeicher, als Schalter betrieben. Die dabei auftretende Verlustleistung ist im Idealfall Null, und der Wirkungsgrad kann bis nahezu 100% steigen. Das muß jedoch mit einem schaltungstechnischen Mehraufwand erkauft werden. Außerdem sind die Regelzeitkonstante und die Wechselspannungskomponente der Ausgangsspannung höher als bei stetigen Reglern.

Durch das Schalten entstehen Oberwellen, die zu Störungen in anderen elektronischen Bausteinen führen können und die daher entsprechend gedämpft werden müssen.

Schaltregler werden auch häufig als sekundärgetaktete Wandler (sie sind auf der Sekundärseite des Netztransformators angeordnet) oder als DC-DC-Wandler bezeichnet.

Aufbau und Wirkungsweise. Im Bild 2.227 ist der prinzipielle Aufbau eines Schaltreglers dargestellt (typischer nach diesem Prinzip arbeitender Schaltkreis: L 296 — SGS-Ates) [2.61].

Die Eingangsspannung U_1 wird mit dem Schalttransistor T1 periodisch an das LC-Glied geschaltet. Im eingeschalteten Zustand wird in der Drossel L_1 magnetische Energie gespeichert, die im ausgeschalteten Zustand, wieder in elektrische Energie gewandelt, über die Diode D1 dem Verbraucher zugeführt wird. In Verbindung mit dem Glättungskondensator C_1 bildet sich so am Ausgang die Gleichspannung U_2 aus. Diese wird über R_1 und R_2 geteilt und mit der Referenzspannung U_{Ref} verglichen. Die Soll-Ist-Abweichung wird verstärkt (U_R) und einem Pulsmodulator zugeführt. Mit den dort erzeugten und modulierten Impulsen erfolgt die Steuerung (U_S) des Schalttransistors T1.

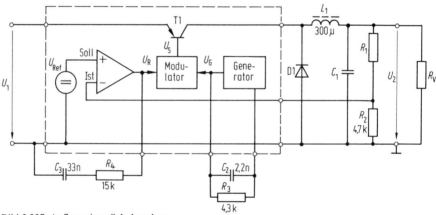

Bild 2.227 Aufbau eines Schaltreglers

Als Modulation kommen die Pulsdauer- oder die Pulsfrequenzmodulation in Betracht. Die Pulsdauermodulation wird bevorzugt, d.h., die Schaltfrequenz ist konstant und die Einschaltdauer wird umgekehrtproportional zu U_2 verändert. Der Modulator arbeitet in Verbindung mit einem Sägezahngenerator, durch dessen äußere Beschaltung (C_2, R_3) die Schaltfrequenz f_S festgelegt wird ($f_S = 1/T_S$ $\approx 1/C_2 R_3$). Typische Schaltfrequenzen sind 50 kHz bis 200 kHz. Die Modulation der Pulsdauer erfolgt durch Vergleich der Sägezahnspannung U_G mit der verstärkten Soll-Ist-Abweichung U_R (Bild 2.228).

Für die Ausgangsspannung U_2 gilt, wie bei den stetigen Reglern,

$$U_2 = U_{\text{Ref}}\left(1 + \frac{R_1}{R_2}\right), \tag{2.692}$$

mit $U_{\text{Ref}} = 5$ V und einem Richtwert für R_2 von 4,7 kΩ.

Die Bauelemente C_3 und R_4 dienen der Frequenzgangkompensation, d.h. der Gewährleistung der Stabilität des Schaltreglers.

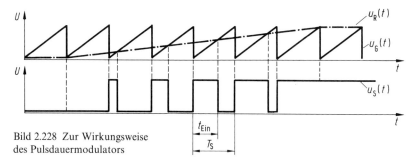

Bild 2.228 Zur Wirkungsweise des Pulsdauermodulators

Folgende Eigenschaften und Daten sind für Schaltregler nach Bild 2.227 typisch:

Es können Ausgangsspannungen im Bereich von 5 V bis 40 V stabilisiert werden. Die maximalen Ausgangsströme liegen bei 4 A. Die absoluten U_2-Änderungen bei Schwankungen der Eingangsspannung (10 V bis 40 V) und des Ausgangsstromes (0,4 A bis 4 A) betragen etwa 15 mV. Es wird ein Wirkungsgrad von maximal 75% bis 85% erreicht. Die Schaltkreise sind mit verschiedenen Schutz- und Zusatzschaltungen ausgerüstet. Dazu gehören u.a. eine Ansteuerschaltung für einen als Überspannungsschutz wirkenden Thyristor parallel zum Ausgang (Crowbar), eine Strombegrenzerschaltung (einstellbar), eine Temperaturschutzschaltung, ein Synchronisationseingang für die Schaltfrequenz und ein Steuereingang für das Ein- und Ausschalten des Reglers (Standby).

Das Kernstück jedes Schaltreglers ist der **Gleichspannungswandler.** Er besteht aus dem Schalttransistor T1, der Diode D1, der Speicherdrossel L_1 und dem Glättungskondensator C_1. Mit dem Schalttransistor und der Diode wird ein Umschaltkontakt S realisiert. Die drei Komponenten S, L_1 und C_1 können unterschiedlich konfiguriert werden (Bild 2.229).

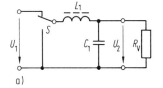 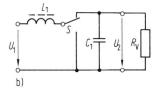 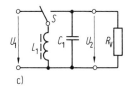

Bild 2.229 Gleichspannungswandler
a) Abwärtswandler, b) Aufwärtswandler, c) invertierender Wandler

Die Variante a) wird als *Abwärtswandler* bezeichnet. In der oberen Schalterstellung wird in der Drossel L_1 Energie gespeichert, die in der unteren Schalterstellung an den Verbraucher R_V abgegeben wird. Für die durch den Kondensator C_1 geglättete Ausgangsspannung gilt: $0 \le U_2 \le U_1$.

Beim *Aufwärtswandler* (Variante b) wird die in der Drossel gespeicherte Energie als Spannung zu U_1 addiert, d.h. $U_2 \ge U_1$.

Die Variante c) stellt einen *invertierenden Wandler* dar. Die gespeicherte Drosselenergie wird so an den Ausgang abgegeben, daß es (infolge der gleichbleibenden Richtung des Drosselstromes) zu einer Änderung der Polarität von U_2 gegenüber U_1 kommt, d.h. für $U_1 > 0$ wird $U_2 < 0$.

Am häufigsten kommt der Abwärtswandler zur Anwendung (s. auch Bild 2.227). Er soll daher anhand der im Bild 2.230 dargestellten Spannungs- und Stromverläufe näher analysiert werden.

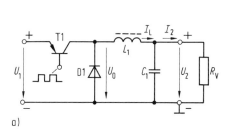
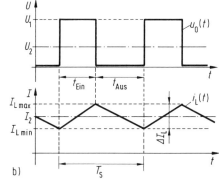

Bild 2.230 Abwärtswandler
a) Schaltung, b) Spannungs- und Stromverläufe

Im eingeschalteten Zustand von T1 liegt an der Drossel L_1 die Spannung $U_L = U_1 - U_2$. Der Strom I_L bzw. die Stromänderung ΔI_L kann mit dem Induktionsgesetz, $U_L = L \, dI_L/dt$, berechnet werden; es gilt

$$\Delta I_L = \frac{1}{L_1}(U_1 - U_2) \, t_{\text{Ein}}.$$ (2.693)

Nach dem Ausschalten von T1 liegt die Drossel eingangsseitig über D1 an Masse, d.h. $U_L = -U_2$, und für die Stromänderung gilt jetzt

$$\Delta I_L = \frac{1}{L_1} U_2 \, t_{\text{Aus}}.$$ (2.694)

Aus der Verknüpfung der Gln. (2.693) und (2.694) folgt mit $t_{\text{Ein}} + t_{\text{Aus}} = T_S = 1/f_S$

$$U_2 = \frac{t_{\text{Ein}}}{t_{\text{Ein}} + t_{\text{Aus}}} U_1 = \frac{t_{\text{Ein}}}{T_S} U_1.$$ (2.695)

U_2 verkörpert den arithmetischen Mittelwert der geschalteten Spannung $u_0(t)$. Man erkennt, daß die Ausgangsspannung U_2 linear vom Tastverhältnis t_{Ein}/T_S abhängt und damit in der für einen Schaltregler typischen Weise beeinflußt werden kann.

Die Gl. (2.695) gilt für den Normalbetrieb des Abwärtswandlers. Dieser ist dadurch gekennzeichnet, daß der Stromfluß durch die Speicherdrossel zu keinem Zeitpunkt unterbrochen wird. D.h., es muß $I_2 > I_{2\,min}$ sein, wobei sich dieser minimale Ausgangsstrom zu

$$I_{2\,min} = \frac{1}{2}\Delta I_L = \frac{1}{2 f_S L_1}(U_1 - U_2)\frac{U_2}{U_1} \tag{2.696}$$

berechnet.

Sinkt der Ausgangsstrom I_2 unter $I_{2\,min}$, so wird der Drosselstrom im ausgeschalteten Zustand von T1 zeitweilig unterbrochen („lückender" Betrieb) und die durch die Gl. (2.695) charakterisierte Wirkungsweise des Abwärtswandlers ist nicht mehr gewährleistet. Der Glättungskondensator C_1 lädt sich dann allmählich auf U_1 auf, d.h. U_2 steigt stark an und es kann zu Überlastungen auf der Verbraucherseite kommen. Diesem großen Mangel der Schaltung kann man durch folgende Maßnahmen begegnen:

— Überdimensionierung der Speicherdrossel L_1,
— Wahl einer möglichst hohen Schaltfrequenz f_S,
— Sicherstellung einer immer anliegenden Vorlast (was allerdings mit einer Verschlechterung des Wirkungsgrades verbunden ist) und
— Anordnung einer Überspannungsschutzschaltung (Thyristor parallel zum Ausgang, der beim Überschreiten eines maximal zulässigen U_2-Wertes durchgeschaltet wird).

Aus der Gl. (2.696) kann die folgende Dimensionierungsbeziehung für die Speicherdrossel abgeleitet werden:

$$L_1 = \frac{1}{2 f_S I_{2\,min}}(U_1 - U_2)\frac{U_2}{U_1}. \tag{2.697}$$

Für die bereits genannten Schaltfrequenzen von 50 kHz bis 200 kHz erhält man gut realisierbare Induktivitätswerte. Als Kernmaterial kommen Ferrite zum Einsatz. Mit dem vom Kernhersteller vorgegebenen Induktivitätsfaktor A_L folgt für die Windungszahl $w = \sqrt{L_1/A_L}$. Der maximale Drosselstrom liegt bei $I_{L\,max} = I_2 + I_{2\,min}$.

Die Wechselspannungskomponente U_{Wss} der Ausgangsspannung ist von der Größe des Glättungskondensators C_1 abhängig. Sie kann aus den diesem Kondensator während einer Schaltperiode zugeführten und entnommenen Ladungen berechnet werden [2.1]. Mit $\Delta U_2 = \Delta Q/C_1$ und $U_{Wss} = 2\Delta U_2$ gilt (s. Bild 2.230 b):

$$U_{Wss} = 2\frac{\Delta Q}{C_1} = \frac{2}{C_1}\left(\frac{1}{2}\frac{t_{Ein}}{2}\frac{\Delta I_L}{2} + \frac{1}{2}\frac{t_{Aus}}{2}\frac{\Delta I_L}{2}\right)$$

$$= \frac{T_S}{4 C_1}\Delta I_L = \frac{1}{4 f_S C_1}\Delta I_L \tag{2.698}$$

und man erhält mit Gl. (2.696)

$$U_{Wss} = \frac{1}{2 f_S C_1} I_{2min}.$$ (2.699)

Daraus ergibt sich für die Dimensionierung des Glättungskondensators

$$C_1 = \frac{1}{2 f_S U_{Wss}} I_{2min}.$$ (2.700)

Es sind nur Kondensatoren mit geringen parasitären Reiheninduktivitäten und kleinen Reihenwiderständen einsetzbar. Man schaltet daher meist mehrere Elektrolyt- und Keramikkondensatoren parallel.

Bei der Auswahl des Diodentyps (D1) sind die Strombelastbarkeit $\hat{I}_F = I_{Lmax} = I_2 + I_{2min}$ und sehr geringe Relaxationszeiten (< 50 ns) ausschlaggebend.

2.11.4 Schaltnetzteile

Bei Schaltnetzteilen wird die Netzspannung unmittelbar gleichgerichtet und diese Gleichspannung mit einem modifizierten Schaltregler auf die gewünschte Größe gebracht und stabilisiert. Durch den Schalterbetrieb wird wieder eine hohe Effektivität gewährleistet. Auch die nicht unerheblichen Verluste und großen geometrischen Abmessungen des 50-Hz-Netztransformators bei einer konventionellen Stromversorgungsschaltung entfallen hier. Der dafür im Schaltregler notwendige HF-Leistungstransformator kann demgegenüber sehr verlustarm und geometrisch klein realisiert werden. Insgesamt ergibt sich dadurch für das Schaltnetzteil ein Wirkungsgrad von nahe Eins.

Nachteilig sind die hohen Anforderungen an die Spannungsfestigkeit der Bauelemente, insbesondere des Leistungsschalters (Schalttransistor). Außerdem ist meist eine zusätzliche galvanische Trennung zwischen dem Netz und der erzeugten Ausgangsgleichspannung notwendig, da (im Zusammenhang mit der Regelung) diese Spannung über eine Ansteuerschaltung mit dem netzseitig angeordneten Leistungsschalter verbunden werden muß. Auch den Problemen der Funkentstörung ist erhöhte Beachtung zu schenken [2.64, 2.65, 2.66].

Schaltnetzteile (SNT; engl. Switched Mode Power Supplies – SMPS) werden häufig auch als primärgetaktete Schaltnetzteile (der Schalter befindet sich auf der Primärseite des (HF-)Transformators) bezeichnet.

2.11.4.1 Aufbau und Wirkungsweise

Im Bild 2.231 ist der prinzipielle Aufbau eines Schaltnetzteiles dargestellt (typisch für Schaltnetzteile mit dem integrierten Steuerbaustein TDA 4919 – Siemens) [2.67, 2.68].

Die Gesamtschaltung kann in das Leistungsteil, den Regelverstärker mit Optokopplerausgang und den integrierten Steuerbaustein untergliedert werden.

Im Leistungteil wird die Netzspannung zunächst gleichgerichtet (D4, D5, D6, D7) und geglättet (C_2). Anschließend wird die Gleichspannung ($\sqrt{2}$ 220 V $\approx$ 310 V) vom MOS-Leistungstransistor T1 (z.B. SIPMOS-FET BUZ 355 — Siemens) mit einer Schaltfrequenz von etwa 130 kHz zerhackt und mit dem HF-Leistungstransformator Tr1 auf eine für die Ausgangsspannung geeignete Größe transformiert (w_1/w_2). Die Wicklung w_3 und die Diode D3 dienen der Entmagnetisierung des Transformators in der Schaltpause. Mit der Hilfswicklung w_4 und der Gleichrichterschaltung D8/C_4 erfolgt die Stromversorgung des Steuerschaltkreises, wobei zum Selbstanlauf ein kleiner Teil direkt aus der gleichgerichteten Netzspannung entnommen wird (R_1, R_2, C_3). Auf der Sekundärseite des HF-Transformators (w_2) werden die Impulse mit Hilfe der Dioden D1 und D2, der Speicherdrossel L_1 und des Glättungskondensators C_1 in die Ausgangsgleichspannung U_2 umgewandelt.

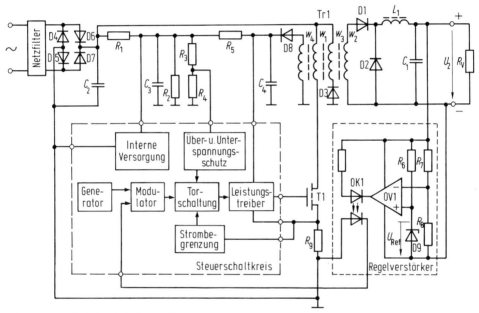

Bild 2.231 Aufbei eines Schaltnetzteiles

Die Spannung U_2 wird dem Regelverstärker zugeführt. Dort wird sie über R_7 und R_8 geteilt und mit der Referenzspannung U_{Ref} verglichen. Die Soll-Ist-Abweichung wird im Operationsverstärker OV1 verstärkt und damit über den Optokoppler OK1 der integrierte Steuerbaustein angesteuert. Der Optokoppler dient der galvanischen Trennung zwischen der Netzseite und der Ausgangsspannung U_2. Er kann entfallen, wenn sichergestellt ist, daß der Minuspol der Ausgangsspannung und der Sourceanschluß des Schalttransistors T1 auf Masse liegen. Für diesen Fall ist auch im integrierten Steuerbaustein ein Regelverstärker enthalten, so daß sich dann die äußere Beschaltung des Schaltkreises wesentlich vereinfacht.

Im Steuerschaltkreis wird die Soll-Ist-Abweichung — wie bei Schaltreglern typisch — einem Pulsdauermodulator zugeführt, der in Verbindung mit einem Sägezahngenerator arbeitet und dessen Wirkungsweise der des einfachen Schaltreglers (s. Abschn. 2.11.3.2) ähnlich ist. Mit den modulierten Impulsen wird, nach dem Passieren einer Torschaltung, über den Leistungstreiber der Schalttransistor T1 angesteuert. Ist die Ausgangsspannung U_2 im Vergleich zur Führungsgröße U_{Ref} zu klein, so reagiert der Regelkreis mit einem höheren Tastverhältnis t_{Ein}/T_S der Impulse; ist U_2 zu groß, so wird dies durch ein niedrigeres Tastverhältnis ausgeregelt.

Der Schaltkreis ist mit mehreren Schutzschaltungen ausgerüstet. Dazu gehören u.a. eine Strombegrenzung („dynamisch"); sie wird wirksam, wenn ein Maximalwert des Stromes durch den Schalttransistor T1 (gemessen mittels R_9) überschritten wird und unterbricht über die Torschaltung die Ansteuerung des Leistungstreibers. Weiterhin ist eine Über- und Unterspannungsschutzschaltung vorhanden; sie spricht an, wenn bestimmte Grenzwerte der Netzspannung (gemessen als gleichgerichtete Netzspannung über R_3/R_4) über- bzw. unterschritten werden und unterbricht wieder über die Torschaltung die Ansteuerung des Leistungstreibers.

Zur Funkentstörung ist am Netzspannungseingang ein Netzfilter (Tiefpaß) angeordnet. Die Abstrahlung von Störspannungen muß durch geeigneten Aufbau der Schaltung und des Gehäuses (Abschirmung) verhindert werden.

Mit Hilfe von Schaltnetzteilen können die unterschiedlichsten Anforderungen bezüglich der Stromversorgung elektronischer Baugruppen und Geräte erfüllt werden. Als Beispiel sind im folgenden Eigenschaften und Daten eines 5-V-Netzteiles angegeben, das mit der Schaltung nach Bild 2.231 und einem Steuerschaltkreis TDA 4919 realisiert wurde [2.68].

Es können Netzspannungen im Bereich von 187 V bis 242 V verarbeitet werden. Die stabilisierte Ausgangsspannung beträgt 5 V (symmetrisch), und der maximale Ausgangsstrom liegt bei 50 A. Das entspricht einer Ausgangsleistung von 250 W, wobei ein maximaler Wirkungsgrad von etwa 80% erreicht wird. Die absoluten U_2-Änderungen bei Schwankungen des Laststromes betragen 10 mV bei stationärer Ausregelung und 100 mV im Bereich der dynamischen Ausregelung. Die Wechselspannungskomponente U_{Wss} der Ausgangsspannung liegt bei 25 mV.

Steuerschaltkreise für Schaltnetzteile lassen sich auch beim Aufbau von Schaltreglern, d.h. zum Stabilisieren von Gleichspannungen aus konventionellen Netzteilen, nutzen (z.B. TDA 4700 — Siemens; 24 V − 5 V/10 A) [2.66].

Die Parameter eines Schaltnetzteiles werden am stärksten durch den Aufbau und die Dimensionierung seines Gleichspannungswandlers bestimmt. Dieser besteht aus ein bis zwei Leistungsschaltern (Schalttransistoren), dem HF-Leistungstransformator, mehreren Dioden, der Speicherdrossel und dem Glättungskondensator. Man unterscheidet zwischen Eintakt- und Gegentakt-Gleichspannungswandlern.

2.11.4.2 Eintaktwandler

Die gebräuchlichste Form des Eintaktwandlers ist der im Bild 2.232 dargestellte Eintakt-Durchflußwandler (s. auch Bild 2.231).

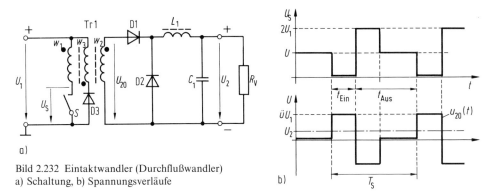

Bild 2.232 Eintaktwandler (Durchflußwandler)
a) Schaltung, b) Spannungsverläufe

Bei geschlossenem Leistungsschalter S liegt U_1 an der Primärwicklung (w_1) des HF-Leistungstransformators Tr 1 und auf der Sekundärseite (w_2) erscheint die Spannung $U_{20} = \ddot{u}U_1$ (mit $\ddot{u} = w_2/w_1$). Die Diode D 1 ist leitend, und es wird Energie in der Drossel L_1 gespeichert. Öffnet der Schalter, so wird D 1 gesperrt und der Stromkreis für die Speicherdrossel über D 2 geschlossen; die Drossel kann ihre Energie an R_V abgeben. Diese Verhältnisse auf der Sekundärseite entsprechen denen des Abwärtswandlers gemäß Bild 2.230, so daß die dort abgeleiteten Zusammenhänge auf den Eintakt-Durchflußwandler anwendbar sind. Unter Beachtung des Übersetzungsverhältnisses $\ddot{u}$ und für $I_2 > I_{2\,\mathrm{min}}$ erhält man als Ausgangsspannung

$$U_2 = \frac{t_{\mathrm{Ein}}}{T_S}\,\ddot{u}U_1\,. \tag{2.701}$$

Auch die Beziehungen für den minimalen Ausgangsstrom $I_{2\,\mathrm{min}}$ sowie für die Dimensionierung der Speicherdrossel und des Glättungskondensators können auf diese Weise übernommen werden.

Unbedingt zu beachten ist, daß neben der Energiespeicherung in der Drossel auch eine solche im Transformator stattfindet. Das hat zur Folge, daß beim Öffnen des Schalters ein sehr großer Spannungsimpuls entsteht, der den Schalter (in Form eines Schalttransistors) zerstören würde. Um dies zu verhindern, wird eine dritte Wicklung mit der Windungszahl $w_3 = w_1$ angeordnet und über die Diode D 3 parallel zum Eingang geschaltet. D 3 wird (bei der angegebenen Polung der Wicklungen) im Moment des Abschaltens leitend und begrenzt dadurch die Spannung U_S auf einem Maximalwert von

$$U_{S\,\mathrm{max}} = 2U_1\,. \tag{2.702}$$

Bei einer Netzspannung von 220 V folgt daraus $U_{S\,\mathrm{max}} = 2\sqrt{2}\,220\,\mathrm{V} \approx 620\,\mathrm{V}$. Außerdem wird durch diese Rückführung der im Transformator gespeicherten Energie an die Eingangsspannungsquelle eine Gleichstromvormagnetisierung des Transformators verhindert. Damit der beschriebene Abbau der Energie in ausreichendem Maße erfolgen kann, darf das Tastverhältnis $t_{\mathrm{Ein}}/T_{\mathrm{S}}$ den Wert 0,5 nicht überschreiten.

2.11.4.3 Gegentaktwandler

Bei sehr hohen Ausgangsleistungen kommen Gegentaktwandler zum Einsatz. Bild 2.233 zeigt dafür ein Beispiel.

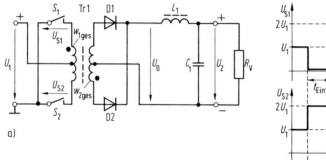
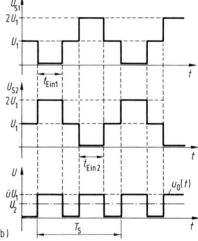

Bild 2.233 Gegentaktwandler mit Parallelspeisung
a) Schaltung, b) Spannungsverläufe

Es handelt sich um einen Gegentaktwandler mit Parallelspeisung. Die Eingangsspannung U_1 wird über zwei im Wechsel arbeitende Leistungsschalter S_1 und S_2 an je eine Hälfte der Primärwicklung ($w_{1\,\mathrm{ges}}$) des HF-Leistungstransformators Tr 1 geschaltet. Auch die Sekundärwicklung ($w_{2\,\mathrm{ges}}$) besitzt eine Mittelanzapfung, so daß dort eine Zweiweggleichrichtung (D 1, D 2) vorgenommen werden kann. Während jeder Einschaltphase entsteht so die Spannung $U_0 = \ddot{u} U_1$ (mit $\ddot{u} = w_{2\,\mathrm{ges}}/w_{1\,\mathrm{ges}}$) und es kann in der Drossel L_1 Energie gespeichert werden. In der Zeit, in der beide Schalter geöffnet sind, übernehmen die Dioden D 1 und D 2 den Drosselstrom je zur Hälfte, und die gespeicherte Energie wird an den Verbraucher R_{V} abgegeben. Die Art der Energiespeicherung entspricht wieder der des Abwärtswandlers nach Bild 2.230, und man kann die dort abgeleiteten Beziehungen auf den Gegentaktwandler übertragen. Dabei ist das Übersetzungsverhältnis $\ddot{u}$ und die zweimalige Aufladung der Speicherdrossel während einer Periodendauer T_{S} zu berücksichtigen. Man erhält demzufolge für die Ausgangsspannung

$$U_2 = 2\frac{t_{\mathrm{Ein}}}{T_{\mathrm{S}}}\,\ddot{u} U_1 , \tag{2.703}$$

mit $t_{\mathrm{Ein}} = t_{\mathrm{Ein}\,1} = t_{\mathrm{Ein}\,2}$. Das Tastverhältnis $t_{\mathrm{Ein}}/T_{\mathrm{S}}$ muß stets unter 0,5 bleiben, denn es sind ja zwei Schaltvorgänge während einer Periodendauer T_{S} unterzubringen.

Die maximale Spannungsbelastung der Schalter liegt bei

$$U_{S\,max} = 2\,U_1.$$ (2.704)

Aufgrund der symmetrischen Arbeitsweise des Gegentaktwandlers und der genau gleichen Einschaltzeiten $t_{Ein\,1} = t_{Ein\,2}$ kommt es im Transformator zu keiner Gleichstromvormagnetisierung. Auch die Tatsache, daß die beiden Schalter einseitig mit Masse verbunden werden können, ist sehr vorteilhaft.

Für das etwas kompliziertere, exakt einzuhaltende Ansteuerregime der Schalter werden innerhalb der Steuerschaltkreise sehr zuverlässige, auch Havariefälle berücksichtigende Lösungen bereitgestellt (z.B. TDA 4918 − Siemens).

Beim Aufbau der HF-Leistungstransformatoren sind Ferritkerne nutzbar, für die vom Hersteller in der Regel die übertragbare Leistung, der magnetische Querschnitt A_{Fe} und die maximale Induktion $\hat{B}$ angegeben werden. Damit kann ein bestimmter Kerntyp ausgewählt und die Windungszahlen mit Hilfe des Induktionsgesetzes

$$U_1 = w_1 \frac{d\phi}{dt} = w_1\, A_{Fe}\, \frac{dB}{dt}$$ (2.705)

berechnet werden. Mit $dB/dt \approx \hat{B}/t_{Ein\,max}$ und dem maximalen Tastverhältnis $t_{Ein\,max}/T_S = 0{,}5$ erhält man für die minimalen Windungszahlen

$$w_1 = \frac{U_1}{2\,f_S\,A_{Fe}\,\hat{B}},$$ (2.706)

$$w_2 = \frac{ü\,U_1}{2\,f_S\,A_{Fe}\,\hat{B}}.$$ (2.707)

Bei der Festlegung des Drahtdurchmessers d ist von den in den Wicklungen fließenden Strömen I auszugehen; es gilt:

$$d = 2\,\sqrt{\frac{I}{\pi S}},$$ (2.708)

wobei Stromdichten $S = 3$ bis 5 A/mm² zu empfehlen sind. Infolge des Skin-Effektes ist der Einsatz von Hochfrequenzlitze oder dünner Kupferbänder sinnvoll.

Für die Dimensionierung und den Aufbau der Speicherdrosseln sowie bei der Dimensionierung der Glättungskondensatoren gilt das beim Abwärtswandler im Abschnitt 2.11.3.2 Gesagte.

2.11.4.4 Leistungsschalter

Die Realisierung der Leistungsschalter erfordert Bauelemente, die hohe Anforderungen an die Spannungsfestigkeit (> 700 V), die Strombelastbarkeit (je nach Ausgangsleistung 1 A bis 10 A) und an die Schaltzeiten (< 1 µs) erfüllen. Es werden in zunehmendem Maße MOS-Leistungstransistoren eingesetzt. Sie haben hier gegenüber Bipolartransistoren große Vorteile. Ihr Durchbruchverhalten ist weit weniger kritisch (es gibt keinen 2. Durchbruch), die Speicherzeit entfällt, und sie lassen sich wesentlich schneller ein- und ausschalten.

Die erforderlichen Steuerströme sind allerdings trotz des Feldeffektprinzips erheblich. Die Ursache hierfür liegt in der notwendigen Umladung der parasitären Kapazitäten C_{GS} und C_{GD} der Transistoren (Bild 2.234).

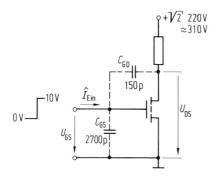

Bild 2.234 Zur Berechnung des Steuerstromes für MOS-Leistungstransistor (z.B. BUZ 355 — Siemens)

Will man beispielsweise den Transistor am Gate mit einem Spannungssprung von $\Delta U_{GS} = 10$ V einschalten, so wird dies mit einer Änderung der Spannung an der Drainelektrode $\Delta U_{DS} = 310$ V verbunden sein. Soll der Umschaltvorgang in der Zeit $\Delta t = 150$ ns erfolgen, so ist dafür ein Steuerstrom von

$$\hat{I}_{Ein} = \frac{\Delta Q}{\Delta t} = \frac{1}{\Delta t}(C_{GS}\,\Delta U_{GS} + C_{GD}\,\Delta U_{DS}) \tag{2.709}$$

erforderlich. Mit den angegebenen Zahlenwerten erhält man $\hat{I}_{Ein} = 0,5$ A.

Die Bereitstellung dieser Ströme erfolgt durch Leistungstreiber, die als Gegentaktschaltungen ausgebildet und meist Bestandteil der Steuerschaltkreise sind. Im Falle der Steuerschaltkreise TDA 4918/4919 liefern die Ausgangstreiber Ströme von $+0,5$ A und $-0,7$ A.

2.12 Spezielle Übertragungsschaltungen

Für die Übertragung bzw. Umwandlung elektrischer Größen (Strom, Spannung, Impedanz) sind für bestimmte Anwendungsfälle Spezialschaltungen erforderlich, die z. B. eine positive in eine negative Impedanz oder einen Strom in eine Spannung und umgekehrt umwandeln, sowie elektrische Größen richtungsbezogen an verschiedene Ausgänge weiterleiten. Solche Schaltungen werden wir im folgenden kurz skizzieren und dabei das jeweilige Schaltungsprinzip mit Operationsverstärkerschaltungen erläutern.

2.12.1 Gyrator

Ein Gyrator ist ein Vierpol, dessen Eingangsstrom der Ausgangsspannung und dessen Ausgangsstrom der Eingangsspannung proportional ist, d. h. es gilt

$$I_1 = G_G U_2, \tag{2.710}$$

$$I_2 = G_G U_1. \tag{2.711}$$

G_G ist der *Gyrationsleitwert*.

In Bild 2.235a ist das Prinzip und in Bild 2.235b eine Schaltungsrealisierung mit Operationsverstärkern gezeigt.

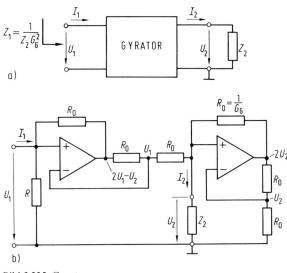

Bild 2.235 Gyrator
a) Prinzip, b) Schaltung

Für die Impedanztransformationen, die mit einem solchen Gyrator realisiert werden können, gilt

$$Z_1 = \frac{1}{Z_2 G_G^2}. \tag{2.712}$$

Zum Beispiel kann aus einer Kapazität am Ausgang mit

$$\underline{Z}_2 = \frac{1}{j\omega C} \tag{2.713}$$

eine Induktivität

$$\underline{Z}_1 = j\omega L \tag{2.714}$$

am Eingang mit

$$L = \frac{C}{G_G^2} \tag{2.715}$$

gemacht werden.

2.12.2 Negativ-Impedanzkonverter (NIC)

NIC sind Vierpole, die eine positive in eine negative Impedanz (und umgekehrt) wandeln. Dies ist im Blockschaltbild 2.236a skizziert. Der Widerstand R_2 am Ausgang wird in einen negativen Widerstand

$$R_1 = \frac{U_1}{I_1} = -R_2 \qquad (2.716)$$

gewandelt.

Eine Schaltungsrealisierung mit Operationsverstärker ist im Bild 2.236b dargestellt.

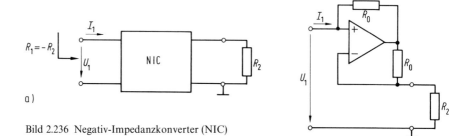

a)

Bild 2.236 Negativ-Impedanzkonverter (NIC)
a) Prinzip, b) Schaltung   b)

2.12.3 Zirkulator

Ein Zirkulator ist eine Mehrtorschaltung (z.B. wie in Bild 2.237a mit 3 Toren (ports)), welche ein Signal in einer bestimmten Richtung (in Bild 2.237a in Pfeilrichtung) weiterleitet (oder nicht). Eine Stufe eines Zirkulators mit Operationsverstärker ist im Bild 2.237b gezeigt; es gibt folgende Übertragungsmöglichkeiten:

— für $R_{12} = \infty$

$$U_2 = U_1 \qquad (2.717)$$

— für $R_{12} = 0$

$$U_2 = -U_1 \qquad (2.718)$$

— für $R_{12} = R$

$$U_2 = 0 \qquad (2.719)$$

— für $U_1 = 0$, $U_a = U_{12}$

$$U_2 = 2 U_{12}. \qquad (2.720)$$

Auf diese Weise kann ein Zirkulator ein Signal ungeändert oder invertiert weiterleiten, sperren oder verstärken.

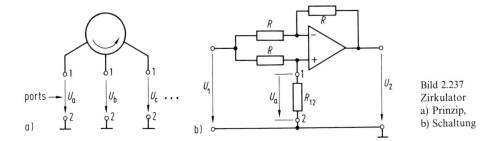

Bild 2.237
Zirkulator
a) Prinzip,
b) Schaltung

2.13 Aufgaben

2-1 Berechnen Sie für die in Bild 2.238 gezeigte integrierte Referenzspannungsquelle die Referenzspannung und ihre Temperaturabhängigkeit.

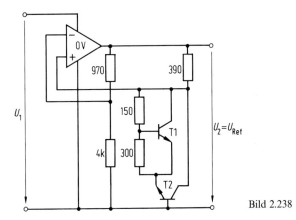

Bild 2.238

2-2 Für die Stromversorgung innerhalb eines integrierten Schaltkreises in Bipolartechnik werden drei Konstantströme mit Ergiebigkeiten von 1,5 mA, 3 mA
und 6 mA benötigt. Die Ströme sollen von der positiven Betriebsspannung
aus auf die an Masse liegenden Verbraucher wirken. Der dafür verfügbare
Referenzstrom beträgt 1 mA.

a) Geben Sie die Schaltung einer dafür geeigneten Mehrfachstromquelle an.
b) Wie groß ist das Verhältnis der erforderlichen Emitterflächen zu wählen?

2-3 Am Ausgang eines Emitterfolgers ($U_{CE} = 5$ V; $I_E = 3$ mA) ist mittels Konstantstromkopplung eine Potentialverschiebung von 9 V vorzunehmen. Es ist ein
Verbraucherwiderstand $R_V = 10$ kΩ angeschlossen. Die Betriebsspannung
beträgt 18 V.

a) Geben Sie die Schaltung an und dimensionieren Sie die Elemente.
b) Wie groß ist die Dämpfung für das Signal?

2-4 Ein Si-npn-Transistor wird in Emitterschaltung als RC-Verstärker betrieben. Der Arbeitspunkt soll bei $U_{CE} = 4$ V und $I_C = 2$ mA liegen; die Stromverstärkung B_N beträgt 100. Als Betriebsspannung stehen 12 V zur Verfügung. Skizzieren und berechnen Sie die Schaltung, wenn

a) der Arbeitspunkt mit Basisvorwiderstand eingestellt wird,
b) die Arbeitspunkteinstellung zum Zwecke der Stabilisierung mit Basisspannungsteiler und Emitterwiderstand erfolgt.

2-5 Es sind zwei einstufige RC-Verstärker mit MOS-Feldeffekttransistoren aufzubauen; der erste in Source- und der zweite in Drainschaltung. Die einzusetzenden n-Kanal-Depletiontransistoren sind bei $U_{DS} = 8$ V, $I_D = 2$ mA und $U_{GS} = -2$ V zu betreiben. Die Betriebsspannung beträgt 20 V. Geben Sie die Schaltungen an, und dimensionieren Sie die Bauelemente zur Arbeitspunkteinstellung.

2-6 Berechnen Sie die Betriebsgrößen V_U und R_{Ein} der im Bild 2.239 angegebenen Emitterschaltung bei geschlossenem und geöffnetem Schalter S; vergleichen Sie die Ergebnisse.
Für den Transistor sind folgende Parameter gegeben: $r_{be} = 2$ kΩ, $b_n = 100$ und $r_{ce} \gg R_L$.

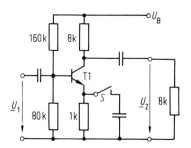

Bild 2.239

2-7 Berechnen Sie die Eingangswiderstände der im Bild 2.240 angegebenen zwei Kollektorschaltungen und vergleichen Sie die Ergebnisse.

Gegebene Transistorparameter: $r_{be} = 2$ kΩ, $b_n = 100$ und $r_{ce} \gg R_L$.

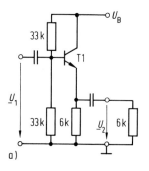
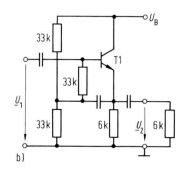

a)   b)   Bild 2.240

2-8   Zur Amplitudenbegrenzung soll der im Bild 2.241 gegebene Differenzverstär-
      ker eingesetzt werden.

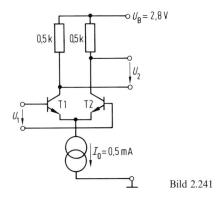

Bild 2.241

a) Wie groß ist die Amplitude des begrenzten Ausgangssignals?
b) Ermitteln Sie die Übertragungskennlinie $U_2 = f(U_1)$ im Bereich
   $-250\,\text{mV} \le U_1 \le +250\,\text{mV}$.
c) Wie groß ist die Verstärkung unterhalb des Begrenzereinsatzes?

2-9   Berechnen Sie die maximal erzielbare Signalausgangsleistung und den Wir-
      kungsgrad einer Serien-Gegentaktschaltung mit Transistoren komplementärer
      Zonenfolge. Die maximal zulässige Verlustleistung der eingesetzten Transisto-
      ren beträgt 10 W. Als Steuerspannung $u_1(t)$ wirkt

      a) eine Sinusspannung und
      b) eine Rechteckspannung.

      Vergleichen Sie die Ergebnisse.

2-10 Es sind zwei Spannungsverstärker mit folgenden Betriebskennwerten zu ent-
      werfen

      — Verstärker 1: $V_U' = -1000$; $R_{\text{Ein}}' = 1\,\text{k}\Omega$
      — Verstärker 2: $V_U' = 1$; $R_{\text{Ein}}' \Rightarrow \infty$.

      Für den Aufbau stehen integrierte Operationsverstärker zur Verfügung.

      a) Zeichnen Sie die Schaltungen, und bestimmen Sie die Größen der Bauele-
         mente unter der Annahme idealer Operationsverstärker-Parameter.
      b) Berechnen Sie die relativen Fehler der Spannungsverstärkungen, wenn die
         realen Operationsverstärker nur eine Differenzverstärkung von $V_D = -10^4$
         haben.

2-11 Ein Operationsverstärker mit den Daten $-V_D = 60\,\text{dB}$, $f_{g1} = 300\,\text{kHz}$, $f_{g2} = 3\,\text{MHz}$ und $f_{g3} = 30\,\text{MHz}$ soll als Spannungsfolger mit maximaler Bandbreite und einer Phasensicherheit $\varphi_{\text{Skrit}} = 45°$ betrieben werden.

   a) Bestimmen Sie die Elemente zur Frequenzgangkompensation. Es steht ein Kompensationspunkt mit einem Innenwiderstand von $1\,\text{k}\Omega$ zur Verfügung; er kann von den die Grenzfrequenzen $f_{g1/2/3}$ bestimmenden $R_i\,C_i$-Gliedern als völlig entkoppelt betrachtet werden.

   b) Welche Bandbreite besitzt der Spannungsfolger?

2-12 Die im Bild 2.242 angegebene Schaltung wird zum Zeitpunkt $t = 0$ mit zwei Spannungssprüngen angesteuert. Der Sprung am Eingang E_1 ist durch einen Übergang von 0 auf $+1\,\text{V}$ charakterisiert und der Sprung an E_2 durch einen Übergang von 0 auf $-1\,\text{V}$. Welchen Verlauf nimmt $u'_2(t)$ im Zeitbereich 0 bis 1 s, wenn für $t = 0$ die Ausgangsspannung Null ist?

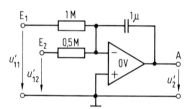

Bild 2.242

2-13 Mit Hilfe eines Operationsverstärkers ist die im Bild 2.243 dargestellte Komparatorkennlinie zu realisieren.

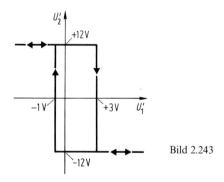

Bild 2.243

   a) Geben Sie die dafür erforderliche Schaltung an und

   b) dimensionieren Sie deren Elemente.

2-14 Für die bidirektionale Steuerung eines 75-W-Gleichstrommotors ($R_i = 12\,\Omega$) ist ein Leistungsverstärker zu entwerfen. Es sollen dafür integrierte Leistungs-Operationsverstärker mit maximal zulässigen Betriebsspannungen von ± 18 V eingesetzt werden.

   a) Geben Sie das Schaltbild und die erforderlichen Betriebsspannungen an.

   b) Wie groß sind der maximal auftretende Ausgangsstrom und die maximal auftretende Verlustleistung je Schaltkreis?

2-15 Es ist die im Bild 2.244 dargestellte Selektivverstärkerschaltung gegeben. Sie soll bei einer Bandmittenfrequenz von 500 kHz arbeiten. Für die Übersetzungsverhältnisse gilt: $\ddot{u}_1 = w_1/w_{ges} = 0{,}25$ und $\ddot{u}_2 = w_2/w_{ges} = 0{,}05$. Der Transistor besitzt eine Steilheit von 1 mS; Ausgangsleitwert und Rückwirkung sind vernachlässigbar.

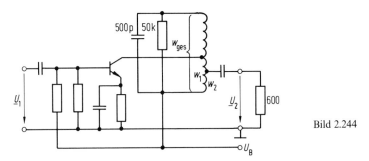

Bild 2.244

   a) Bestimmen Sie die Windungszahlen w_{ges}, w_1 und w_2; der Induktivitätsfaktor A_L der zu verwendenden Spule beträgt $1{,}5 \cdot 10^{-8}$ H.

   b) Wie groß sind die Spannungsverstärkung bei Bandmittenfrequenz und die Bandbreite?

   c) Wie kann eine Transistor-Rückwirkungskapazität von 5 pF neutralisiert werden?

2-16 Es ist ein n-stufiger Selektivverstärker mit verteilter Selektion gegeben. Als Selektionsmittel dienen Parallelschwingkreise; sie sind alle auf die gleiche Resonanzfrequenz abgestimmt.

   a) Berechnen Sie die Spannungsverstärkung und die Bandbreite der Gesamtanordnung in Abhängigkeit von der Stufenzahl n ($n = 1, 2, 3$ und 4), wenn die Einzelstufen eine Verstärkung von 5 und eine Bandbreite von 500 kHz besitzen.

   b) Berechnen Sie die Spannungsverstärkung der Gesamtanordnung und der Einzelstufen in Abhängigkeit von n, wenn die unter a) vorgegebene Bandbreite für $n = 1$ bei der n-stufigen Anordnung erhalten bleiben soll und die Kreise zu diesem Zweck zusätzlich bedämpft werden.

2-17 Es ist eine Selektivverstärkerstufe mit einer Bandmittenfrequenz von 10 Hz und einer Bandbreite von 0,3 Hz aufzubauen; die Spannungsverstärkung soll − 30 betragen. Dabei ist das im Bild 2.245 angegebene Prinzip aktiver RC-Filter zu nutzen.

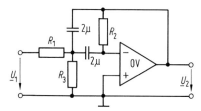

Bild 2.245

a) Dimensionieren Sie die Bauelemente.
b) Geben Sie eine Möglichkeit für den Feinabgleich auf die Bandmittenfrequenz an.

2-18 Es ist ein Colpitts-Oszillator für eine Frequenz von 1 MHz aufzubauen. Der Transistor mit den Parametern $r_{be} = 2$ kΩ und $b_n = 100$ soll in Basisschaltung betrieben werden. Es ist ein Verbraucher $R_V = 3$ kΩ anzuschließen.

a) Geben Sie die Schaltung an und
b) dimensionieren Sie die frequenzbestimmenden Kapazitäten, wenn eine Schwingkreisinduktivität $L = 1$ mH vorgegeben ist.

2-19 Unter Verwendung eines Wien-Robinson-Brücken-Oszillators ist ein durchstimmbarer NF-Generator für folgende vier Frequenzbereiche zu realisieren: 2 Hz bis 20 Hz, 20 Hz bis 200 Hz, 200 Hz bis 2000 Hz und 2000 Hz bis 20000 Hz. Die Bereichswahl soll durch C-Umschaltung und der Feinabgleich durch Potentiometer mit einem Variationsbereich von 2 kΩ bis 20 kΩ erfolgen. Die Verstärkung des Differenzverstärkers beträgt 100. Bei $f = 1$ kHz soll $R_1 = R$ sein.

a) Geben Sie die Schaltung an und
b) dimensionieren Sie die Brückenelemente.

2-20 Entwerfen Sie einen astabilen Vibrator für eine Impulsfolge mit $t_1 = 0,8$ ms und $t_2 = 0,2$ ms. Vorgegeben sind die Betriebsspannung $U_B = 12$ V, der Kollektorstrom $I_{CX} = 50$ mA und die Gleichstromverstärkung der einzusetzenden Transistoren $B_N = 60$ bis 80.

a) Zeichnen Sie die Schaltung und
b) berechnen Sie erforderlichen Widerstände und Kondensatoren.

2-21 Berechnen Sie die Gesamtleistung und die Leistungen der spektralen Anteile einer amplitudenmodulierten Schwingung. Der wievielte Teil der Gesamtleistung ist für die Informationsübertragung unbedingt notwendig, wenn der Modulationsgrad $m = 1$ gewählt wird?

2-22 Mit Hilfe der im Bild 2.246 gezeigten Doppelgegentaktschaltung ist ein Amplitudenmodulator aufzubauen. Als Eingangsspannung $u_{E1}(t)$ wirkt das Modulationssignal $u_M = \hat{U}_M \cos \omega_M t$. Die Eingangsspannung $u_{E2}(t)$ entspricht dem Trägersignal $u_T = \hat{U}_T \cos \omega_T t$. $\hat{U}_T$ ist so groß, daß die Transistoren T3 bis T6 als Schalter arbeiten.

Berechnen Sie die Ausgangsspannung $u_A(t)$, und stellen Sie das Frequenzspektrum grafisch dar.

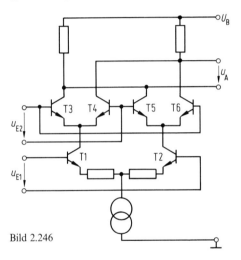

Bild 2.246

2-23 Untersuchen Sie das Verhalten eines AM-Demodulators in Doppelgegentaktschaltung, wenn beim Zusetzen des Trägers geringe Frequenz- bzw. Phasenabweichungen zugelassen werden. Für das zu demodulierende Signal gilt:

a) $u_1(t) = \hat{U}_T \dfrac{m}{2} \cos(\omega_T + \omega_M)\,t,$

b) $u_1(t) = \hat{U}_T \dfrac{m}{2} [\cos(\omega_T + \omega_M)\,t + \cos(\omega_T - \omega_M)\,t]$ und

c) $u_1(t) = \hat{U}_T \left[\cos \omega_T t + \dfrac{m}{2} \cos(\omega_T + \omega_M)\,t + \dfrac{m}{2} \cos(\omega_T - \omega_M)\,t \right].$

2-24 Berechnen Sie die Gesamtleistung P_{ges} und die Summe der Leistungen aller Seitenfrequenzen $P_{\Sigma S}$ einer frequenzmodulierten Schwingung. Stellen Sie die normierte Leistung $P_{\Sigma S}/P_{ges}$ in Abhängigkeit vom Phasenhub $\Delta \varphi_T$ ($0 \leq \Delta \varphi_T \leq 10$) grafisch dar.

2-25 Zur Stromversorgung einer elektronischen Baugruppe wird eine Gleichspannung von ca. 28 V benötigt. Die Strombelastung ist mit 1 mA relativ niedrig. Es steht eine Wechselspannung von 10 V_{eff} zur Verfügung.

a) Geben Sie zwei Schaltungsvarianten an.

b) Wie groß sind die Strom- bzw. Spannungsbelastungen der eingesetzten Dioden und Kondensatoren?

2-26 Unter Verwendung des integrierten Bausteines LM 317 ist ein Spannungsstabilisator mit einstellbarer Ausgangsspannung zu entwerfen. Bei einer verfügbaren Eingangsspannung von 25 bis 30 V sind ein regelbarer Ausgangsspannungsbereich von 2 bis 20 V und ein maximaler Ausgangsstrom von 0,5 A zu gewährleisten. Der Stabilisator soll bei einer maximalen Umgebungstemperatur von 50° C noch sicher arbeiten.

Der innere Wärmewiderstand des Schaltkreises liegt bei 4 K/W und die maximale zulässige Sperrschichttemperatur bei 150° C.

a) Dimensionieren Sie die Schaltung.

b) Berechnen Sie den Wärmewiderstand des erforderlichen Kühlkörpers.

3 Digitalschaltungen

3.1 Einführung in die Digitaltechnik

In der Digitaltechnik werden die Signale in endlichen diskreten Stufen dargestellt. Die größte technische Bedeutung besitzt die binäre Digitaltechnik. Hier gibt es nur zwei Stufen, die mit $\emptyset$ und 1 oder L (low) und H (high) bezeichnet werden. In diesem Abschnitt beschränken wir uns ausschließlich auf diese binäre Digitaltechnik; sie läßt sich mit elektronischen Bauelementen am besten technisch beherrschen [3.1].

Die digitalen Informationen werden als Wörter, bestehend aus Nullen und Einsen dargestellt, z.B. $11\emptyset1\ \emptyset\emptyset11$. Ein solches Wort kann N Stellen umfassen und damit 2^N verschiedene Informationen darstellen. Eine Stelle eines Wortes ($\emptyset$ oder 1) wird Bit genannt. Ein Wort mit 8 Bit bezeichnen wir als Byte, ein Wort mit 16 Bit wird als Wort, ein solches mit 32 Bit als Langwort bezeichnet.

Die Binärwörter können verschiedene Bedeutung haben: Sie können einen Zahlenwert (Binärzahl), einen Befehlscode, eine Adresse, einen Zeichencode u.a.m. darstellen.

3.1.1 Binärzahlen

Allgemein läßt sich eine gebrochene Zahl zur Basis b wie folgt darstellen [3.1]:

$$a_n b^n + a_{n-1} b^{n-1} + \ldots a_0 b^0, a_{-1} b^{-1} + a_{-2} b^{-2} + \ldots a_{-m} b^{-m}. \tag{3.1}$$

Für die Binärzahlen ist die Basis $b = 2$, und die Ziffern a_i ($-m \leq i \leq n$) können nur Werte von $\emptyset$ bzw. 1 annehmen. Neben diesen Binärzahlen sind noch die Oktalzahlen ($b = 8$, $a_i = \emptyset \ldots 7$), die Hexadezimalzahlen ($b = 16$, $a_i = \emptyset \ldots F$) und die Dezimalzahlen ($b = 10$, $a_i = \emptyset \ldots 9$) von Bedeutung.

In Tabelle 3.1 sind die Zahlen mit Dezimalwerten von 0 bis 20 verglichen. Da uns traditionsgemäß der Umgang mit den Dezimalzahlen am geläufigsten ist, ist die Umrechnung dieser Zahlensysteme von besonderer Bedeutung.

Wenn man z.B. eine ganze Binärzahl

$\qquad 1\emptyset11$

gegeben hat, so hat man damit normalerweise nicht unmittelbar eine Größenvorstellung (unser Gehirn ist auf Dezimalzahlen trainiert). Erst die Umwandlung in das Dezimaläquivalent

$$1 \times 2^3 + \emptyset \times 2^2 + 1 \times 2^1 + 1 \times 2^0 = \underline{11} \tag{3.2}$$

gibt uns den für unser dezimales Zahlendenken anschaulichen Zahlenwert. Digitale Schaltungen können aber nur mit Binärzahlen rechnen (s. Abschnitt 3.1.5). Deshalb wollen wir im folgenden die entsprechenden Umrechnungsalgorithmen behandeln:

Tabelle 3.1 Vergleich verschiedener Zahlensysteme

Binär	Dezimal	Oktal	Hexadezimal
000000	0	00	$00
000001	1	01	$01
000010	2	02	$02
000011	3	03	$03
000100	4	04	$04
000101	5	05	$05
000110	6	06	$06
000111	7	07	$07
001000	8	10	$08
001001	9	11	$09
001010	10	12	$0A
001011	11	13	$0B
001100	12	14	$0C
001101	13	15	$0D
001110	14	16	$0E
001111	15	17	$0F
010000	16	20	$10
010001	17	21	$11
010010	18	22	$12
010011	19	23	$13
010100	20	24	$14

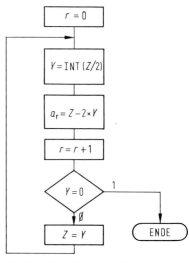

Bild 3.1 Algorithmus zur Umwandlung
einer ganzen Dezimalzahl in eine Binärzahl

Umrechnung einer ganzen Dezimalzahl in eine Binärzahl. Der Algorithmus beruht auf folgender Darstellbarkeit einer ganzen Binärzahl (s. auch Gl.(3.1)):

$$z = a_0 + b(a_1 + b(a_2 + \dots b a_n) \dots) \tag{3.3}$$

(für $b = 2$, gültig aber auch für andere Basen b, z.B. $b = 8,16$).

Danach kann der Umwandlungsmechanismus nach dem im Bild 3.1 gezeigten Algorithmus erfolgen.

Für das Beispiel $Z = 17$ ergibt sich folgendes:

$$\begin{array}{ll}
17/2 = 8 & \text{Rest } 1 = a_0 \\
8/2 = 4 & \text{Rest } 0 = a_1 \\
4/2 = 2 & \text{Rest } 0 = a_2 \\
2/2 = 1 & \text{Rest } 0 = a_3 \\
1/2 = 0 & \text{Rest } 1 = a_4
\end{array}$$

Ergebnis: 10001.

Umrechnung einer gebrochenen Dezimalzahl in eine Binärzahl. Der entsprechende Algorithmus beruht auf folgender Darstellbarkeit einer gebrochenen Binärzahl:

$$b^{-1}(a_{-1} + b^{-1}(a_{-2} + \dots b^{-1} a_{-m}) \dots) \tag{3.4}$$

(für $b = 2$, gültig aber auch für andere Basen b, z.B. $b = 8,16$).

Danach kann der Umwandlungsmechanismus nach dem im Bild 3.2 gezeigten Algorithmus erfolgen.

Für das Beispiel $Z = 0{,}94$ ergibt sich folgendes:

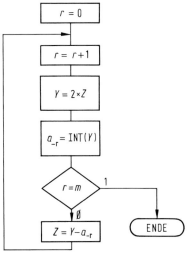

$$0{,}94 \times 2 = 1{,}88 \qquad a_{-1} = 1$$
$$0{,}88 \times 2 = 1{,}76 \qquad a_{-2} = 1$$
$$0{,}76 \times 2 = 1{,}52 \qquad a_{-3} = 1$$
$$0{,}52 \times 2 = 1{,}04 \qquad a_{-4} = 1$$
$$0{,}04 \times 2 = 0{,}08 \qquad a_{-5} = \emptyset.$$

Bild 3.2 Algorithmus zur Umwandlung einer gebrochenen Dezimalzahl in eine Binärzahl

Umwandlung einer ganzen Binärzahl in eine Dezimalzahl. Der Algorithmus ist im Bild 3.3 dargestellt. Für das Beispiel $11\emptyset1\emptyset$ ergibt sich

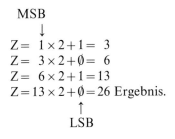

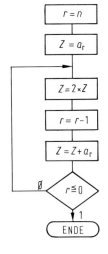

$$\text{MSB}$$
$$\downarrow$$
$$Z = \ 1 \times 2 + 1 = \ 3$$
$$Z = \ 3 \times 2 + \emptyset = \ 6$$
$$Z = \ 6 \times 2 + 1 = 13$$
$$Z = 13 \times 2 + \emptyset = 26 \ \text{Ergebnis.}$$
$$\uparrow$$
$$\text{LSB}$$

Bild 3.3 Algorithmus zur Umwandlung einer ganzen Binärzahl in eine Dezimalzahl

Umwandlung einer gebrochenen Binärzahl in eine Dezimalzahl. Der Algorithmus ist in Bild 3.4 dargestellt. Für das Beispiel $\emptyset{,}11\emptyset1$ gilt

$$Z = 1/2 + \emptyset \quad = 0{,}5$$
$$Z = 0{,}5/2 + 1 \quad = 1{,}25$$
$$Z = 1{,}25/2 + 1 = 1{,}625$$
$$Z = 1{,}625/2 \quad = 0{,}8125 \ \text{Ergebnis.}$$

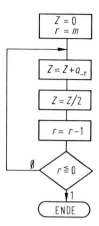

Bild 3.4 Algorithmus zur Umwandlung einer gebrochenen Binärzahl in eine Dezimalzahl

Negative Binärzahlen werden in der Regel im sogenannten 2er-Komplement dargestellt, weil sich dann eine Subtraktion auf die Addition zurückführen läßt (s. Abschnitt 3.1.5). Das Zweierkomplement wird durch bitweises Negieren und Addition mit 1 gebildet, z.B. ist das Zweierkomplement von $Z = \emptyset11\emptyset1$ $Z' = 1\emptyset\emptyset1\emptyset + 1 = 1\emptyset\emptyset11$. Damit ist mit N-Bit Binärzahlen in der 2er-Komplementdarstellung ein Zahlenbereich von $-2^{N-1} \dots 0 \dots +2^{N-1} - 1$ darstellbar, z.B. bei $n = 4$

$1\emptyset\emptyset\emptyset \; (-8)$
$1\emptyset\emptyset1$
$\vdots$
$1111 \; (-1)$
$\emptyset\emptyset\emptyset\emptyset \; (0)$
$\emptyset\emptyset\emptyset1 \; (+1)$
$\vdots$
$\emptyset111 \; (+7).$

Man erkennt, daß für negative Zahlen das MSB (= most significant bit, höchstwertiges Bit) stets 1 ist. Deshalb wird dieses auch oft als Vorzeichenbit bezeichnet.

Eine Zahl gemäß Gleichung (3.3) bezeichnet man als ganze Zahl (integer number), eine Zahl gemäß Gl.(3.4) als gebrochene Zahl (fixed point number). Darüber hinaus gibt es insbesondere zur Realisierung eines großen Zahlenbereiches noch die sogenannten Floatingpointzahlen. Hier wird die Zahl durch eine Mantisse M und einen Exponenten E dargestellt

$$Z = M \times 2^E. \tag{3.5}$$

In einer 32-Bit-Version können Mantisse und Exponent binär, wie in Bild 3.5 gezeigt, dargestellt werden.

Das höchstwertige Bit ist wieder das Vorzeichenbit. Da der Exponent auch positiv oder negativ sein kann, wird stets ein konstanter Wert B (bias) addiert, so daß der Exponent während der Rechnung (scheinbar) stets positiv ist. Bei Ausgabe des Ergebnisses wird dann dieser Wert (bias) wieder abgezogen. Dies ist vorteilhaft z.B. für Exponentenvergleiche, wie sie bei Addition bzw. Subtraktion erforderlich sind.

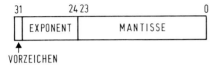

VORZEICHEN

Bild 3.5 Format einer Floatingpointzahl

In unserem Beispiel von Bild 3.5 besteht der Exponent aus 7 Bit, der Konstantwert B (bias) für den Exponenten wird $B = 63$ gewählt.

In der Darstellung

$$Z^* = M \times 2^F = M \times 2^{E+B} \tag{3.6}$$

bedeutet also $F = \emptyset \; E = -63$ und $F = 127 \; E = +64$.

Die Mantisse wird normalisiert, um einen möglichst großen Zahlenbereich darstellen zu können. Da von vornherein klar ist, daß die Mantisse eine gebrochene Zahl ist, deren erstes Bit nach dem Komma stets 1 sein muß (sonst ist sie eben nicht normalisiert), braucht man in der Binärdarstellung von Bild 3.5 dieses erste Bit nach dem Komma nicht darzustellen (hidden bit), auf Bitposition 23 in Bild 3.5 folgt also bereits das zweite Bit hinter dem Komma, also lautet die Mantisse

$$M = \emptyset,1 \, b_{23} \, b_{22} \ldots b_0.$$

Damit können positive und negative Mantissen von

$$+ \emptyset,1\emptyset\emptyset\emptyset \ldots \emptyset,1111 \ldots \text{ bzw.}$$
$$- \emptyset,1111 \ldots \emptyset,1\emptyset\emptyset\emptyset$$

dargestellt werden.

3.1.2 Binärkodes

Wie bereits in der Einleitung erwähnt, lassen sich mit N-Bit-Binärwörtern 2^N verschiedene Informationen kodieren. Es sind sehr verschiedene Kodeschemata entwickelt worden, von denen wir hier einige technisch besonders wichtige beschreiben wollen:

BCD-Kode. Der BCD-Kode (BCD = binary coded decimal) ist ein Kode zur Kodierung der Dezimalziffern von 0 bis 9 wie es die Tabelle 3.2 zeigt.

Alle Kodes oberhalb $1\emptyset\emptyset1$ sind Pseudotetraden. Man kann mit diesem BCD-Kode auch Arithmetik durchführen, wie es in Abschnitt 3.1.5 gezeigt werden wird.

ASCII-Kode. Der ASCII-Kode (ASCII = american standard code for information interchange) ist ein 7- bzw. 8-Bit-Kode zur Kennzeichnung von alphanumerischen

Zeichen (z.B. A, B, Z, 1, 8, ?, +) und Steuerzeichen (z.B. LF = line feed, CR = carriage return). In Tabelle 3.3 ist dieser Kode aufgelistet.

Gray-Kode. Der Gray-Kode ist ein 4-Bit-Kode für die störungsarme Übertragung, da dieser so gestaltet ist, daß von einer Zahl zur anderen im Kode stets nur 1 Bit geändert wird (s. Tabelle 3.4).

Tabelle 3.2 BCD-Kode

Kode DCBA	Dezimalziffer
0000	0
0001	1
0010	2
0011	3
0100	4
0101	5
0110	6
0111	7
1000	8
1001	9

Tabelle 3.4 Gray-Kode

Dezimal	Gray-Kode
0	0000
1	0001
2	0011
3	0010
4	0110
5	0111
6	0101
7	0100
8	1100
9	1101
10	1111
11	1110
12	1010
13	1011
14	1001
15	1000

Tabelle 3.3 ASCII-Kode (Auswahl)

Zeichen	Kode	Zeichen	Kode
A	100 0001	a	110 0001
B	100 0010	b	110 0010
C	100 0011	c	110 0011
D	100 0100	d	110 0100
E	100 0101	e	110 0101
F	100 0110	f	110 0110
G	100 0111	g	110 0111
H	100 1000	h	110 1000
I	100 1001	i	110 1001
J	100 1010	j	110 1010
K	100 1011	k	110 1011
L	100 1100	l	110 1100
M	100 1101	m	110 1101
N	100 1110	n	110 1110
O	100 1111	o	110 1111
P	101 0000	p	111 0000
Q	101 0001	q	111 0001
R	101 0010	r	111 0010
S	101 0011	s	111 0011
T	101 0100	t	111 0100
U	101 0101	u	111 0101
V	101 0110	v	111 0110
W	101 0111	w	111 0111
X	101 1000	x	111 1000
Y	101 1001	y	111 1001
Z	101 1010	z	111 1010
0	011 0000	{	111 1011
1	011 0001	}	111 1101
2	011 0010	Leer	010 0000
3	011 0011	!	010 0001
4	011 0100	"	010 0010
5	011 0101	#	010 0011
6	011 0110	%	010 0101
7	011 0111	&	010 0110
8	011 1000	/	010 1111
9	011 1001	(	010 1000
;	011 1011	)	010 1001
<	011 1100	*	010 1010
=	011 1101	+	010 1011
>	011 1110	−	010 1101
?	011 1111	.	010 1110

Fehlererkennungskodes. Um Fehler bei der Übertragung digitaler Informationen zu erkennen, sind Fehlererkennungskodes zusätzlich zu übertragen. Die einfachste Variante ist die Übertragung von Paritätsbits. Bei geradzahliger Parität (parity even) werden die Paritätsbits so gesetzt, daß die Summe der 1en von Informations- und Paritätsbits geradzahlig ist, also z.b. für einen 4-Bit-Kode und 1 Paritätsbit P:

	P(even)	P(odd)
1$\emptyset\emptyset\emptyset$	1	$\emptyset$
11$\emptyset\emptyset$	$\emptyset$	1
$\emptyset\emptyset\emptyset\emptyset$	$\emptyset$	1

Bei ungerader Parität (parity odd) ist es gerade umgekehrt. Mit nur einem Paritätsbit können Doppelfehler nicht erkannt werden. Dazu benötigt man mehrere Paritätsbits.

Ein besonderer Fehlerkode ist der *Hammingkode*. Für einen 4-Bit-Informationskode $a_3 a_2 a_1 a_0$ wird ein 3-Bit-Prüfkode $P_1 P_2 P_3$ hinzugefügt. P_1 prüft die Parität von $a_3 a_2 a_0$; P_2 von $a_3 a_1 a_0$ und P_3 von $a_2 a_1 a_0$. D. h., bei einem Informationskode $a_3 a_2 a_1 a_0 = \emptyset 1 \emptyset 1$ wird eine Bitfolge $P_1 P_2 a_3 P_3 a_2 a_1 a_0 = \emptyset 1 \emptyset \emptyset 1 \emptyset 1$ übertragen.

3.1.3 Boolesche Algebra, kombinatorische und sequentielle Grundfunktionen

Mit den zweiwertigen Signalgrößen (Variablen) der binären Digitaltechnik können arithmetische und logische Verknüpfungen ausgeführt werden. Dies erfolgt nach den Regeln der Booleschen Algebra.

Die einfachste Operation ist die **Negation**:

$$f = \bar{E}. \tag{3.7}$$

Das Ergebnis der Operation f hat stets den entgegengesetzten Wert wie die Eingangsvariable E, wie dies in der sogenannten Wahrheitstabelle (Tabelle 3.5) dargestellt ist. Als Schaltsymbole verwenden wir die im Bild 3.6 angegebenen.

Tabelle 3.5 Wahrheitstabelle der Negation

E	f
$\emptyset$	1
1	$\emptyset$

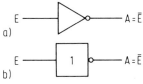

Bild 3.6 Logiksymbole eines Inverters

Bei der Verknüpfung zweier binärer Größen gibt es mehrere Möglichkeiten:

Die **Und-Verknüpfung (konjuktive Verknüpfung)**

$$f = E 1 \cdot E 2 \tag{3.8}$$

ergibt nur dann für das Ergebnis der Operation f den Wert 1, wenn beide Eingangsvariable E 1 **und** E 2 den Wert besitzen, wie dies in Tabelle 3.6 gezeigt ist. Das entsprechende Schaltsymbol ist im Bild 3.7 dargestellt.

Tabelle 3.6 Wahrheitstabelle
der logischen Und-Funktion

E 1	E 2	f
0	0	0
1	0	0
0	1	0
1	1	1

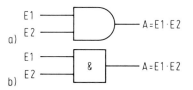

Bild 3.7 Logiksymbole eines AND-Gatters

Wird die Negation mit der Und-Funktion verbunden, so erhalten wir die **Nicht-Und- bzw. NAND-Funktion**

$$f = \overline{E1 \cdot E2}. \tag{3.9}$$

Das entsprechende Schaltsymbol zeigt Bild 3.8.

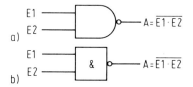

Bild 3.8 Logiksymbole eines NAND-Gatters

Die **Oder-Verknüpfung (disjunktive Verknüpfung)**

$$f = E1 \vee E2 \tag{3.10}$$

ergibt dann für das Ergebnis der Operation f den Wert 1, wenn E 1 **oder** E 2 (oder beide) den Wert 1 besitzen, wie dies in Tabelle 3.7 gezeigt ist. Das entsprechende Schaltsymbol ist im Bild 3.9 dargestellt.

Tabelle 3.7 Wahrheitstabelle
der logischen Oder-Funktion

E 1	E 2	f
0	0	0
1	0	1
0	1	1
1	1	1

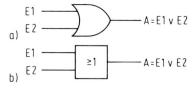

Bild 3.9 Logiksymbole eines OR-Gatters

Wird die Negation mit der Oder-Funktion verbunden, so erhalten wir die **Nicht-Oder- bzw. NOR-Funktion**

$$f = \overline{E1 \vee E2}. \tag{3.11}$$

Das Schaltsymbol ist im Bild 3.10 wiedergegeben.

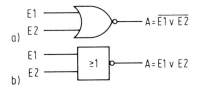

Bild 3.10 Logiksymbole eines NOR-Gatters

Außer diesen fünf grundlegenden Verknüpfungen ist noch eine weitere, die **Exclusiv-Oder -bzw. XOR-Funktion** von Bedeutung. Diese ist stets dann 1, wenn die beiden Eingangsvariablen E1 und E2 voneinander verschiedene Werte ($\emptyset$ oder 1) besitzen, wie dies in Tabelle 3.8 dargestellt ist.

Tabelle 3.8 Wahrheitstabelle
der Exclusiv-Oder-Funktion

E1	E2	f
$\emptyset$	$\emptyset$	$\emptyset$
1	$\emptyset$	1
$\emptyset$	1	1
1	1	$\emptyset$

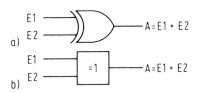

Bild 3.11 Logiksymbole eines Exclusiv-ODER-Gatters (XOR)

Das entsprechende Schaltsymbol ist im Bild 3.11 gezeigt. Die Logikgleichung lautet:

$$f = E1 \cdot \overline{E2} \vee \overline{E1} \cdot E2 = E1 + E2. \tag{3.12}$$

In Tabelle 3.9 sind sämtliche 16 Logikfunktionen, die mit zwei binären Variablen A und B realisiert werden können, aufgelistet.

Tabelle 3.9 Logikfunktion zweier binärer Variabler

Funktion	Bezeichnung
$\emptyset$	Konstanz
1	Konstanz
$A \cdot B$	AND (Und)
$A \vee B$	OR (Oder)
$\overline{A \cdot B}$	NAND
$\overline{A \vee B}$	NOR
$\overline{A}$	NOT (Negation)
$\overline{B}$	NOT (Netation)
A	Identität
B	Identität
$A \cdot \overline{B}$	Inhibition
$\overline{A} \cdot B$	Inhibition
$A \vee \overline{B}$	Implikation
$\overline{A} \vee B$	Implikation
$AB \vee \overline{A}\overline{B}$	Äquivalenz
$A\overline{B} \vee \overline{A}B$	Antivalenz (XOR)

Für das Verknüpfen binärer Variabler A, B, C gelten folgende Regeln bzw. Theoreme:

$$A \vee 1 = 1 \qquad\qquad\qquad\qquad\qquad\qquad\qquad (3.13)$$

$$A \cdot 1 = A \qquad\qquad\qquad\qquad\qquad\qquad\qquad (3.14)$$

$$A \vee \bar{A} = 1 \qquad\qquad\qquad\qquad\qquad\qquad\qquad (3.15)$$

$$A \cdot \bar{A} = \emptyset \qquad\qquad\qquad\qquad\qquad\qquad\qquad (3.16)$$

$$A \cdot A = A \qquad\qquad\qquad\qquad\qquad\qquad\qquad (3.17)$$

$$A \vee \emptyset = A \qquad\qquad\qquad\qquad\qquad\qquad\qquad (3.18)$$

$$A \cdot \emptyset = \emptyset \qquad\qquad\qquad\qquad\qquad\qquad\qquad (3.19)$$

$$AB = BA \qquad\qquad\qquad\qquad\qquad\qquad\qquad (3.20)$$

$$A \vee B = B \vee A \qquad\qquad\qquad\qquad\qquad\qquad\qquad (3.21)$$

$$A(BC) = (AB)C \qquad\qquad\qquad\qquad\qquad\qquad\qquad (3.22)$$

$$A \vee (B \vee C) = (A \vee B) \vee C \qquad\qquad\qquad\qquad (3.23)$$

$$(A \vee B) \cdot (A \vee C) = A \vee BC \qquad\qquad\qquad\qquad (3.24)$$

$$AB \vee AC = A(B \vee C) \qquad\qquad\qquad\qquad\qquad (3.25)$$

$$A(A \vee B) = A \qquad\qquad\qquad\qquad\qquad\qquad\qquad (3.26)$$

$$A \vee \bar{A}B = A \vee B \qquad\qquad\qquad\qquad\qquad\qquad (3.27)$$

$$A(\bar{A} \vee B) = AB. \qquad\qquad\qquad\qquad\qquad\qquad (3.28)$$

Besonders wichtig sind die Theoreme von de Morgan

$$\overline{A \vee B} = \bar{A} \cdot \bar{B} \qquad\qquad\qquad\qquad\qquad\qquad (3.29)$$

$$\overline{A \cdot B} = \bar{A} \vee \bar{B}. \qquad\qquad\qquad\qquad\qquad\qquad (3.30)$$

Die bisher genannten Funktionen waren *kombinatorische Funktionen,* deren Wert nur von der Belegung der Eingangsvariablen abhängt. Funktionen, die dagegen auch von der Vorgeschichte, d.h. vom vorhergehenden Zustand der Schaltung abhängen, werden *sequentielle Funktionen* bzw. Systeme genannt. Dazu ist aber ein Grundelement mit Speichervermögen nötig. Eine Logikschaltung, die 1 Bit speichern kann, ist das Flipflop. Es kann aus je zwei kreuzgekoppelten NAND- oder NOR-Gattern aufgebaut werden. Dies ist in Bild 3.12 gezeigt.

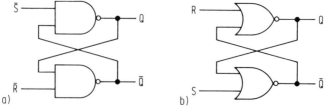

Bild 3.12 Logikschaltung eines RS-Flipflops
a) mit NAND-Gattern, b) mit NOR-Gattern

Betrachten wir als Beispiel das Flipflop in Bild 3.12b aus zwei NOR-Gattern und den Eingängen R (reset) und S (set). Wird R = 1 gemacht, so wird am Ausgang des NOR-Gatters Q = ∅ erzwungen, weil dies die NOR-(Nicht-Oder-)Funktion so vorschreibt. Diese ∅ wird an den Eingang des anderen NOR-Gatters geführt und ermöglicht dort $\bar{Q} = 1$, falls auch S = ∅ ist, $\bar{Q} = 1$ wird nun aber an das obere NOR-Gatter gekoppelt und stabilisiert damit den Zustand Q = ∅, auch dann noch, wenn das Eingangssignal R abgeschaltet wird. Der Zustand Q = ∅ und $\bar{Q} = 1$ wird also stabil aufrechterhalten, gespeichert. Ebenso hätte man bei der Eingangsbelegung R = ∅, S = 1 den Zustand Q = 1, $\bar{Q} = ∅$ am Flipflop erzwingen können. Bei diesem RS-Flipflop gilt folgende Zustandstabelle:

Tabelle 3.10 Wahrheitstabelle des RS-Flipflop

R	S	Q
∅	∅	ungeändert
1	∅	∅
∅	1	1
1	1	unbestimmt

3.1.4 Logikfunktionen und Logikminimierung

Die Herleitung von Logikfunktionen kann auf sehr verschiedene Weise geschehen. Dies richtet sich nach der Art der Aufgabenstellung (Schaltungs- bzw. Systembeschreibung), dem Entwurfsstil bzw. den konkreten technischen Voraussetzungen (Synthesehilfen). Wir werden im Verlaufe des gesamten Kapitels verschiedene Wege kennenlernen. Ein sehr systematischer Weg ist die Ableitung der Logikfunktion aus einer Wahrheitstabelle. Dies ist eine Tafel, in der die relevanten Variablenbelegungen und die dazugehörigen Funktionswerte *f* aufgelistet sind. Für ein Beispiel mit 3 Variablen A B C soll dies mit Tabelle 3.11 veranschaulicht werden.

Tabelle 3.11 Beispiel einer Wahrheitstabelle (Funktionstabelle)

A	B	C	f_1	f_2
∅	1	∅	∅	1
1	∅	∅	1	1
1	1	∅	1	1
			sonst ∅	

Die Variablenbelegungen (negiert oder nicht negiert) ergeben konjunktive (UND-) Verknüpfungen, Minterme genannt (i.B. $\bar{A} B \bar{C}$, $A \bar{B} \bar{C}$, $A B \bar{C}$) die je nach Wirksamwerden in den Funktionen f_1, f_2 disjunktiv (ODER) verknüpft werden. Aus Tabelle 3.11 liest man daher ab:

$$f_1 = A \bar{B} \bar{C} \vee A B \bar{C} \tag{3.31}$$

$$f_2 = \bar{A} \, B \, \bar{C} \vee A \, \bar{B} \, \bar{C} \vee A \, B \, \bar{C}. \tag{3.32}$$

Terme, die die ODER-Verknüpfungen aller Variablen enthalten, nennt man Maxterme. Sie entstehen nach dem de Morgan-Theorem (3.30) aus den Mintermen durch Negation.

Im Interesse einer optimalen technischen Realisierung (s. die folgenden Abschnitte) ist es wünschenswert, die Logikfunktionen, d.h. die in ihnen enthaltene Anzahl der Variablen und der Verknüpfungsoperationen so klein wie möglich zu machen. Dafür gibt es keine einheitlichen Regeln, auch gibt es nicht die minimalste Funktion. In folgendem werden wir drei Methoden zur Minimierung behandeln:

– Anwendung der Verknüpfungstheoreme gemäß Gl.(3.13) bis (3.30)
– Karnaugh-Diagramme
– Quine-McCluskey-Verfahren.

Durch Anwendung der **Verknüpfungstheoreme** vereinfacht sich z.B. die Logikfunktion Gl.(3.31) wie folgt:

$$f_1 = A \, \bar{B} \, \bar{C} \vee A \, B \, \bar{C} = A \, \bar{C} (\bar{B} \vee B) = A \, \bar{C} \tag{3.33}$$

oder z.B. durch redundante Erweiterung für die Funktion

$$A \, B \vee A \, \bar{C} \vee BC = A \, B(C \vee \bar{C}) \vee A \, \bar{C} \vee B \, C$$
$$= A \, \bar{C} \vee B \, C \tag{3.34}$$

oder durch Anwendung des de Morganschen Theorems für das Beispiel

$$\overline{(A \, \bar{B} \, C \vee \overline{A \, C \, D})} \vee B \, \bar{C} = \overline{(\bar{A} \vee B \vee \bar{C})} \vee (\bar{A} \vee \bar{C} \vee \bar{D}) \vee B \, \bar{C}$$
$$= A \, \bar{B} \, C \, D. \tag{3.35}$$

Die Anwendung der **Karnaugh-Diagramme** ist auf Funktionen bis zu 6 Variablen beschränkt. Wir wollen dies mit Bild 3.13 an einer Funktion mit 4 Variablen demonstrieren. Zur Darstellung aller der Minterme aus 4 Variablen sind damit im Karnaugh-Diagramm 16 Felder erforderlich. Bei der Anordnung muß darauf geachtet werden, daß sich senkrecht bzw. waagerecht benachbarte Minterme um nicht mehr als eine Variablenbelegung unterscheiden, d.h. z.B. $\bar{A} \, B \, \bar{C} \, \bar{D}$ und $\bar{A} \, B \, \bar{C} \, D$ dürfen benachbart sein, $\bar{A} \, B \, \bar{C} \, D$ und $\bar{A} \, B \, C \, D$ dagegen nicht. Das gilt auch über die Grenzen des Diagrammes hinaus, wenn man sich das Karnaugh-Diagramm durch Anlagerung gleicher Diagramme vorstellt. Für eine konkrete Funktion ist nun in jedes Feld eine 1 einzutragen, deren zugehöriger Minterm existiert, also z.B. in das Feld in der linken oberen Ecke, wenn der Minterm $\bar{A} \, \bar{B} \, \bar{C} \, \bar{D}$ in der Funktion vorkommt. In Bild 3.13 haben wir die Belegung für die Funktion

$$f = \bar{A} \, \bar{B} \, \bar{C} \, \bar{D} \vee \bar{A} \, \bar{B} \, \bar{C} \, D \vee \bar{A} \, B \, \bar{C} \, \bar{D} \vee \bar{A} \, B \, \bar{C} \, D \vee \bar{A} \, B \, C \, D \vee A \, \bar{B} \, C \, \bar{D} \tag{3.36}$$

eingetragen. Das ergibt für jeden Minterm eine 1, also 6 Einsen insgesamt. Zur Minimierung sind benachbarte Einsen (auch über die Kanten hinaus) zu Gruppen von 2, 4, 8, … zusammenzufassen. Eine Gruppe wird Primimplikant genannt.

In einer Gruppe mit 2 Einsen kann in der Zusammenfassung der Minterme die Variable entfallen, die sich ändert. In einer Gruppe mit 4 Mintermen können die 2 Variablen entfallen, die sich innerhalb einer Gruppe ändern. In unserem Beispiel von Bild 3.13 haben wir 2 Gruppen. In der Vierergruppe ändern sich B und D, während $\bar{A}$ und $\bar{C}$ gilt. Also liefert diese Gruppe den Primimplikanten $\bar{A}\,\bar{C}$. In der Zweiergruppe in Bild 3.13 ändert sich C während $\bar{A}$, B und D gilt. Also ist der zweite Primimplikant $\bar{A}\,B\,D$. Damit lautet die vereinfachte Funktion

$$f = \bar{A}\,\bar{C} \vee \bar{A}\,B\,D \vee A\,\bar{B}\,C\,\bar{D}. \tag{3.37}$$

Primimplikanten, die mindestens eine 1 enthalten, die nicht zu einem anderen Primimplikanten gehören, werden wesentliche Primimplikanten genannt.

Dieses Verfahren mit den Einsen führt auf eine disjunktive Form des Ergebnisses (s. Gl.(3.37)).

Faßt man dagegen die Nullen zusammen, so erhält man das Ergebnis negiert, d.h. das Ergebnis selbst als konjunktive Verknüpfung.

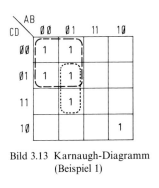

Bild 3.13 Karnaugh-Diagramm
(Beispiel 1)

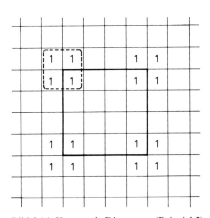

Bild 3.14 Karnaugh-Diagramm (Beispiel 2)

Ist ein Minterm laut Aufgabenstellung beliebig (don't care), so wird an seiner Stelle im Karnaugh-Diagramm ein X geschrieben, wofür entweder eine 1 oder eine $\emptyset$ eingesetzt werden kann, je nachdem was für die Minimierung günstiger ist. Kommt eine Variable im Minterm überhaupt nicht vor, so erzeugt dieser bereits im Karnaugh-Diagramm von vornherein einen 2er-Block. In Bild 3.14 ist ein weiteres Beispiel gezeigt, wo an den Ecken über die Grenzen des eigentlichen Karnaugh-Diagrammes ein Viererblock gebildet wird

$$f = \bar{A}\,\bar{B}\,\bar{C}\,\bar{D} \vee A\,\bar{B}\,\bar{C}\,\bar{D} \vee A\,\bar{B}\,C\,\bar{D} \vee \bar{A}\,\bar{B}\,C\,\bar{D}. \tag{3.38a}$$

Jeder Block darf natürlich nur einmal verwendet werden. Die Zusammenfassung ergibt das Ergebnis

$$f = \bar{B}\,\bar{D}. \tag{3.38b}$$

In der Notation der Minterme ist folgende Dezimalkodierung weit verbreitet:

$\overline{A}\,\overline{B}\,\overline{C}\,\overline{D}=0$
$\overline{A}\,\overline{B}\,\overline{C}\,D=1$
$\overline{A}\,\overline{B}\,C\,\overline{D}=2 \qquad$ usf.

Damit ergeben sich für das Karnaugh-Diagramm für vier Variable die in Bild 3.15 gezeigten Notationen.

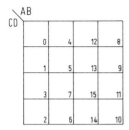

Bild 3.15 Belegung der Felder eines Karnaugh-Diagrammes mit dezimalen Zahlenwerten

In dieser vereinfachten Notation könnte dann eine zu minimierende Funktion wie folgt beschrieben werden [3.2]:

$f = V(1, 3, 7, 12, 13, 14, 15, 8, 9, 10)$, wobei die Minterme 4, 5, 11 ohne Bedeutung (don't care) sein sollen. Es ergeben sich dann die in Bild 3.16 gezeigten zwei Achterblöcke. Die Lösung lautet

$\qquad f = A \vee D. \hfill (3.39)$

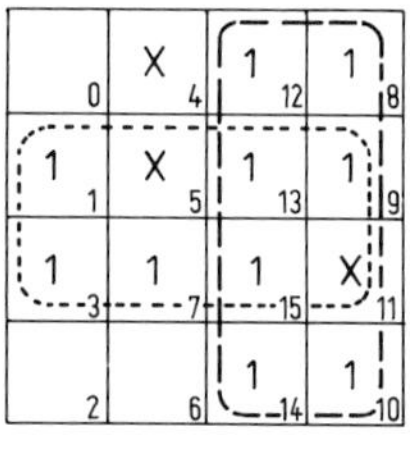

Bild 3.16 Beispiel eines Karnaugh-Diagrammes unter Einbeziehung von Don't Cares (×)

Für mehr als vier Variable müssen mehrdimensionale Karnaughtafeln angelegt werden, und die Sache wird sehr unhandlich. Deshalb wollen wir im folgenden noch das **Verfahren von Quine-McCluskey** betrachten.

Am besten läßt sich das Verfahren an einem Beispiel nach [3.2] erläutern

$\qquad f = V(1, 2, 4, 5, 6, 10, 12, 13, 14). \hfill (3.40)$

Wir teilen die Minterme in Gruppen mit 0, 1, 2, 3 usf. Einsen ein. Für unser Beispiel bedeutet dies eine Mintermtabelle wie sie mit Tabelle 3.12 gegeben ist.

Jeder Minterm einer Gruppe wird mit jedem Minterm in der Gruppe jeweils darunter verglichen. Unterscheiden sich 2 solcher Minterme nur in einer Variablen, so machen wir einen Eintrag in einer neuen Tabelle 3.13 und markieren die Stelle der Variablen, in der sich beide Terme unterscheiden, mit einem Kreuz.

Tabelle 3.12 Mintermliste für Bearbeitung nach dem Quine-McCluskey-Verfahren

Minterm	A	B	C	D	
1	∅	∅	∅	1	eine Eins
2	∅	∅	1	∅	
4	∅	1	∅	∅	
5	∅	1	∅	1	zwei Einsen
6	∅	1	1	∅	
10	1	∅	1	∅	
12	1	1	∅	∅	
13	1	1	∅	1	drei Einsen
14	1	1	1	∅	

Nun wiederholt sich der Vorgang erneut, wobei doppelt vorkommende Strukturen vermerkt werden und solche Terme aus Tabelle 3.13 übernommen werden, die sich nicht mit Termen zusammenfassen lassen. Es dürfen nämlich nun nur die Terme zusammengefaßt werden, die das Kreuz an der gleichen Stelle haben und wie beim ersten Vorgang sich nur in einer Variablen unterscheiden. Auf diese Weise erhalten wir Tabelle 3.14.

Tabelle 3.13 Erster Schritt der Bestimmung der Primimplikanten nach dem Quine-McCluskey-Verfahren

	A	B	C	D
1,5	∅	x	∅	1
2,6	∅	x	1	∅
2,10	x	∅	1	∅
4,5	∅	1	∅	x
4,6	∅	1	x	∅
4,12	x	1	∅	∅
5,13	x	1	∅	1
6,14	x	1	1	∅
10,14	1	x	1	∅
12,13	1	1	∅	x
12,14	1	1	x	∅

Tabelle 3.14 Zweiter (i. u. B. letzter) Schritt in der Bestimmung der Primimplikanten nach dem Quine-McCluskey-Verfahren

	A	B	C	D
% 1,5	∅	x	∅	1
% 2,6; 10,14	x	x	1	∅
d 2,10; 6,14	x	x	1	∅
% 4,5; 12,13	x	1	∅	x
% 4,6; 12,14	x	1	x	∅
d 4,12; 5,13	x	1	∅	x
d 4,12; 6,14	x	1	x	∅

Es ergeben sich also die voneinander unterschiedlichen Primimplikanten $\bar{A}\,\bar{C}\,D$, $C\,\bar{D}$, $B\,\bar{C}$, $B\,\bar{D}$.

Die Lösung lautet also

$$F = \bar{A}\,\bar{C}\,D \vee C\,\bar{D} \vee B\,\bar{C} \vee B\,\bar{D}. \tag{3.41}$$

Dieses Verfahren läßt sich gut auf dem Rechner implementieren, da der Algorithmus rekursiv ist.

3.1.5 Arithmetik mit Binärzahlen

Die Addition zweier Binärzahlen erfolgt ebenso wie die Addition zweier Dezimalzahlen ziffernweise, beginnend mit der niederwertigsten Ziffer (also von rechts nach
links) unter Berücksichtigung eines Übertrages. Der Übertrag entsteht bei Binärzahlen stets, wenn das Ergebnis der Addition größer als 1 ist (2 wäre bereits die
Erhöhung der 2er-Potenz um 1). Damit ergeben sich die folgenden Gesetze für
die Addition zweier Binärziffern:

$$0 + 0 = 0 \quad \text{kein Übertrag}$$
$$1 + 0 = 1 \quad \text{kein Übertrag}$$
$$0 + 1 = 1 \quad \text{kein Übertrag}$$
$$1 + 1 = 1 \quad \text{Übertrag in die nächsthöhere Stelle.}$$

Insgesamt ist aber zu beachten, daß bei der Addition in einer Stelle nicht nur
die Addition der Binärziffern A_i und B_i vorzunehmen ist, sondern daß auch noch
ein etwaiger Übertrag C_i, der von der vorhergehenden Stelle erzeugt wird, mit
hinzuaddiert werden muß. Wendet man die obigen Gesetze auf die Addition von
3 Binärziffern A_i, B_i und C_i an, so erhält man die in Tabelle 3.15 zusammengefaßten
Ergebnisse.

Tabelle 3.15 Funktionstabelle eines Volladders

A_i	B_i	C_i	C_{i+1}	S_i
0	0	0	0	0
0	0	1	0	1
0	1	0	0	1
1	0	0	0	1
1	1	0	1	0
0	1	1	1	0
1	0	1	1	0
1	1	1	1	1

Diese Tabelle kann als Wahrheitstabelle für ein Logiknetzwerk aufgefaßt werden.
Unter Beachtung der logischen Elementaroperationen Gl.(3.7) bis (3.12) erhalten
wir für die Logikgleichung der Summe S_i:

$$S_i = A_i + B_i + C_i \tag{3.42}$$

(doppelte XOR-Verknüpfung)

und für den Übertrag in die nächsthöhere Stelle C_{i+1}

$$C_{i+1} = (A_i \cdot B_i) \vee (C_i \cdot (A_i + B_i)) \tag{3.43}$$

Die Logikschaltung, die diese Funktionen erzeugt, wird *Volladder* genannt und
ist unter Beachtung der Logikgatter (s. Bilder 3.6 bis 3.11) in Bild 3.17 dargestellt.

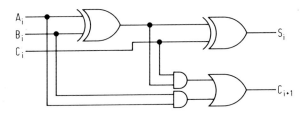

Bild 3.17 Logikschaltung eines Volladders

Wir wollen nun die Funktion zunächst an einem Beispiel erläutern. Es seien die beiden Binärzahlen $A = 1\emptyset\emptyset1 (= 9)$ und $B = \emptyset\emptyset11 (= 3)$ zu addieren:

$$
\begin{array}{llllll}
A = & 1 & \emptyset & \emptyset & 1 & (= \ 9) \\
B = & \emptyset & \emptyset & 1 & 1 & (= \ 3) \\
\hline
S = & 1 & 1 & \emptyset & \emptyset & (=12) \\
& & \diagdown\diagup & \diagdown\diagup & \diagdown\diagup & \\
C & & \emptyset & 1 & 1 &
\end{array}
$$

Die Addition ist die Grundlage aller anderen Grundrechenoperationen. So wird die Subtraktion auf eine Addition mit dem Zweierkomplement des Subtrahenden zurückgeführt. Das Zweierkomplement wird einfach dadurch gebildet, daß die entsprechende Binärzahl stellenweise negiert und anschließend mit 1 addiert wird.

Beispiel:

Es sei die Subtraktion $D = A - B = 1\emptyset\emptyset1 - \emptyset\emptyset11$ auszuführen. Das Zweierkomplement von $\emptyset\emptyset11$ ist $B' = 11\emptyset\emptyset + 1 = 11\emptyset1$. Damit ist der Subtraktionsvorgang

$$
\begin{array}{llllll}
A = & 1 & \emptyset & \emptyset & 1 & (=9) \\
B' = & 1 & 1 & \emptyset & 1 & (=-3) \\
\hline
D = & \emptyset & 1 & 1 & \emptyset & (=6) \\
& \diagup\diagdown & \diagup & \diagdown\diagup & \diagdown\diagup & \\
C & 1 & \emptyset & \emptyset & 1 &
\end{array}
$$

Da der Übertrag aus der höchstwertigen Stelle 1 ist, ist das Ergebnis positiv.

Betrachten wir nun den umgekehrten Fall $D = B - A$: Das Zweierkomplement von A ist $A' = \emptyset11\emptyset + 1 = \emptyset111$. Damit ist der Subtraktionsvorgang

$$
\begin{array}{llllll}
B = & \emptyset & \emptyset & 1 & 1 & (=3) \\
A' = & \emptyset & 1 & 1 & 1 & (=-9) \\
\hline
D' = & 1 & \emptyset & 1 & \emptyset & \\
& \diagup\diagdown & \diagup\diagdown & \diagup\diagdown & \\
C & \emptyset & 1 & 1 & 1 &
\end{array}
$$

Das Ergebnis ist negativ und daher im Zweierkomplement dargestellt. $D' = 1\emptyset1\emptyset$ ist das Zweierkomplement von $\emptyset11\emptyset = 6$. Das Ergebnis ist also -6.

Neben der Arithmetik mit Binärzahlen, die nach obigem Schema auch für gebrochene Binärzahlen (fixed point number, z.B. $\emptyset 1\emptyset 1$, $11\emptyset\emptyset = 5{,}75$) und Binärzahlen mit Vorzeichen (signed numbers, [3.1]) ausgeführt werden kann, ist noch die Arithmetik mit sogenannten BCD-Zahlen von Bedeutung. Bei BCD-Zahlen (BCD = binary coded decimal, s. Tabelle 3.2) werden Dezimalziffern $0\dots 9$ mit vierstelligen Binärzahlen kodiert, z.B. $0 = \emptyset\emptyset\emptyset\emptyset, 1 = \emptyset\emptyset\emptyset 1$. Es kann aber genauso gerechnet werden wie mit den Binärzahlen, z.B. ergibt die Addition $3 + 2 = 5$

$$
\begin{array}{r}
\emptyset\emptyset 11 \\
+\ \emptyset\emptyset 1\emptyset \\
\hline
\emptyset 1\emptyset 1
\end{array}
$$

Jedoch kann es vorkommen, daß das Ergebnis größer als 9 ist, z.B. $3 + 8 = 11$. In diesem Falle würde bei der bloßen binären Addition eine sogenannte Pseudotetrade entstehen. Ist das Ergebnis >9, so muß ein dezimaler Übertrag in die nächsthöhere BCD-Ziffernstelle erfolgen und gleichzeitig eine Pseudotetradenkorrektur ausgeführt werden. Eine Möglichkeit der Pseudotetradenkorrektur ist die Addition mit $\emptyset 11\emptyset$. Wir wollen das an einem Beispiel demonstrieren:

$$
\begin{array}{rcccc}
3 = & \emptyset & \emptyset & 1 & 1 \\
+8 = & 1 & \emptyset & \emptyset & \emptyset \\
\hline
 & 1 & \emptyset & 1 & 1 \\
+ & \emptyset & 1 & 1 & \emptyset \\
\hline
 & \emptyset & \emptyset & \emptyset & 1
\end{array}
$$

Pseudotetrade, daher

$DC = 1$
in nächste Dezimalstelle

Insgesamt sieht dann das Ergebnis wie folgt aus:

nächsthöhere   betrachtete
Dezimalstelle   Dezimalstelle
$\emptyset\ \emptyset\ \emptyset\ 1$ $\emptyset\ \emptyset\ \emptyset\ 1$
1   1

In jeder Stelle (Tetrade) steht nun eine 1, d.h. das Ergebnis im BCD-Code ist die Dezimalzahl 11, was als Ergebnis der Addition von 3 und 8 auch richtig ist.

Die Subtraktion von BCD-Zahlen wird auf eine Addition mit dem 15er-Komplement der Subtrahenden zurückgeführt. Das Fünfzehnerkomplement erhält man durch bitweises Negieren des Subtrahenden und Addition von 1.

Beispiel:

Das 15er-Komplement von $768 = \emptyset 111\ \emptyset 11\emptyset\ 1\emptyset\emptyset\emptyset$ ist

$$768'' = 1\emptyset\emptyset\emptyset\ 1\emptyset\emptyset 1\ \emptyset 111 + 1 = 1\emptyset\emptyset\emptyset\ 1\emptyset\emptyset 1\ 1\emptyset\emptyset\emptyset.$$

Nach Ausführung einer Addition ist auch wieder eine Pseudotetradenkorrektur auszuführen. Das kann z. B. durch Addition mit $1\emptyset1\emptyset(=10)$ geschehen. Eine Pseudotetradenkorrektur ist immer dann auszuführen, wenn im Ergebnis der Addition eine Tetrade mit dem Wert größer 9 oder/und kein Übertrag in die nächsthöhere BCD-Ziffer (Tetrade) entsteht. Erfolgt aus der höchstwertigen BCD-Ziffer (=höchstwertige Dezimalstelle) kein Übertrag, so ist das Ergebnis negativ und im 10er-Komplement dargestellt.

Beispiel:

$$D = 0 - 768$$

```
      0                 ∅ ∅ ∅ ∅   ∅ ∅ ∅ ∅   ∅ ∅ ∅ ∅
 -768(+768″)           1 ∅ ∅ ∅   1 ∅ ∅ 1   1 ∅ ∅ ∅
                      ─────────────────────────────
                       1 ∅ ∅ ∅   1 ∅ ∅ 1   1 ∅ ∅ ∅
                          ↖↙         ↖↙
  DC                  ∅ deshalb: ∅ deshalb: ∅ deshalb:
                      + 1 ∅ 1 ∅ + 1 ∅ 1 ∅ + 1 ∅ 1 ∅
                      ─────────────────────────────
                       ∅ ∅ 1 ∅   ∅ ∅ 1 1   ∅ ∅ 1 ∅ = -232.
```

Wegen DC4 $=\emptyset$ ist das Ergebnis negativ -232. 232 ist aber das Zehnerkomplement von 768. Maschinenintern braucht eine Rekomplementierung nicht vorgenommen zu werden. Man kann mit negativen, im Zehnerkomplement dargestellten BCD-Zahlen so rechnen, als wären es positive.

Beispiel:

Wir wollen die Rechnung $935 - 768$ ausführen. Die Substraktion mit 768 ist das Gleiche wie die Addition mit 232, also

```
        935 = 1 ∅ ∅ 1   ∅ ∅ 1 1   ∅ 1 ∅ 1
 (-768)+232 = ∅ ∅ 1 ∅   ∅ ∅ 1 1   ∅ ∅ 1 ∅
             ──────────────────────────────
              1 ∅ 1 1   ∅ 1 1 ∅   ∅ 1 1 1
  Korrektur   ∅ 1 1 ∅
             ──────────────────────────────
              ∅ ∅ ∅ 1   ∅ 1 1 ∅   ∅ 1 1 1 = 167.
```

Da DC4 $=1$ ist, ist das Ergebnis positiv und richtig mit dem BCD-Code dargestellt.

3.2   Elementarschaltungen in verschiedenen Halbleitertechniken

Die in Abschnitt 3.1 aufgeführten kombinatorischen und sequentiellen Funktionen werden physisch durch Halbleiterstrukturen realisiert. In diesem Abschnitt behandeln wir zunächst anhand der elementarsten Strukturen für die einzelnen Basistechnologien die statischen und dynamischen Eigenschaften und den prinzipiellen Wirkmechanismus sowie die Vor- und Nachteile. Entsprechend der technisch bedeutenden Schaltkreistechnologien sind dies Grundgatter der

- MOS- und CMOS-Technik in Silizium,
- Bipolartechnik in Silizium,
- Bipolar-CMOS-Technik (BiCMOS) in Silizium,
- Feldeffekttechnik in Galliumarsenid.

3.2.1   MOS- und CMOS-Technik

Als Elementarschaltung wollen wir hier den Schalter bzw. Inverter betrachten.

Für die MOS-Technik sei die Schaltung in Bild 3.18 gegeben. Sie besteht aus je einem n-Kanal-Enhancement- und -Depletiontransistor. Der Enhancementtransistor ist der Schalttransistor, während der Depletiontransistor die Funktion eines Pullup-Widerstandes wahrnimmt. Neben dieser sehr weit verbreiteten Elementarstruktur sind noch weitere Varianten denkbar [3.3].

Wir wollen nun zunächst das statische Verhalten analysieren und verwenden dazu die einfachen Strom-Spannungs-Beziehungen für den MOS-Feldeffekttransistor aus Abschnitt 1.1.3.2. Das statische Verhalten der Schaltung in Bild 3.18a wird durch die Transferkennlinie in Bild 3.18b charakterisiert. Für kleine Eingangsspannungen $U_E < U_t$ ist der Transistor T1 ausgeschaltet, es fließt praktisch kein Strom und am Ausgang liegt die Spannung $U_{AH} = U_{DD}$ (High-Pegel). Für $U_E > U_t$ wird T1 eingeschaltet, und es fließt zunächst für $U_A \geq U_E - U_t$ der Strom

$$I = K_1 (U_E - U_t)^2, \tag{3.44}$$

da sich der Transistor im Pinch-off-Bereich befindet.

$K_1 = \dfrac{1}{2} \mu_n \dfrac{\varepsilon_{ox}}{d_{ox}} \cdot \dfrac{b_1}{l_1}$ ist die Transistorkonstante (s. Abschnitt 1.1.3.2). Dadurch sinkt die Ausgangsspannung U_A ab, wie dies im Bild 3.18b gezeigt ist. Für $U_A < U_E - U_t$ gelangt T1 in den aktiven Bereich, und der Strom ist

$$I = K_1 [2(U_E - U_t) U_A - U_A^2]. \tag{3.45}$$

Dieser muß gleich dem Strom durch den Lasttransistor T2 sein. T2 ist aber im Pinch-off-Bereich und seine Gate-Source-Spannung ist Null. Daher gilt

$$K_2 U_{tD}^2 = K_1 [2(U_E - U_t) U_A - U_A^2]. \tag{3.46}$$

Wird an den Eingang ein High-Pegel U_{EH} angelegt, so daß am Ausgang der Low-

Pegel U_{AL} entsteht (s. Bild 3.18 b), so kann aus Gl.(3.46) mit $U_E = U_{EH}$ und $U_A = U_{AL}$ dieser Low-Pegel berechnet werden. Es ergibt sich für $U_{AL} \ll U_{EH} - U_t$

$$U_{AL} \approx \frac{U_{tD}^2}{2\alpha(U_{EH} - U_t)} \tag{3.47}$$

mit

$$\alpha = \frac{K_1}{K_2} = \frac{(b_1/l_1)}{(b_2/l_2)} > 1. \tag{3.48}$$

Für digitale Schaltkreise ist es erforderlich, daß dieser Low-Pegel viel kleiner als die Schwellspannung U_t ist, um die sichere Sperrung der folgenden Stufe zu garantieren. Für das Beispiel $U_{DD} = 5\,U_t$ und $U_{AL} = 0,5\,U_t$ sowie $U_{EH} = U_{DD}$ und $|U_{tD}/U_t| = 3$ müßte danach ein Widerstands-(Größen-)verhältnis für T1 und T2 von $K_1/K_2 > 2$ gefordert werden. Sicherheitshalber wählt man $\alpha = K_1/K_2 \approx 5$.

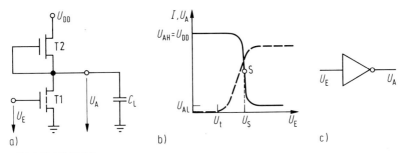

Bild 3.18 NMOS-Inverter
a) Schaltung, b) Transferkennlinie, c) Logiksymbol

Die Schaltung wirkt als Inverter, da ein High-Pegel („1") am Eingang einen Low-Pegel („∅") am Ausgang erzeugt und umgekehrt.

Der Umschaltpunkt S vom High- in den Low-Zustand (s. Bild 3.18 b) ergibt sich aus

$$U_S = U_t + \frac{1}{\sqrt{\alpha}}|U_{tD}|. \tag{3.49}$$

Das dynamische Verhalten wird im wesentlichen von der Aufladung der Lastkapazität C_L über den Transistor T2 und das Entladen dieser Kapazität über den Transistor T1 bestimmt. Die Lastkapazität C_L ergibt sich aus der Ausgangskapazität der betrachteten Schaltung, der Zuleitungskapazität zur folgenden angeschlossenen Stufe und der Eingangskapazität dieser folgenden Stufe.

Der dynamische Schaltvorgang ist im Bild 3.19 skizziert. Wird zum Zeitpunkt $t = 0$ die Eingangsspannung plötzlich auf den High-Pegel U_{EH} erhöht, so wird der Transistor T1 eingeschaltet und entlädt die Lastkapazität C_L, wobei die Ausgangsspannung U_A sinkt. Andererseits versucht der Transistor T2 die Kapazität C_L wieder nachzuladen. Da aber wegen Gl.(3.48) der Strom durch T2 viel kleiner als der durch T1 ist, wollen wir diesen hier zur Vereinfachung vernachlässigen. Dann wird für die Entladezeit der Kapazität C_L von U_{AH} auf $U_{AH}/2$ (s. Bild 3.19b) nach [3.4]

$$t_{d1} = \tau_1 \frac{C_L}{C_G} \gamma \tag{3.50}$$

mit

$$C_G = \frac{\varepsilon_{ox} b_1 l_1}{d_{ox}} \tag{3.51}$$

$$\tau_1 = \frac{l_1^2}{\mu_n(U_{EH} - U_t)} \tag{3.52}$$

$$\gamma = \frac{2(U_{AH} - U_{EH} + U_t)}{U_{EH} - U_t} + \ln \frac{U_{EH} - U_t - U_{AH}}{U_{EH}}. \tag{3.53}$$

Setzt man $U_{AH} = U_{EH} = U_{DD}$ und $U_t = 0{,}2\,U_{DD}$, so wird $\gamma \approx 1{,}2$.

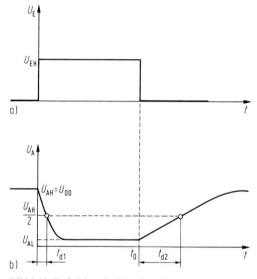

Bild 3.19 Definition der Signalverzögerungszeiten
a) Zeitfunktion der Eingangsspannung,
b) Zeitfunktion der Ausgangsspannung

Wird zum Zeitpunkt $t = t_0$ die Eingangsspannung wieder ausgeschaltet ($U_E = 0$, s. Bild. 3.19), so wird T1 nichtleitend, und die Kapazität C_L wird über T2 aufgeladen. Da sich T2 im Pinch-off-Bereich befindet, gilt für den Aufladevorgang

$$K_2 U_{tD}^2 = C_L \frac{d u_A}{d t} \tag{3.54}$$

und für die Zeit t_{d2}, in der eine Aufladung auf $U_{AH}/2$ erfolgt (s. Bild 3.19b)

$$t_{d2} = 2\alpha\,\tau_2\,\frac{C_L}{C_G} \tag{3.55}$$

mit $$\tau_2 = \frac{l_1^2\,U_{AH}}{2\,\mu_n\,U_{tD}^2} \tag{3.56}$$

und C_G nach Gl.(3.51).

Für das Verhältnis der beiden Signalverzögerungszeiten t_{d1} (Einschaltverzögerung) und t_{d2} (Ausschaltverzögerung) gilt dann

$$\frac{t_{d2}}{t_{d1}} = 2\alpha\,\frac{\tau_2}{\tau_1}\,\gamma \approx 2\alpha \gg 1. \tag{3.57}$$

Diese Unsymmetrie kann durch sogenannte Superpuffer als schnelle Treiber teilweise beseitigt werden. Ein solcher Superpuffer ist in Bild 3.20a gezeigt. Wird U_E auf High-Pegel geschaltet, so werden T2 und T4 plötzlich eingeschaltet und die Gatespannung von T4 auf U_{DD} erhöht. Dadurch wird T4 stark leitend, und C_L wird in einer kürzeren Zeit aufgeladen als t_{d2} gemäß Gl.(3.55).

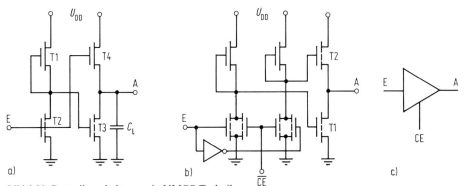

Bild 3.20 Bustreiberschaltungen in NMOS-Technik
a) Superpuffer, b) Tristatetreiber, c) Logiksymbol

Eine andere Schaltungsvariante zur schnellen Umladung der Lastkapazitäten, ist der im Bild 3.20b gezeigte Gegentakttreiber. Die Transistoren T1 und T2 werden durch vorgeschaltete Inverter gegenphasig angesteuert. Zusätzlich ist es noch möglich, bei Aktivieren des Enablesignales CE T1 und T2 auszuschalten. Dadurch gelangt der Ausgang A in den hochohmigen Zustand. Dies wird „Tristate" genannt. Im Tristate ist praktisch die Schaltung vom Ausgang abgetrennt.

Wegen der Proportionalität

$$t_d \sim \frac{l^2\,C_L}{\mu_n\,C_G} \tag{3.58}$$

sind schnelle MOS-Schaltkreise mit Transistoren mit kurzen Kanallängen l und einem kleinen Verhältnis von Last- zu Gatekapazität sowie hoher Elektronenbeweglichkeit μ_n zu erzielen. Zum Treiben großer Kapazitäten sind abgestufte Treiberketten vorteilhaft [3.5]. Die Verzögerungszeit eines Gatters für $C_L = C_G$ ist gemäß Gl.(3.50) und (3.55) für $\tau_1 \approx \tau_2 = \tau$ und $\gamma \approx 1,2$

$$t_d = t_{d1} + t_{d2} = (1,2 + 2\alpha)\tau = \tau'.$$

Sind N Gatter in Kette geschaltet, wie das im Bild 3.21 gezeigt ist, und ist das jeweils folgende Gatter um den Faktor f größer (breiter, d.h. $f = b_n/b_{n-1}$), so ist für ein Gatter $C_L/C_G = f$ und daher die Gesamtverzögerungszeit

$$t_{dg} = N \cdot f \tau'. \tag{3.59}$$

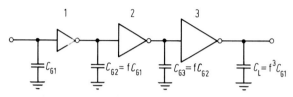

Bild 3.21 Anordnung zur Optimierung (Minimierung) der Signalverzögerung durch gestufte Invertergrößen

Das Verhältnis von Ausgangslastkapazität C_L zur Eingangskapazität C_{G1} der ersten Stufe ist

$$\frac{C_L}{C_{G1}} = f^N. \tag{3.60}$$

N aus Gl.(3.60) eliminiert und in Gl.(3.59) eingesetzt liefert

$$t_{dg} = \tau' \ln \frac{C_L}{C_{G1}} \cdot \frac{f}{\ln f}. \tag{3.61}$$

Diese Beziehung hat für $f = 2,718 = e$ ein Minimum. $f = 3$ wäre also ein idealer Abstufungswert der Größen (Breiten b) der Gatter in Bild 3.21.

Ein CMOS-Inverter ist im Bild 3.22 gezeigt. Er besteht aus einem n-Kanal-Transistor als Pull-down-Transistor und einen p-Kanal-Transistor als Pull-up-Transistor.

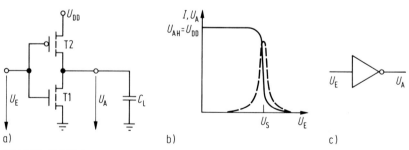

Bild 3.22 CMOS-Inverter
a) Schaltung, b) Transferkennlinie, c) Logiksymbol

Wird an den Eingang dieser Schaltung eine niedrige Spannung $U_E < U_{tn}$ angelegt, so ist der n-Kanal-Transistor T1 ausgeschaltet, und der p-Kanal-Transistor T2 eingeschaltet, da dessen Source-Gate-Spannung $U_{SG} = U_{DD} - U_E > U_{tp}$ genügend groß ist. Wird die Eingangsspannung U_E erhöht, so schaltet auch T1 ein, und es beginnt ein Stromfluß (gestrichelter Verlauf in Bild 3.22b). Gleichzeitig sinkt die Ausgangsspannung. Bei hohem Eingangsspannungspegel, schaltet nun der p-Kanal-Transistor T2 aus, da dann dessen Source-Gate-Spannung (s.o.) kleiner als die Schwellspannung U_{tp} wird. In diesem Fall sinkt die Ausgangsspannung auf Null, und auch der Strom wird wieder Null (s. Bild 3.22b). Bemerkenswert an dieser Schaltung ist also:

Bei Low-Pegel am Eingang U_{EL} ist T2 ein und T1 aus, es fließt kein Strom, und der High-Pegel am Ausgang ist

$$U_{AH} = U_{DD}. \tag{3.62}$$

Bei High-Pegel am Eingang U_{EH} ist T2 aus und T1 ein, es fließt kein Strom, und der Low-Pegel am Ausgang ist

$$U_{AL} = 0. \tag{3.63}$$

Da in den beiden stationären Zuständen (Low und High) kein Strom fließt, benötigt dieser CMOS-Inverter keine statische Leistung. Daher können sehr leistungsarme Schaltungen realisiert werden [3.6]. Das dynamische Verhalten wird wieder durch das Umladen der Lastkapazität C_L über die Transistoren T1 und T2 bestimmt. In Analogie zum NMOS-Inverter (Bild 3.18) erhalten wir für die Einschaltverzögerungszeit t_{d1} (s. Bild 3.19b)

$$t_{d1} = \tau_3 \frac{C_L}{C_G} \gamma \tag{3.64}$$

und für die Ausschaltverzögerungszeit t_{d2} für $\frac{\mu_n}{\mu_p} = 2,5$

$$t_{d2} = 2,5\,\alpha\,\tau_3 \frac{C_L}{C_G} \gamma \tag{3.65}$$

mit $$\tau_3 = \frac{l_1^2}{\mu_n(U_{EH} - U_t)} \tag{3.66}$$

$$\alpha = \frac{b_1/l_1}{b_2/l_2} \tag{3.67}$$

und γ nach Gl.(3.53).

3.2.2 Bipolartechnik

In der Bipolartechnik gibt es zahlreiche elementare Grundprinzipien, von denen wir hier die technisch wichtigsten anhand der TTL-, ECL/CML- und I²L-Inverter behandeln werden.

3.2.2.1 TTL-Inverter

Die Grundschaltung der TTL-Technik (TTL = Transistor Transistor Logik) ist im
Bild 3.23 gezeigt. Sie besteht im wesentlichen aus einen Transistorschalter T1 mit
Lastwiderstand R_L und gegebenenfalls noch einem vorgeschalteten Transistor T0.
Die Transferkennlinie (s. Bild 3.23 b) läßt sich mit den einfachen Strom-Spannungs-
Kennlinien des Bipolartransistors (s. Abschn. 1.1.3.1) herleiten. Zunächst ergibt sich
der Zusammenhang zwischen der Eingangsspannung an der Basis des Transistors
T1 U'_E und der Ausgangsspannung U_A mit (Restströme vernachlässigt)

$$I_C = I_S \exp \frac{U'_E}{U_T} \tag{3.68}$$

$$U_A = U_{CC} - R_L I_S \exp \frac{U'_E}{U_T}. \tag{3.69}$$

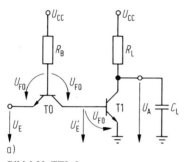
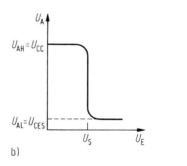

Bild 3.23 TTL-Inverter
a) Schaltung, b) Transferkennlinie

Ist die Eingangsspannung U_E niedrig, so ist $U'_E \approx U_E$, und es ist für $U_E < U_{F0}$ auch
U'_E kleiner als die Flußspannung U_{F0} des Transistors T1, und es fließt kein Kollektorstrom I_C im Transistor T1, wodurch die Ausgangsspannung U_A den High-Pegel
$U_{AH} = U_{CC}$ besitzt (s. Bild 3.23 b). Wird die Eingangsspannung U_E erhöht, so beginnt
bei Überschreiten eines bestimmten Schwellwertes U_S ein Stromfluß (invers) über
den Basis-Kollektor-Übergang von T0 in die Basis von T1 und schaltet diesen
ein. Dadurch sinkt die Ausgangsspannung auf den Low-Pegel ab. Dieser Low-Pegel
ist gleich der Kollektor-Emitter-Sättigungsspannung $U_{CES} \approx 0,1$ V von T1. Bei hoher
Eingangsspannung U_{EH} ist der Basisstrom von T1

$$I_{BX} = \frac{U_{CC} - 2 U_{F0}}{R_B}. \tag{3.70}$$

(Dies ist gleichzeitig ein inverser Kollektorstrom von T0). Mit diesem Basisstrom
und dem Kollektorstrom des übersteuerten Transistors T1 ($B_N I_{BX} > I_{Cm}$)

$$I_{Cm} = \frac{U_{CC}}{R_L} \tag{3.71}$$

wird der Low-Pegel der Ausgangsspannung [3.4]

$$U_{AL} = r_{CC}, I_{Cm} + U_T \ln \frac{\dfrac{m}{A_I} + \dfrac{B_N}{B_I}}{m-1}. \tag{3.72}$$

m ist der Übersteuerungsfaktor

$$m = \frac{B_N I_{BX}}{I_{Cm}}. \tag{3.73}$$

Der Übersteuerungsfaktor m muß stets größer als 1 gemacht werden, damit der Ausgangssignalpegel nicht mehr von dem Stromverstärkungsfaktor abhängt, der in der Regel starken Streuungen unterliegt. Diese Übersteuerung wird sich aber im dynamischen Verhalten durch eine zusätzliche Signalverzögerung (Speicherzeit) ungünstig auswirken.

Fassen wir zusammen: Bei niedrigen Eingangsspannungen U_E fließt durch T0 ein „normaler" Emitterstrom

$$I_E = \frac{U_{CC} - U_{F0}}{R_B} \tag{3.74}$$

und der Basisstrom von T1 ist praktisch Null (genaugenommen schwach negativ). Dadurch wird $U_E \approx U_E'$ und für die Transferkennlinie gilt die Gl.(3.69).

Bei hohen Eingangsspannungen wird der Emitterstrom von T0 Null, und der Basisstrom von T1 ist I_{BX} (s. Gl.(3.70)), wodurch am Ausgang der Low-Pegel entsprechend Gl.(3.72) entsteht (s. auch Bild 3.23 b).

Betrachten wir nun das dynamische Verhalten. Dies wird prinzipiell von zwei Mechanismen bestimmt, und zwar den inneren Umladevorgängen des Transistors und dem Umladevorgang der Lastkapazität C_L. Im Unterschied zum MOS-Transistor dominiert beim Bipolartransistor meist die innere Umladung. Für die innere Zeitkonstante des Bipolartransistors erhält man nach [3.4]

$$\tau_a \approx B_N R_L C_{sc}. \tag{3.75}$$

C_{sc} ist ein Mittelwert der Kollektorsperrschichtkapazität. Für die Zeitkonstante der Umladung der Lastkapazität gilt

$$\tau_L = C_L R_L. \tag{3.76}$$

Beachtet man, daß C_L in der Größenordnung von C_{sc} liegt, und $B_N \gg 1$ ist, dann kann mit $\tau_a \gg \tau_L$ als dynamisches Verhalten ausschließlich das innere dynamische Verhalten betrachtet werden.

Mit der Definition der Einschaltverzögerungszeit gemäß Bild 3.24 wird [3.4]

$$t_{d1} = \tau_a \ln \frac{m}{m - 0,5} \tag{3.77}$$

mit m nach Gl.(3.73) und τ_a nach Gl.(3.75).

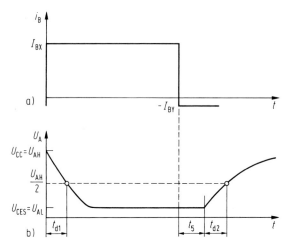

Bild 3.24 Zeitfunktion des Basisstromes (a) und der Ausgangsspannung (b)
eines TTL-Inverters

Die Ausschaltverzögerung ist durch zwei Zeiten gekennzeichnet und zwar durch
die Speicherzeit (s. Bild 3.24 b)

$$t_s = \tau_s \ln \frac{m+k}{1+k} \tag{3.78}$$

und die Zeit t_{d2} (s. Bild 3.24 b) [3.4]

$$t_{d2} = \tau_a \ln \frac{1+k}{0{,}5+k} \tag{3.79}$$

mit m nach Gl.(3.73) und τ_a nach Gl.(3.75). τ_s ist die Speicherzeitkonstante [3.4]
und k ist die Ausschaltübersteuerung

$$k = \frac{B_N I_{BY}}{I_{Cm}} \tag{3.80}$$

mit dem Ausschaltbasisstrom

$$-I_{BY} = B_N \frac{U_{CC} - U_{F0} - U_{EL}}{R_B} \approx B_N \frac{U_{CC} - U_{F0}}{R_B}. \tag{3.81}$$

Um die Signalverzögerung infolge der Speicherzeit t_s zu verhindern, wird der Basis-
Kollektor-Übergang der Transistoren häufig mit einer Schottkydiode überbrückt,
die den überschüssigen Basisstrom bei der Übersteuerung ableitet und so eine
zusätzliche Ladungsspeicherung im Transistor verhindert (*Schottky-TTL*). Bild 3.25
zeigt ein Beispiel hierfür. Man macht von der Tatsache Gebrauch, daß Aluminium
mit p-Silizium einen ohmschen Kontakt bildet und mit n-Silizium eine Schottky-
diode ergibt [3.7].

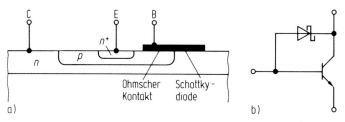

Bild 3.25 Bipolartransistor mit Schottky-Klammerdiode
a) Querschnitt, b) Schaltung

3.2.2.2 ECL/CML-Inverter

Die Grundschaltung der ECL/CML-Inverter (Emitter Coupled Logic bzw. Current Mode Logic) ist im Bild 3.26 gezeigt. Die digitale Schaltungsfunktion wird hier durch das Umschalten eines Stroms von einem Referenztransistor T0 auf einen Logiktransistor T1 erreicht. Der konstante Strom kann durch einen großen Emitterwiderstand R_E erzielt werden

$$I_E \approx \frac{U_{EE}}{R_E}. \tag{3.82}$$

Ist die Eingangsspannung U_E niedrig, dann fließt der Strom I_E durch den Referenztransistor T0, und die Ausgangsspannung hat den High-Pegel

$$U_{AH} = 0. \tag{3.83}$$

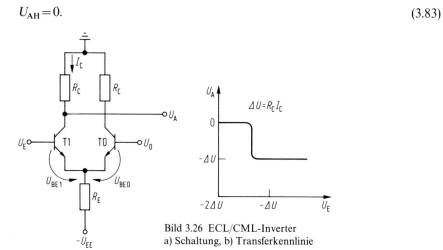

Bild 3.26 ECL/CML-Inverter
a) Schaltung, b) Transferkennlinie

Ist die Eingangsspannung U_E hoch ($U_E = U_{EH}$), so fließt der Strom durch den Logiktransistor T1, und die Ausgangsspannung ist niedrig U_{AL}. Aus Gründen der Kompatibilität ist der logische Hub (= Differenz zwischen High- und Low-Pegel) für Ein- und Ausgangsspannung gleich zu machen

$$U_{EH} - U_{EL} = U_{AH} - U_{AL}. \tag{3.84}$$

Wir wählen einen Arbeitspunkt bei $U_{BC}=0$ im eingeschalteten Zustand, so daß der Transistor nicht gesättigt ist. Außerdem wählen wir einen logischen Hub der Ausgangsspannung

$$\Delta U = I_C R_C = U_{AH} - U_{AL} \leq U_{F0}.$$ (3.85)

Mit $U_{AH}=0$ wird damit

$$U_{AL} = -\Delta U$$ (3.86)

und mit $U_{AL} = U_{EH}$ (wegen $U_{BC}=0$)

$$U_{EH} = -\Delta U$$ (3.87)

$$U_{EL} = -2\Delta U.$$ (3.88)

Die Transferkennlinie berechnet sich aus (Restströme vernachlässigt)

$$U_A = -R_C I_C = -R_C A_N I_{ES} \exp \frac{U_{BE1}}{U_T}$$ (3.89)

und

$$I_E = I_{ES}\left(\exp \frac{U_{BE1}}{U_T} + \exp \frac{U_{BE0}}{U_T}\right).$$ (3.90)

Mit $U_{BE0} = U_0 - (U_E - U_{BE1})$ ergibt sich

$$I_{ES} \exp \frac{U_{BE1}}{U_T} = \frac{I_E}{1 + \exp \dfrac{U_0 - U_E}{U_T}}$$ (3.91)

und schließlich

$$U_A = \frac{-R_C I_C}{1 + \exp \dfrac{U_0 - U_E}{U_T}} = \frac{-\Delta U}{1 + \exp \dfrac{U_0 - U_E}{U_T}}.$$ (3.92)

Das dynamische Verhalten kann mit der Kleinsignalersatzschaltung nach Bild 1.21 analysiert werden, da die Transistoren nicht in die Sättigung ausgesteuert werden. Er ergibt sich für die Signalverzögerung [3.8]

$$t_d \approx 0.7 [R_C C_{sc} + r_{bb'}(C_{sc} + C_{se}) + r_{bb'} C_{de} + r_{bb'} C_{sc} R_C \bar{g}_m].$$ (3.93)

Die Diffusionskapazität C_{de} hängt bekanntlich mit der Laufzeit τ_{BL} zusammen ($C_{de} = g_m \tau_{BL}$, $\tau_{BL} = $ Basislaufzeit [3.4]), und für die Steilheit g_m kann bei einem Spannungshub $\Delta U = R_C I_C$ der Mittelwert

$$\bar{g}_m = \frac{2 I_C}{\Delta U} = \frac{2}{R_C}$$ (3.94)

gesetzt werden [3.8].

Damit ergibt sich insgesamt für die Signalverzögerung eines ECL/CML-Gatters gemäß Bild 3.26

$$t_d \approx 0,7 \left[R_C\, C_{sc} + r_{bb'}(C_{se} + 3\,C_{sc}) + r_{bb'}\,\frac{2\,\tau_{BL}}{R_C} \right]. \tag{3.95}$$

Daraus könnte ein optimaler Widerstand R_C für das dynamische Verhalten ermittelt werden. Zur Pegelverschiebung wird dem Elementargatter (CML) in Bild 3.26 noch ein Emitterfolger nachgeschaltet. Erst dann spricht man von ECL [3.9].

3.2.2.3 I^2L-Inverter

Der I^2L-Inverter (Integrierte Injektionslogik) besitzt ein anderes Prinzip der Stromeinspeisung und der Verwendung der Bipolartransistoren [3.10, 3.11]. Man kann dies am besten an der Struktur in Bild 3.27 erläutern. Es handelt sich hier um eine Kombination von lateralen pnp-Transistoren zur Stromeinspeisung und planaren, aufwärts (also invers) wirkenden npn-Transistoren. Die n-Epitaxieschicht liegt an Masse und bildet die Basis des pnp-Lateraltransistors, und den Emitter des inversen npn-Transistors. Die obere n^+-Schicht ist der Kollektor und damit die Ausgangselektrode des inversen npn-Transistors. Der p-Emitter des pnp-Lateraltransistors ist an die Speisespannung angeschlossen (U_B) und wird Injektor genannt.

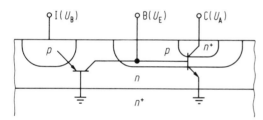

Bild 3.27 I^2L-Struktur

In Bild 3.28 ist ein Schaltungsmodell der I^2L-Struktur dargestellt. Zunächst wollen wir das statische Verhalten beschreiben:

Ist die Eingangsspannung niedrig $U_{EL} < U_{F0}$, dann kann der Injektorstrom nicht in die Basis fließen. Dadurch ist der Kollektor (n^+) des inversen npn-Transistoren offen, d.h. floatend (ihm kann durch das folgende Gatter jedes Potential aufgezwungen werden). In diesem Falle erhält der Ausgang durch das folgende Gatter normalerweise den High-Pegel $U_{AH} \approx U_{F0}$.

Ist die Eingangsspannung hoch $U_{EH} > U_{F0}$, so fließt der Injektorstrom I_I in die Basis des npn-Transistors und steuert ihn in die Sättigung aus. Die Ausgangsspannung ist dann der Low-Pegel, welcher gleich der Sättigungsspannung U_{CES} ist (s. Gl.(3.72))

$$U_{AL} = U_{CES}. \tag{3.96}$$

Der Übersteuerungsfaktor ist

$$m = \frac{B_A I_{BX}}{I_{Cm}} = B_A = B_I,$$ (3.97)

falls alle Injektorströme gleich sind, d.h. $I_I = I_{BX} = I_{Cm}$ gilt. $B_A = B_I$ ist der Stromver-stärkungsfaktor des aufwärts (invers) wirkenden npn-Planartransistors. Damit die erforderliche Übersteuerung eintreten kann, muß also $B_A > 1$ gelten.

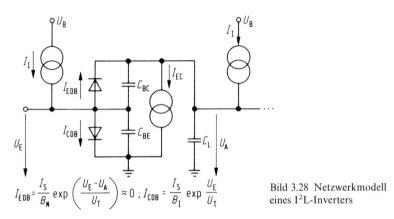

$$I_{EDB} = \frac{I_S}{B_N} \exp\left(\frac{U_E - U_A}{U_T}\right) \approx 0 \; ; \; I_{CDB} = \frac{I_S}{B_I} \exp\frac{U_E}{U_T}$$

Bild 3.28 Netzwerkmodell eines I^2L-Inverters

Mit dem Injektorstrom ($I_{SL} = I_{p0} =$ Sättigungsstrom des Lateraltransistors)

$$I_I = I_{p0} \exp\frac{U_B}{U_T},$$ (3.98)

welcher gleich dem Basisstrom bei High-Pegel U_{EH} am Eingang ist, erhalten wir mit $B_A = B_I \ll B_N$, $I_{n0} = I_S$ (s. Bild 3.28)

$$I_{p0} \exp\frac{U_B}{U_T} = \frac{I_{n0}}{B_A} \cdot \exp\frac{U_{EH}}{U_T}.$$ (3.99)

Für Pegelkompatibilität muß $U_{EH} = U_{AH}$ sein, und wir erhalten aus Gl.(3.99)

$$U_{AH} = U_B + U_T \ln\frac{I_{p0}}{I_{n0}} B_A \approx U_B = U_{F0}.$$ (3.100)

Das dynamische Verhalten wird bestimmt durch das Umladen der Basis-Kollektor-bzw. Basis-Emitter-Kapazität C_{BC} bzw. C_{BE}. Der Potentialhub, der vom Injektor-strom I_I dabei bewältigt werden muß, ist $U_{AH} - U_{AL} = U_{F0}$. Damit ergibt sich eine Signalverzögerungszeit von

$$t_d = \frac{3 C_{BC} + C_{BE} + C_I}{I_I} U_{F0}.$$ (3.101)

Die Kapazitäten C_{BC} und C_{BE} setzen sich aus Sperrschicht- und Diffusionskapazitä-ten sowie Streukapazitäten zusammen. Die Diffusionskapazitäten können in der

Regel wegen der kleinen Ströme vernachlässigt werden, und etwaige Streukapazitäten können in der parasitären Lastkapazität C_L berücksichtigt werden, so daß wir näherungsweise $C_{BE} = C_{sc}$ und $C_{BE} = C_{se}$ schreiben können.

3.2.3 Bipolar-CMOS-Technik (BiCMOS)

BiCMOS ist die Kombination von Bipolar- und CMOS-Technik [3.12]. In Bild 3.29 ist ein BiCMOS-Inverter skizziert. Die beiden Bipolartransistoren T1 und T2 wirken als Ausgangstreiber. Da Bipolartransistoren bei gleichem Strom das größere Verstärkungs- Bandbreiten-Produkt haben, können sie die Lastkapazität C_L auch schneller umladen als dies die CMOS-Transistoren könnten. Eine einfache Überschlagrechnung möge das verdeutlichen: Ein bestimmter Spannungshub ΔU über einer Kapazität C_L ist bei einem Strom I in der Zeit

$$t_d = C_L \frac{\Delta U}{I} \tag{3.102}$$

zu erzielen.

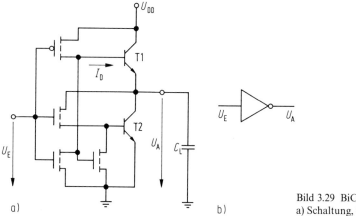

Bild 3.29 BiCMOS-Inverter
a) Schaltung, b) Logiksymbol

Bei einer reinen CMOS-Schaltung (ohne die beiden Bipolartransistoren) wäre der Strom I der Drainstrom I_D (s. Bild 3.29) des MOS-Transistors

$$t_{dCMOS} = C_L \frac{\Delta U}{I_D}. \tag{3.103}$$

Mit den beiden Bipolartransistoren ist dies der Kollektorstrom $I_C = B_N I_D$

$$t_{dBiCMOS} = C_L \frac{\Delta U}{I_C} = C_L \frac{\Delta U}{B_N I_D}. \tag{3.104}$$

Das Verhältnis beider Signalverzögerungen ist also grob

$$\frac{t_{dCMOS}}{t_{dBiCMOS}} = B_N \gg 1. \tag{3.105}$$

Das ist der im Prinzip gewünschte Effekt. Da jeder CMOS-Prozeß in der Regel automatisch die Konstruktion von npn-Transistoren zusätzlich zu den n- und p-Kanal-Feldeffekttransistoren zuläßt, ist oft eine recht einfache Lösung möglich.

3.2.4 Feldeffekttechnik in Galliumarsenid

GaAs hat infolge seiner großen Elektronenbeweglichkeit μ_n die besseren Chancen Hochgeschwindigkeitsschaltkreise zu realisieren (s. Gl.(3.58)). Es stehen auch einige erfolgreiche Bauelementeprinzipien zur Verfügung. Dies sind aus heutiger Sicht vorzugsweise Feldeffekttransistoren, und zwar der MESFET und der HEMT [3.13] mit denen ähnliche digitale Grundschaltungen wie mit MOS-Transistoren aufgebaut werden können.

3.3 Kombinatorische Schaltungen

3.3.1 Logikgatter

3.3.1.1 Schaltungsprinzipien

MOS-Gatter. Mit dem Grundgatter in Bild 3.18 wird der Inverter verwirklicht. Mit den Gattern in Bild 3.30 und Bild 3.31 werden die NOR- und die NAND-Funktion realisiert. Man erkennt, daß die NOR-Funktion durch Parallelschaltung, die NAND-Funktion durch Reihenschaltung von MOS-Transistoren realisiert wird. Die Berechnung bzw. Analyse der statischen und dynamischen Eigenschaften erfolgt ebenso wie in Abschnitt 3.2. Zur Demonstration ist im Bild 3.33 noch der Aufbau einer kombinierten AND-NOR-Schaltung gemäß Bild 3.32 gezeigt. In „wild" entworfener Logik (Randomlogik) kann man sich nun dieses Prinzip der Reihen- und Parallelschaltung in beliebiger Weise entsprechend der gewünschten Logikfunktion erweitert denken.

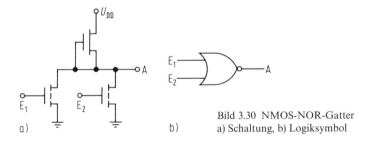

Bild 3.30 NMOS-NOR-Gatter
a) Schaltung, b) Logiksymbol

CMOS-Gatter. In den Bildern 3.34 und 3.35 sind ein NOR- und ein NAND-Gatter in CMOS-Technik dargestellt (den Inverter hatten wir mit Bild 3.22 bereits behandelt). Aus Bild 3.34 geht hervor, daß die NOR-Funktion durch Parallelschalten zweier n-Kanal-Transistoren am Eingang und gleichzeitige Reihenschaltung der p-Kanal-Transistoren im Lastzweig realisiert wird, während die NAND-Funktion

(Bild 3.35) durch Reihenschaltung zweier n-Kanal-Transistoren am Eingang und gleichzeitige Parallelschaltung zweier p-Kanal-Transistoren im Lastzweig verwirklicht wird.

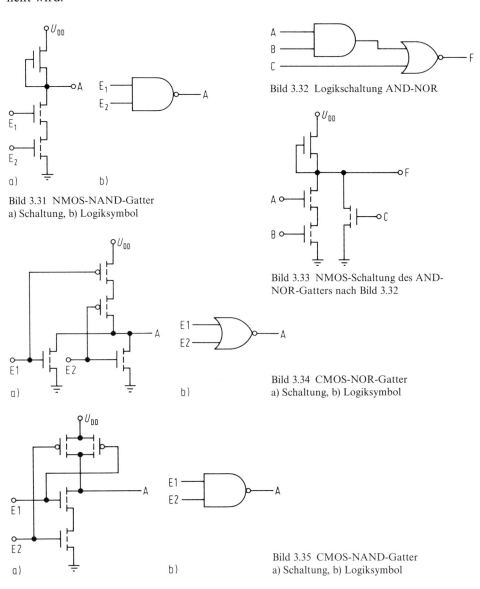

Bild 3.31 NMOS-NAND-Gatter
a) Schaltung, b) Logiksymbol

Bild 3.32 Logikschaltung AND-NOR

Bild 3.33 NMOS-Schaltung des AND-NOR-Gatters nach Bild 3.32

Bild 3.34 CMOS-NOR-Gatter
a) Schaltung, b) Logiksymbol

Bild 3.35 CMOS-NAND-Gatter
a) Schaltung, b) Logiksymbol

Allgemein kann für CMOS gesagt werden, daß zu jedem n-Kanal-Transistor am Eingang ein p-Kanal-Transistor in komplementärer Schaltungsweise (parallel-reihe bzw. reihe-parallel) gehört. Damit sind für komplexe CMOS-Schaltungen in dieser Technik weit mehr Transistoren für die gleiche Logikfunktion erforderlich als für die MOS-Technik. Um dies nochmals zu demonstrieren, ist im Bild 3.36 die CMOS-Schaltung der AND-NOR-Funktion gemäß Bild 3.32 dargestellt.

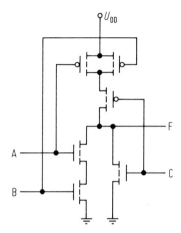

Bild 3.36 CMOS-Schaltung des AND-NOR-Gatters nach Bild 3.32

Dominologik. Um den Nachteil der großen Transistorzahl bei CMOS zu vermeiden und dennoch die vorteilhaften Eigenschaften der CMOS-Technik (extrem geringer Leistungsverbrauch) zu erhalten, ist die Dominologik entwickelt worden. Das Grundprinzip ist im Bild 3.37 gezeigt. Das Logiknetzwerk besteht nur aus n-Kanal-MOS-Transistoren, die entsprechend der gewünschten Logikfunktion parallel oder in Reihe geschaltet sind. Dieses Netzwerk ist über einen p-Kanal-Transistor T1 (Pull-up-Transistor) an Betriebsspannung U_{DD} und über eine n-Kanal-Transistor T2 (Pull-down-Transistor) an Masse geschaltet. Beide Transistoren werden von einem Steuerimpuls gesteuert. In der Low-Phase von φ wird über T1 der Ausgangsknoten A (Kapazität C_K) auf die Betriebsspannung U_{DD} aufgeladen. In der High-Phase von φ schaltet T2 ein, und der Ausgangsknoten wird wieder entladen, wenn entsprechend der Eingangssignale $E_1 \ldots E_n$ und der Logikfunktion des Logiknetz-

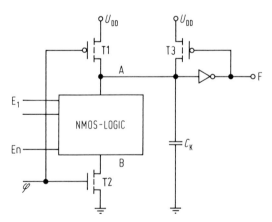

Bild 3.37 Dominologik

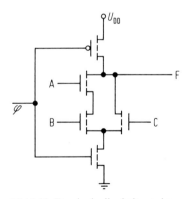

Bild 3.38 Dominologikschaltung des AND-NOR-Gatters nach Bild 3.32

werkes (NMOS-LOGIC) ein leitender Pfad nach Masse existiert, ansonsten nicht. Es entsteht damit am Ausgang F stets die Logikfunktion, da das Signal am Knoten nochmals invertiert wird. Der zusätzliche Pull-up-Transistor T 3 dient der Erhaltung eines High-Pegels während einer eventuellen Entladung des Ausgangsknotens durch Leckströme. In Bild 3.38 ist das Beispiel der AND-NOR-Schaltung nach Bild 3.32 in Domonologik ausgeführt.

TTL-Gatter. In den Bildern 3.39 und 3.40 sind ein NOR- und ein NAND-Gatter in TTL-Technik dargestellt. Das NOR-Gatter in Bild 3.39 wird durch Parallelschaltung zweier Transistoren realisiert, wie das auch schon in der MOS-Technik der Fall war. Das NAND-Gatter wird durch einen Vielfachemittertransistor am Eingang verwirklicht. Nur wenn an beiden Eingängen E_1 und E_2 in Bild 3.40 eine hohe Spannung U_{EH} liegt, fließt kein Strom über die Emitter, und der Strom des Vielfachemittertransistors T0 fließt als inverser Kollektorstrom in die Basis des Transistors T1, steuert diesen in die Sättigung und verursacht so am Ausgang den Low-Pegel der Ausgangsspannung U_{AL}, wie es der NAND-Funktion entspricht. Zur Demonstration ist im Bild 3.41 noch die TTL-Realisierung der AND-NOR-Funktion des Bildes 3.32 gezeigt. Hier handelt es sich also um die kombinierte Anwendung der Parallelschaltung von Transistoren mit der Verwendung von Vielfachemittertransistoren.

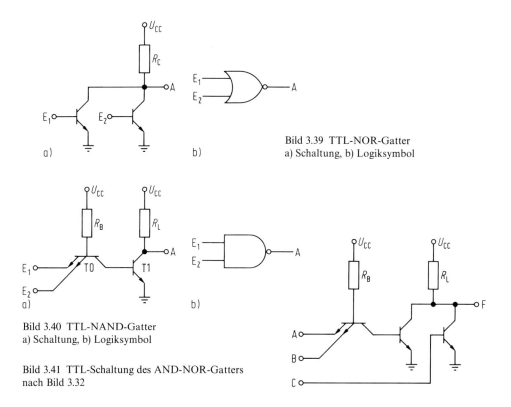

Bild 3.39 TTL-NOR-Gatter
a) Schaltung, b) Logiksymbol

Bild 3.40 TTL-NAND-Gatter
a) Schaltung, b) Logiksymbol

Bild 3.41 TTL-Schaltung des AND-NOR-Gatters
nach Bild 3.32

ECL/CML-Gatter. In ECL läßt sich durch Parallelschaltung im wesentlichen nur ein NOR-(bzw. OR-)Gatter erzielen, wie es im Bild 3.42 gezeigt ist. NAND-Gatter können durch Kombination von NOR-Gatter mit Invertern zur Inversion der Eingangssignale realisiert werden.

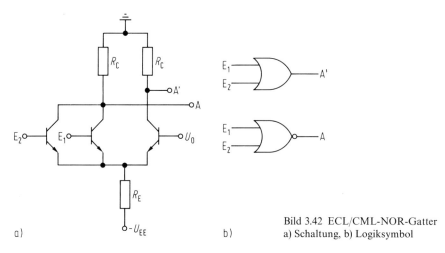

Bild 3.42 ECL/CML-NOR-Gatter
a) Schaltung, b) Logiksymbol

I²L-Gatter. Mit I²L kann eine sogenannte verdrahtete NOR-Schaltung realisiert werden, wie dies im Bild 3.43 gezeigt ist. Die Injektoren an den Basen sind der Einfachheit halber weggelassen, und die Emitter haben sämtlich Massepotential; sie sind auch weggelassen. In dieser Schaltungstechnik ergibt sich die Realisierung der AND-NOR-Funktion von Bild 3.32, wie sie im Bild 3.44 gezeigt ist.

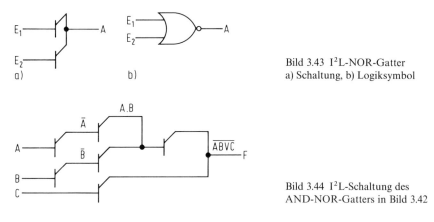

Bild 3.43 I²L-NOR-Gatter
a) Schaltung, b) Logiksymbol

Bild 3.44 I²L-Schaltung des
AND-NOR-Gatters in Bild 3.42

Transfergatelogik. Die Transfergatelogik basiert auf einem weiteren Grundelement der MOS- bzw. CMOS-Technik. Das Transfergate (s. Bild 3.45) besteht entweder aus einem einfachen MOS-Transistor (a) oder der Parallelschaltung eines n-Kanal- und eines p-Kanal-Transistors (b). Das Schaltsymbol ist im Bild 3.45c gezeigt. Wir wollen die Funktion anhand der CMOS-Variante in Bild 3.45b näher erläutern.

Das Transfergate ist im Grunde genommen ein elektronischer Schalter, der zwei Knoten E und A in einer Schaltung verbindet, wenn die Transistoren eingeschaltet sind, d.h. wenn am n-Kanal-Transistor die Gatespannung U_S hoch ist. Damit führt das Transfergate die logische Funktion AND aus

$$A = E \cdot S. \tag{3.106}$$

Wir wollen zunächst den Fall betrachten, wo die Eingangsspannung hoch U_{EH} ist und der Kondensator am Ausgangsknoten über das Transfergate aufgeladen wird. Wenn die Steuerspannung U_S den High-Pegel hat, sind zunächst n- und p-Kanal-Transistor leitend ($U_S = U_H$, $U_{\bar{S}} = 0$). Die Gate-Source-Spannung des n-Kanal-Transistors ist $U_{GSn} = U_H - u_A(t) > U_{tn}$ und die des p-Kanal-Transistors ist $-U_{GSp} = U_H > U_{tp}$. Wenn die Ausgangsspannung $u_A(t)$ durch Aufladen des Kondensators soweit vergrößert ist, daß $U_{A0} = U_H - U_{tn}$ ist, dann schaltet der n-Kanal-Transistor aus, und die restliche Aufladung von C_K auf U_{EH} übernimmt der p-Kanal-Transistor.

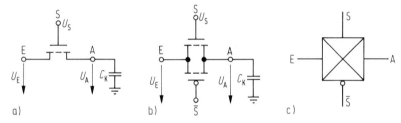

Bild 3.45 Transfergate
a) mit NMOS-Transistor, b) mit NMOS- und PMOS-Transistor (CMOS), c) Symbol

Nun wollen wir den Fall betrachten, wo die Eingangsspannung niedrig ist $U_{EL} = 0$, und der Ausgangsknoten soll über das Transfergate entladen werden. Am Anfang sei die Spannung am Ausgangsknoten hoch U_H. Wenn die Steuerspannung U_S den High-Pegel hat ($U_S = U_H$, $U_{\bar{S}} = 0$), dann sind zunächst der n- und der p-Kanal-Transistor leitend und entladen den Kondensator C_K. Die Gate-Source-Spannung des n-Kanal-Transistors ist $U_{GSn} = U_H > U_{tn}$ und die des p-Kanal-Transistors $-U_{GSp} = u_A(t) > U_{tp}$. Wenn die Ausgangsspannung $u_A(t)$ auf einen Wert $U_{A0} = U_{tp}$ durch Entladen des Kondensators verkleinert wurde, schaltet der p-Kanal-Transistor aus, und der n-Kanal-Transistor übernimmt nun allein die restliche Entladung auf $U_A = 0$. Das dynamische Verhalten wird bestimmt durch das Auf- und Entladen der Kapazität C_K über die n- und p-Kanal-Transistoren.

Mit Transfergates lassen sich in MOS- und CMOS-Technik eine Reihe sehr regulärer Standard- und Makrozellen aufbauen. Als erstes Beispiel betrachten wir mit Bild 3.46a einen Multiplexer (Datenselektor; s. auch Abschnitt 3.3.3). Je nachdem, ob das Steuersignal $S = \emptyset$ oder $S = 1$ ist, wird der Eingang d_1 auf den Ausgang D oder der Eingang d_2 auf den Ausgang D geschaltet. Die Schaltung in Bild 3.46b führt die Äquivalenzfunktion $\overline{a+b}$ bzw. die negierte Exclusiv-Oder-Funktion (NXOR) aus.

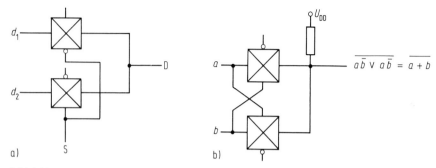

Bild 3.46 Anwendungsbeispiele für Transfergates
a) Multiplexer, b) NXOR

In Bild 3.47 ist ein universelles Logikgatter mit Transfergates gezeigt. Dieses Logikgatter kann je nach Belegung der Steuerleitungen S_1 bis S_4 sämtliche 16 Logikfunktionen zweier binärer Größen A_i und B_i ausführen. Aus dem Bild 3.47 kann man die folgende Logikfunktion ablesen

$$F_i = A_i\,B_i\,S_4 \vee A_i\,\bar{B}_i\,S_3 \vee \bar{A}_i\,B_i\,S_2 \vee \bar{A}_i\,\bar{B}_i\,S_1 . \tag{3.107}$$

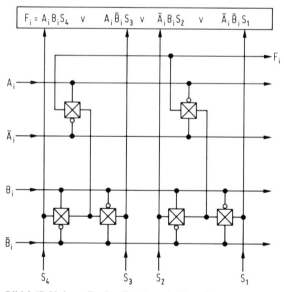

Bild 3.47 Universelles Logikgatter mit Transfergates

In Tabelle 3.16 sind einige ausgewählte Funktionen zusammengestellt.

Die Funktion des universellen Logikgatters nach Bild 3.47 und damit die Gültigkeit der Gleichung (3.107) läßt sich durch konsequente Anwendung der Gleichung (3.106) verifizieren.

Tabelle 3.16 Logikfunktionen des universellen Logikgatters nach Bild 3.47

S_4	S_3	S_2	S_1	F_i
$\emptyset$	1	1	$\emptyset$	X0R
1	$\emptyset$	$\emptyset$	$\emptyset$	AND
$\emptyset$	1	1	1	NAND
$\emptyset$	$\emptyset$	1	1	$\bar{A}$
$\emptyset$	1	$\emptyset$	1	$\bar{B}$

3.3.1.2 Beispiele integrierter Logikschaltkreise

Der Standard niedrig- und mittelintegrierter Logikschaltkreise wird durch die TTL-Technik gesetzt [3.14]. Diese wurde zur Schottky-TTL und schließlich zur Advanced Low-Power-Schottky-TTL weiterentwickelt. Parallel dazu entstanden Standardschaltkreise in ECL- und CMOS-Technik.

In Tabelle 3.17 sind einige Parameter dieser Standardtechniken verglichen.

Tabelle 3.17 Vergleich von Parametern von Standardschaltkreistechniken

	Speisespannung U_{CC}/V	f_{max}/MHz	P_v/mW
TTL 74xx	4,75 bis 5,25	35	15
Low-Power Schottky-TTL 74LSxx	4,75 bis 5,25	45	5
Advanced Schottky-TTL 74ALSxx	4,5 bis 5,5	80	5
CM0S 4xxx	3 bis 15	8	10^{-3}
ECL 10xxx	$-5,1$ bis $-5,3$	160	30
Fast ECL	$-4,2$ bis $-4,8$	440	30

Daraus ist zu erkennen, daß ECL die schnellsten und CMOS die leistungsärmsten Schaltkreise liefert.

Eine Transferkennlinie nach TTL-Standard ist in Bild 3.48 gezeigt. Alle „TTL-kompatiblen" Schaltkreise müssen das im Bild 3.48 gezeigte Pegelschema erfüllen.

In Bild 3.49 sind die Anschlußbelegung (a) und die Schaltung eines der vier 2fach-NAND-Gatter (b) des integrierten Logikschaltkreises 7400 gezeigt. Die Anschlußbelegung gilt auch für die äquivalenten Schaltkreise 74LS00 = Low-Power-Schottky-TTL, 74ALS00 = Advanced Low-Power-Schottky-TTL, 4011 = CMOS und 10108 = ECL.

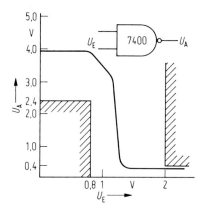

Bild 3.48 TTL-Transferkennlinie

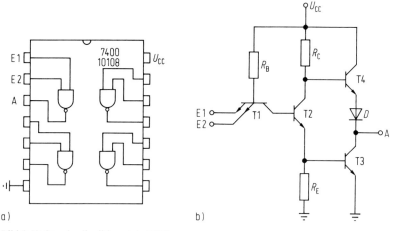

a)   b)

Bild 3.49 Standardlogikbaustein 7400
a) Anschlußbelegung, b) Schaltung

3.3.2 Kodewandler

Kodewandler sind kombinatorische Digitalschaltungen, die ein Eingangsbitmuster $a_1 \ldots a_n$ (Kode 1) in ein anderes Bitmuster am Ausgang $f_1 \ldots f_m$ (Kode 2) wandeln. Hierfür gibt es eine Vielzahl denkbarer Varianten. Ein Beispiel möge für viele stehen, und zwar der BCD-zu-7-Segment-Kodewandler. Dieser wandelt den 4-Bit-BCD-Kode (s. Tabelle 3.2) für die Dezimalziffern 0 bis 9 in den 7-Bit-Kode für die 7 Leuchtsegmente a bis g einer Ziffernanzeige um. Die Wahrheitstabelle dieses Kodewandlers ist in Tabelle 3.18 enthalten.

Aus dieser Wahrheitstabelle kann man Logikgleichungen (Boolesche Gleichungen) für die Ansteuersignale der Segmente a bis g ablesen und danach das Logiknetzwerk des Kodewandlers entwerfen.

Tabelle 3.18 Wahrheitstabelle des BCD-zu-7-Segment-Kodewandlers

Ziffer	BCD-Kode	a	b	c	d	e	f	g
0	0000	1	1	1	1	1	1	0
1	0001	0	1	1	0	0	0	0
2	0010	1	1	0	1	1	0	1
3	0011	1	1	1	1	0	0	1
4	0100	0	1	1	0	0	1	1
5	0101	1	0	1	1	0	1	1
6	0110	0	0	1	1	1	1	1
7	0111	1	1	1	0	0	0	0
8	1000	1	1	1	1	1	1	1
9	1001	1	1	1	0	0	1	1

Die Logikgleichungen sind:

$$a = \overline{\overline{A}\,C \vee B\,D \vee A\,\overline{B}\,\overline{C}\,\overline{D}} \qquad (3.108)$$

$$b = \overline{B\,D \vee A\,\overline{B}\,C \vee \overline{A}\,B\,C} \qquad (3.109)$$

$$c = \overline{C\,D \vee \overline{A}\,B\,\overline{C}} \qquad (3.110)$$

$$d = \overline{A\,\overline{B}\,\overline{C} \vee \overline{A}\,\overline{B}\,C \vee A\,B\,C} \qquad (3.111)$$

$$e = \overline{A \vee \overline{B}\,C} \qquad (3.112)$$

$$f = \overline{A\,B \vee B\,\overline{C} \vee A\,\overline{D}\,\overline{C}} \qquad (3.113)$$

$$g = \overline{A\,B\,C \vee \overline{B}\,\overline{C}\,\overline{D}}. \qquad (3.114)$$

In Bild 3.50 ist die TTL-Schaltung und in Bild 3.51 die Anschlußbelegung des integrierten Standardschaltkreises 7446, der diese BCD-zu-7-Segmentkodierung vornimmt, gezeigt. Ein Sonderfall des Kodewandlers ist der Dekoder. Dieser dekodiert aus einer Eingangsbelegung $a_1 \ldots a_n$ jeweils nur ein Ausgangssignal f_i (Bild 3.52). Infolge der Binärkodierung können bei n Eingangssignalen $m = 2^n$ Ausgangssignale dekodiert werden. Ein Beispiel mit $n = 2$, also $m = 2^2 = 4$ soll das mit Tabelle 3.19 belegen.

Aus dieser Tabelle liest man zur Realisierung des Dekoders folgende Logikgleichungen für die Ausgangssignale ab

$$f_1 = \overline{a_1 \vee a_2} \qquad (3.115)$$

$$f_2 = \overline{\overline{a}_1 \vee a_2} \qquad (3.116)$$

$$f_3 = \overline{a_1 \vee \overline{a}_2} \qquad (3.117)$$

$$f_4 = \overline{\overline{a}_1 \vee \overline{a}_2}. \qquad (3.118)$$

Dieser Dekoder könnte also mit NOR-Gattern realisiert werden. Ein Kodewandler, der die umgekehrte Funktion eines Dekoders hat, wird Encoder genannt. Dieser erzeugt aus unikalen Eingangssignalen binärverschlüsselte Ausgangssignale.

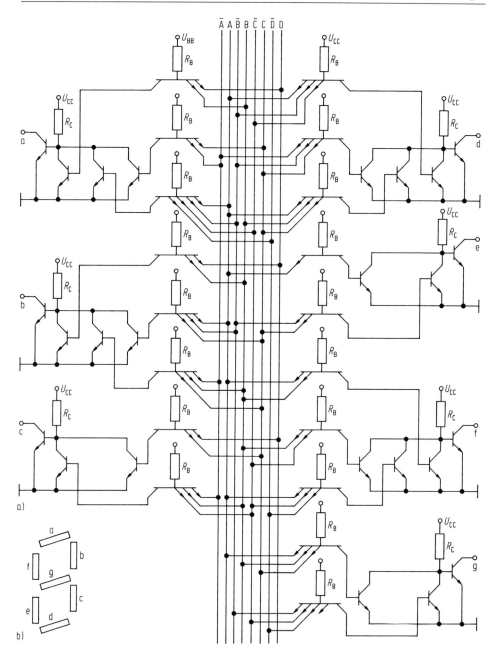

Bild 3.50 TTL-Schaltung eines BCD-zu-7-Segment-Kodewandlers
a) Schaltung, b) 7-Segment-Anzeige

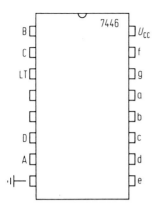

Bild 3.51 Anschlußbelegung des TTL-Bausteins 7446
(BCD-zu-7-Segment-Kodewandler)

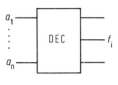

Bild 3.52 Blockschaltbild
des Dekoders

Tabelle 3.19 Wahrheitstabelle eines Dekoders

a_2	a_1	f_1	f_2	f_3	f_4
$\emptyset$	$\emptyset$	1	$\emptyset$	$\emptyset$	$\emptyset$
$\emptyset$	1	$\emptyset$	1	$\emptyset$	$\emptyset$
1	$\emptyset$	$\emptyset$	$\emptyset$	1	$\emptyset$
1	1	$\emptyset$	$\emptyset$	$\emptyset$	1

3.3.3 Multiplexer

Ein Multiplexer ist eine Funktionseinheit, die zur Kanalisierung mehrerer Datensignale ($d_1 \ldots d_n$, s. Bild 3.53) auf eine Datenleitung D dient. Welche der Eingangsdatensignale $d_1 \ldots d_n$ auf die Datenleitung D geschaltet wird, wird von den Steuersignalen $S_1 \ldots S_k$ gesteuert. Das kann z. B. mit Tabelle 3.20, in der ein einfaches Beispiel dargestellt ist, verdeutlicht werden.

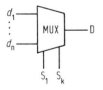

Bild 3.53 Blockschaltbild
des Multiplexers

Tabelle 3.20 Funktionstabelle eines 4×1-Multiplexers

S_2	S_1	D
$\emptyset$	$\emptyset$	d_1
$\emptyset$	1	d_2
1	$\emptyset$	d_3
1	1	d_4

Obwohl ein Multiplexer prinzipiell durch ein komplexes kombinatorisches Logiknetzwerk realisiert werden kann, bietet sich in der MOS- und CMOS-Technik besonders die Verwendung von Transfergates zur Schaltung der erforderlichen Datenwege ($d_1 - D$, $d_2 - D$, usf.) an, wie es bereits mit Bild 3.46a gezeigt war.

3.3.4 Arithmetikschaltungen

Das Herz der Informationsverarbeitung in einem Prozessor ist die Arithmetisch-Logische Einheit, ALU genannt. Dies ist eine komplexe Logikschaltung, die je nach der Belegung von Steuersignalen zwei binäre Operanden A und B (und u.U. eines einlaufenden Übertrages C_1) logisch oder arithmetisch zu einer Resultatfunktion F verknüpft. Da alle binären Operationen auf die Addition zurückgeführt werden, ist der Volladder, wie wir ihn als Logikschaltung bereits mit Bild 3.17 kennengelernt hatten, die wichtigste Funktionseinheit. Die Subtraktion wird durch die Addition mit dem 2er-Komplement des Subtrahenden durchgeführt (s. Abschnitt 3.1). Die Multiplikation wird durch wiederholte Addition und die Division durch wiederholte Subtraktion durchgeführt. Bei der Addition mehrstelliger Binärzahlen mit Volladdern gibt es prinzipiell 2 Möglichkeiten: Bei der parallelen Addition (s. Bild 3.54a) werden die $n+1$ Operanden $A_0 \ldots A_n$, $B_0 \ldots B_n$ gleichzeitig zur Summe $S_0 \ldots S_n$ addiert, und der Übertrag C wird von Stufe zu Stufe weitergegeben. Dieses Verfahren ist schnell, benötigt aber einen großen Schaltungsaufwand. Demgegenüber wird beim seriellen Verfahren in Bild 3.54b ein Volladder benötigt. Die einzelnen Bits A_i, B_i der Operanden werden diesem Adder nacheinander über Schieberegister zugeführt. Der Übertrag C wird jeweils nach einer Addition über eine Speicherzelle (Latch L) rückgeführt. Die Bits der Summe S_i werden nacheinander in ein Schieberegister (SR) geschoben.

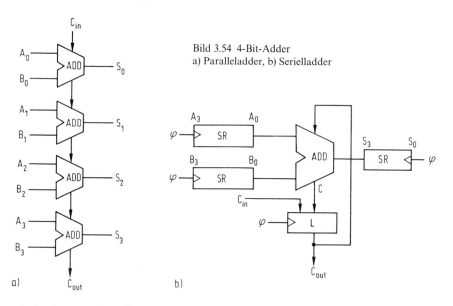

Bild 3.54 4-Bit-Adder
a) Paralleladder, b) Serielladder

Die Logikgleichungen für die Erzeugung (generate G_i) bzw. Weiterleitung (propagate P_i) eines Übertrages in der Stufe i sind

$$G_i = A_i \cdot B_i \tag{3.119}$$

$$P_i = A_i \vee B_i. \tag{3.120}$$

Beim parallelen Verfahren kann bei großen Wortlängen von A und B (z.B. 32 Bit) die höchstwertige Bitstelle erst eine arithmetische Funktion ausführen, wenn der Übertrag in allen darunter liegenden Stellen berechnet ist. Um diesen Prozeß zu beschleunigen, werden Schaltungen zur vorausschauenden Bildung des Übertrages (carry look-ahead) angewandt. In Bild 3.55 ist als Beispiel eine Carry Look-Ahead-Schaltung zur vorausschauenden Bildung eines Übertrages über vier Stufen hinweg

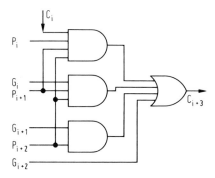

Bild 3.55 Schaltung zur beschleunigten Bildung des Übertrages über 4 Bit (carry look-ahead)

gezeigt. Durch achtmalige Anwendung dieser Schaltung würde sich die Rechenge-schwindigkeit einer 32-Bit ALU etwa um den Faktor 4 erhöhen. Zur Charakterisie-rung des Ergebnisses dienen sogenannte Flags. In Bild 3.56 sind vier der wichtigsten dargestellt. Das ist zunächst das Vorzeichenbit (S = Sign), welches das höchstwertige Bit F_n des Ergebnisses ist. Dann haben wir das Flag, das anzeigt, ob das Ergebnis Null ist (Z = Zero). Dieses wird durch die NOR-Verknüpfung aller Bits $F_1 \ldots F_{n-1}$ des Ergebnisses ermittelt. Der auslaufende Übertrag C_{n+1} ist das sogenannte Carry-flag. Schließlich haben wird das Überlaufsflag (V = Overflow), das aus den Überträ-gen gebildet wird.

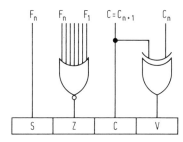

Bild 3.56 Flags für arithmetische Operationen

Als Beispiel eines integrierten Arithmetikschaltkreises ist im Bild 3.57 die TTL-Schaltung und im Bild 3.58 die Anschlußbelegung des Standardschaltkreises 7483 gezeigt. Dieser Schaltkreis enthält 4 Volladder. Mit diesen Volladdern kann auch BCD-Arithmetik ausgeführt werden. In Bild 3.59 ist die Schaltung für die Addition zweier BCD-Ziffern mit dem BCD-Kodes $B_4 B_3 B_2 B_1$ bzw. $A_4 A_3 A_2 A_1$ und dem BCD-Kode der Summe $S_4 S_3 S_2 S_1$ mit Pseudotetradenkorrektur (Addition von $\emptyset 11\emptyset$, Abschnitt 3.1) sowie Bildung des Dezimalübertrages gezeigt.

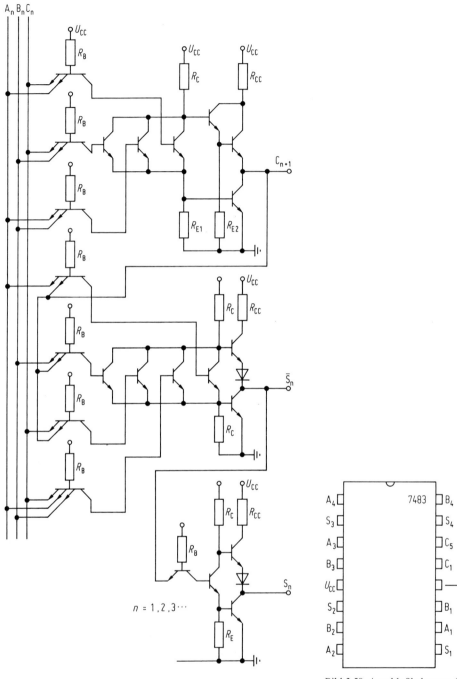

Bild 3.57 TTL-Schaltung eines Volladders

Bild 3.58 Anschlußbelegung des
Volladderbausteins 7483

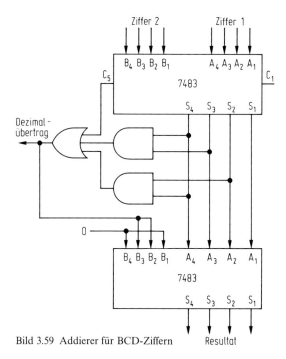

Bild 3.59 Addierer für BCD-Ziffern

3.3.5 Programmierbare Logikschaltungen (PLD)

Jede Logikschaltung kann im Grunde genommen aus elementaren Logikgattern und diese wiederum aus Transistoren realisiert werden, wie wir das im Abschnitt 3.2 und 3.3.1 behandelt hatten. Diese Realisierungsmethode nennt man Random-Logik. Dabei muß bei der Umsetzung in einen integrierten Schaltkreis jedes Detail individuell entworfen werden. Das ist bei größeren Schaltungen mit einem hohen Entwurfs- und Realisierungsaufwand verbunden und ist fehleranfällig. Deshalb sind programmierbare Logikschaltungen bzw. -bausteine (PLD = **p**rogrammable **l**ogic **d**evice) entwickelt worden [3.15]. Das sind vorgefertigte Arrays von Einzelbauelementen bzw. Logikschaltungen, die vom Anwender nur noch auf seine gewünschte Funktion programmiert werden. Die Programmierung erfolgt entweder durch Maßnahmen im Herstellungsprozeß (Masken, Durchbrennen von Leiterpfaden) oder durch Programmierung von internen Speicherzellen.

In Bild 3.60 ist ein Überblick über die wichtigsten Realisierungsvarianten gegeben, die wir nun im einzelnen behandeln wollen:

Die Grundvariante von programmierbaren Logikschaltungen, die aus matrixförmigen Anordnungen von Transistoren bestehen, ist die **NOR-Matrix**, von der ein sehr einfaches Beispiel mit 3 Eingängen und 2 Ausgängen in Bild 3.61 gezeigt ist. Die Logikfunktion (NOR-Funktion) wird durch die Anordnung von MOS-Transistoren (Bild 3.61 a) bzw. Dioden (Bild 3.61 b) in der Matrix bestimmt. An die Zeilen-

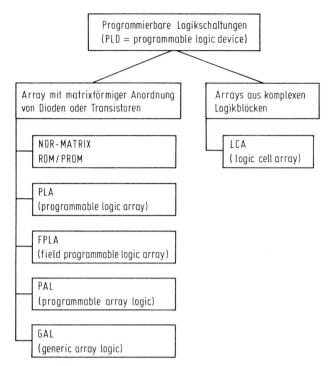

Bild 3.60 Überblick über verschiedene Realisierungsmöglichkeiten programmierbarer Logikschaltungen

leitungen (das sind die Eingangsleitungen) werden die Gates der Transistoren bzw. Katoden der Dioden angeschlossen, und an die Spaltenleitungen (das sind die Ausgangsleitungen) werden die Drains der MOS-Transistoren bzw. Anoden der Dioden geschaltet. Die Festlegung der Funktion erfolgt nun durch Programmierung der Matrix, d.h. die Plazierung aktiver Transistoren an den Kreuzungspunkten zwischen Eingangs- (Zeilen-) und Ausgangs-(Spalten-)leitungen bzw. durch Durchbrennen von Leiterpfaden (fusable link = FL). In einer vereinfachten Darstellung in Bild 3.61 c sind die Kreuzungsstellen, wo aktive Transistoren plaziert sind, mit einem Kreis markiert. Wo keine Transistoren aktiv sind, befindet sich kein Kreis. Aus dem Beispiel des Bildes 3.61 liest man leicht die NOR-Funktionen

$$Z_1 = \overline{A \vee B} \tag{3.121}$$
$$Z_2 = \overline{B \vee C} \tag{3.122}$$

ab.

Die NOR-Matrix kann auch als Nurlesespeicher (ROM) aufgefaßt werden, in dem die Zeilenleitungen die Adreßleitungen und die Spaltenleitungen die Bitleitungen sind. Bei Aktivierung einer Zeilen-(Adreß-)leitung wird über die Spalten-(Bit-)leitungen das gespeicherte Bitmuster entsprechend der vorhandenen bzw. nichtvorhandenen Transistoren ausgelesen. Wird die Programmierung der NOR- bzw.

ROM-Matrix, d.h. das Anschalten der Transistoren bzw. Dioden an die Zeilen-
bzw. Spaltenleitungen nicht durch Masken beim Schaltkreishersteller, sondern z.B.
durch Durchbrennen von Leiterpfaden (fusable link) beim Anwender selbst vorgenommen, so spricht man von PROM (s. auch Abschnitt 3.7).

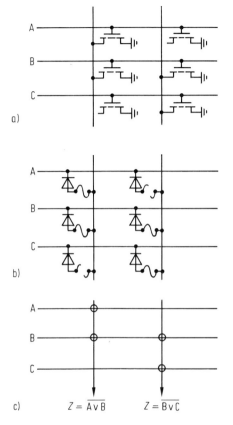

a)

b)

c) $Z = \overline{A \vee B}$ $Z = \overline{B \vee C}$

Bild 3.61 Programmierbare Matrizen
a) maskenprogrammiert mit MOS-
   Transistoren,
b) programmiert durch schmelzbare
   Verbindungen (fusable link) mit Dioden,
c) symbolische Darstellung

Mit zwei NOR-Matrizen kann man eine programmierbare logische Funktionsein-
heit **PLA** (– **p**rogrammable **l**ogic **a**rray) aufbauen (Bild 3.62). Die linke Matrix wird
AND-Plane genannt; die rechte ist der OR-Plane.

In den AND-Plane werden negierte und nichtnegierte Eingangssignale $A_1 \ldots A_n$
geführt. Es werden in dieser Matrix daraus die sogenannten Produktterme $P_1 \ldots P_m$
erzeugt, die als Eingangsgrößen in den OR-Plane geführt werden und dort nach
OR-Verknüpfung die Ausgangssignale $Y_1 \ldots Y_3$ ergeben.

In unserem einfachen Beispiel des Bildes 3.62 sind die Produktterme

$$P_1 = A_1 \, \overline{A}_2 \, \overline{A}_3 \, A_4 \tag{3.123}$$

$$P_2 = \overline{A}_1 \, \overline{A}_2 \, A_4 \tag{3.124}$$

$$P_3 = \overline{A}_1 \, \overline{A}_3 \, \overline{A}_4 \tag{3.125}$$

und die Ausgangsfunktionen

$$Y_1 = \bar{A}_1\,\bar{A}_2\,A_4 \vee A_1\,\bar{A}_2\,\bar{A}_3\,A_4 = P_1 \vee P_2 \tag{3.126}$$

$$Y_2 = \bar{A}_1\,\bar{A}_2\,A_4 \vee \bar{A}_1\,\bar{A}_3\,\bar{A}_4 = P_2 \vee P_3 \tag{3.127}$$

$$Y_3 = A_1\,\bar{A}_2\,\bar{A}_3\,A_4. \tag{3.128}$$

Die Richtigkeit dieser Beziehungen kann leicht aus dem bisher über die NOR-Funktionen Gesagten verfolgt werden. Solche PLA-Strukturen können auch automatisch mit dem Rechner bearbeitet werden. Eine PLA, deren AND- und OR-Plane beim Anwender z. B. mit durchbrennbaren Leiterpfaden (fusable link, s. Bild 3.61 b) programmiert werden kann, wird als **FPLA** (– **f**ield **p**rogrammable **l**ogic **a**rray) bezeichnet. Eine PLA mit fest programmiertem AND-Plane ist ein ROM bzw. PROM mit Adressendekoder, wobei alle Produktterme der Eingangsvariablen auftreten.

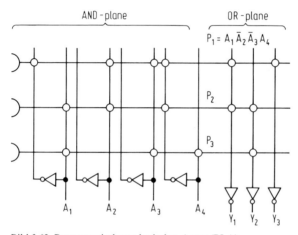

Bild 3.62 Programmierbares logisches Array (PLA)

Ist dagegen nur der AND-Plane frei programmierbar, der OR-Plane dagegen fest verdrahtet, so spricht man von **PAL** (**p**rogrammable **a**rray **l**ogic; eingetragenes Warenzeichen der Firma Monolithic Memories Inc.). In Bild 3.63a ist ein einfaches Beispiel einer PAL gezeigt. Wird die Programmierung der PAL mit Floatinggatetransistoren, d.h. elektrisch löschbaren Speicherfeldeffekttransistoren (s. Abschnitt 3.7.3) ausgeführt, so spricht man von **GAL** (**g**eneric **a**rray **l**ogic; eingetragenes Warenzeichen der Firma Lattice Semiconductor). Mit UV-Licht kann der Baustein gelöscht werden und steht für eine neue Programmierung zur Verfügung. Eventuelle Programmierfehler können so ohne Bausteinverlust beseitigt werden. PAL können auch mit Rückführungen, Ein- und Ausgangslatches (D-Flipflop, s. Abschnitt 3.4.1) sowie programmierbaren Tristatetreibern geliefert werden (Bild 3.63b). Sie ersetzen im Mittel 5 bis 10 SSI- bzw. MSI-Standardschaltkreise und ergeben damit eine zuverlässigere und wirtschaftlichere Schaltungslösung [3.2].

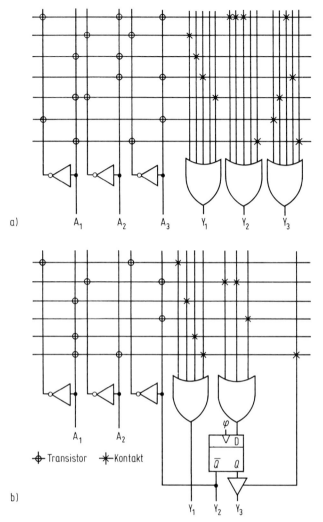

a)

A_1 A_2

—Φ— Transistor   —✳— Kontakt

b)

Y_1 Y_2 Y_3

Bild 3.63 Programmierbare Arraylogik (PAL)
a) mit OR-Gattern am Ausgang,
b) mit OR-Gattern, Latches, Rückführungen und Tristatesteuerung am Ausgang

Eine völlig andere Variante einer PLD sind die **LCA** (logic cell array) der Firma Xilinx, Inc. Diese umprogrammierbaren Logikstrukturen in statischer CMOS-Technik enthalten programmierbare Ein/Ausgabe- (I/0) und Logikblöcke (CLB) sowie ein Verbindungsleitungsnetzwerk (SB), wie es in der Prinzipskizze im Bild 3.64 gezeigt ist. Die Programmierung der Logikblöcke (**CLB** = configurable logic block, s. Bild 3.65 a), der Ein/Ausgabeblöcke (I/0, s. Bild 3.65 b) und der Verbindungsmatrizen (switchbox SB) erfolgt durch Setzen bzw. Rücksetzen von statischen Speicherzellen, deren Ausgänge Q bzw. $\bar{Q}$ z.B. direkt Transfergates der Multiplexer (MUX) steuern. Damit erfolgt die gesamte Programmierung softwaremäßig, d.h. durch Einschreiben von 1en und Øen in einer bestimmten Reihenfolge über den Programmiereingang in die Speicherzellen. Damit kann ein solcher Baustein auch mehrfach verwendet werden [3.15].

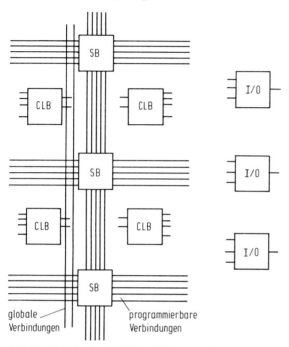

Bild 3.64 Prinzip eines logischen Zellenarrays (LCA)

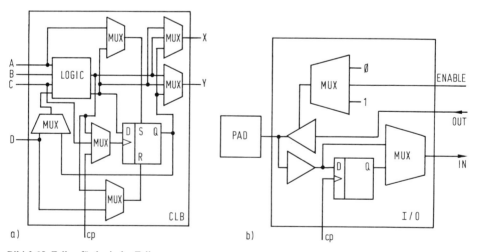

Bild 3.65 Zellen für logische Zellenarrays
a) Konfigurierbare Logikzelle, b) Programmierbare Ein/Ausgabeschaltung

3.4 Sequentielle Schaltungen

3.4.1 Flipflops

Bisher hatten wir ausschließlich kominatorische Logikschaltungen betrachtet, deren Funktion nur von der momentanen Eingangssignalbelegung abhängt. Sequentielle Logik besitzt dagegen Speichervermögen, d.h. die Funktion hängt von den Eingangssignalen und der Vorgeschichte ab. Die Vorgeschichte wird meist durch die inneren Zustände charakterisiert. Zur Realisierung sequentieller Logik benötigt man neben den Logikgattern noch Speicherelemente. Diese Speicherelemente sind verschiedene Flipflops. In Abschnitt 3.1 hatten wir mit Bild 3.12 bereits den grundsätzlichen Aufbau des Flipflop kennengelernt. In Bild 3.66 ist dieses als getaktetes Flipflop nochmals dargestellt. Die Taktsteuerung ist für synchrone Systeme nötig, damit eine Änderung des Zustandes stets nur in einer bestimmten Taktphase (Zeitpunkt) erfolgt. In Tabelle 3.21 ist nochmals die Funktion des RS-Flipflops dargestellt.

Man erkennt, die Eingangsbelegung $R = S = 1$ ist nicht erlaubt. Dies vermeidet das JK-Flipflop in Bild 3.67, dessen Funktion mit Tabelle 3.22 beschrieben wird.

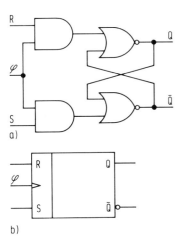

Bild 3.66 Getaktetes RS-Flipflop
a) Logikschaltung, b) Logiksymbol

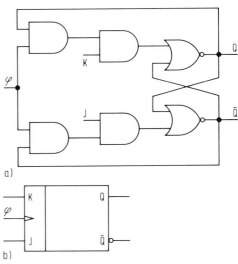

Bild 3.67 Getaktetes JK-Flipflop
a) Logikschaltung, b) Logiksymbol

Tabelle 3.21 Wahrheitstabelle des RS-Flipflops

R	S	Q_{n+1}
$\emptyset$	$\emptyset$	Q_n
1	$\emptyset$	$\emptyset$
$\emptyset$	1	1
1	1	unbestimmt

Tabelle 3.22 Wahrheitstabelle des JK-Flipflops

J	K	Q_{n+1}
$\emptyset$	$\emptyset$	Q_n
$\emptyset$	1	$\emptyset$
1	$\emptyset$	1
1	1	$\bar{Q}_n$

Bei der Belegung $J = K = 1$ ist der folgende Zustand Q_{n+1} jeweils der negierte des aktuellen Zustandes Q_n. Das wird später die Möglichkeit eröffnen, mit diesem Flipflop Zähler und Teiler zu bauen.

Aus dem RS-Flipflop geht das D-Flipflop bzw. Datalatch hervor, indem der Dateneingang D dem S-Eingang und das negierte Datensignal $\bar{D}$ dem Eingang R zugeführt wird, wie dies im Bild 3.68 gezeigt ist. Seine Funktion ist in Tabelle 3.23 verdeutlicht. Dieses Flipflop ist also zur Speicherung eines Datenbits geeignet und wird deshalb als sogenanntes Latch in Speicherregistern angewendet.

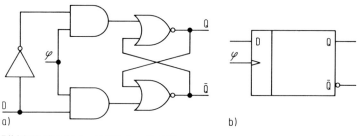

Bild 3.68 Getaktetes D-Flipflop (Latch)
a) Logikschaltung, b) Logiksymbol

Tabelle 3.23 Wahrheitstabelle des D-Flipflops

D	Q_{n+1}
1	1
$\emptyset$	$\emptyset$

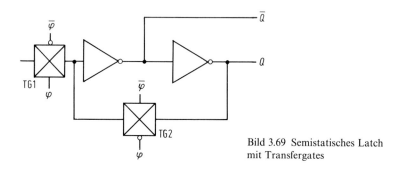

Bild 3.69 Semistatisches Latch
mit Transfergates

Ein semistatisches Latch mit Invertern und Transfergates ist im Bild 3.69 gezeigt. Das zu speichernde Bit wird über das Transfergate TG1 eingeschrieben (bei High-Pegel des Taktes), und die für die statische Rückkopplung erforderliche Speicherung erfolgt über das Transfergate TG2 bei Low-Pegel des Taktes φ (d.h. $\bar{\varphi}$ High-Pegel).

Bei zahlreichen Anwendungen sind taktflankengetriggerte Flipflops erforderlich. Diese zeigen eine Reaktion nur auf der High-Low- oder Low-High-Flanke des

Taktes $\varphi = \mathrm{cp}$ (cp = clock pulse). In Bild 3.70 ist die Logikschaltung und in Bild 3.71 die Anschlußbelegung des taktflankengetriggerten D-Flipflop-Bausteins 7474 gezeigt. Dieses Flipflop übernimmt die Eingangsdaten D bei der High-Low-Flanke des Taktimpulses. Mit den Signaleingängen $\bar{R}$ bzw. $\bar{S}$ kann das Flipflop gesetzt bzw. rückgesetzt werden.

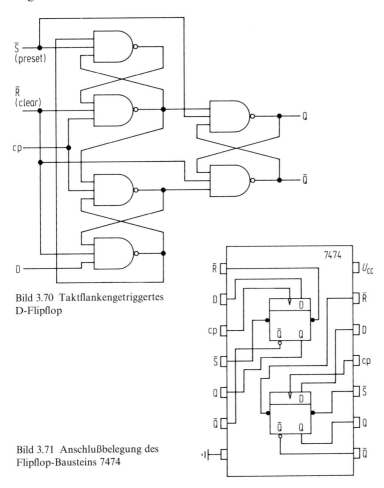

Bild 3.70 Taktflankengetriggertes
D-Flipflop

Bild 3.71 Anschlußbelegung des
Flipflop-Bausteins 7474

3.4.2 Schieberegister

Schieberegister besitzen neben der Fähigkeit der Informationsspeicherung noch die Fähigkeit, die Information zu verschieben. Die Grundzelle eines Schieberegisters ist das Master-Slave-Flipflop. Das Prinzip ist anhand eines D-Master-Slave-Flipflops in Bild 3.72 gezeigt. Dies besteht aus zwei Flipflops, dem Master und dem Slave. Der Master übernimmt im Takt φ die Information und gibt sie in der Taktlücke $\bar{\varphi}$ an den Slave, d.h. an den Ausgang weiter.

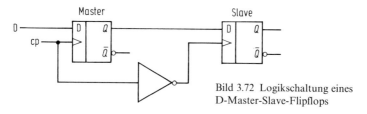

Bild 3.72 Logikschaltung eines
D-Master-Slave-Flipflops

In Bild 3.73 sind Logikschaltung (a) und Anschlußbelegung (b) des JK-Master-Slave-Flipflop-Bausteins 7472 gezeigt. Schaltet man mehrere solcher Flipflops in eine Kette, so erhält man ein Schieberegister, in dem die Bits von Master-Slave-Zelle zu Master-Slave-Zelle weitergeschoben werden können.

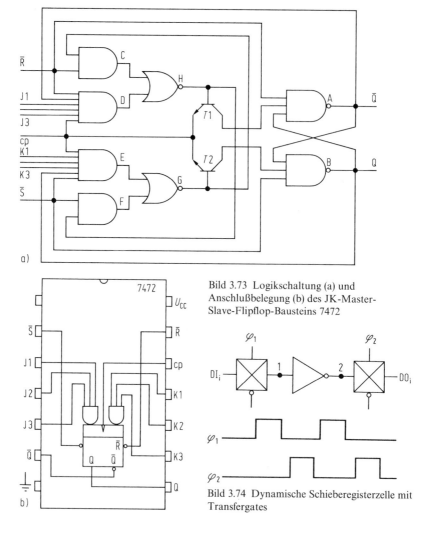

Bild 3.73 Logikschaltung (a) und
Anschlußbelegung (b) des JK-Master-Slave-Flipflop-Bausteins 7472

Bild 3.74 Dynamische Schieberegisterzelle mit
Transfergates

Ein volldynamisches Schieberegister erhält man mit Transfergates und Inverter, wie dies im Bild 3.74 gezeigt ist. In diesem Falle kann aber die Information nicht statisch in der Zelle aufbewahrt werden, sondern sie muß sich ständig bewegen, sonst geht sie in wenigen Millisekunden durch Leckströme verloren.

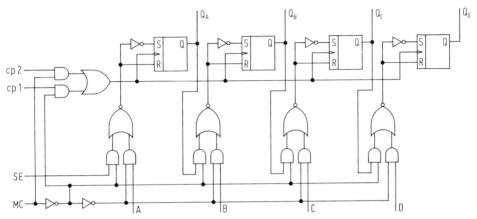

Bild 3.75 Logikschaltung des Schieberegisterbausteins 7495

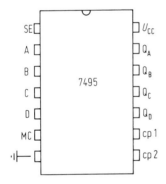

Bild 3.76 Anschlußbelegung des Schieberegisterbausteins 7495

In Bild 3.75 ist das Logikschaltbild und in Bild 3.76 die Anschlußbelegung des TTL-Standardschieberegisterbausteines 7495 (bzw. 74LS95, CMOS-Äquivalent 40195, ECL-Äquivalent 100141) dargestellt. A...D sind die Paralleleingänge. Mit diesen Eingängen kann jede Zelle des Schieberegisters gesetzt werden, wenn der Modeneingang MC High-Pegel erhält. Die Ausgänge sind $Q_A...Q_D$. Der Schaltkreis besitzt 2 Takteingänge cp1 und cp2. Bei Paralleleingabe wird der Takt cp2 betätigt. Durch MC = 1 sind cp1 und der serielle Eingang SE verriegelt. Ein Rechtsverschieben vom seriellen Eingang SE nach dem Ausgang Q erfolgt bei MC = $\emptyset$ mit dem Taktsignal cp1. Bei MC = $\emptyset$ sind die Eingänge A...D und der Takt cp2 verriegelt.

Mit Schieberegistern kann man die verschiedensten Datenmanipulationen durchführen [3.1, 3.2]:

- Links-Rechts-Verschiebung (FIFO = first in first out),
- Serien-Parallel-Wandlung,
- Parallel-Serien-Wandlung,
- Stackoperationen (LIFO = last in first out).

Bei der FIFO-Operation wird die Information, die seriell in die Schieberegisterkette eingegeben wird, einfach von Stufe zu Stufe in jedem Takt verschoben.

Bei der LIFO-Operation wird durch Kombination von Links-Rechts- und Rechts-Linksverschiebung ermöglicht, daß das zuletzt seriell einlaufende Bit zuerst am Ausgang erscheint.

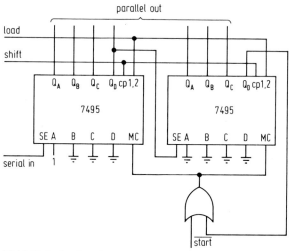

Bild 3.77 Serien-Parallel-Wandler mit Schieberegisterschaltkreisen

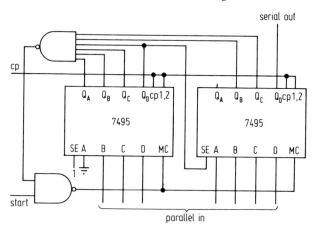

Bild 3.78 Parallel-Serien-Wandler mit Schieberegisterschaltkreisen

Bei der Serien-Parallel-Wandlung (s. Bild 3.77) wird die Information Bit für Bit seriell in die Schieberegisterkette eingelesen und dann alle Bits in allen Zellen der Schieberegisterkette parallel (gleichzeitig) ausgelesen.

Bei der Parallel-Serien-Wandlung (s. Bild 3.78) werden zunächst alle Zellen der Schieberegisterkette mit einem Datenwort beschrieben und anschließend erfolgt ein Ausschieben Bit für Bit über den seriellen Ausgang der Schieberegisterkette.

3.4.3 Zähler und Teiler

Grundelement jedes Teilers ist das T-Flipflop. Dieses kann z.B. aus einem JK-Flipflop mit der Eingangsbelegung $J = K = 1$ entstehen. Bei einer solchen Belegung wechselt das JK-Flipflop nämlich gemäß Tabelle 3.22 bei jedem Takt T seinen Zustand. Dies ist im Bild 3.79a nochmals verdeutlicht. Aus dem Vergleich von Bild 3.79c und 3.79d geht hervor, daß der Ausgang des T-Flipflops nur die halbe Taktfrequenz besitzt wie der Eingangstakt. Werden n solcher T-Flipflops in eine Kette geschaltet, so können Frequenzteilungen $2^n : 1$ erfolgen.

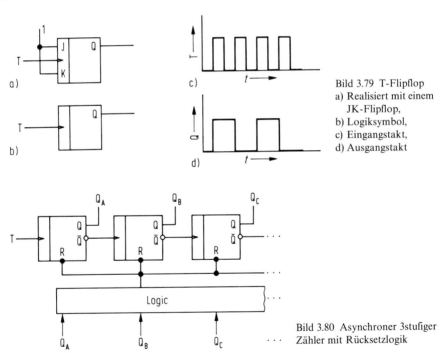

Bild 3.79 T-Flipflop
a) Realisiert mit einem JK-Flipflop,
b) Logiksymbol,
c) Eingangstakt,
d) Ausgangstakt

Bild 3.80 Asynchroner 3stufiger Zähler mit Rücksetzlogik

Im Bild 3.80 ist nach diesem Prinzip ein 3-Bit-Asynchronzähler (ripple counter) aufgebaut. Dieser zählt normalerweise von $Q_C Q_B Q_A = 000$ bis 111. Er kann aber über die Rücksetzeingänge R auch bei einem beliebigen Zählerstand $Q_C Q_B Q_A$ zurückgesetzt werden. Der Rücksetzimpuls wird dann von einer Logik aus Q_C, Q_B und Q_A erzeugt. Z.B. realisiert $R = \overline{Q_C} \cdot Q_B \cdot Q_A$ ein Zählen von 0 bis 3. Als

Beispiel ist in Bild 3.81 der TTL-Standardbaustein 7493 gezeigt. Mit diesem Baustein lassen sich asynchrone 4-Bit-Zähler/Teiler verwirklichen. Über die Reseteingänge R1, R2 kann der Zähler rückgesetzt und damit zwischen 0000 und 1111 jeder Zählmodus (z.B. von 0 bis 5, 0000 bis 0101) eingestellt werden.

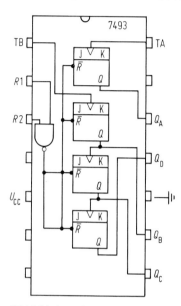

Bild 3.81 Asynchroner 4-Bit-Zählerbaustein 7493

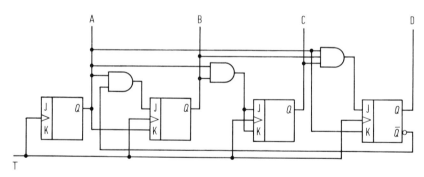

Bild 3.82 Logikschaltung eines Synchronzählers

Solche asynchronen Zähler haben den Nachteil, daß die höchstwertige Stufe erst das richtige Ausgangssignal erzeugen kann, wenn alle vorhergehenden Stufen vom Impuls durchlaufen wurden. Diesen Nachteil beseitigen sogenannte Synchronzähler. Diese werden mit JK-Flipflops aufgebaut, bei dem die Takteingänge parallel und gleichzeitig angesteuert werden, so daß alle Stellen gleichzeitig ihr Ausgangssignal erzeugen können. Als Beispiel ist im Bild 3.82 ein synchroner BCD-Zähler dargestellt. Man erkennt, daß alle JK-Flipflops gleichzeitig vom Takt T angesteuert werden. Jedoch müssen die J- und K-Eingänge der Flipflops durch Logikverknüpfungen der Zustandssignale A B C D gebildet werden. Der schaltungstechnische Aufwand für Synchronzähler ist also höher als bei Asynchronzählern. Ein Standardbeispiel für diese Klasse von Synchronzählern ist der Baustein 74193 [3.14] in Bild 3.83.

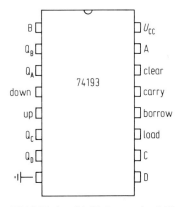

Bild 3.83 Anschlußbelegung des 4-Bit-Synchronzählerbausteins 74193

3.5 Trigger und Vibratoren

3.5.1 Schmitt-Trigger

Der Schmitt-Trigger ist ein Schwellwertschalter. Ein Ausführungsbeispiel mit Bipolartransistoren ist im Bild 3.84 dargestellt. Ist T 1 zunächst ausgeschaltet, so liegt am Ausgang eine kleine Spannung ($U_{CES} = 0,1 \ldots 0,2$ V). Wird U_E erhöht, so erhöht sich auch das Basispotential gemäß

$$U_{BE} = \frac{R_1 U_E + R_2 U_{CES}}{R_1 + R_2} \approx \frac{R_1 U_E}{(R_1 + R_2)}. \tag{3.129}$$

Erreicht U_E den Schwellwert $U_{E\,Ein}$, so daß $U_{BE} > U_{F0} \approx 0,7$ V wird, so schaltet T 1 ein, und U_A steigt steil auf den Wert $U_{A\,max} \approx U_{CC}$ an ($R_2 > R_1$).

Der Schwellwert $U_{E\,Ein}$ berechnet sich mit $U_{F0} = U_{BE} \approx 0,7$ V aus Gl.(3.129) zu

$$U_{E\,Ein} = \frac{R_1 + R_2}{R_1} U_{F0}. \tag{3.130}$$

Der Maximalwert der Ausgangsspannung berechnet sich dann aus

$$U_{A\,max} = \frac{U_{CC}\left(1 + \dfrac{R_1}{R_2}\right) + \dfrac{U_E}{R_2} R_C - I_B R_C}{1 + \dfrac{R_1}{R_2} + \dfrac{R_C}{R_2}}. \tag{3.131}$$

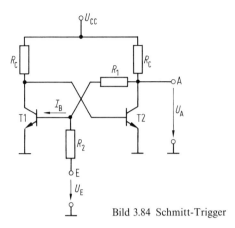

Bild 3.84 Schmitt-Trigger

In dieser Gleichung ist wegen des kleinen Basisstromes der Term $I_B R_C$ vernachlässigbar. Außerdem muß $R_C/R_2 \ll 1$ gewählt werden, damit $U_{A\max}$ nicht von der Triggereingangsspannung abhängig ist, so daß schließlich

$$U_{A\max} \approx \frac{U_{CC}\left(1+\dfrac{R_1}{R_2}\right)}{1+\dfrac{R_1}{R_2}} = U_{CC} \tag{3.132}$$

gilt.

Wird U_E verringert, so ändert sich das Basispotential zunächst wenig, T1 bleibt eingeschaltet, und U_A bleibt noch auf dem hohen Wert $U_{A\max}$. Sinkt aber U_E auf den negativen Schwellwert $U_{E\,Aus} < 0$, so schaltet der Transistor T1 wieder aus, und die Ausgangsspannung springt plötzlich auf den niedrigeren Wert U_{CES}. Den Schwellwert $U_{E\,Aus}$ kann man ebenso wie $U_{E\,Ein}$ aus Gl.(3.129) berechnen, indem dort statt $U_A = U_{CES}$ und $U_A \approx U_{CC}$ gesetzt wird; mit $U_{BE} = U_{F0} \approx 0{,}7$ V gilt:

$$U_{E\,Aus} = -\frac{R_2}{R_1} U_{CC} + U_{F0} \frac{R_1 + R_2}{R_1} < 0. \tag{3.133}$$

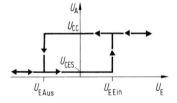

Bild 3.85 Übertragungskennlinie eines Schmitt-Triggers

Die Übertragungskennlinie des Schmitt-Triggers ist im Bild 3.85 gezeigt. Sie verläuft wie eine Hysteresekurve. Mit dem Schmitt-Trigger lassen sich z.B. aus einer Sinusschwingung Rechteckimpulse erzeugen, wie das im Bild 3.86 gezeigt ist.

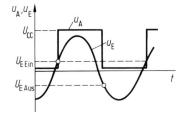

Bild 3.86 Umformung einer
Sinusschwingung in eine Folge
von Rechteckimpulsen mit Hilfe
eines Schmitt-Triggers

3.5.2   Monostabiler Vibrator (Monoflop)

Ein monostabiler Vibrator ist eine Kippschaltung mit nur einem stabilen Zustand.
Sie wird deshalb auch als Monoflop (One-shot) bezeichnet. Eine entsprechende
Schaltung ist im Bild 3.87 gezeigt. Im stationären Zustand kann nur T2 leitend
sein; T1 kann aber für eine kurze Zeit mit Hilfe eines Eingangstriggerimpulses
u_E eingeschaltet werden. Dadurch sinkt das Kollektorpotential von T1 und über
C auch das Basispotential, wodurch T2 gesperrt wird. Über R wird aber C wieder
nachgeladen, und nach der Haltezeit

$$t_0 = RC \ln\left(\frac{2U_{CC} - U_{F0}}{U_{CC} - U_{F0}}\right) \approx RC \ln 2 \tag{3.134}$$

ist das Basispotential von T2 von etwa $-U_{CC}$ auf $U_{F0} \approx 0,7$ V angestiegen; T2
schaltet wieder ein.

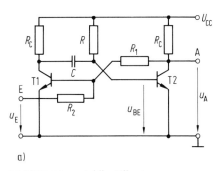

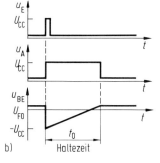

Bild 3.87 Monostabiler Vibrator
a) Schaltung, b) Zeitverläufe der Spannungen

3.5.3   Astabiler Vibrator (Multivibrator)

Beim astabilen Vibrator sind beide Zustände instabil. Die Schaltung kippt also
dauernd zwischen beiden Zuständen hin und her (selbstschwingende Kippschaltung). Im Bild 3.88 sind der Aufbau und die Zeitfunktionen der Ausgangs- und
Basisspannungen eines solchen Multivibrators skizziert. Die Schaltzeiten können
in gleicher Weise wie beim Monoflop berechnet werden (s. auch Abschn. 2.7.2.2)
und man erhält

$$t_1 = R_1\,C_1\,\ln\frac{2\,U_{CC}}{U_{CC}-U_{F0}} \approx R_1\,C_1\,\ln 2 \tag{3.135}$$

$$t_2 = R_2\,C_2\,\ln\frac{2\,U_{CC}}{U_{CC}-U_{F0}} \approx R_2\,C_2\,\ln 2. \tag{3.136}$$

Für die so erzeugte Frequenz gilt:

$$f = \frac{1}{T} = \frac{1}{t_1+t_2} = \frac{1}{\ln 2\,(R_1\,C_1 + R_2\,C_2)}. \tag{3.137}$$

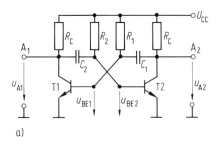 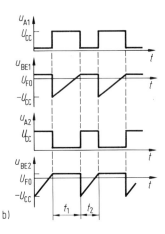

Bild 3.88 Astabiler Vibrator
a) Schaltung, b) Zeitverläufe der Spannungen

3.6 Schaltwerke (Automaten)

Alle digitalen Operationen, d.h. Informationstransport und Informationsverarbeitung, können als Registertransferoperationen aufgefaßt werden. Diese Registertransferoperationen werden von elementaren Steuersignalen, den Mikrooperationssignalen (control primitives) ausgelöst (s. Bild 3.89). In diesem Beispiel wird der

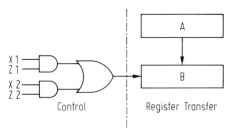

Bild 3.89 Veranschaulichung einer Registertransferoperation

Transfer von Register A nach Register B bei $S = X_1\,Z_1 \lor X_2\,Z_2 = 1$ ausgelöst. In den Abschnitten 3.3 und 3.4 hatten wir bereits Funktionseinheiten kennengelernt, die solche Steuersignale benötigen. Diese müssen von einer Steuerlogik geliefert werden. Die Steuerlogik ist ein sequentielles Schaltwerk (finite state machine). Das

Prinzip ist im Bild 3.90 gezeigt. Der Vektor der Mikrooperationssignale $S_1 \ldots S_k = \underline{S}$ hängt von den Eingangssignalen $\underline{X}$ und dem Zustand $\underline{Z}$ des Systems ab

$$\underline{S} = f(\underline{X}, \underline{Z}). \tag{3.138}$$

Dieses Prinzip wird Mealy-Automat genannt. Für die Realisierung gibt es mehrere Möglichkeiten [3.16].

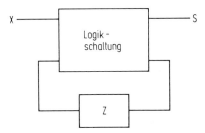

Bild 3.90 Prinzip eines Mealy-Automaten

3.6.1 Randomsteuerlogik

Die Steuerlogik kann zunächst mit einem Zustandsgraphen (s. Bild 3.91) oder einer Zustandstabelle beschrieben werden. Sowohl im Zustandsgraphen als auch in der Zustandstabelle wird gezeigt, bei welcher Eingangssignalbelegung $\underline{X}$ (diese ist im Zustandsgraphen an die Pfeile geschrieben) aus welchem Zustand $\underline{Z}(n)$ (dieser ist im Zustandsgraphen in die Kreise geschrieben) in welchen Zustand $\underline{Z}(n+1)$ übergegangen wird. In der Zustandstabelle kann noch zusätzlich der Vektor der Steuersignale $\underline{S}$ aufgelistet werden, der bei einem bestimmten Zustand und einer bestimmten Eingangssignalbelegung erzeugt werden soll.

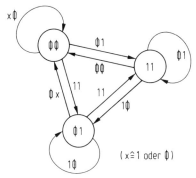

Bild 3.91 Beispiel eines Zustandsgrafen

Für den Zustandsgraphen in Bild 3.91 ist die Zustandstabelle mit Mikrooperationssignalen $S_1 \ldots S_8$ als einfaches Beispiel in Tabelle 3.24 angegeben.

Bei der Realisierung der Steuerlogik durch eine Randomlogik wären aus dieser Tabelle die Logikgleichungen für die einzelnen Mikrooperationssignale $S_1 \ldots S_8$ und für die Zustandssignale $Z_1 Z_2(n+1)$ für den nächsten Zustand abzulesen und mit NAND- und NOR-Gattern zu realisieren. Z.B. für das Steuersignal S_1

$$S_1 = \bar{X}_1 X_2 Z_1 Z_2 \vee \bar{X}_1 \bar{Z}_1 Z_2 \vee X_1 \bar{X}_2 \bar{Z}_1 Z_2. \tag{3.139}$$

Einfacher wird es, wenn man die Zustandsfolge als eine Zählfolge realisieren kann. Dann genügt für die Erzeugung von Z ein einfacher Zähler. Das ist aber für den allgemeinen Fall nicht möglich.

Tabelle 3.24 Zustandstabelle der Steuerlogik mit Zustandsgraphen nach Bild 3.91

X_1	X_2	Z_1	$Z_2(n)$	Z_1	$Z_2(n+1)$	S_1	S_2	S_3	S_4	S_5	S_6	S_7	S_8
1	1	∅	∅	∅	1	∅	∅	∅	∅	1	∅	∅	∅
x	∅	∅	∅	∅	∅	∅	∅	∅	∅	∅	∅	∅	∅
∅	1	∅	∅	1	1	∅	1	1	∅	∅	∅	∅	∅
∅	1	1	1	1	1	1	∅	∅	1	∅	∅	∅	1
∅	∅	1	1	∅	∅	∅	∅	∅	∅	∅	∅	1	∅
1	∅	1	1	∅	1	∅	∅	∅	∅	1	1	∅	∅
∅	x	∅	1	∅	∅	1	∅	∅	∅	∅	∅	∅	∅
1	∅	∅	1	∅	1	1	1	∅	∅	∅	∅	∅	∅
1	1	∅	1	1	1	∅	∅	∅	∅	1	1	1	1

3.6.2 Steuerlogik mit PLA

Wesentlich übersichtlicher wird das ganze, wenn anstelle der Randomlogik eine PLA verwendet wird, wie dies im Bild 3.92 skizziert ist. Im OR-Plane werden sowohl die Mikrooperationssignale S als auch der Kode des nächsten Zustandes $Z(n+1)$ ermittelt. Die Struktur der PLA kann dabei recht einfach aus der Zustandtabelle gewonnen werden. Für unser Beispiel von Tabelle 3.24 ist dies im Bild 3.93 realisiert.

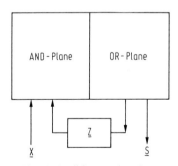

Bild 3.92 Realisierung eines Steuerwerkes mit PLA

Steuerlogik mit PLA erlaubt auch sehr einfach nachträgliche Änderungen (wenn sich z.B. einmal ein Mikrooperationssignal ändert oder ein neues hinzukommt), hat jedoch den Nachteil, daß der Flächenverbrauch i.allg. größer ist als bei Randomlogik. Auch die Geschwindigkeit ist geringer als bei Randomlogik.

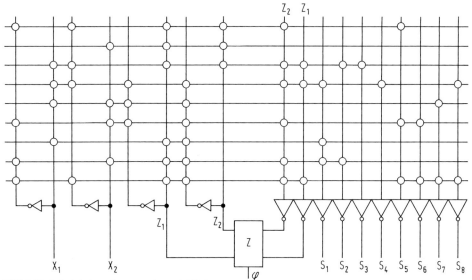

Bild 3.93 Beispiel eines Steuerwerkes mit PLA

3.6.3 Mikroprogrammsteuerung

Die Mikroprogrammsteuerung ist in seinem Grundprinzip völlig anders als das bisher Besprochene. Hier werden die Mikrooperationssignale (i. allg. kodiert) in einem Nurlesespeicher (ROM) gespeichert. Jeweils eine Mikrooperation (Mikrobefehl) stellt eine Zeile in diesem ROM dar und enthält die bei der Mikrooperation gleichzeitig zu aktivierenden Mikrooperationssignale. Die ganze Steuerlogik beschränkt sich also neben der Festlegung des ROM-Speicherinhaltes auf die richtige Abfolge (Sequenz) der Mikrobefehle (States), d.h. die Adressierung der Zeilen im ROM. Im Bild 3.94 ist ein vereinfachtes Blockschaltbild einer Mikroprogrammsteuerung skizziert. Dort sind als mögliche Adressen für den ROM über einen Multiplexer gegeben

- die jeweils nächste im Speicher (NEXT) wobei die vorhergehende Adresse A einfach zu inkrementieren ist,
- eine Sprungadresse, die im Mikrobefehlswort enthalten ist (JMP) und die bedingt oder unbedingt geladen werden kann (die Bedingung kann von Flags abhängen) und
- eine externe Adresse (MAP), eine sogenannte Entrypointadresse, die den Anfang einer Mikrobefehlssequenz markiert.

Welche der Möglichkeiten verwendet wird, ist selbst durch die Steuerbits B im Mikrobefehlswort mit enthalten.

Eine Logik wertet diese Steuerbits zusammen mit Flags (und u.U. weiteren externen Steuersignalen) aus und liefert die Steuersignale C 1,2 für den Multiplexer (MUX) für die Adressenauswahl. Beim Entwurf solcher Steuerwerke geht man besser von

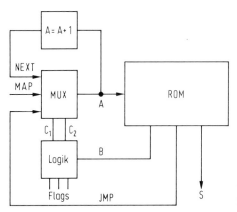

Bild 3.94 Prinzip eines
Mikroprogrammsteuerwerkes

einem Stategraphen und nicht von der Zustandstabelle aus, da die Zustände in der Zustandstabelle nicht unmittelbar mit einem Mikrobefehl korrespondieren, während man im einfachsten Falle einem State in einem Stategraphen einen Mikrobefehl und damit eine Zeile im ROM des Mikroprogrammsteuerwerkes zuordnen kann [3.17]. Diese Variante wird besonders bei komplexen Steueralgorithmen angewandt (CISC-Prozessoren).

3.7   Speicher

3.7.1   Überblick

Es gibt eine Vielzahl von Realisierungsvarianten von Halbleiterspeichern, die sich grundsätzlich zunächst durch die verwendete Speicherzelle unterscheiden. In Bild 3.95 ist das allgemeine Blockschaltbild eines Halbleiterspeichers skizziert. Man erkennt, daß die Speicherzellen matrixförmig angeordnet sind und an waagerecht verlaufende Wortleitungen (WL) bzw. senkrecht verlaufende Bitleitungen (BL) angeschlossen sind. In unserem einfachen Modell in Bild 3.95 hätten wir beispielsweise eine Speichermatrix mit $M = 4$ Zeilen (ROWs) und $N = 4$ Spalten (COLUMNs), so daß der Speicher $N \times M = 16$ Speicherzellen enthält. Je nach der Art der Speicherzellen unterscheiden wir nun grundsätzlich folgende Speichertypen:

— Schreib-Lese-Speicher mit wahlfreiem Zugriff (RAM = **r**andom **a**ccess **m**emory): Hier werden als Speicherzellen Flipflops für statische Speicher (SRAM) [3.18, 3.19] und Kapazitäten für dynamische Speicher (DRAM) [3.20, 3.21] verwendet.
— Nur-Lese-Speicher mit wahlfreiem Zugriff (ROM = **r**ead **o**nly **m**emory und PROM = **p**rogrammable **r**ead **o**nly **m**emory): Hier besteht die Speicherzelle im einfachsten Falle aus einen Transistor oder einer Diode. Werden Spezialtransistoren verwendet, die ein Löschen des Speicherzustandes ermöglichen (z.B. MOS-Transistoren mit Floatinggate [3.4]), so erhält man die sogenannten EPROM (**e**rasable **p**rogrammable **r**ead **o**nly **m**emory) und EEPROM bzw. E^2PROM (**e**lectrical **e**rasable **p**rogrammable **r**ead **o**nly **m**emory [3.22, 3.23].

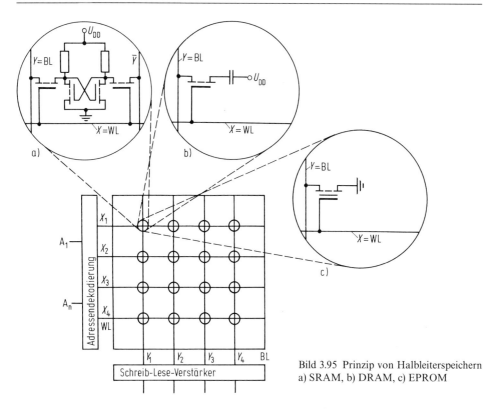

Bild 3.95 Prinzip von Halbleiterspeichern
a) SRAM, b) DRAM, c) EPROM

Der Aufruf der Speicherzellen (Adressierung) erfolgt über Adreßleitungen $A_1 \ldots A_n$, welche dekodiert werden und so zur Aktivierung der Wortleitungen WL bzw. der Auswahl der Bitleitungen BL führen. Speicher, die nicht durch Adreßsignale, sondern durch Vergleich mit einem bestimmten Speicherinhalt adressiert werden, werden Assoziativspeicher genannt (CAM = content addressed memory) [3.24].

Die Entwicklung der Speicherdichte auf einem Halbleiterchip (integrierte Bits pro Chip) vollzog sich in den vergangenen 20 Jahren in einem rasanten Tempo (Vervierfachung der Speicherdichte aller drei Jahre) und war und ist ein Maßstab für die Entwicklung der Mikroelektronik überhaupt. In Bild 3.96 ist die Entwicklung der Speicherdichte für dynamische Halbleiterspeicher (DRAM) dargestellt. Von Mitte der siebziger Jahre bis heute hat sich damit die Entwicklung vom 16-kBit-Speicher bis zum 64-MBit-Speicher vollzogen. Der Integrationsgrad dynamischer Halbleiterspeicher ist etwa stets viermal so groß wie der von statischen Speichern. Das hat seine Ursache in dem größeren Flächenverbrauch der statischen Speicherzelle (und u.U. auch im größeren Leistungsverbrauch). Der dargestellte Trend war besonders durch die ständige Verkleinerung der Minimalstrukturen, die Vergrößerung der Chipfläche und eine Verbesserung der Schaltungstechnik möglich.

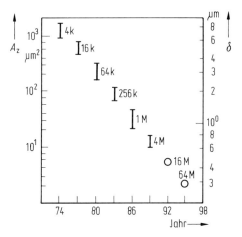

Bild 3.96 Entwicklung der Speicherdichte dynamischer Halbleiterspeicher
(A_Z-Speicherzellenfläche, δ-minimale Strukturgröße)

3.7.2 RAM-Speicher

3.7.2.1 Statische RAM-Speicher (SRAM)

Statische Halbleiterspeicher (SRAM) verwenden als Speicherzellen Flipflops wie
sie in Bild 3.97 dargestellt sind. Bei der Variante in Bild 3.97a werden die beiden
Widerstände aus undotierten polykristallinen Siliziumschichten ($R > 500$ MΩ) realisiert. Der besondere Vorteil dieser Variante ist, daß die Widerstände über den
Transistoren angeordnet werden können und daher wenig zusätzliche Fläche benötigen [3.18, 3.19].

In Bild 3.98 ist das Blockschaltbild eines SRAM gezeigt. Die Aktivierung des Spei-
chers erfolgt über die Signale $\overline{\text{CS}}$ (chip select) und $\overline{\text{WE}}$ (write enable). Nur wenn
$\overline{\text{CS}} = \emptyset$ ist, können Ein- bzw. Ausgang (DI, DO) aktiviert werden, im anderen Falle

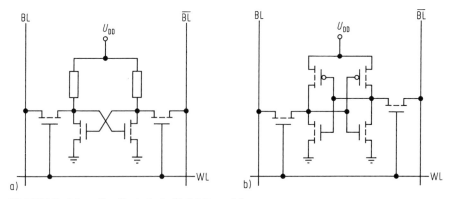

Bild 3.97 Speicherzellen für statische Halbleiterspeicher
a) Flipflop mit NMOS-Transistoren und hochohmigen Lastwiderständen, b) CMOS-Flipflop

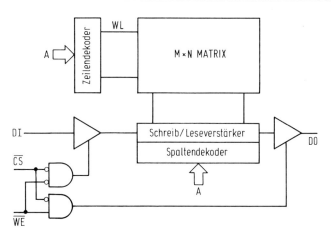

Bild 3.98 Blockschaltbild eines statischen Halbleiterspeichers

befinden sich diese im hochohmigen Tristate. Ist $\overline{WE} = \emptyset$, so wird der Dateneingang DI aktiviert; ist $\overline{WE} = 1$, so wird der Datenausgang DO aktiviert. Die Lese/Schreibverstärker können z.B. als CMOS-Differenzverstärker ausgeführt werden, wie dies im Bild 3.99 gezeigt ist.

In Bild 3.100 ist das Timingdiagramm eines SRAM gezeigt. Nach dem die Adressen gültig sind (address valid), wird das Chipselectsignal $\overline{CS}$ und u.U. das Writeenablesignal $\overline{WE}$ aktiviert. Die Zeit, die vom Anlegen der Adressen bis zur Verfügbarkeit gültiger Daten am Ausgang vergeht, wird Zugriffszeit t_{acc} (access time) genannt. Die Zeit, die vom Aktivieren des Chipselectsignals bis zur Gültigkeit der Daten am Ausgang vergeht, ist t_{co} (chip select access time). Dies galt für Speicherlesen, d.h. $\overline{WE} = 1$. Für Speicherschreiben ($\overline{WE} = \emptyset$), müssen die zu schreibenden Eingangsdaten DI eine bestimmte Zeit t_S (set-up time) vor der High-Low-Flanke von $\overline{WE}$ auf dem Datenbus stabil sein und dies auch eine Zeit t_H (hold time) nach Desaktivieren von $\overline{WE}(= 1)$ bleiben, wie es im Bild 3.100 gezeigt ist. Die Zeit zwischen zwei Aktivierungen des Chipselectsignals $\overline{CS}$ ist die Speicherzykluszeit t_c. Während $\overline{CS}$ $= 1$ ist, ist der Ausgang DO im hochohmigen Tristate. In Bild 3.101 ist als Beispiel die Anschlußbelegung eines 1-Mbit-SRAM (Byteorganisation $128\,k * 8$) gezeigt. Er besitzt 17 Adreßleitungen (A$\emptyset$...A16) und 8 bidirektionale Datenleitungen (D$\emptyset$...D7), ein Writenablesignal $\overline{WE}$ und je ein high- und lowaktives Chipenablesignal CE2 bzw. $\overline{CE1}$.

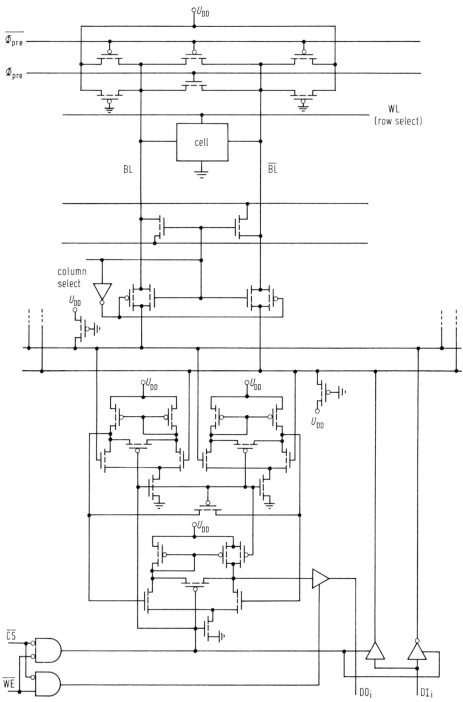

Bild 3.99 Schaltung eines statischen Halbleiterspeichers in CMOS-Technik

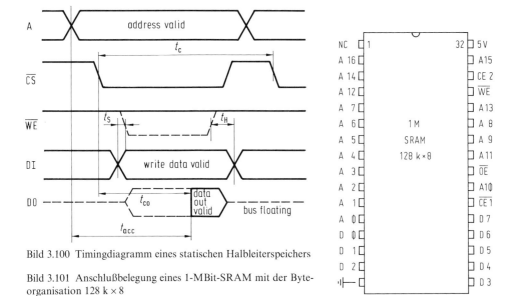

Bild 3.100 Timingdiagramm eines statischen Halbleiterspeichers

Bild 3.101 Anschlußbelegung eines 1-MBit-SRAM mit der Byteorganisation 128 k × 8

3.7.2.2 Dynamische RAM-Speicher (DRAM)

Die Speicherzelle eines DRAM besteht aus einer Speicherkapazität C_S zur Speicherung der Information und einen MOS-Transistor T zur Auswahl der Zelle in der Matrix [3.20, 3.21], wie es im Bild 3.102 gezeigt ist. Mit fortschreitender Entwicklung des Integrationsgrades galt es, mit möglichst geringem lateralen Flächenverbrauch eine möglichst große Speicherkapazität C_S zu erzielen, da der Lesevorgang dieser Speicherzelle im wesentlichen auf einer kapazitiven Spannungsteilung zwischen Speicherkapazität C_S und der (viel größeren) Bitleitungskapazität C_{BL} beruht.

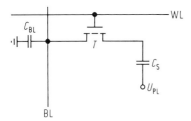

Bild 3.102 Eintransistorspeicherzelle für dynamische Halbleiterspeicher

Ist das Verhältnis C_S/C_{BL} zu klein, so kann der entstehende Spannungshub beim Lesen von einem Sensorverstärker nicht mehr sicher genug registriert werden. Bis zum 1-Mbit-Speicher wurden Auswahltransistor T und Speicherkapazität C_S in einer Ebene angeordnet. Ab dem 4-Mbit-Speicher mußte die dritte Dimension für die Speicherfläche genutzt werden. Eine Möglichkeit bietet hier die Realisierung der Speicherkapazität in einem tiefen Graben (trench) [3.20]. Eine andere Variante der Nutzung der dritten Dimension ist die Stapelkondensatorzelle. Hier wird eine große Kapazitätsfläche dadurch erzielt, daß die Kondensatorelektroden übereinander gestapelt sind [3.21].

Die Auswahl der Speicherzellen erfolgt über den Auswahltransistor T, dessen Gate an die Wortleitung WL angeschlossen ist (s. Bild 3.102). Infolge Leckströme, kapazitiver Störeinstreuungen und α-Partikeleinwirkung kann der Speicherinhalt zerstört werden. Deshalb sollte die minimale Speicherladung nicht kleiner als etwa 200 fC sein. Außerdem ist ein Auffrischen der Speicherladung (z.B. alle 100 ms) in einem sogenannten Refreshzyklus erforderlich. Der Refreshzyklus besteht im wesentlichen in einem Lese/Schreibvorgang.

In Bild 3.103 ist das Blockschaltbild eines DRAM-Bausteins dargestellt. Zunächst erkennt man die matrixförmige Anordnung der Speicherzellen. Im vorliegenden Beispiel sind diese in zwei Teilmatrizen aufgespalten, zwischen denen die Spaltendekoder (COLUMN-DEC) und die Sensorverstärker (Sensor-Flipflop SFF) angeordnet sind. Die Adressen $A_1 \dots A_m$ werden in einem Adreßmultiplexer (ADRESS-MUX) entweder den Zeilendekodern (ROW-DEC) oder den Spaltendekodern (COLUMN-DEC) zugeführt. In dynamischen Halbleiterspeichern wird nämlich die Gesamtadresse $A_1 \dots A_n$ in zwei Teilen zu je $m = n/2$ Bit zugeführt. Das wird mit den Signalen $\overline{RAS}$ (row address select) und $\overline{CAS}$ (column address select) gesteuert. Zuerst wird durch Aktivieren von $\overline{RAS}$ ($\overline{RAS} = \emptyset$) die Zeilenadresse $A_{R1} \dots A_{Rm}$ zugeführt, wie es auch aus dem Timingdiagramm in Bild 3.104 ersichtlich ist. Eine bestimmte Zeit später ($t_{RCD} \approx 20$ ns) werden die Spaltenadressen ($A_{C1} \dots A_{Cm}$) an den Adreßeingängen zur Verfügung gestellt und durch Aktivieren des CAS-Signals

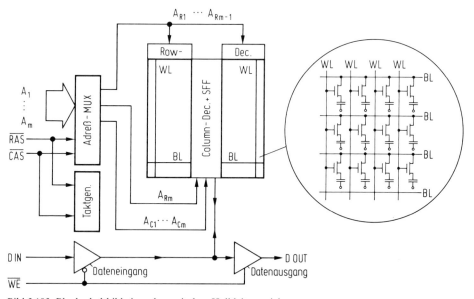

Bild 3.103 Blockschaltbild eines dynamischen Halbleiterspeichers

($\overline{\text{CAS}}=\emptyset$) in den Speicher übernommen. Die Zeit, die vom Aktivieren des $\overline{\text{RAS}}$-Signals beim Lesevorgang bis zur Verfügbarkeit gültiger Daten am Ausgang DO vergeht, ist t_{RAC} (row address access time, s. Bild 3.104). Die Zeit, die vom Aktivieren des CAS-Signals beim Lesevorgang bis zur Verfügbarkeit gültiger Daten am Ausgang DO vergeht, ist t_{CAC} (colum address access time). Beim Schreibvorgang wird $\overline{\text{WE}}$ aktiv ($\overline{\text{WE}}=\emptyset$), und die Daten am Eingang müssen vorher stabil sein. Wenn $\overline{\text{CAS}}=1$ wird, schaltet sich der Schaltkreis wieder vom Bus ab, und DO gelangt in den hochohmigen Tristate. Die Speicherzykluszeit t_{c} ist die Zeit zwischen zwei Aktivierungen des Signals RAS.

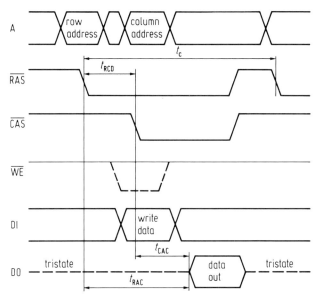

Bild 3.104 Timingdiagramm eines dynamischen Halbleiterspeichers

Wir wollen den Lesevorgang anhand des Schaltbildes im Bild 3.105 für einen DRAM in CMOS-Technik betrachten. Die Bitleitungen werden zunächst im Takt Φ_1 (s. Bild 3.106) auf $V_{\text{B}}=U_{\text{DD}}/2$ vorgeladen. Wenn mit einem Wortleitungsimpuls WL_n eine Speicherzelle ausgewählt wird, entsteht auf der Bitleitung zunächst eine Potentialänderung ΔV_{B} (s. Bild 3.107)

$$\Delta V_{\text{B}}=\frac{C_{\text{s}}}{C_{\text{s}}+C_{\text{BL}}}(V_{\text{c}}-V_{\text{B}}).\tag{3.140}$$

V_{c} ist das Potential in der Speicherzelle und V_{B} war $U_{\text{DD}}/2$. Der entstehende Spannungssprung ΔV_{B} liegt bei einigen 10 mV und muß durch den aus einem p-Kanalteil (PSA) bzw. n-Kanalteil (NSA) bestehenden Sensorverstärker (s. Bild 3.105) verstärkt werden. Dies soll nun erklärt werden:

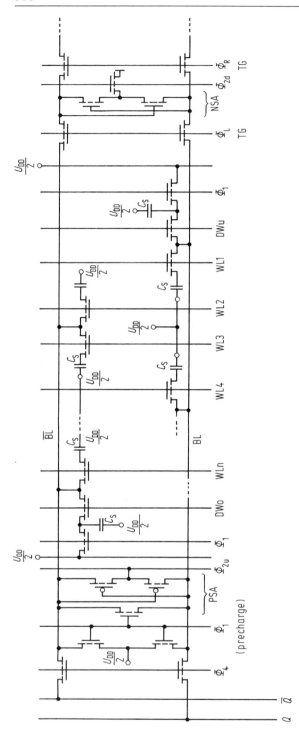

Bild 3.105 Schaltung eines dynamischen Halbleiterspeichers in CMOS-Technik mit gefalteter Bitleitung und Dummyzellen

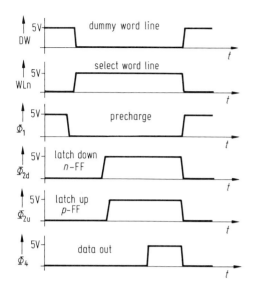

Bild 3.106 Timingdiagramm der Takte im dynamischen Halbleiterspeicher beim Lesen

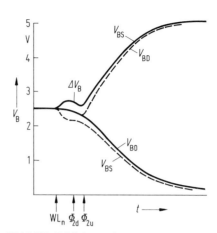

Bild 3.107 Zeitliche Reaktion der Bitleitungspoteniale beim Lesen in einem dynamischen Halbleiterspeicher

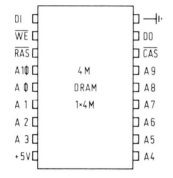

Bild 3.108 Anschlußbelegung eines 4-MBit-DRAM

Während des Taktes Φ_1 waren die Bitleitungen und die Dummyzellen auf $U_{DD}/2$ vorgeladen. Nachdem die Zelle mit WL_n ausgewählt wurde, und dadurch abhängig vom Speicherinhalt eine positive oder negative Potentialänderung ΔV_B auf der Bitleitung entsteht (s. Bild 3.107), erfolgt beim Takt Φ_{2d} das Aktivieren des n-Kanalflipflops (NSA), das die Bitleitungen nach Masse ziehen will. Kurze Zeit später wird mit Φ_{2u} das p-Kanalflipflop (PSA) aktiviert, das die Bitleitungen zur Betriebsspannung U_{DD} ziehen will. Ob sich endgültig U_{DD} oder 0 an der Bitleitung einstellt, hängt vom ursprünglichen Potentialsprung ΔV_B ab. In unserem Beispiel (ausgezogener Verlauf in Bild 3.107) ist dieser positiv, so daß sich an der Bitleitung der Speicherzelle das Potential $V_{BS} = U_{DD}$ einstellt, während das Bitleitungspotential der Dummyzelle (Vergleichszelle) $V_{BD} = 0$ wird. Bei $\Delta V_B < 0$ ist es gerade umgekehrt (gestrichelter Verlauf in Bild 3.107). Mit Φ_4 wird die Information ausgegeben. In Bild 3.108 ist die Anschlußbelegung eines 4-Mbit-DRAM ($1 \times 4M$) gezeigt.

3.7.3 Speicher mit nichtflüchtigem Inhalt

3.7.3.1 ROM- und PROM-Speicher

ROM bzw. PROM enthalten als Speicherzelle in der Matrix nur einen Transistor oder eine Diode. In Bild 3.109 ist eine Speichermatrix mit Dioden gezeigt. Der Speicherinhalt wird dadurch bestimmt, ob an den Zeilen- und Spaltenleitungen eine Diode wirksam ist oder nicht. Die Anschaltung einer Diode (oder eines Transistors) an eine X- und eine Y-Leitung kann beim Bauelementehersteller fest und unveränderbar geschehen. Damit ist der Speicherinhalt fest vorgegeben und daher nur lesbar. In diesem Falle haben wir einen reinen ROM. Kann aber vom Kunden

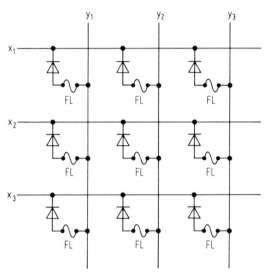

Bild 3.109 Prinzip eines programmierbaren ROM-Speichers mit Dioden, programmierbar mit schmelzbaren Verbindungen (FL)

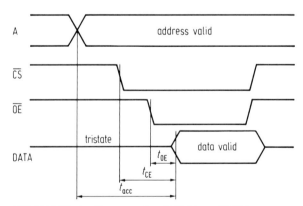

Bild 3.110 Timingdiagramm eines ROM bzw. PROM

nachträglich diese Anschaltung noch geändert werden, z.B. durch Durchbrennen dünner Verbindungsleitungen (fusable link, FL in Bild 3.109), so haben wir einen PROM (programmierbaren ROM), dessen Inhalt aber nach der vollzogenen Programmierung auch nicht mehr geändert werden kann. Er kann also dann auch nur noch gelesen werden.

Das Timingdiagramm eines ROM bzw. PROM ist im Bild 3.110 gezeigt. Die Auswahl des Speicherschaltkreises erfolgt wieder mit dem Chipselectsignal $\overline{CS}$ ($\overline{CS} = \emptyset$) und ein zusätzliches Ausgangsaktivierungssignal $\overline{OE}$ (output enable). Solange $\overline{OE} = 1$ (inaktiv) ist, sind die Datenausgänge DO (der ROM hat nur Datenausgänge) im hochohmigen Tristate. Die Daten am Ausgang sind nach einer Zugriffszeit t_{CE} bzw. t_{OE} gültig verfügbar (data valid).

3.7.3.2 EPROM- und E²PROM-Speicher

EPROM bzw. E²PROM sind löschbare Nurlesespeicher [3.22, 3.23] und verwenden als Speicherzelle einen MOS-Speicherfeldeffekttransistor mit Floatinggate. In Bild 3.111 sind Querschnitt und Transferkennlinie einer Speicherzelle für E²PROM mit Floatinggatetransistor (FGT) gezeigt. Das Aufladen des Floatinggate erfolgt durch heiße Elektronen. Durch das dünne Tunneloxid (d_{oxt}) kann das Floatinggate auch elektrisch mit einem Tunnelstrom entladen und damit der Speicherinhalt gelöscht werden [3.4]. Die Speicherzustände sind bei dieser Speicherzelle durch: $\emptyset$ = Floatinggate geladen, Schwellspannung U_{t1} hoch und 1 = Floatinggate ungeladen, Schwellspannung U_{t0} niedrig (s. Bild 3.111 b), gegeben. Das Timingdiagramm in Bild 3.110 gilt auch prinzipiell für den EPROM. In Bild 3.112 ist die Anschlußbelegung eines 256-k-EPROM (8×32 k) gezeigt.

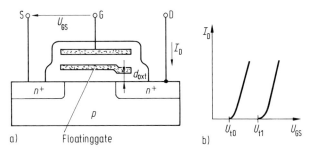

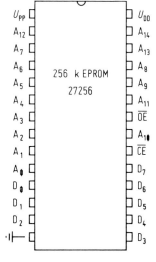

Bild 3.111 MOS-Speicherfeldeffekttransistor mit Floatinggate
a) Querschnitt, b) Transferkennlinien

Bild 3.112 Anschlußbelegung eines 256-kBit-EPROM

3.7.4   Assoziativspeicher

Ein Assoziativspeicher oder CAM (content addressed memory) ist ein inhaltsadressierter Speicher, bei dem die Speicherzelle nicht durch eine Adresse, sondern durch eine vorgegebene (gesuchte) Information aktiviert wird [3.24]. Das Prinzip einer assoziativen Speicherzelle ist im Bild 3.113 gezeigt. An die Datenleitungen BL (Bitleitungen) wird ein Maskbit m angelegt und mit dem Speicherinhalt verglichen. Wird Übereinstimmung festgestellt, so wird das Übereinstimmungssignal (match signal) e aktiviert.

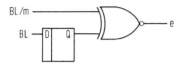

Bild 3.113 Logikschaltung einer assoziativen Speicherzelle

In Bild 3.114 ist das Blockschaltbild eines Assoziativspeichers gezeigt. Er besteht prinzipiell aus zwei Teilen, einem TAG-Teil und einem BUFFER-Teil. Im TAG-Teil wird ein Kennzeichen für die Information, die gesucht wird, gespeichert. Das kann, wie in unserem Beispiel, eine Adresse sein. Gesucht wird nun in unserem Beispiel nach einer Adressenübereinstimmung. Dazu wird über den Adreßbus A eine Adresse mit dem Inhalt des TAG in allen Positionen verglichen. Wird Übereinstimmung festgestellt, so wird das Signal $\overline{\text{MISS/HIT}} = \emptyset$; wird in keinen Fall Übereinstimmung festgestellt, so wird $\overline{\text{MISS/HIT}} = 1$. In Abhängigkeit von dieser assoziativen Prüfung können Lese und/oder Schreiboperationen im BUFFER-Teil ausgeführt werden.

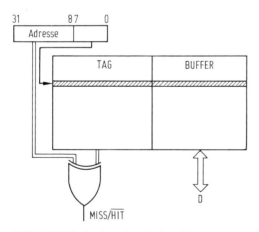

Bild 3.114 Prinzip eines Assoziativspeichers

3.8 Mikroprozessoren

3.8.1 Prinzipieller Aufbau

Mikroprozessoren sind programmierbare zentrale Verarbeitungseinheiten (CPU = central processor unit), die prinzipiell neben den Schaltungsteilen für Datenein- und -ausgabe aus 2 Hauptteilen bestehen, der Verarbeitungseinheit (execution unit) und der Steuereinheit (control unit), (Bild 3.115).

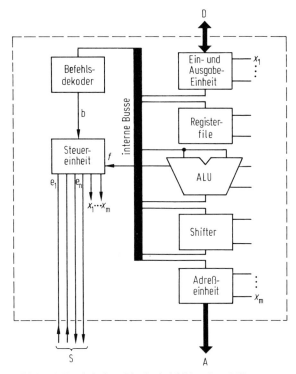

Bild 3.115 Vereinfachtes Blockschaltbildes eines Mikroprozessors

Die Verarbeitungseinheit besteht aus einer arithmetisch-logischen Einheit (ALU) für die arithmetische und logische Verknüpfung der Daten, einem Registerblock (register file) für die Zwischenspeicherung der Daten und Shiftern für Bitfeldmanipulationen sowie einer Adreßeinheit zur Bildung der Adresse für Daten und Befehle.

Die Steuereinheit (s. Abschnitt 3.6) liefert die Steuersignale $X_1 \ldots X_m$ an die Funktionsblöcke der Verarbeitungseinheit sowie an externe Geräte $e_1 \ldots e_n$ und erhält selbst Informationen aus dem Befehlsdekoder b, externer Geräte e und der Verarbeitungseinheit f (z.B. Flags, s. Bild 3.56) [3.25].

Der Mikroprozessor korrespondiert mit seiner Umwelt über den Datenbus D (bidirektional), den Adressbus A (unidirektional) und die Steuersignale S. Mikroprozessoren mit einem adressierbaren Speicherraum größer als 64 k Bit, also 16- und 32-Bit-Mikroprozessoren, benötigen noch eine sogenannte Memorymanagementeinheit, die die virtuelle (logische) Adresse im Programm in eine physikalische Adresse für die Adressierung von Speicherschaltkreisen umsetzt [3.28, 3.29]. Diese Umsetzung erfolgt über ein (u.U. mehrstufiges) System von Tabellen, deren Pointer mit auf dem Mikroprozessorschaltkreis verwaltet werden. Wir unterscheiden grundsätzlich zwei Typen dieser Adreßumsetzung (virtuell-physikalisch), und zwar das Segmentsystem und das Pagesystem.

Das Pagesystem (Bild 3.116a) teilt die virtuelle Adresse in zwei Teile, einen Pageoffset und eine logische Pagenummer. Der Pageoffset (z.B. 9 Bit) wird direkt zu den niederwertigsten Bits der physikalischen Adresse. Damit wird der Speicherraum in gleich große Teile (pages) eingeteilt, i.u.B. mit je $2^9 = 512$ Byte. Die logische Pagenummer dient als Index in eine Pagetabelle (page frame table), in der neben einer Basisadresse PBA (physical base address) noch weitere Informationen über die Page (z.B., ob sie im Hauptspeicher vorhanden ist (valid), ob bestimmte Zugriffsrechte existieren (protection)), enthalten sind. Die Basisadresse PBA und der Offset werden zur physikalischen Adresse zusammengesetzt. Dieser Pagingmechanismus kann auch mehrstufig erfolgen. In diesem Falle findet man in der ersten Pagetabelle einen Zeiger auf eine weitere Tabelle usf.

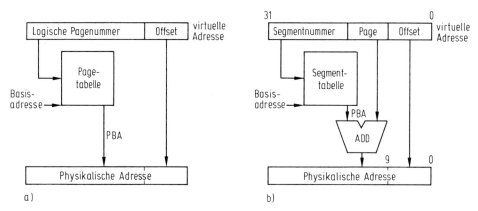

Bild 3.116 Prinzipien der Umwandlung einer virtuellen (logischen) Adresse in eine physikalische Adresse
a) Pagingsystem, b) Segmentingsystem

Das Segmentsystem (Bild 3.116b) teilt den Speicherraum in Segmente unterschiedlicher Länge auf. Auch existiert zunächst ein Pageoffset. Die Speicherverwaltung erfolgt durch eine Segmenttabelle (segment descriptor table). Der Index in diese Tabelle wird durch die höchstwertigen Bits der virtuellen Adresse gebildet.

Die in dieser Tabelle enthaltene Basisadresse PBA wird zu einer Pagezahl addiert. Das Ergebnis ergibt zusammen mit dem Pageoffset die physikalische Adresse mit Segmenten unterschiedlicher Länge.

3.8.2 Adressierungsarten

Wichtig für die Programmierung eines Mikroprozessors sind die Adressierungsarten, d.h. die Art wie der oder die Operanden im Befehl angegeben sind. Im Bild 3.117 ist das typische Befehlsformat gezeigt. Es besitzt im wesentlichen 3 Felder. Im ersten Feld wird der Operationskode (opcode) angegeben. Das bedeutet die Angabe, welche Operation mit den Operanden auszuführen ist, z.B. Addieren (ADD), Subtrahieren (SUB), Dekrementieren (DEC) oder Verknüpfen (OR) usf. Im zweiten Feld wird angegeben, welcher Adressierungsmodus vorliegt (mode). Oder anders ausgedrückt, welche Bedeutung die Angabe im Operandenfeld (Operand) hat. Wir wollen nun die wichtigsten Adressierungsarten kurz nennen [3.30]:

Unmittelbare Adressierung (immediate). Hier ist im Operandenfeld direkt der Zahlenwert oder das Zeichen (literal), welcher verarbeitet werden soll (z.B. ADDC, $C8) zu finden.

Registerdirekte Adressierung (register direct). Hier ist im Operandenfeld der Kode für das Register angegeben, welches den Operanden enthält (z.B. ADD C, E).

Registerindirekte Adressierung (indirect, register deferred). Hier ist der Operand im Speicher auf der Adresse zu finden, die im Register enthalten ist, dessen Kode im Operandenfeld angegeben ist (z.B. ADD A, (HL)).

Speicherdirekte Adressierung (absolute). Hier ist die Operandenadresse direkt im Operandenfeld des Befehls angegeben (z.B. ADD A, (MARKE)).

Speicherindirekte Adressierung (absolute deferred). Hier ist im Operandenfeld des Befehls die Adresse angegeben wo im Speicher die Adresse des Operanden steht (z.B. ADD A, @ (MARKE)).

Relativadressierung (relative). Hier ist im Operandenfeld ein Displacement d angegeben, welches die Verschiebung zum aktuellen Stand des Programmzählers angibt (z.B. JR d = springe relativ mit dem Abstand d zum PC-Inhalt).

Indizierte Adressierung (indexed). Jede der bisher besprochenen Adressen kann zusätzlich mit einem im Indexregister IX vorhandenen Index addiert werden und so die Operandenadresse bilden (z.B. ADD A, (MARKE) [IX]).

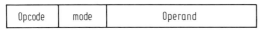

Bild 3.117 Befehlsformat

An den konkreten Mikroprozessorbeispielen, die wir im folgenden Abschnitt besprechen werden, wird dies noch deutlicher werden.

Die von uns bisher zur Beschreibung von Befehlen verwendete Syntax, z.B. ADD C, E; JRd wird Mnemonic oder Assemblersprache genannt. Die gültigen Mnemonics sind bei verschiedenen Mikroprozessorherstellern etwas unterschiedlich, prinzipiell liegt ihnen aber gleiche Ausdrucksweise zugrunde.

3.8.3 Beispiele kommerzieller Mikroprozessoren

Die Vielzahl (mit unterschiedlichem Erfolg) auf dem Markt befindlichen Mikroprozessoren, zwingt uns zur Beschränkung. Wir werden deshalb in diesem Abschnitt je einen 8- und einen 16-Bit-Mikroprozessor beschreiben.

3.8.3.1 Der 8-Bit-Mikroprozessor Z 80 von ZILOG

Der Z80 wurde als fortgeschrittener 8-bit-Mikroprozessor mit einer Reihe sehr leistungsfähiger Befehle eingeführt [3.27]. Er besitzt einen erweiterten Registersatz und ist mit Intels 8080 befehlskompatibel. In Bild 3.118 ist die Anschlußbelegung und in Bild 3.119 der für den Programmierer sichtbare Registersatz dargestellt. Er besitzt einen Akkumulator A und 6 allgemeine 8-Bit-Register B, C, D, E, H, L, einen Interruptpointer I, einen Refreshzähler R, zwei 16-Bit-Indexregister IX und IY, einen Stackpointer SP und einen Programmzähler PC. Die 8-Bit-Register können zu 16-Bit-Doppelregistern kombiniert werden (BC, DE, HL), und diese Register haben Schattenregister B′, C′, D′, E′, H′, L′. Die Flags besitzen die in Bild 3.120 gezeigte Belegung bzw. Bedeutung. Dieser Schaltkreis hat 8 bidirektionale Datenleitungen D∅...D7 und 16 Adreßleitungen A∅...A15. Die Steuerleitungen $\overline{RD}$ und $\overline{WR}$ signalisieren den Speicher- und Interfaceschaltkreisen, ob gelesen ($\overline{RD}=\emptyset$) oder geschrieben ($\overline{WR}=\emptyset$) werden soll. Bei $\overline{IRQ}=\emptyset$ bzw. $\overline{NMI}=\emptyset$ erfolgt die Anforderung eines maskierten bzw. nicht maskierten Interrupts. Der Z80 besitzt bei $\overline{IRQ}=\emptyset$ drei Interruptmoden:

mode 0. In diesem Modus kann das Gerät, welches den Interrupt anfordert, d.h. $\overline{IRQ}=\emptyset$ verursacht, einen 1-Byte-Befehl auf die Datenleitungen geben, der dann vom Z80 ausgeführt wird (z.B. Restart).

mode 1. In diesem Falle führt der Z80 bei Interruptanforderung $\overline{IRQ}=\emptyset$ einen Restart zur Adresse $\$\emptyset\emptyset38$ aus.

mode 2. In diesem Modus wird ein Pointer in eine Interruptvektortabelle aus einem Byte vom unterbrechenden Gerät und dem Inhalt des I-Registers (High-Byte) gebildet. Diese Tabelle enthält dann die Startadresse für die Interruptroutinen.

Der Interruptmodus kann vom Programmierer mit dem Befehl IM ausgewählt werden.

Ein nichtmaskierter Interrupt NMI führt immer zu einem Sprung nach Adresse $\$\emptyset\emptyset66$.

Das $\overline{RESET}$-Signal führt zur Initialisierung aller Register; der Programmzähler PC wird auf $\$\emptyset\emptyset\emptyset\emptyset$ gestellt (PC enthält stets die aktuelle Befehlsadresse).

$\overline{BUSRQ}=\emptyset$ fordert den Z80 auf, sich vom Adreß- und Datenbus abzuschalten (hochohmiger Tristate), um diese Busse für einen direkten Speicherzugriff (DMA) frei zu machen. Das WAIT-Signal bringt den Mikroprozessor in den Wartezustand (z.B. wenn ein externes Gerät zu langsam ist) und erlaubt damit die Synchronisierung bei unterschiedlichen Arbeitsgeschwindigkeiten. $\overline{MREQ}$ und $\overline{IORQ}$ signalisieren, ob es sich um eine Speicheroperation ($\overline{\text{MREQ}} = \emptyset$) oder eine Ein/Ausgabe-operation ($\overline{\text{IORQ}} = \emptyset$) handelt. M1 ist einen Maschinenzyklussynchronsignal.

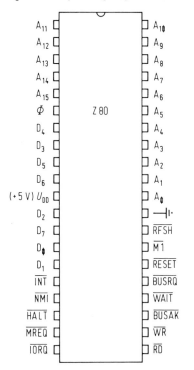

Der Z80 hat 158 Befehle und 7 Adressierungsarten. Er benutzt einen 8- oder 16-Bit-Operationskode. Die Befehle können also eine Länge von 1 bis 4 Byte haben. In Tabelle 3.27 sind einige Befehle aufgelistet. Für mehr Details, siehe [3.27]. Die dafür nötigen Register- und Bedingungskodes sind in den Tabellen 3.25 und 3.26 enthalten.

7		$\emptyset$7		$\emptyset$7		$\emptyset$7	$\emptyset$
A		F		A'		F'	
B		C		B'		C'	
D		E		D'		E'	
H		L		H'		L'	
I		R					
IX							
IY							
SP							
PC							

Bild 3.118 Anschlußbelegung des 8-Bit-Mikroprozessorschaltkreises Z80

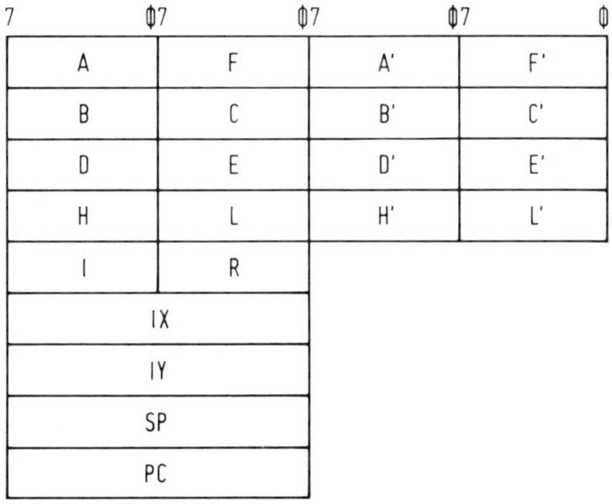

Bild 3.119 Register des Mikroprozessorschaltkreises Z80

7	6	5	4	3	2	1	$\emptyset$
sign S	zero Z		half carry H		parity/ overflow P/V	negative N	carry CY

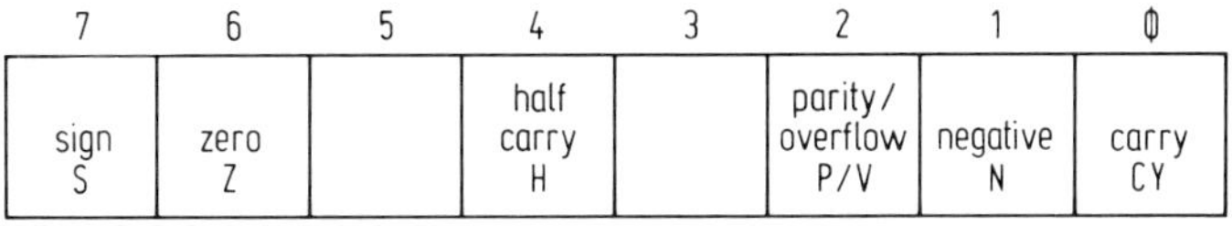

Bild 3.120 Flags des Mikroprozessorschaltkreises Z80

Tabelle 3.25 Registerkodes des Z80

r	Register	q	Doppelregister
$\emptyset\emptyset\emptyset$	B	$\emptyset\emptyset$	BC
$\emptyset\emptyset1$	C	$\emptyset1$	DE
$\emptyset1\emptyset$	D	$1\emptyset$	HL
$\emptyset11$	E	11	AF
$1\emptyset\emptyset$	H		
$1\emptyset1$	L		
111	A		

Tabelle 3.26 Bedingungskodes des Z80

c	Flag	Bedeutung
$\emptyset\emptyset\emptyset$	NZ	nicht Null (non zero)
$\emptyset\emptyset1$	Z	Null (zero)
$\emptyset1\emptyset$	NC	kein Übertrag (non carry)
$\emptyset11$	C	Übertrag (carry)
$1\emptyset\emptyset$	PO	ungerade Parität (parity odd)
$1\emptyset1$	PE	gerade Parität (parity even)
$11\emptyset$	P	Vorzeichen positiv (sign positive)
111	N	Vorzeichen negativ (sign negative)

Tabelle 3.27 Befehle des Mikroprozessors Z80 (Auswahl)

Mnemonic	Operation	Befehlskode	Bemerkungen
LD r,r′	r ← r′	$\emptyset$1 r r′	Register direkte Adressierung
LD r, (HL)	r ← (HL)	$\emptyset$1 r 11$\emptyset$	Register indirekte Adressierung
LD r, (IX + d)	r ← (IX + d)	11 $\emptyset$11 1$\emptyset$1 $\emptyset$1 r 11$\emptyset$ $--$d$--$	indizierte Adressierung
LD r, (nn)	r ← (nn)	$\emptyset\emptyset$ r $\emptyset$1$\emptyset$ $--$n$--$ $--$n$--$	Speicher direkte Adressierung
LD r,n	r ← n	$\emptyset\emptyset$ r 11$\emptyset$ $--$n$--$	unmittelbare Adressierung
POP q	(SP + 1) → q_L (SP) → q_H	11 q $\emptyset$ $\emptyset\emptyset$1	
PUSH q	q_L → (SP − 2) q_H → (SP − 1)	11 q $\emptyset$ 1$\emptyset$1	
LD q, nn	nn → q	$\emptyset\emptyset$ q $\emptyset$ $\emptyset\emptyset$1 $--$n$--$ $--$n$--$	
LDIR	(HL) → (DE) DE → DE + 1 HL → HL + 1 BC → BC − 1 Wiederhole bis BC = 0	11 1$\emptyset$1 1$\emptyset$1 1$\emptyset$ 11$\emptyset$ $\emptyset\emptyset\emptyset$	Blocktransfer
CPIR	A − (HL) HL → HL + 1 BC → BC − 1 Wiederhole bis A = (HL) oder BC = 0	11 1$\emptyset$1 1$\emptyset$1 1$\emptyset$ 11$\emptyset$ $\emptyset\emptyset\emptyset$	Vergleich bzw. Suchbefehl
ADD A,n	A + n → A	11 $\emptyset\emptyset\emptyset$ 11$\emptyset$ $--$n$--$	
ADD A,s	A + s → A	a $\emptyset\emptyset\emptyset$ b	a und b können je nach
ADC A,s	A + s + CY → A	a $\emptyset\emptyset$1 b	Adressierung folgende
SUB A,s	A − s → A	a $\emptyset$1$\emptyset$ b	Werte annehmen:
SBC A,s	A − s − CY → A	a $\emptyset$11 b	1) Register direkt (s = r)
AND A,s	A · s → A	a 1$\emptyset\emptyset$ b	a = 1$\emptyset$, a′ = $\emptyset\emptyset$, b = r
OR A,s	A v s → A	a 11$\emptyset$ b	2) Register indirekt (s = (HL))
XOR A,s	A ⊕ s → A	a 1$\emptyset$1 b	a = 1$\emptyset$, a′ = $\emptyset\emptyset$, b = 11$\emptyset$
INC s	s + 1 → s	a′ b 1$\emptyset\emptyset$	3) indiziert (s = (IX + d))
DEC s	s − 1 → s	a′ b 1$\emptyset$1	a = 1$\emptyset$, a′ = $\emptyset\emptyset$, b = 11$\emptyset$
CP A,s	A − s → A	a 111 b	und vor dem Befehl noch das Wort 11 $\emptyset$11 1$\emptyset$1 und nach dem Befehl $--$d$--$
DAA	konvertiert in BCD-Zahl	$\emptyset\emptyset$ 1$\emptyset\emptyset$ 111	
CPL	Ā → A	$\emptyset\emptyset$ 1$\emptyset$1 111	
NEG	O − A → A	11 1$\emptyset$1 1$\emptyset$1 $\emptyset$1 $\emptyset\emptyset\emptyset$ 1$\emptyset\emptyset$	2er-Komplement bilden
HALT		$\emptyset$1 11$\emptyset$ 11$\emptyset$	
NOP	keine Operation	$\emptyset\emptyset$ $\emptyset\emptyset\emptyset$ $\emptyset\emptyset\emptyset$	
SET b,r	1 → r_b	11 $\emptyset\emptyset$1 $\emptyset$11 11 b r	

Tabelle 3.27 (Fortsetzung)

Mnemonic	Operation	Befehlskode	Bemerkungen
JP nn	nn → PC	11 000 011 --n-- --n--	unbedingter absoluter Sprung
JP c, nn	Wenn c erfüllt, nn → PC	11 c 010 --n-- --n--	bedingter absoluter Sprung
JR d	PC + d → PC	00 011 000 --d--	unbedingter relativer Sprung
JR C, d	Wenn CY = 1, PC + d → PC	00 111 000 --d--	bedingter relativer Sprung
JR Z, d	Wenn Z = 1, PC + d → PC	00 101 000 --d--	bedingter relativer Sprung
CALL nn	PC_H → (SP − 1) PC_L → (SP − 2) nn → PC	11 001 101 --n-- --n--	
RET	(SP) → PC_L (SP + 1) → PC_H	11 001 001	unbedingter Rücksprung ins Programm
DJNZ d	B − 1 → B Wenn B ≠ 0, PC + d → PC	00 010 000 --d--	Dekrementieren und bedingt relativ springen
INIR	(C) → (HL) B − 1 → B HL + 1 → HL Wiederhole bis B = 0	11 101 101 10 110 010	Blocktransferbefehle über Eingabe- und Ausgabeeinhei- ten. Diese werden durch C mit dem niederwertigen Adressbyte ($A_0 \dots A_7$) adressiert
OTIR	(HL) → (C) B − 1 → B HL + 1 → HL Wiederhole bis B = 0	11 101 101 10 110 011	
RL s	[CY] ← [7 s 0] ← (Schiebediagramm)	a' 010 b	a' und b werden wieder je nach Adressierungsart (s.o.) gewählt.
RR s	[7 s 0] → [CY] (Schiebediagramm)	a' 011 b	Dem Befehl sind jeweils folgende Worte voranzustellen: 1) Register direkt (s = r)
SLA s	[CY] ← [7 s 0] ← 0	a' 100 b	11 001 011 2) Speicher indirekt (s = (HL))
SRA s	[7 s 0] → [CY]	a' 101 b	11 001 011
SRL s	0 → [7 s 0] → [CY]	a' 111 b	

Nun wollen wir noch das Timing mit Bild 3.121 und Bild 3.122 besprechen. Der M1-Zyklus in Bild 3.121 gilt für den Befehlsholezyklus (instruction fetch) in den Takten $T_1 \ldots T_3$ und für die Ausführung (execute) im Takt T_4 (nur für Instruktionen, die keinen zusätzlichen Speicherzugriff erfordern, z.B. ADD A, B). Gleichzeitig wird im Takt T_4 der Inhalt von Register R (das war der Refreshzähler) auf den höherwertigen Teil des Adreßbusses gegeben und damit eine scheinbare Leseoperation der Speicher ausgeführt, die bei dynamischen Halbleiterspeichern (s. Abschnitt 3.7) einer Refreshoperation des Speicherinhaltes entspricht. Der M2-Zyklus in Bild 3.122 ist ein Speicher-Lese/Schreibzyklus. In Bild 3.122 ist im oberen Teil der Lesevorgang und im unteren Teil der Schreibvorgang veranschaulicht. Weitere Zyklen sind im Bild 3.123 der Ein/Ausgabezyklus (I/0) und im Bild 3.124 der Interruptrequestzyklus. In den Bildern 3.121 bis 3.124 sind zusätzlich noch Wartezyklen T_W mit eingefügt. Diese werden durch das $\overline{\text{WAIT}}$-Signal zur Synchronisation unterschiedlicher Arbeitsgeschwindigkeit zwischen externen Geräten und Mikroprozessor eingefügt oder werden automatisch generiert.

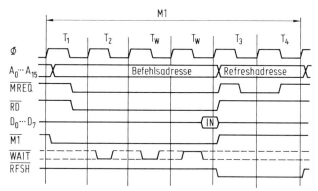

Bild 3.121 Timingdiagramm für den Befehlsholezyklus (instruction fetch) beim Mikroprozessor Z80

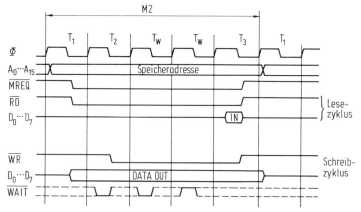

Bild 3.122 Timingdiagramm für einen Speicher-Lese/Schreibzyklus beim Mikroprozessor Z80

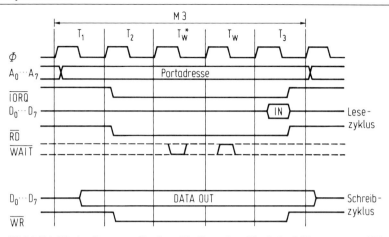

Bild 3.123 Timingdiagramm für einen Ein/Ausgabezyklus beim Mikroprozessor Z80

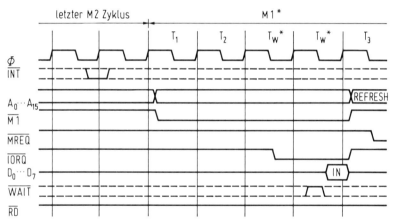

Bild 3.124 Timingdiagramm für einen Interruptrequestzyklus beim Mikroprozessor Z80

3.8.3.2 Der 16-Bit-Mikroprozessor 8086 von INTEL

Der 8086 und seine Folgetypen 80186 und 80286 gehören heute zur führenden Klasse der 16-Bit-Mikroprozessorschaltkreise [3.28]. Die hervorzuhebenden Eigenschaften sind:

— Parallele Ausführung von Verarbeitungs- und Busoperationen,
— Befehlsprefetch,
— 1 Mbyte physikalischer Adreßraum,
— Vektorisiertes Interruptsystem,
— Separater Adreßraum von bis zu 64 kByte für I/0-Geräte,
— Einschrittbetrieb möglich,
— Unterstützung von Multiprozessorsystemen,
— Verarbeitung vieler Daten- und Befehlsformate und
— Leistungsfähige Befehle wie MULT und DIV (Multiplikation und Division).

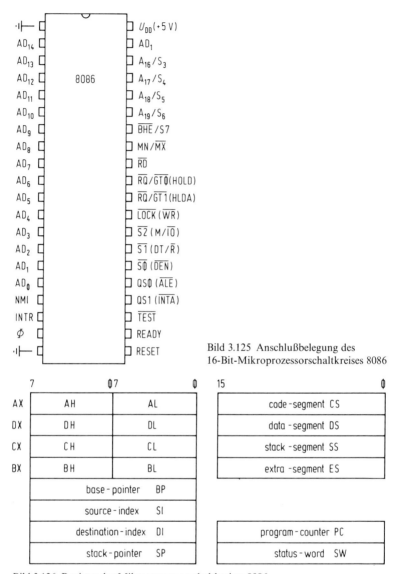

Bild 3.125 Anschlußbelegung des
16-Bit-Mikroprozessorschaltkreises 8086

Bild 3.126 Register des Mikroprozessorschaltkreises 8086

In Bild 3.125 ist die Anschlußbelegung und in Bild 3.126 der für den Programmierer
sichtbare Registersatz gezeigt. Der 8086 besitzt 4 allgemeine 16-Bit-Register
(AX, DX, CX, BX) die auch als 8-Bit-Register mit ihrem High-Byte (AH) oder Low-
Byte (AL) adressiert werden können. Weiterhin besitzt dieser Schaltkreis einen
Basispointer BP, einen Stackpointer SP, zwei Indexregister SI und DI, vier Segment-
register CS, DS, SS, ES, einen Programmzähler PC und ein Statusregister SW.
Die Bits im Statusregister haben die im Bild 3.127 gezeigte Bedeutung bzw. Bele-

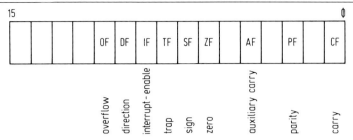

Bild 3.127 Flags des Mikroprozessorschaltkreises 8086

gung. Die 20 Adreßleitungen A0…A19 können einen physikalischen Adreßraum von 1 MByte adressieren. Die Adreßleitungen A0…A15 dienen auch als bidirektionale Datenleitungen (im Zeitmultiplex). Deshalb muß beim 8086 die Adresse außerhalb des Mikroprozessors zwischengespeichert (latch) werden. Die Steuerleitung $\overline{\text{ALE}}$ gibt das Strobe-Signal für diesen Zwischenspeicher (z.B. 8282). $\overline{\text{ALE}}$ wird in der Minimalversion ($\text{MN}/\overline{\text{MX}} = 1$) über PIN 25 ausgegeben und wird aus den Statussignalen $\overline{\text{S2}}$, $\overline{\text{S1}}$, $\overline{\text{S0}}$ dekodiert, wenn wir die Maximalversion ($\text{MN}/\overline{\text{MX}} = 0$) betreiben. Die Bedeutung der Statusbits ist in Tabelle 3.28 zusammengestellt.

Tabelle 3.28 Statusbits des 8086

$\overline{\text{S2}}$	$\overline{\text{S1}}$	$\overline{\text{S0}}$	
0	0	0	interrupt acknowledge
0	0	1	read I/0 ports
0	1	0	write I/0 ports
0	1	1	halt
1	0	0	codes access
1	0	1	memory read
1	1	0	memory write
1	1	1	passive

Tabelle 3.29 Signalbelegungen für Datentransfer vom/zum Speicher

$\overline{\text{BHE}}$	A0	Operation
0	0	Worttransport D15…D0
1	0	Transport des Low-Byte D7…D0
0	1	Transfer des High-Byte D15…D8
1	1	reserviert

$\overline{\text{LOCK}} = 0$ verhindert, daß ein anderer Prozessorschaltkreis auf die Busse zugreift. QS0 und QS1 geben den Warteschlangenstatus (queue status) an. $\overline{\text{RQ}}/\overline{\text{GT0}}$ und $\overline{\text{RQ}}/\overline{\text{GT1}}$ sind Anforderungs- bzw. Gestattungssignale, welche in einem Multiprozessorsystem benötigt werden. Das Signal $\overline{\text{BHE}}$ (bus high enable) steuert die Lade/Speicheroperationen des High-Bytes der Daten. Der Datentransfer vom/zum Speicher wird durch die Signale in Tabelle 3.29 geregelt.

$\overline{RD} = \emptyset$ bedeutet, der Datenbus ist auf Eingang (zum Lesen) geschaltet. Wenn READY $= \emptyset$ während der Taktphase T_3 ist, schiebt der Prozessor Wartezyklen ein (s. Bild 3.129). Die Signalleitung $\overline{TEST}$ wird während der Ausführung des WAIT-Befehls abgefragt. Ist $\overline{TEST} = 1$, so fügt der Prozessor zusätzliche leere States (idle states) ein bis $\overline{TEST} = \emptyset$ wird.

RESET $= 1$ setzt die Register DS, SS, ES, IP zurück und setzt CS auf $FFFF. Deshalb ist der erste Programmschritt nach dem Rücksetzen bei der Adresse $FFFF$\emptyset$.

Die Signalleitungen NMI und INTR führen die Signale für die nichtmaskierten bzw. maskierbaren Interrupts. Dies wird weiter unten noch beschrieben. Nun wollen wir zunächst erläutern, wie wir die 20-Bit-Adresse bekommen. Wie es das Bild 3.128 zeigt, wird dies durch Addition eines 16-Bit-Offsets und einer mit 16 multiplizierten (d.h. um 4 Bit nach links verschobenen) Segmentbasisadresse (segment base) erreicht. Die Segmentbasisadresse ist bei Befehlskodes im Codesegmentregister (CS), für Daten im Datensegmentregister (DS) oder im Stacksegmentregister (SS) bzw. im Extradatensegmentregister (ES) enthalten.

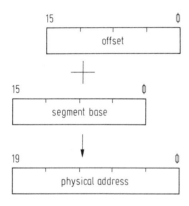

Bild 3.128 Bildung der 20-Bit-Adresse beim Mikroprozessor 8086

Sämtliche Segmentbasisadressen sind demnach Vielfache von 16, und die Länge eines Segmentes kann maximal 64 kByte sein. Die Segmente können verschiedene Längen haben, sich überlappen oder auch nicht überlappen. Der Offset des Codesegmentes ist durch den Inhalt des Programmzählers gegeben. Der Offset des Datensegmentes ist durch den Inhalt des Operandenfeldes im Befehl gegeben und wird effektive Adresse EA genannt. Der Offset des Stacksegmentes ist der Inhalt des Stackpointers. Der Basispointer BP kann zu jedem Punkt im Stacksegment zeigen.

Das Extradatensegment ES enthält gewöhnlich globale Daten. Ein sogenannter Longdistance-Call (von einem Codesegment in ein anderes) benötigt einen 16-Bit-Offset und eine 16-Bit-Segmentadresse im Befehl.

Der Speicherraum $\emptyset \ldots $3FF$ ist beim 8086-System reserviert für eine Interruptvektortabelle. Jeder Interruptvektor benötigt 4 Bytes, 2 Bytes für den Offset (PC) und

2 Bytes für das Codesegmment (CS). Deshalb können in diesem Adreßraum 256 Interruptvektoren untergebracht werden. Die Vektoren $\emptyset\ldots 31$ sind für das System reserviert (z.B. Vektor 2 für NMI). Die Vektoren 32 bis 255 sind frei verfügbar für den Programmierer. Bei einem maskierten Interrupt (d.h. INTR) wird eine Interruptnummer (8 Bit) angefordert (falls IF = 1 ist), und zwar von dem Gerät, das die Interruptanforderung generiert hat. Falls IF = $\emptyset$, wird die Interruptanforderung ignoriert. Bei Softwareinterrupts wird die Interruptnummer als Operand im Interruptbefehl (z.B. INT 36) angegeben.

Interrupt 1 kann mit dem Flag TF = $\emptyset$ wirkungslos (disabled) gemacht werden.

Das Timing eines Lese/Schreibzyklus ist im Bild 3.129 gezeigt. Ein Datentransfer vom oder zum Mikroprozessor erfordert mindestens 4 Taktzyklen $T_1\ldots T_4$ (und u.U. noch einige zwischengeschobene WAIT-States). Während Taktphase T_1 und T_2 wird die Adresse ausgegeben, und eine Lese- bzw. Schreiboperation ausgelöst. Während T_3 und T_4 (und T_w) erfolgt der Datentransfer. Zusätzliche Leerzustände (idle states) können eingefügt werden, wenn die Befehlsschlange voll ist.

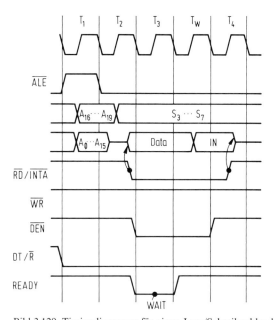

Bild 3.129 Timingdiagramm für einen Lese/Schreibzyklus beim 8086

Die Befehlsausführung erfolgt während (im Hintergrund) dieses Buszyklus. Dies wird möglich, weil die Ausführungseinheit (execution unit) und die I/0-Einheit (I/0-unit) unabhängig voneinander sind, und daher parallel zueinader arbeiten können.

Die Befehle sind sehr komplex, aber das Prinzipielle ist gleich oder zumindest ähnlich zu dem bei den 8-Bit-Mikroprozessoren (s. Tabelle 3.27). Es gibt 9 Adressierungsmoden.

Im folgenden wollen wir eine kleine Auswahl von Befehlen präsentieren. Mehr Details siehe in [3.28].

a) implied
CLI
WAIT

b) immediate
ADD AX, $F327
MOV CX, $1Ø37

c) register direct
ADC AX, CX

d) memory direct (absolute)
XOR BX, ($EØAØ)

e) register indirect
ADD AX, [SI]

3.8.4 Einchipmikrorechner (Mikrocontroller)

Für zahlreiche einfachere Anwendungen insbesondere für kleinere Automatisierungsaufgaben, wo vergleichsweise wenig Speicherkapazität benötigt wird (z.B. bei speziellen Controllern), sind Einchipmikrorechner sehr interessant. Beispiele hierfür sind der Z8 von ZILOG, der 8048 bzw. 8051 von INTEL. Wie das Bild 3.130

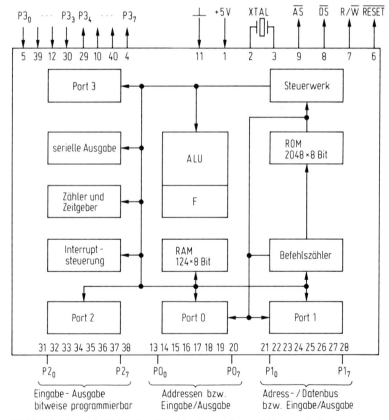

Bild 3.130 Blockschaltbild eines Einchipmikrorechners (Mikrocontroller)

zeigt, sind hier auf einem Chip, CPU (also der eigentliche Mikroprozessor), Speicher, Ein/Ausgabeports, und Zeitgeber untergebracht. Die Ein/Ausgabeports sind z.T. auch noch bitweise programmierbar, so daß sehr flexible Systemlösungen möglich werden. Selbstverständlich können diese Schaltkreise auch wie jeder Mikroprozessorschaltkreis mit weiteren externen Speichern und I/0-Geräten ergänzt werden.

Der 16-Bit-Programmzähler kann insgesamt einen Speicherbereich von 65 535 (64 k) Byte adressieren, davon 2048 Byte für die internen Speicher (ROM, RAM) und den Rest (ab Adresse $8\emptyset\emptyset$) extern. Als Adreßleitungen für externe Speicher werden die Portleitungen verwendet. Der interne ROM kann mit Firmware maskenprogrammiert werden. Die Steuersignale AS (address strobe) und DS (data strobe) dienen zur Anzeige gültiger Adressen bzw. Daten auf den Portleitungen. R/$\overline{\text{W}}$ und $\overline{\text{RESET}}$ haben die auch bei Mikroprozessorschaltkreisen übliche Bedeutung.

3.9 Interfaceschaltungen

3.9.1 Paralleles Interface

Paralleles Interface bedeutet, daß die Ein- und Ausgabe aller Datenbits (8, 16, 32 Bit) gleichzeitig, also parallel geschieht. Parallele Interfaceschaltungen haben im allgemeinen folgende Funktionen zu erfüllen [3.30]:

— Programmierbar für Ein- bzw. Ausgabe von Daten,
— Zwischenspeicherung der Daten (Latchfunktion) und
— Synchronisation des Datenaustausches zwischen sendendem und empfangendem Gerät (Handshakefunktion).

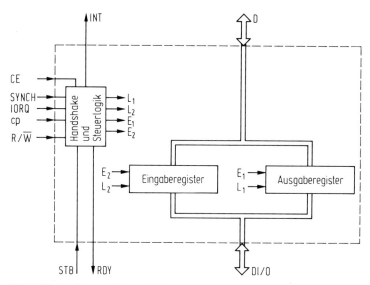

Bild 3.131 Stark vereinfachtes Blockschaltbild einer parallelen Interfaceschaltung

Der prinzipielle Aufbau einer solchen Interfaceschaltung ist im Bild 3.131 skizziert. Die Daten gelangen bei Ausgabe von einem Datenbus D (z.B. des Mikroprozessors) bei Aktivieren des Loadsignals L_1 in das Ausgaberegister, werden dort zwischengespeichert und sind nach Aktivierung des Enablesignals E_1 am Ausgangsbus DO verfügbar. Die Dateneingabe erfolgt über das Eingaberegister vom Eingangsdatenbus DI zum Datenbus D mit Steuerung der Load- bzw. Enablesignale L_2, E_2 auf gleiche Weise. Diese Load- und Enablesignale werden von der Handshakelogik erzeugt. Die Handshakelogik wird von den Systemsteuersignalen CE (chip enable), R/W (Schreiben-Lesen), IORQ (Anforderung einer Ein- bzw. Ausgabeoperation, s. Abschnitt 3.8), SYNCH (Synchronisationssignal) und cp (Takt) und STB (strobe) gesteuert und gibt selbst die Signale RDY (ready) und INT (Interruptanforderung, s. Abschnitt 3.8) ab. Das Handshake geht nun im einfachsten Falle wie folgt vor sich: Ist unsere Interfaceschaltung zur Datenausgabe oder Datenaufnahme bereit, so signalisiert sie dies durch ein aktives RDY-Signal. Hat das externe Gerät die Interfaceschaltungen bedient, so signalisiert es dies mit dem Aktivieren des Signals STB.

Wir wollen das Ganze nun am Beispiel einer Ausgabeoperation erläutern. Als erstes wird die Schaltung mit CE aktiviert und ein I/O-Zyklus durch Aktivieren des IORQ-Signals eingeleitet. Daß es sich um eine Ausgabeoperation handelt, erfährt die Interfaceschaltung durch $R/\overline{W} = \emptyset$. Nun wird von der Steuerlogik das Loadsignal L_1 generiert

$$L_1 = IORQ \cdot \overline{R/\overline{W}} \cdot CE \cdot \overline{RDY}, \qquad (3.141)$$

um die auszugebenden Daten vom Bus D zunächst in das Ausgaberegister zu laden. Einige Takte nach Aktivieren von IORQ und CE (wenn sich die Daten im Ausgaberegister stabilisiert haben), werden E_1 und RDY aktiviert, wodurch die Daten auf den Ausgabebus DO bereitgestellt werden und dies dem externen Gerät mitgeteilt wird. Gleichzeitig wird L_1 wieder inaktiv. Ist das externe Gerät mit der Datenübernahme fertig, so quittiert es dies mit Aktivierung des STB-Signals. Danach setzt die Interfaceschaltung wieder alle Signale (L_1, E_1, RDY) inaktiv und wartet auf eine neue Aktion bzw. löst durch einen Interrupt diese Aktion selbst aus.

3.9.2 Serielles Interface

Bei einem seriellen Interface werden die Daten Bit für Bit zeitseriell ein- oder ausgegeben.

Wir wollen zunächst mit Bild 3.132 einen einfachen (jedoch oft verwendeten) Fall einer seriellen Datenstruktur beschreiben [3.30]. Das asynchrone Datenwort besitzt eine konstante Wortlänge von 8 Bit Daten, einem Startbit $\emptyset$ am Anfang und einem Stopbit 1 am Ende. Der Beginn des asynchronen Datenwortes wird am High-Low-Übergang des Startbits erkannt. Den vereinfachten Aufbau einer seriellen Interfaceschaltung haben wir im Bild 3.133 dargestellt. Für den Sendeteil und für den Empfangsteil werden je ein Pufferregister (Sendedatenregister, Empfangsregister) für den Anschluß an den parallelen Bus D und ein 10-Bit-Sendeschieberegister bzw. ein

8-Bit-Empfangsschieberegister für die Serien-Parallel- bzw. Parallel-Serienwandlung verwendet. Das Sendeschieberegister enthält neben den 8 Bit Daten noch das Startbit $\emptyset$ und das Stopbit 1 (s. Bild 3.132).

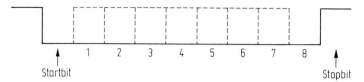

Bild 3.132 Asynchrones Format für die serielle Datenübertragung

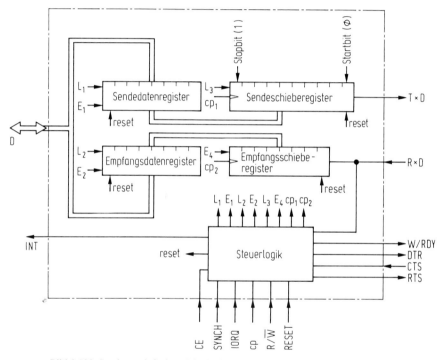

Bild 3.133 Stark vereinfachtes Blockschaltbild einer seriellen Interfaceschaltung

Die Steuerlogik erzeugt aus den externen Signalen CE, IORQ, SYNCH, R/$\overline{\text{W}}$, die auch schon beim parallelen Interface im Abschnitt 3.9.1 wirkten, und dem externen Signal CTS (clear to send, Sendebereitschaft durch das externe Gerät) die internen Load- und Enablesignale L_1, E_1, L_2, E_2, L_3, E_4, die internen Schiebetakte cp_1 und cp_2 und die externen Steuersignale RTS (request to send, Bereitschaftsmeldung zum Empfang), DTR (data terminal ready, Aufforderung zum Senden), sowie das Signal W/RDY (wait/ready) zur Ausgleichung unterschiedlicher Arbeitsgeschwindigkeit.

Verfolgen wir nun die Funktion zunächst am Beispiel der seriellen Datenausgabe:

Dieser Zyklus wird durch die Aktivierung der Signale CE und IORQ eingeleitet. Die Datenausgabe wird durch $R/\overline{W} = \emptyset$ festgelegt. Im ersten Takt wird das interne Load-Signal L_1 aktiv, wodurch das Datenwort vom Bus D in das Sendedatenregister geladen wird. Im nächsten Takt wird dieses durch Aktivieren des Enablesignals E_1 (L_1 ist wieder inaktiv) und des Load-Signals L_3 in das Schieberegister (Bit 2 bis Bit 9) geladen. Auf Bitstelle 1 wird eine $\emptyset$ geladen. Nun wird das externe Signal DTR ausgesendet. Ist der Empfänger bereit, so zeigt er dies durch Aktivieren des Signals CTS an. Dieses löst die Erzeugung von 10 Schiebetakten cp_1 aus, die mit Hilfe eines 1:16 Teilers im Steuerwerk aus dem externen Takt cp gewonnen werden. Gleichzeitig erfolgt das Zählen der Taktimpulse. Nach dem 10. Impuls ist der Datentransfer beendet, alle internen und externen Steuersignale werden wieder inaktiv, und ein neuer Datentransfer kann beginnen.

Nun wollen wir den Eingabezyklus betrachten: Diesen Fall erkennt der Interfaceschaltkreis an $R/\overline{W} = 1$. Es wird die Bereitschaft zur Datenaufnahme durch Aktivieren des Signals RTS signalisiert. Nun wird von der Steuerlogik der serielle Dateneingang RxD nach dem Startbit ($\emptyset$) abgesucht. Wird $RxD = \emptyset$ erkannt, so beginnt im Steuerwerk der vom externen Taktimpuls cp gesteuerte 1:16 Teiler zu zählen. Bleibt das RxD-Signal 8 Takte cp lang auf $\emptyset$ (das entspricht etwa der Mitte des Startbits), so wird das Startbit akzeptiert und der erste Schiebetakt cp_2 ausgesendet. Nach 16 weiteren Takten cp wird der 2. Schiebetaktimpuls ausgesendet usw. Nach 9 Schiebetakten cp_2 steht im Empfangsschieberegister das empfangene Wort. Der Schiebetaktzähler wird zurückgesetzt und kein weiterer Schiebetaktimpuls cp_2 erzeugt. Anschließend erfolgt die Aktivierung des Ausganges des Empfangsschieberegisters mit dem Enable-Signal E_4 und die Aktivierung des Einganges des Empfangsdatenregisters mit dem Load-Signal L_2. Im nächsten Takt werden diese Signale wieder inaktiv und das Enablesignal E_2 aktiv, wodurch der Inhalt des Empfangsdatenregisters parallel auf den Datenbus D ausgegeben wird. Damit ist der Vorgang abgeschlossen.

3.10 Aufgaben

3-1 a) Vereinfachen Sie die Logikgleichung

$$f_1 = A\,B(\overline{D} \vee \overline{C}\,D)\,\overline{(\overline{A\,B\,C\,D})}\,A\,\overline{B}(\overline{C\,D \vee \overline{C}\,\overline{D}})$$

durch Anwendung des de Morganschen Theorems.

b) Vereinfachen Sie die Logikgleichung

$$f_2 = \overline{A}\,\overline{B}\,\overline{C}\,\overline{D} \vee \overline{A}\,\overline{B}\,\overline{C}\,D \vee A\,B\,C\,D \vee A\,B\,C\overline{D} \vee A\overline{B}\,C\,D \vee A\,\overline{B}\,C\,\overline{D}$$

durch Anwendung der Karnaugh-Tafeln.

c) Vereinfachen Sie die durch Tabelle 3.30 gegebene Funktion mit Hilfe der Methode von *Quine-McCluskey*.

Tabelle 3.30

ABCD	f_3
0000	1
0001	1
1000	1
1001	1
1010	1
sonst	0

3-2 Entwerfen Sie mit NAND-Gattern eine minimale Logikschaltung für einen Kodewandler von Hexadezimalzahlen in Gray-Kode gemäß Tabelle 3.31.

Tabelle 3.31

ABCD	MXYZ	ABCD	MXYZ
0000	0000	1000	1100
0001	0001	1001	1101
0010	0011	1010	1111
0011	0010	1011	1110
0100	0110	1100	1010
0101	0111	1101	1011
0110	0101	1110	1001
0111	0100	1111	1000

3-3 Entwerfen Sie mit NAND-Gattern eine minimale Logikschaltung für einen Kodewandler von BCD-zu-Excess-3-Kode gemäß Tabelle 3.32.

Tabelle 3.32

ABCD	WXYZ	ABCD	WXYZ
0000	0011	1000	1011
0001	0100	1001	1100
0010	0101	1010	x
0011	0110	1011	x
0100	0111	1100	x
0101	1000	1101	x
0110	1001	1110	x
0111	1010	1111	x

3-4 Entwerfen Sie eine Schaltung zur Erzeugung eines Paritätsbits für gerade Parität für die Übertragung eines 4-Bit-Wortes.

3-5 a) Entwerfen Sie eine Logikschaltung mit NOR-Gattern, die die gleiche Funktion ausführt, wie die im Bild 3.134 gezeigte.

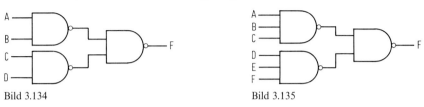

Bild 3.134   Bild 3.135

b) Entwerfen Sie eine Logikschaltung mit NAND-Gattern mit je 2 Eingängen, die die gleiche Funktion ausführt, wie die in Bild 3.135 gezeigte.

3-6 a) Berechnen und zeichnen Sie die Transferkennlinie der Inverter in Bild 3.136a und b.

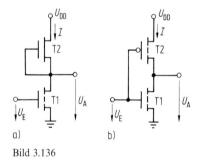

Bild 3.136

b) Berechnen Sie den Strom I in Abhängigkeit von U_E.

3-7 Entwerfen Sie eine CMOS-Schaltung mit je 2 p- und n-Kanaltransistoren, die die Exclusiv-ODER-Funktion ausführt.

3-8 In Bild 3.137 ist eine statische MOS-Speicherzelle mit den b/l-Werten der MOS-Transistoren gegeben. Die Bitleitungen sind auf 5 V vorgeladen $U_B = U_{\bar{B}} = 5$ V.

a) Berechnen Sie den High-Pegel am Knoten K und den Low-Pegel am Knoten $\bar{K}$ beim Lesevorgang, kurz nachdem die Wortleitung auf $+5$ V geschaltet wurde (T 5 und T 6 sind eingeschaltet).

b) Berechnen Sie die Entladezeit der Bitleitung $\bar{B}$ um 1 V.

Gegeben sind folgende Zahlenwerte: Bitleitungskapazität $C_B = 1$ pF, Transistorkonstante von T 1 ... T 6 $K' = \frac{1}{2} \mu_n \frac{\varepsilon_{ox}}{d_{ox}} = 10 \ \mu A/V^2$, Schwellspannung für alle Enhancementtransistoren $U_t = 1$ V.

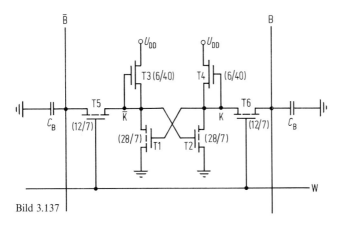

Bild 3.137

3-9 Ein NMOS-Inverter nach Bild 3.138a ist so zu dimensionieren, daß er TTL-Pegel gemäß dem Pegelschema in Bild 3.138b in NMOS-Pegel umsetzt. Wie groß ist für die Transistoren T1 und T2 $\alpha = (b_1/l_1)/(b_2/l_2)$ zu wählen? Gegeben sind folgende Zahlenwerte: Schwellspannung des Enhancementtransistors $U_t = 1$ V, Schwellspannung des Depletiontransistors $U_{tD} = -3$ V.

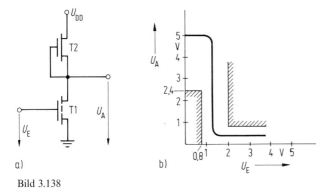

Bild 3.138

3-10 Ein Tristateausgangstreiber besteht gemäß Bild 3.139 aus zwei NMOS-Transistoren T1 und T2 (gleiche Parameter) und ist am Eingang einer TTL-Schaltung angeschlossen.

a) Berechnen Sie U_A für $U_1 = 0$ und $U_2 = 5$ V.

b) Berechnen Sie U_A für $U_1 = 5$ V und $U_2 = 0$.

Gegeben sind folgende Zahlenwerte: Transistorkonstanten $K_1 = K_2 = \dfrac{1}{2} \mu_n \dfrac{\varepsilon_{ox} b}{d_{ox} l} = 4$ mA/V², Flußspannung der Emitter-Basis-Diode $U_{F0} = 0{,}7$ V, Abhängigkeit der Schwellspannung für die NMOS-Transistoren T1 und T2 von der Substratvorspannung U_{SB}: $U_t = 1$ V$(1 + 0{,}5\sqrt{U_{SB}/\text{V}})$.

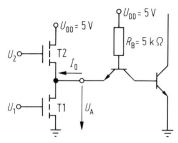

Bild 3.139

3-11 Realisieren Sie einen 4-aus-2-Dekoder mit Standardschaltkreisen 7400, der die in Tabelle 3.33 aufgelistete Funktion ausführt.

Tabelle 3.33

Eingänge	Ausgänge			
A B	F 1	F 2	F 3	F 4
00	1	0	0	0
10	0	1	0	0
01	0	0	1	0
11	0	0	0	1

3-12 Realisieren Sie einen BCD-Addierer mit Standardschaltkreisen 7483 für 1 Digit (1 Dezimalstelle).

3-13 Entwerfen Sie eine Logikschaltung zur Erzeugung des Zweierkomplementes einer Binärzahl mit 4 Bit.

3-14 Realisieren Sie einen 2×2-Multiplizierer mit Volladder.

3-15 Realisieren Sie einen synchronen BCD-Zähler mit 4 Standardschaltkreisen 7472.

3-16 Mit Standardschaltkreisen 74193 und 7400 ist eine Schaltung zur Zeilensynchronimpulserzeugung zu entwerfen. Der Eingangstakt besitzt eine Frequenz von 4 MHz. Die geforderten Impulse sind im Bild 3.140 gezeigt.

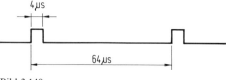

Bild 3.140

3-17 Realisieren Sie

a) einen 7-Bit-Serien-Parallel-Wandler,
b) einen 7-Bit-Parallel-Serien-Wandler

mit Standardschaltkreisen 7495.

3-18 Realisieren Sie einen 4-Phasen-Taktgenerator mit Standardschaltkreisen 7495 und 7400. Die Takte sollen sich nicht überlappen.

3-19 Realisieren Sie eine PLA mit 3 Eingängen und den folgenden Ausgangsfunktionen

$$Y_1 = \bar{A}\,\bar{B}\,C \vee A\,B,$$
$$Y_2 = A\,\bar{B}\,\bar{C} \vee A\,B\,C,$$
$$Y_3 = A\,\bar{B}\,\bar{C},$$
$$Y_4 = A\,B\,\bar{C} \vee A\,\bar{B} \vee C,$$

3-20 Ein Automat hat einen Steuereingang S und einen 3-Bit-Zustandskode A B C. Seine Funktion wird durch folgende Zustandsgleichungen beschrieben:

$$A(t+1) = \bar{B}\,S \vee B\,\bar{C}\,S,$$
$$B(t+1) = \bar{C},$$
$$C(t+1) = A\,B \vee \bar{C}\,S.$$

a) Stellen Sie den Zustandsgraph auf.
b) Stellen Sie die Zustandstabelle auf.

3-21 Der Zustandsgraph eines sequentiellen Schaltwerkes ist im Bild 3.141 gezeigt.

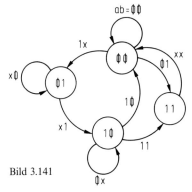

Bild 3.141

a) Stellen Sie die Zustandstabelle auf.
b) Entwerfen Sie eine PLA für dieses Schaltwerk.
c) Skizzieren Sie die Minimalversion einer PAL (bzw. GAL), mit der diese Funktion realisiert werden kann.

3-22 Entwerfen Sie einen programmierbaren Zähler mit der PAL in Bild 3.142.
Der Steuereingang sei S und die Ausgänge ABC. Es gilt das in Tabelle 3.34
gezeigte Funktionsschema.

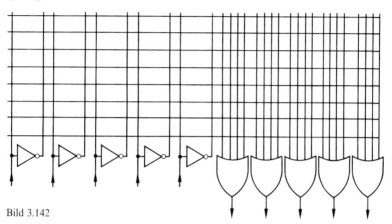

Bild 3.142

Tabelle 3.34

	ABC
S = $\emptyset$	$\emptyset\emptyset\emptyset$
	$\emptyset\emptyset1$
	$\emptyset1\emptyset$
	$\emptyset11$
	$\emptyset\emptyset\emptyset$
S = 1	$\emptyset\emptyset\emptyset$
	$\emptyset\emptyset1$
	$11\emptyset$
	111
	$\emptyset\emptyset\emptyset$

3-23 Entwickeln Sie ein Assemblerprogramm für den Mikroprozessor Z80 zur
Multiplikation zweier Integerzahlen, die in den Registern E und C bereitste-
hen. Das Ergebnis soll im Register HL abgelegt werden.

4 Datenkonverter

Für die digitale Verarbeitung analoger Signale ist eine Umwandlung der analogen Signale in digitale Signale erforderlich. Das erfolgt mit Analog-Digital-Konvertern (ADC). Nach der digitalen Signalverarbeitung muß das digitale Signal wieder in ein analoges Signal zurückgewandelt werden. Das erfolgt mit einem Digital-Analog-Konvertern (DAC). Für die Realisierung gibt es viele Varianten, von denen die wichtigsten im folgenden behandelt werden.

4.1 Grundlagen der Analog-Digital-Wandlung

Die Umwandlung analoger Signale in digitale und umgekehrt ist im Bild 4.1 veranschaulicht. Aus Gründen der Übersichtlichkeit benutzen wir als Beispiel nur ein 3-Bit-Digitalwort. Das bedeutet, das Analogsignal U_x kann in $2^3 = 8$ Stufen digital dargestellt werden. Für eine Analogspannung $U_x = 5$ V gilt dann das Digitalwort $V_{DAC} = 101$. Der kleinste Spannungsschritt für einen N-Bit-Konverter ist

$$U_{xLSB} = \frac{U_{xmax}}{2^N - 1}. \tag{4.1}$$

U_{LSB} ist die Spannung des "least significant bit = LSB", und U_{xmax} ist die maximale Analogspannung (i.u.B. von Bild 4.1, ist dies $U_{xmax} = 7$ V und $U_{xLSB} = 1$ V). Der Diskretisierungsfehler ist die maximale Abweichung von der idealen linearen Wandlerkennlinie (strichpunktiert, gültig für $N \rightarrow \infty$). Er ist in unserem Beispiel $\Delta U_Q = 0,5$ V.

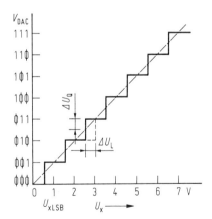

Bild 4.1 Kennlinie der Analog-Digital-Wandlung

Wegen der Diskretisierung ergibt sich ein Diskretisierungsrauschen. Das mittlere Rauschspannungsquadrat ist

$$\overline{u_R^2} = \frac{\Delta U_Q^2}{3} = \frac{U_{xLSB}^2}{12}. \tag{4.2}$$

Nichtlinearitätsfehler ΔU_L ergeben sich durch Bauelementetoleranzen und können zum Ausfall von Binärkodes (missing code) führen.

4.2   Digital-Analog-Konverter (DAC)

Die Aufgabe eines DAC ist die Umwandlung eines Binärwortes $b_\mathrm{N-1}\ldots b_2\,b_1\,b_0$ in ein Analogsignal U_DAC.

Das Wirkprinzip eines **DAC mit Widerstandsnetzwerk** ist in Bild 4.2 gezeigt. Die gewandelte Spannung ergibt sich für die Schaltung aus

$$U_\mathrm{DAC} = U_\mathrm{R} \sum_{i=0}^{N-1} 2^{i-N} b_i. \tag{4.3}$$

Die b_i sind die Bits des Binärwortes ($\emptyset$ oder 1), und U_R ist eine Referenzspannung. b_i ist 1, wenn der entsprechende Schalter in Bild 4.2 nach oben geschaltet wird.

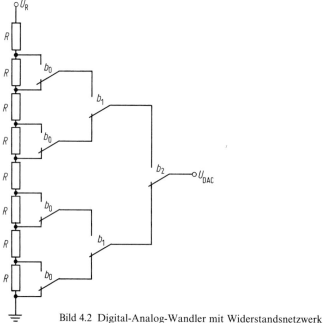

Bild 4.2 Digital-Analog-Wandler mit Widerstandsnetzwerk

Die Realisierung eines **DAC mit binär gewichteten Widerständen** ist im Bild 4.3 gezeigt. Die Ausgangsspannung ist in diesem Falle

$$U_\mathrm{DAC} = -U_\mathrm{R}\,\frac{R_\mathrm{N}}{R} \sum_{i=0}^{N-1} 2^i b_i. \tag{4.4}$$

b_i ist 1, wenn die entsprechenden Schalter in Bild 4.3 in der rechten Stellung sind.

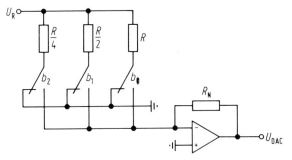

Bild 4.3 Digital-Analog-Wandler mit binär gewichteten Widerständen

Für die Realisierung eines **DAC mit R-2R-Netzwerk** in Bild 4.4 gilt

$$U_{DAC} = -\frac{R_N}{2R} U_R \sum_{i=0}^{N-1} \frac{b_i}{2^{N-1-i}}. \tag{4.5}$$

Die Schalter können als Transfergates ausgeführt werden. Der Spannungsabfall über diesen Schaltern kann zu Wandlerfehlern führen und muß deshalb so gering wie möglich gehalten werden. Die Widerstände sind sorgfältig abzugleichen.

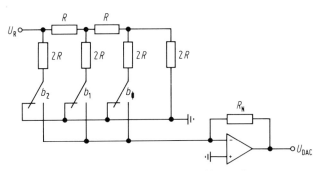

Bild 4.4 Digital-Analog-Wandler mit R-2R-Netzwerk

Die Schaltung in Bild 4.5 zeigt einen **DAC mit binär gewichteten Stromquellen** (I, $2I$, $4I$). Diese können mit Stromspiegeln implementiert werden. Die Dioden wirken als Schalter.

Wenn $b_i = \emptyset$ ist, dann ist die linke Diode im i-ten Zweig eingeschaltet und die Stromquellen $2^i I$ wird überbrückt. Für die konvertierte Spannung dieser Schaltung gilt

$$U_{DAC} = R_N I \sum_{i=0}^{N-1} 2^i b_i. \tag{4.6}$$

Das Prinzip eines **DAC mit binär gewichteten Kapazitäten** zeigt Bild 4.6. Es werden zunächst alle Kapazitäten auf die Referenzspannung U_R vorgeladen (Schalter nach links). Dann wird der Schalter S_R geöffnet, und es erfolgt ein Ladungsausgleich mit den Kapazitäten, deren Schalter b_i nach rechts geschaltet werden (falls $b_i = 1$ ist), und der Rückkopplungskapazität $2C$. Aus der Ladungsbilanz folgt

$$U_{DAC} = U_R \sum_{i=0}^{N-1} \frac{b_i}{2^{N-i}}. \qquad (4.7)$$

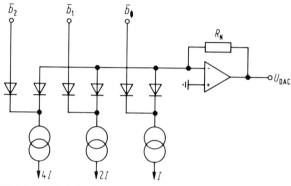

Bild 4.5 Digital-Analog-Wandler mit binär gewichteten Stromquellen

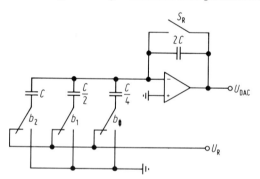

Bild 4.6 Digital-Analog-Wandler mit binär gewichteten Kapazitäten

4.3   Analog-Digital-Konverter (ADC)

Die Prinzipien der Analog-Digital-Konverter kann man in 3 Hauptgruppen einteilen [4.1 bis 4.4]:

— parallele Wandler,
— sukzessive Wandler und
— indirekte Wandler.

4.3.1   Parallele Wandler (Flash-Konverter)

Bei parallelen Wandlern wird das Digitalwort aus dem Analogsignal in einem Zeitschritt erzeugt (word at a time). In Bild 4.7 ist dieses Schaltungsprinzip dargestellt. Eine Referenzspannung U_R wird mittels eines Präzisionswiderstandsnetzwer-

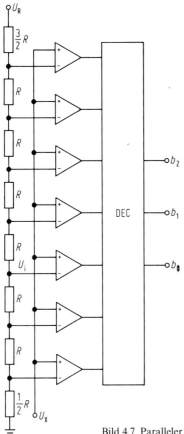

Bild 4.7 Paralleler Analog-Digital-Wandler

kes in gleiche Teile geteilt. Jede Teilspannung U_i wird mit der aktuellen Analogspannung U_x in jeweils einem Komparator verglichen. Ist die Analogspannung U_x größer als die jeweilige Teilspannung U_i, so gibt der Komparator an seinem Ausgang einen High-Pegel ab (1), ansonsten einen Low-Pegel ($\emptyset$). In einem angeschlossenen Logiknetzwerk (DEC) werden diese Ausgangssignale der Komparatoren ausgewertet und zum binärkodierten Digitalwort $b_{N-1} \dots b_2\, b_1\, b_0$ verarbeitet. Dieses Prinzip realisiert die schnellsten ADC, jedoch ist der Schaltungsaufwand sehr hoch, wenn man bedenkt, daß für einen N-Bit-Wandler $2^N - 1$ Komparatoren erforderlich sind (beispielsweise für 10 Bit 1023 Komparatoren). Deshalb wird auch bei VLSI-Lösungen für schnelle ADC oft eine zweistufige Parallelwandlung durchgeführt [4.5]. Im ersten Zyklus erfolgt z.B. die parallele Ermittlung der höchstwertigen Bits, in der zweiten Phase die Ermittlung der niederwertigen Bits. In diesem Falle wird die Wandlerzeit etwa verdoppelt, jedoch die Anzahl der erforderlichen Komparatoren auf $2 \times (2^{N/2} - 1)$ reduziert. Für einen 10-Bit-Konverter bedeutet dies z.B. eine Reduktion von 1023 auf 62 Komparatoren.

4.3.2 Sukzessive Wandler

Bei sequentiellen Systemen werden die Bits des Digitalwortes sukzessive ermittelt, wie das 3-Bit-Beispiel in Bild 4.8 zeigt. Es wird zunächst das höchstwertige Bit probeweise gesetzt und dann in einem DAC durch Vergleich von U_{DAC} mit der Analogspannung U_x geprüft, ob das berechtigt war oder nicht. War U_x groß genug, dann bleibt das Bit gesetzt und der Weg wird in Bild 4.8 nach oben fortgesetzt. Im anderen Falle wird das Bit zurückgesetzt ($\emptyset$) und der Weg in Bild 4.8 nach unten fortgesetzt. Nun wird das zweite Bit gesetzt und ebenfalls ein Vergleich ausgeführt usf., bis alle Bits endgültig gesetzt bzw. nicht gesetzt sind. Nach diesem Prinzip wird also in einem Zeitschritt jeweils nur ein Bit ermittelt (bit at a time). Die Wandlerzeit ist damit direkt proportional zur Anzahl der Bits des Wandlers.

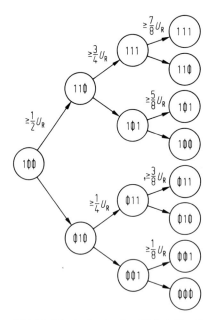

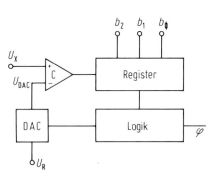

Bild 4.8 Prinzip der Analog-Digital-Wandlung mit sukzessiver Approximation

Bild 4.9 Analog-Digital-Wandler nach dem Prinzip der sukzessiven Approximation

In Bild 4.9 ist das Schaltungsprinzip für diesen Wandlertyp dargestellt. Er besteht aus einem DAC, einem Komparator und einer Logik sowie dem Register für das gewandelte Digitalwort. Zunächst setzen wir das MSB (most significant bit), und der DAC liefert dafür eine Referenzspannung $U_{DAC} = U_R/2$. Ist U_x größer als $U_R/2$, so gibt der Komparator einen High-Pegel ab und setzt das MSB im Register, im anderen Falle gibt der Komparator Low-Pegel ab, und das MSB ist $\emptyset$. Danach wird das nächstniedrige Bit gesetzt und der DAC gibt eine Referenzspannung $U_{DAC} = \frac{3}{4} U_R$ ab, wenn vorher das MSB gesetzt war, ansonsten $\frac{1}{4} U_R$. Nun wird wieder im Komparator mit U_x, der Analogspannung, verglichen, und am Ausgang des Komparators entsteht als Folge dieses Vergleiches ein Low- oder ein High-Pegel, was zu einer $\emptyset$ bzw. 1 für das nächste Bit führt. Dieser Vorgang wird nun entsprechend des Algorithmus in Bild 4.8 fortgesetzt bis alle Bits ermittelt sind.

Eine Modifikation dieses Prinzips ist der algorithmische Wandler [4.6], der das Binärwort durch wiederholtes Bilden der Differenz zwischen einer Referenzspannung und dem mit 2 multiplizierten Spannungsrest des vorhergehenden Sukzessivschrittes ermittelt.

4.3.3 Indirekte Wandler

Als Beispiel eines indirekten Wandlers wollen wir mit Bild 4.10 einen **ADC nach dem Zählverfahren** behandeln. Zunächst wird mit einem Integrator bestehend aus einem Operationsverstärker mit RC-Glied eine Analogspannung U_x integriert, was am Knoten A zu einer ansteigenden Spannung U_A führt. Zum Zeitpunkt $t = 0$ wird der Schalter S_1 umgeschaltet. Nun wird die Referenzspannung $- U_R$ integriert und gleichzeitig der Zähler gestartet. In dieser Phase wird der Knoten A wieder entladen (s. Bild 4.10b). Nach einer Zeit t_x ist das Potential an A wieder Null, und der Zähler wird gestoppt (dafür sorgt der Komparator und die Logik). Die Zählzeit für dieses sogenannte Dual-ramp-Verfahren ist (s. Bild 4.10b)

$$t_x = T \frac{U_x}{U_R}. \tag{4.8}$$

t_x ist direkt proportional zur Analogspannung U_x. Bei einem N-Bit-ADC nach diesem Prinzip muß demnach der Zähltakt φ die Frequenz

$$f = \frac{2^N - 1}{t_{x\,max}} \tag{4.9}$$

haben. $t_{x\,max}$ ist die für die maximal mögliche Analogspannung zuständige Entladezeit (s. Gl.(4.8) und Bild 4.10b).

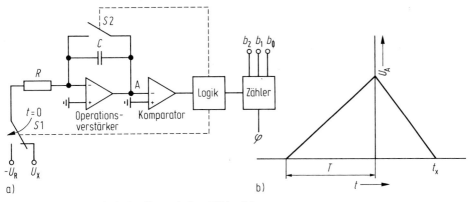

Bild 4.10 Analog-Digital-Wandler nach dem Zählverfahren
a) Schaltungsprinzip, b) Spannungsverlauf am Knoten A

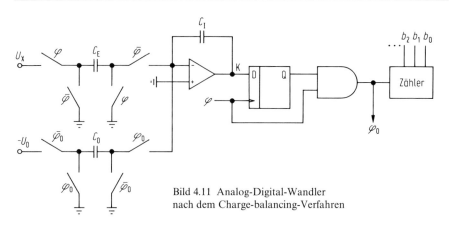

Bild 4.11 Analog-Digital-Wandler
nach dem Charge-balancing-Verfahren

Zur Gruppe der indirekten Wandler zählt weiterhin der **ADC nach dem Charge-balancing-Verfahren** [4.6]. Das Schaltungsprinzip ist im Bild 4.11 gezeigt. In jedem Taktzyklus von φ wird an den Ausgang des Operationsverstärkers ein Ladungspaket transportiert, wodurch sich dort das Potential an K um $\Delta U_K = C_E U_x/C_I$ erhöht. Nach n Taktimpulsen beträgt an K das Potential

$$U_K = n \frac{C_E}{C_I} U_x \tag{4.10}$$

(ein Ladungspaket $C_E U_x$ auf C_E wird auf C_I transportiert $C_I \Delta U_K$). Die Ladung auf C_E wird praktisch auf C_I gepumpt. Wenn U_K die Schwellspannung U_F für das Kippen des Flipflops erreicht hat, wird ein Impuls an den Zähler abgegeben (synchron mit dem Takt φ). Gleichzeitig wird eine geschaltete Kapazität C_0 an $-U_0$ geschaltet, wodurch ein negatives Ladungspaket am Eingang des Operationsverstärkers

$$U_0 C_0 = -\Delta U_K C_I \tag{4.11}$$

abgeführt wird und sich dadurch das Knotenpotential K um ΔU_K gemäß Gl.(4.11) erniedrigt. Das Potential an K wird nach n Taktimpulsen und m Zählimpulsen demzufolge

$$U_K = n \frac{C_E}{C_I} U_x - m \frac{C_0}{C_I} U_0 \tag{4.12}$$

sein.

Mit $C_E = C_I = C_0 = C$ und $U_x/U_0 = u_x$ und $u_k = U_K/U_0$ wird

$$u_k = n u_x - m. \tag{4.13}$$

n ist gegeben durch die Wandlerzeit T und die Impulsdauer T_p

$$n = \frac{T}{T_p}. \tag{4.14}$$

U_K ist eine Konstante, die durch die Schwellspannung U_F des D-Flipflops feststeht, d.h. $u_k = U_F/U_0$. Damit wird für die Anzahl der Zählimpulse in der Wandlerzeit T

$$m = \frac{T}{T_p} u_x - u_k. \tag{4.15}$$

Benötigen wir z.B. einen 8-Bit-ADC, so muß die Anzahl der Zählimpulse bei der maximalen Analogspannung $U_{x\,max}$ $m = 2^8 - 1 = 255$ sein. Damit kann die erforderliche Wandlerzeit berechnet werden:

$$T = \frac{m + u_k}{u_{x\,max}} T_p. \tag{4.16}$$

Für das Zahlenbeispiel: Impulsfrequenz 100 MHz ($T_p = 10$ ns), $U_0 = 1$ V, $U_F = 1$ V und $U_{x\,max} = 5$ V wird $T = 512$ ns. Vergleichsweise hätte dies der parallele Wandler von Bild 4.7 in 10 ns und der sukzessive Wandler in 80 ns geschafft. Indirekte Verfahren sind also die langsamsten.

Da bei diesem Umsetzer Taktimpulse (zur Ansteuerung eines Zählers) erzeugt werden, deren Frequenz der Analogspannung U_x proportional ist, stellt dieser ADC ohne Zähler praktisch einen *U − f*-**Wandler** dar [4.10].

4.3.4 Sigma-Delta-Wandler

Ein dem Charge-balancing-Wandler ähnlicher AD-Konverter ist der Sigma-Delta-Wandler [4.7, 4.9]. Das Prinzip dieses Wandlers ist in Bild 4.12a skizziert. Es erfordert ein Oversampling, d.h. während einer entsprechend des Samplingtheorems geforderten Abtastperiode (Nyquist-Rate $T_a < 1/2 f_g$, $f_g =$ Grenzfrequenz des bandbegrenzten Signales, s.o.) erfolgen $m \gg 1$ Abtastungen. Wie wir noch sehen werden, ist die Wandlergenauigkeit um so größer, je größer m, die sogenannte Oversamplingrate, ist. Wir wollen hier annehmen, daß während der m Oversamplingabtastungen die zu wandelnde Spannung U_x konstant ist. U_x wird zusammen mit einer bipolaren Spannung $\pm U_0$ (aus einem 1-Bit-Digital-Analog-Konverter (DAC) im Rückwirkungszweig) einem Integrator ($\int$) zugeführt, wodurch das Knotenpotential U_K erhöht oder erniedrigt wird, je nachdem ob $U_x \pm U_0$ größer oder kleiner als Null ist. Bei positivem U_K gibt der sich anschließende Komparator ein „1"-Bit aus, im anderen Falle ein „∅"-Bit (s. Bild 4.12a). Bei einem „1"-Bit erzeugt der DAC im Rückkopplungszweig eine negative Spannung $-U_0$, bei einem „∅"-Bit eine positive Spannung $+U_0$.

Dieses Prinzip kann z.B. durch die im Bild 4.12b gezeigte Ladungsintegrierschaltung (vgl. auch die Charge-balancing-Schaltung in Bild 4.11) realisiert werden. Dem Knoten K wird im Takt φ eine Ladungsmenge $C(U_x \pm U_0)$ zugeführt bzw. abgeführt, wodurch sich das Knotenpotential U_K um

$$\Delta U_K = \frac{C}{C_I}(U_x \pm U_0) \tag{4.17}$$

ändert.

Die Summation (Σ) am Eingang, die Integration ($\int$) und die 1 Bit-D/A-Wandlung übernehmen in der Schaltung von Bild 4.12 b die geschalteten Kapazitäten (SC), welche mit φ, φ_1 bzw. φ_0 getaktet werden. Mit dem Takt φ wird ein Ladungspaket CU_x integriert, mit φ_0 das Ladungspaket CU_0 und mit φ_1 das Ladungspaket $-CU_0$. U_0 wird gleich dem Maximalwert der zu wandelnden Spannung $U_{x\,max}$ gewählt ($U_0 = U_{x\,max}$).

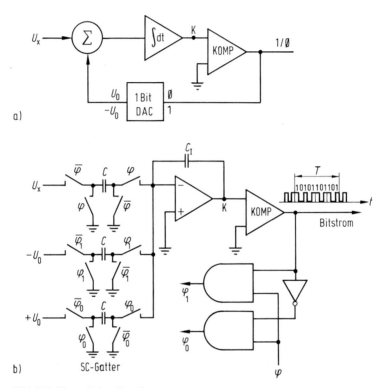

Bild 4.12 Sigma-Delta-Wandler
a) Prinzip, b) Schaltung in SC-Technik

Ist die Knotenspannung z. B. $U_K \geq 0$ (Bit „1"), so wird φ_1 aktiviert und das Ladungspaket $-CU_0$ abgeführt, wodurch U_K sinkt. Ist $U_K < 0$ (Bit „0"), wird φ_0 aktiviert und das Ladungspaket CU_0 zugeführt. Es entsteht damit in der Wandlerzeit T ein Bitstrom, aus dem durch die Folge von 1en und 0en auf die Größe von U_x geschlossen werden kann.

Betrachten wir dazu ein Beispiel: Ist $U_x = 0$, so entsteht am Ausgang ein ständiger Wechsel von 1en und 0en (1010101 …). Ist $U_x = U_{x\,max} = U_0$, so entsteht am Ausgang eine Folge von 1en (11111 …). Ist $U_x/U_0 = 0,5$, so entstehen z.B. bei einer Oversamplingrate von $m = 20$ während der Wandlerzeit T fünf „0"en und fünfzehn „1"en, wie folgende Aufstellung zeigt:

U_x/U_0	$\emptyset$en innerhalb des Fensters T	1en innerhalb des Fensters T
0	10	10
0,1	9	11
0,2	8	12
0,3	7	13
0,4	6	14
0,5	5	15
0,6	4	16
0,7	3	17
0,8	2	18
0,9	1	19
1	0	20

Entsprechend ist es bei den anderen Größen von U_x/U_0. In unserem Beispiel war die kleinste Größe $U_{x\,LSB}/U_0 = 0{,}1$ (LSB = least significant bit, s.o.). Daher war $m = 20$ ausreichend. Für kleinere LSB-Werte von U_x/U_0 muß m größer werden, z. B. für $U_{x\,LSB}/U_0 = 0{,}01$ müßte theoretisch $m = 200$ sein.

Aus dem Bitstrom am Ausgang kann aus einem Zeitfenster mit der Länge der Wandlerzeit T ein Binärwort mit N Bit gewonnen werden.

Das hier beschriebene Prinzip ist die allereinfachste Variante. Vorteilhaft lassen sich Sigma-Delta-Wandler auch mit mehr als einem Integrator ausführen [4.7].

4.4 Anwendungsbeispiele von ADC- und DAC-Standardschaltkreisen

In Bild 4.13a ist das Blockschaltbild des DA-Wandlerschaltkreises AD 558/C560 dargestellt. Die Funktion dieses Schaltkreises beruht auf dem R-2R-Prinzip.

Die DAC-Ausgangsspannung U_0 wird von einem Operationsverstärker erzeugt. Er enthält eine interne Bandgap-Referenzspannungsquelle. Die Eingangslatches speichern das 8-Bit-Datenwort vom Mikroprozessor. Der Schaltkreis wird über eine Chipselectlogik $\overline{CS1}$, $\overline{CS2}$ aktiviert. Am Ausgang kann wahlweise je nach Belegung der Eingänge U_{0SEL}, U_{0SEN} und je nach Versorgungsspannung eine Analogspannung von $U_0 = 0 \ldots 2{,}5$ V oder $0 \ldots 10$ V erzeugt werden. Mit Hilfe der Sendeleitung U_{0SEN} wird der exakte Spannungspegel am Verbraucher gewährleistet. Ein Anwendungsbeispiel in einer Mikrorechnerschaltung zeigt das Bild 4.13b. Um den DAC-Schaltkreis anzusprechen, wird $\overline{CS1}$ z.B. mit A$\emptyset$ und $\overline{CS2}$ z.B. mit $\overline{IORQ}$ ausgewählt. Mit einem Ausgabebefehl des Mikroprozessors (z.B. OUT A, ($\emptyset$FE), s. Tafel 3.27 für Z80) wird damit ein 8-Bit-Datenwort an den DAC gegeben und dort in ein Analogsignal umgewandelt. Der Regler R1 dient zur exakten Einstellung des Spannungspegels am Verbraucher.

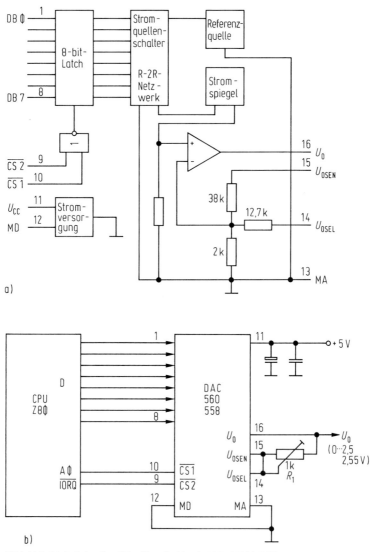

Bild 4.13 Digital-Analog-Wandlerschaltkreis (AD 558/C 560)
a) Blockschaltbild, b) Anwendung in einer Mikrorechnerschaltung

Als Beispiel eines AD-Wandlerschaltkreises ist im Bild 4.14 der 12-Bit-ADC C574 gezeigt. Dieser Bipolarschaltkreis besteht aus zwei Teilen. In einem Teil befinden sich die Spannungsbereichs- und Offsetwiderstände sowie die Referenzspannungsquelle, die durch Lasertrimmen abgeglichen werden. Im anderen Teil befindet sich das Sukzessiv-Approximationsregister, die Steuerlogik, der Komparator und der Taktgenerator sowie der Treiber. Dieser Teil ist in I^2L-Technik ausgeführt.

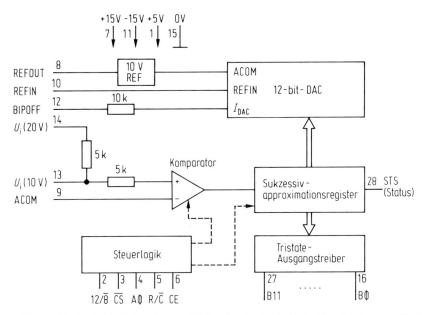

Bild 4.14 Blockschaltbild eines kommeriziellen Analog-Digital-Wandlerschaltkreises (C574)

Die Selektsignale steuern den AD-Wandler entsprechend Tabelle 4.1.

Tabelle 4.1 Steuersignale des ADC 574

CE	$\overline{CS}$	R/$\overline{C}$	A$\emptyset$	12/$\overline{8}$	
$\emptyset$	×	×	×	×	inaktiv
×	1	×	×	×	inaktiv
1	$\emptyset$	$\emptyset$	$\emptyset$	×	12-Bit-Wandlung
1	$\emptyset$	$\emptyset$	1	×	8-Bit-Wandlung
1	$\emptyset$	1	$\emptyset$	mit PIN1	Freigabe 12-Bit-Daten
1	$\emptyset$	1	$\emptyset$	mit PIN15	Freigabe von MSB 8-Bit-Daten
1	$\emptyset$	1	1	mit PIN15	Freigabe von 4 LSB

Die Aktivierung erfolgt also bei CE = 1 und $\overline{CS}$ = $\emptyset$, die Wandlung bei R/$\overline{C}$ = $\emptyset$ und das Auslesen bei R/$\overline{C}$ = 1. Die Steuersignale A$\emptyset$ und 12/$\overline{8}$ steuern die Länge des Umsetzungszyklus. Die Ausgabe auf den 8-Bit-Datenbus geschieht wie folgt

	D7	D6	D5	D4	D3	D2	D1	D$\emptyset$
A$\emptyset$ = $\emptyset$	B11	B10	B9	B8	B7	B6	B5	B4
A$\emptyset$ = 1	B3	B2	B1	B$\emptyset$	$\emptyset$	$\emptyset$	$\emptyset$	$\emptyset$

Während eines Umsetzungsvorganges kann ein weiterer ausgelöst werden, die Ausgangstreiber bleiben im Tristate. Das Timing des Wandlungszyklus zeigt das Bild 4.15.

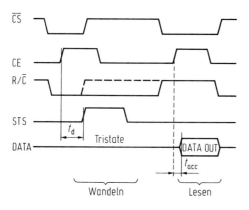

Bild 4.15 Timingdiagramm für den Betrieb des Analog-Digital-Wandlerschaltkreises nach Bild 4.14

Eine vereinfachte (autonome) Betriebsweise ergibt sich, wenn CE und $12/\overline{8}$ an 5 V (1) und $\overline{CS}$ und A$\emptyset$ an Masse ($\emptyset$) gelegt werden. Dann wird mit der $1-\emptyset$-Flanke des Signals $R/\overline{C}$ ein Wandlungszyklus ausgelöst, und nach vollzogener Wandlung stehen die Digitaldaten automatisch an den Ausgängen zur Verfügung. Die Daten bleiben bis zum nächsten Startimpuls an den Ausgängen verfügbar.

Im Bild 4.16 ist eine Anwendung diese Schaltkreises in einem 8-Bit-Mikroprozessorsystem gezeigt. Es müssen hier die PINs 16, 17, 18 und 19 mit den PINs 23, 24, 25 und 26 zusammengeschaltet werden. Das Schaltungsbeispiel besitzt bipolare Analogspannungseingänge. Die unterschiedliche Arbeitsgeschwindigkeit von Mikroprozessor und ADC kann durch eine WAIT-Steuerung ausgeglichen werden.

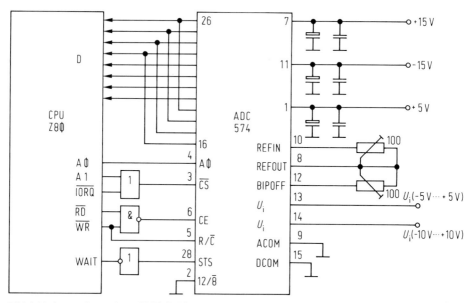

Bild 4.16 Anwendung eines 12-Bit/8-Bit-Analog-Digital-Wandlerschaltkreises in einer Mikrorechnerschaltung

4.5 Aufgaben

4-1 Für die digitale Speicherung eines analogen Signales mit einer maximalen Amplitude $U_{x\,max} = 5$ V und einer Dynamik $D = 20 \log U_{x\,max}/U_{x\,min} = 60$ dB ist ein ADC zu dimensionieren.

a) Ermitteln Sie die Mindestauflösung des ADC in Bits.

b) Wie groß ist die mittlere Rauschspannung infolge des Quantisierungsfehlers?

4-2 Es soll die 12-Bit-A/D-Wandlung eines bandbegrenzten Signales mit einer Bandbreite $f_g = 100$ kHz durchgeführt werden. Es steht eine CMOS-Technik mit einer maximalen Taktfrequenz von $f = 10$ MHz zur Verfügung. Welches Verfahren kommt unter Beachtung des minimal möglichen Schaltungsaufwandes in Frage?

5   Technologie elektronischer Schaltungen

Unter Technologie elektronischer Schaltungen wollen wir die Art und Weise verstehen, wie die elektronischen Bauelemente zur Schaltung zusammengefügt werden, welche Verfahrensschritte dabei typisch sind und welche Materialien zum Einsatz kommen. Grundsätzlich unterscheiden wir heute:

— freie Verdrahtung,
— Leiterplattentechnik,
— Schicht- bzw. Hybridtechniken und
— Monolithische Integration (Halbleiterblocktechnik).

Die freie Verdrahtung bedeutet, daß die Einzelbauelemente durch Drähte, die u.U. zu Kabelbäumen zusammengefügt werden können (falls mehrere Drähte in der gleichen Richtung laufen), untereinander verbunden werden. Diese Technik wird nur in Ausnahmefällen angewendet, wenn es sich um die Verbindung sehr weniger Bauelemente bzw. Bauteile handelt (z.B. in Netzteilen).

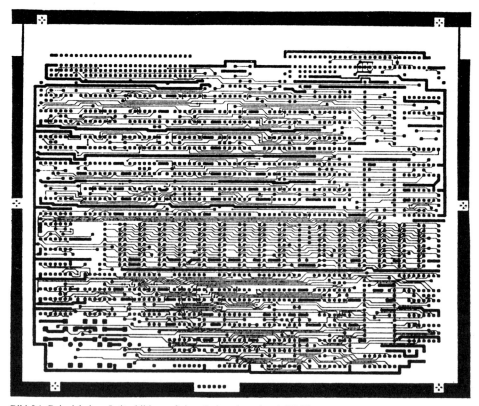

Bild 5.1 Beispiel eines Leiterbildes auf einer Leiterplatte (nach [5.6])

5.1 Leiterplattentechnik

5.1.1 Klassisches Verfahren

Eine Leiterplatte (bzw. Leiterkarte) ist eine Montageplatte, die aus einem Trägermaterial mit haftfest auf- oder eingebrachten Leiterbildern besteht (s. Bild 5.1). Ausgangsmaterial ist eine kupferkaschierte Glashartgewebe-, Polyester- oder Hartpapierplatte, auf der das Leiterbild durch Abätzen der nicht für die Verbindungsleitungen notwendigen Kupferschichten erzeugt wird. Diese Strukturierung erfolgt durch Belichtung eines Fotolackes, mit welchem die Platte bedeckt wird. Die für die Belichtung angewendete Fotoplatte trägt in Form von Schwärzungen die Leiterzüge, d.h. das Leiterbild.

In der klassischen Leiterplattentechnik werden die Anschlußfahnen der elektronischen Bauelemente (Einzelbauelemente bzw. integrierte Schaltkreise) in Bohrungen in die Leiterplatte eingeführt und mit den Leiterzügen auf einer Seite der Leiterplatte z.B. in einem Schwallötverfahren verlötet.

Man unterscheidet zwischen Ein- und Mehrlagenleiterplatten. Die Einlagenleiterplatte trägt ein- oder beidseitig ein Leiterbild. Die Mehrlagenleiterplatte hat mehrere (z.B. bis zu 24) Lagen mit isoliert voneinander angeordneten Leiterbildern, die z.B. mit durchkontaktierten Löchern verbunden sein können [5.1].

Die Leiterplatte stellt eine wesentliche Verbesserung gegenüber der freien Verdrahtung dar. Herausragende Vorteile sind:

— wesentlich höhere Bauelementedichte,
— gut geeignet für automatisierte Massenfertigung,
— höhere Zuverlässigkeit der elektrischen Verbindungen und
— wesentlich bessere elektrische Eigenschaften bei hohen Frequenzen durch kürzere Leitungsführung mit wesentlich weniger parasitären Elementen.

5.1.2 Oberflächenmontage (SMT)

Bei der Oberflächenmontage (engl. surface mounted technology = SMT) werden die Bauelemente nicht in Löcher der Leiterplatte eingesteckt, sondern auf die Oberfläche der Leiterzüge aufgelötet. Das Bild 5.2 vergleicht die klassische Montage (a) mit der Oberflächenmontage (b). Für diese Technik sind spezielle oberflächen-

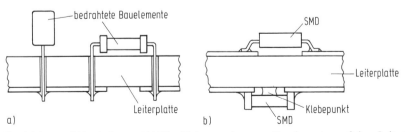

Bild 5.2 Vergleich von a) klassischer und b) Oberflächenmontage von Bauelementen auf einer Leiterplatte

montierbare Bauelemente (SMD = surface mounted device) erforderlich. Diese sind klein und flach und besitzen geeignete kurze Anschlüsse. In Bild 5.3 ist eine Auswahl solcher Bauelemente gezeigt. SMT zeichnet sich z.b. durch folgende Vorteile aus:

— kleine Abmessungen der Bauelemente,
— einfache automatische Bestückung der Leiterplatten,
— keine Bohrlöcher und hohe Bestückungssicherheit,
— Verkleinerung der Leiterplatten.

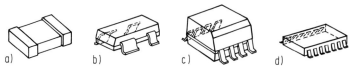

Bild 5.3 Oberflächenmontierbare Bauelemente (SMD)
a) Widerstand, b) Transistor, c) SSI-Schaltkreis, d) LSI-Schaltkreis

5.2   Schicht- und Hybridtechnik

Auf ein Keramiksubstrat (z.B. Al_2O_3-Keramik) werden dünne (Dicke etwa 1 μm) oder dicke (Dicke z.B. 30 μm) Schichten aufgebracht. Diese Schichten können z.B. wie bei den Leiterplatten als Verbindungsleitungen dienen. Bei Verwendung von hochohmigeren Material (z.B. NiCr) können auch Widerstände realisiert werden. Für spezielle Zwecke können auch insbesondere für Mikrowellenschaltungen Induktivitäten bzw. Kapazitäten sowie Mikrostripanpassungsglieder realisiert werden (Bild 5.4). Aktive Bauelemente wie z.B. Dioden, Transistoren oder integrierte Schaltkreise werden dann meist als Nacktchips in das Schichtsystem eingebracht [5.2].

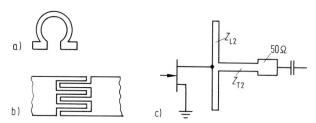

Bild 5.4 Beispiele von Dünnschichtbauelementen
a) Induktivität, b) Kapazität, c) Microstripanpassungsglied

In diesem Falle spricht man von Hybridtechnik, weil hier das Schichtsystem Träger der Verbindungsleitungen und u.U. passiver Bauelemente (Widerstände, Kapazitäten, Induktivitäten) ist, während die eingebrachten aktiven Bauelemente Halbleiterchips sind, die durch monolithische Integration (s. Abschnitt 5.3) hergestellt werden.

Dünnschichtstrukturen werden bevorzugt für Schaltungen bei höheren Frequenzen eingesetzt und durch Aufdampfen bzw. Katodenzerstäubung (Sputtern) hergestellt

[5.3], während Dickschichtstrukturen durch ein Siebdruckverfahren realisiert werden [5.2]. Die Schichttechnik hat den Vorteil, daß die passiven Bauelemente mit großer Genauigkeit hergestellt werden können.

In Bild 5.5 ist als Beispiel das Foto eines Dickschichthybridschaltkreises gezeigt. Die schwarzen Vierecke sind die Halbleiterchips, die mit sehr dünnen Drähten (meist Golddrähte) durch Bonden mit dem Dickschichtverbindungsleitungssystem verbunden sind.

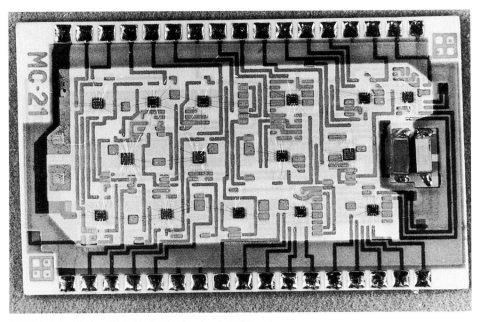

Bild 5.5 Beispiel eines Hybridschaltkreises (nach [5.1])

5.3 Monolithische Integration (Halbleiterblocktechnik)

Bei dieser Technik, die auch unter dem Begriff „Mikroelektronik" bekannt ist, erfolgt die Integration der Schaltung in einem Halbleitereinkristallplättchen – Chip genannt. Als Halbleitermaterial wird meistens Silizium verwendet. Die Größe der ersten Halbleiterchips aus dem Jahre 1960 betrug 1 bis 2 mm^2, und die auf ihnen integrierten Schaltungen hatten etwa 10 Einzelbauelemente. Die modernsten Halbleiterchips der 90er Jahre enthalten bei Chipgrößen von einigen cm^2 mehrere Millionen Einzelbauelemente und sind damit bereits integrierte Systeme. Die monolithische Integration elektronischer Schaltungen stellt damit die derzeit progressivste Form der Schaltungsimplementierung dar [5.4].

Wir wollen nun die Wesenszüge dieser Technologie an einfachen Beispielen verständlich machen:

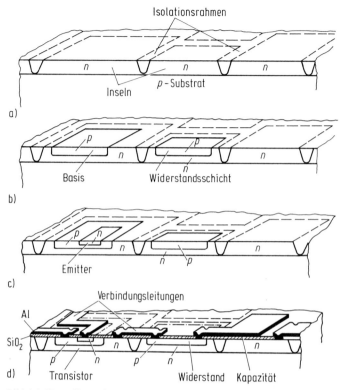

Bild 5.6 Herstellung eines monolithisch integrierten Schaltkreises
a) isolierte aktive Halbleitergebiete auf einem Halbleiterplättchen (Chip),
b) Dotierung mit 3wertigen Atomen (Akzeptoren) zur Realisierung p-leitender Gebiete,
c) Dotierung mit 5wertigen Atomen (Donatoren) zur Realisierung n-leitender Gebiete,
d) Kontaktierung und Realisierung der Verbindungsleitungen

Die einzelnen Bauelemente (Transistoren, Widerstände, Kapazitäten) werden durch geeignete Präparation des Halbleiterplättchens (Chip) mit Störstellen, Isolierschichten, Metallschichten u.a. im und auf diesem realisiert und untereinander zur gewünschten Schaltung verbunden. Die wichtigsten Präparationsschritte sind im Bild 5.6 dargestellt.

Auf ein p-leitendes Halbleitereinkristallplättchen wird zunächst eine dünne n-leitende Schicht aufgebracht, in der später die Bauelemente realisiert werden. Die Dicke dieser Schicht beträgt einige Mikrometer. Um die einzelnen Bauelemente gegeneinander elektrisch zu isolieren, wird diese in Inseln aufgeteilt, indem sogenannte Isolationsrahmen in Form von p-leitenden oder mit SiO_2-gefüllte Gräben eingebracht werden. In diesen n-leitenden Inseln (Bild 5.6a) werden die Bauelemente durch Dotierung mit 3- bzw. 5wertigen Atomen (Störstellen), z.B. Bor (B) bzw. Phosphor (P), realisiert. Bei der Dotierung mit 3wertigen Atomen entstehen p-leitende Schichten (s. Bild 5.6b), die als Widerstände oder Basisgebiete der Transistoren verwendet werden können. Durch eine weitere Dotierung mit 5wertigen Atomen entstehen n-Gebiete, die z.B. als Emitter der Transistoren dienen können (s. Bild 5.6c). Danach werden die Bauelemente mit Metallschichten (meistens Aluminiumschichten) zur gewünschten Schaltung verbunden. Dazu muß an den Kontaktstellen das SiO_2 entfernt werden (s. Bild 5.6d). Die Metallschichten können auch als Kapazitätselektrode verwendet werden, wie dies im rechten Teil des Bildes 5.6d gezeigt ist. Widerstände werden außer — wie im Bild 5.6 skizziert — noch als Dünnschichtwiderstände (z.B. aus dotiertem oder undotiertem polykristallinen Silizium) oberhalb einer SiO_2-Schicht realisiert.

In Bild 5.7 ist das Layout, d.h. die Draufsicht, auf ein sehr einfaches Schaltkreischip gezeigt. Die dunklen Streifen sind die metallischen Verbindungsleitungen, die schemenhaft darunter in verschiedenen Grautönen erkennbaren Gebiete sind die dotierten p- und n-Gebiete (Basis und Emitter der Transistoren, Widerstände).

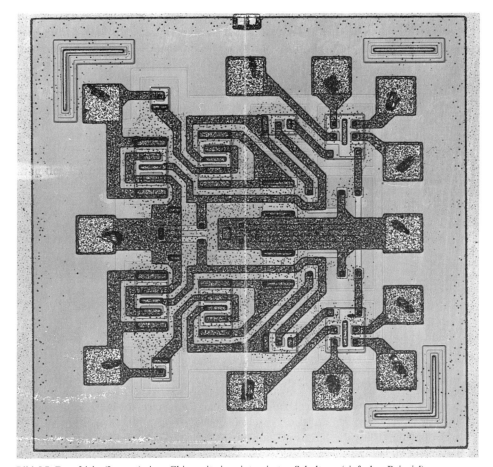

Bild 5.7 Draufsicht (Layout) eines Chips mit einer integrierten Schaltung (einfaches Beispiel)

Die Strukturierung des Chips, d.h. die Erzeugung verschieden dotierter Gebiete, Verbindungsleitungen und Kontakte an vorbestimmten Stellen, erfolgt mit lithographischen Techniken. Am weitesten verbreitet ist auch heute noch die Fotolithographie mittels UV-Licht [5.4], obwohl elektronenoptische Verfahren auch bereits im Kommen sind. Die Grundzüge des klassischen Fotolithographieverfahrens sind im Bild 5.8 skizziert. Die Halbleiterscheibe (einige Zoll Durchmesser, s. das folgende Bild 5.9) wird zunächst oxidiert, wodurch eine schützende SiO_2-Schicht entsteht. Darauf wird ein Fotolack (Fotoresist) aufgebracht, s. Bild 5.8a. Nun erfolgt die Belichtung des Fotolackes durch eine Fotoschablone, die die geometrischen Figuren der Bauelemente und Verbindungsleitungsstrukturen enthält, s. Bild 5.8b. Durch die Belichtung an den nichtgeschwärzten Stellen des Fotolackes entstehen im Fotolack Strukturveränderungen, und beim Entwickeln werden die belichteten Stellen abgewaschen (bei Positivfotolack), s. Bild 5.8c. Nun wird ein Ätzprozeß durchgeführt, der die schützende SiO_2-Schicht an den nicht mehr mit Fotolack bedeckten Stellen entfernt und so die Halbleiteroberfläche zugänglich macht. Dort kann nun das Dotierungsmaterial (z.B. B oder P) eindringen und die gewünschten n- und p-leitenden Strukturen (s. Bild 5.6) bilden. Mit solchen lichtoptischen Strukturierungsverfahren lassen sich minimale Strukturgrößen von etwa 1 µm erzielen. Für wesentlich kleinere Strukturen sind dann in der Regel Elektronenstrahlen anzuwenden.

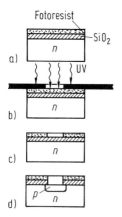

Bild 5.8 Bearbeitungsfolge bei der
Strukturierung eines Halbleiterchips
mit der klassischen Fotolithografie
a) Beschichten mit Fotolack,
b) Belichten des Fotolackes durch
   eine Fotoschablone mit UV-Licht,
c) Entwickeln des Fotolackes,
d) Strukturierung durch Ätzen

Auf einer Halbleiterscheibe (Wafer) von einigen Zoll Durchmesser (z.B. 6 Zoll $\cong 150$ mm) können je nach Chipgröße mehrere hundert bis tausend identischer Chips realisiert werden, wie dies im Bild 5.9 angedeutet ist. Damit eignet sich dieses Verfahren ausgezeichnet für die Massenproduktion.

Als letzter Schritt im Scheibenverband erfolgt der Funktionstest aller Schaltungen auf einem sogenannten Wafertester. Anschließend wird die Scheibe in Chips vereinzelt (zerschnitten). Nur die funktionstüchtigen Chips werden weiterverarbeitet, d.h. kontaktiert und in ein Gehäuse montiert. Je nach Komplexität des integrierten Schaltkreises gibt es sehr vielfältige Gehäuseformen (Bild 5.10).

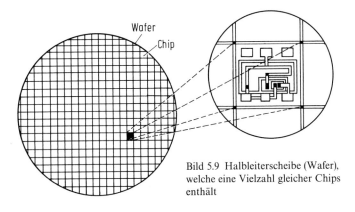

Bild 5.9 Halbleiterscheibe (Wafer), welche eine Vielzahl gleicher Chips enthält

Bild 5.10 Gehäuseformen für integrierte Schaltkreise

Diese integrierten Schaltkreise können ihrerseits als Einzelbausteine aufgefaßt werden und mit den Techniken, die wir in den vorangegangenen Abschnitten beschrieben haben, zu einem komplexeren System verbunden werden. Das bedeutet, daß die monolithische Schaltungsintegration nicht etwa die Leiterkarten- oder SMD-Technik ersetzt, sondern sogar immer neue Anforderungen an diese stellt.

Die eben geschilderte Herstellungstechnik monolithisch integrierter Schaltkreise ist in der Regel Sache der Halbleiterhersteller, und der Schaltungstechniker nimmt recht wenig Anteil daran. Das gilt uneingeschränkt für die Standardschaltkreise, wie wir sie in den Abschn. 2 bis 4 kennengelernt haben. Will der Schaltungsentwickler an der monolithischen Implementierung seiner Schaltung aber selbst aktiven

Anteil nehmen, wie dies z.B. bei den applikationsspezifischen Schaltkreisen (ASIC) der Fall ist, so wird ihn zumindest der Entwurf des Layouts beschäftigen. Damit aber dazu möglichst wenige Kenntnisse der Halbleiterelektronik und -technologie nötig sind, und ein fehlerfreier Entwurf in kürzester Zeit durchgeführt werden kann, sind spezielle computerunterstützte Entwurfsverfahren entwickelt worden [5.5]. Diese werden oft unter dem Begriff Semicustom-Design-Techniken zusammengefaßt. Die bedeutendsten Varianten sind hier der Standardzellenentwurf und die Gatearray-Technik [5.5].

Beim Standardzellenentwurf existiert eine Bibliothek (library) vorentworfener und erprobter Schaltungseinheiten (z.B. Logikgatter, Flipflops u.a.), die entsprechend der vom Schaltungstechniker (Kunden) gewünschten bzw. zu realisierenden Schaltung unter Zuhilfenahme von Computerprogrammen auf dem Chip plaziert (placement) und verdrahtet (routing) werden. Bei der Gatearraytechnik werden vorgefertigte Chips verwendet, die sich ständig wiederholende Anordnungen von Einzelbauelementen enthalten. Eine solche Gatearrayzelle in CMOS-Technik könnte z.B. aus je 2 p-Kanal- und je 2 n-Kanal-MOS-Transistoren bestehen. Diese Zellen bilden dann die Grundlage für den Aufbau von Gattern und Funktionsblöcken, die ihrerseits zur Gesamtschaltung auf dem Chip verbunden werden. Auch diese Prozesse laufen mit Unterstützung von Computerprogrammen ab. Das einzige, was der Schaltungsentwickler in der Regel zu tun hat, ist die Eingabe seiner Schaltung und die Überprüfung der Test- und Simulationsergebnisse.

Zusammenfassend kann gesagt werden, daß die monolithische Schaltungsintegration auf der Basis der Transistorelektronik noch auf lange Sicht Bestand haben wird. Es haben sich zwar in der vergangenen 30jährigen Geschichte erhebliche Verbesserungen und Erweiterungen ergeben, jedoch das Grundprinzip, eine Transistorschaltung in einem Halbleiterplättchen zu integrieren, ist bei einem Megabitspeicher oder 32-Bit-Mikroprozessor in gleicher Weise realisiert wie bei unserem einfachen Beispiel des Bildes 5.7.

Je nach Anzahl der integrierten Bauelemente unterscheiden wir folgende Stufen der Schaltungsintegration:

weniger als 100 Bauelemente: SSI (small scale integration)
100 bis 1000 Bauelemente: MSI (medium scale integration)
1000 bis 10000 Bauelemente: LSI (large scale integration)
10000 bis 1 000 000 Bauelemente: VLSI (very large scale integration)
1 000 000 bis 100 000 000 Bauelemente: ULSI (ultra large scale integration)
mehr als 100 000 000 Bauelemente: GLSI (giant large scale integration).

5.4 Aufgabe

5-1 Entwerfen Sie das Verbindungsleitungslayout einer Leiterplatte für die Dekoderschaltung aus Aufgabe 3-11 mit NAND-Schaltkreisen 7400 unter Beachtung der Anschlußbelegung gemäß Bild 3.49a.

Literaturverzeichnis

[1.1] *Yang, E.S.*: Fundamentals of semiconductor devices. New York: McGraw-Hill, Inc. 1978.

[1.2] *Möschwitzer, A.*: Grundlagen der Halbleiter- & Mikroelektronik. Band 1: Elektronische Halbleiterbauelemente. München, Wien: Carl Hanser Verlag 1992.

[1.3] *Barkhausen, H.*: Elektronen-Röhren. Band 1. Leipzig: S. Hirzel Verlag 1945.

[1.4] NETZ Formeln der Elektrotechnik und Elektronik. Herausgeber: *A. Möschwitzer*. München, Wien: Carl Hanser Verlag 1991.

[1.5] *Lunze, K.*: Theorie der Wechselstromschaltungen. Lehrbuch. Berlin: Verlag Technik 1991.

[1.6] *Fritzsche, G.*: Theoretische Grundlagen der Nachrichtentechnik. Berlin: Verlag Technik 1987.

[1.7] *Motchenbacher, C.D.; Fitchen, F.C.*: Low noise electronic design. New York: John Wiley & Sons 1973.

[1.8] *Buckingham, M.J.*: Noise in electronic devices and systems. New York: John Wiley & Sons 1983.

[2.1] *Tietze, U.; Schenk, Ch.*: Halbleiter-Schaltungstechnik. Berlin, Heidelberg, New York: Springer-Verlag 1989.

[2.2] *Zinke, H.*: Integrierte Schaltungen B 511 N und B 589 N für eine kostengünstige Temperaturerfassung. radio fernsehen elektronik 35 (1986) H. 3, S. 155−158.

[2.3] *Jahne, H.*: Integrationsfähige analoge Schaltungen in hochgenauen und schnellen Analog-Digital-Wandlern. Diss. A. Technische Universität Dresden, 1987.

[2.4] *Geiger, R.L., u.a.*: VLSI design techniques for analog and digital circuits. New York: McGraw-Hill 1990.

[2.5] *Fischer, W.-J.; Schüffny, R.*: MOS-VLSI-Technik. Berlin: Akademie-Verlag 1987.

[2.6] *Goerth, J.*: Stromspiegel-Schaltungen. Valvo-Berichte XIX (1974/75) H. 3, S. 107−114.

[2.7] *Herpy, M.*: Analoge integrierte Schaltungen. Budapest: Akadémiai Kiadó 1976.

[2.8] *Gray, P.R.; Meyer, R.G.*: Analysis and design of analog integrated circuits. New York: John Wiley & Sons 1978.

[2.9] *Seifart, M.*: Analoge Schaltungen. Heidelberg: Hüthig Verlag 1990.

[2.10] *Köstner, R.; Sisolefsky, B.*: Begrenzereigenschaften integrierter Differenzverstärker. radio fernsehen elektronik 29 (1980) H. 2, S. 88−90.

[2.11] *Höfflinger, B.; Zimmer, G.*: Hochintegrierte analoge Schaltungen. München: Oldenbourg Verlag 1987.

[2.12] *Krauß, M.*: Beiträge zur Weiterentwicklung der CMOS-Analog-Schaltkreistechnik. Diss. B. Technische Universität Dresden, 1986.

[2.13] *Dostál, J.*: Operationsverstärker. Berlin: Verlag Technik 1989.

[2.14] *Mennenga, H.*: Schaltungstechnik mit Operationsverstärkern. Berlin: Verlag Technik 1981.

[2.15] *Hiller, H.*: Operationsverstärker − Schaltungen und Anwendungen. Berlin: Verlag Technik 1982.

[2.16] *Kulla, E.*: Neue Operationsverstärker. radio fernsehen elektronik 31 (1982) H. 3, S. 145−149.

[2.17] *Kowalewski, S.; Richter, L.P.*: BiFET-Operationsverstärkerschaltkreise B 080 bis B 084. radio fernsehen elektronik 32 (1983) H. 3, S. 165−168.

[2.18] *Lancaster, D.*: Das CMOS-Kochbuch. Vaterstetten: IWT-Verlag 1991.

[2.19] Linear-IC-Taschenbuch, Band 1: Operationsverstärker. Vaterstetten: IWT-Verlag 1991.

[2.20] *Krauß, M.*: Entwurf und Realisierung eines integrierten Operationsverstärkers in Enhancement/Depletion-MOS-Technik. Nachrichtentechnik-Elektronik 35 (1985) H. 9, S. 327−330.

[2.21] CMOS-Operationsverstärker ohne Kompromisse. Elektronik 32 (1983) H. 11, S. 61−65.

[2.22] *Hasse, L., u.a.*: Rauscharme Operationsverstärker. Nachrichtentechnik-Elektronik 34 (1984) H. 7, S. 264−266.

[2.23] OPVs mit großer Bandbreite und geringen Verzerrungen. elektronik industrie 22 (1991), H. 9, S. 40, 42.

[2.24] *Blaesner, W.*: Operationsverstärker: Weit aussteuerbar und für 2 V. elektronik industrie 23 (1992), H. 3, S. 90−96.

[2.25] *Bode, H.W.*: Network analysis and feedback amplifier design. New York: Van Nostrand 1955.

[2.26] *Fritzsche, G.*: Theoretische Grundlagen der Nachrichtentechnik. Berlin: Verlag Technik 1987.

[2.27] *Kurz, G.; Köstner, R.*: Äußere und innere Frequenzgangkompensation bei Operationsverstärkern. Nachrichtentechnik-Elektronik 31 (1981) H. 5, S. 190 – 192.

[2.28] *Gray, P.R.*: Analog MOS integrated circuits II. New York: IEEE Press 1989.

[2.29] *Sisolefsky, B.; Köstner, R.*: Elektronische Analogschalter. Nachrichtentechnik-Elektronik 32 (1982) H. 9, S. 365 – 369.

[2.30] *Kresse, K.-H.*: 5-W-NF-Leistungsverstärker A 210. radio fernsehen elektronik 29 (1980) H. 7, S. 427 – 432.

[2.31] *Schwager, B.*: Leistungs-Operationsverstärker TCA 365. Funk-Technik 37 (1982) H. 4, S. 142 – 144; H. 5, S. 189 – 192.

[2.32] *Kresse, K.-H.*: Universeller NF-Leistungsverstärker A 2030. radio fernsehen elektronik 33 (1984) H. 2, S. 77 – 81.

[2.33] *Camenzind, H.R.*: Circuit design for integrated electronics. Reading (Massachusetts): Addison-Wesley Publishing Company 1968.

[2.34] *Vack, G.-U.*: Schaltungstechnik des D-Verstärkers. radio fernsehen elektronik 24 (1975) H. 24, S. 789 – 793.

[2.35] *Trzeba, E.; Frühauf, H.*: Synthese und Analyse linearer Hochfrequenzschaltungen. Leipzig: Akad. Verlagsgesellschaft Geest u. Portig K.-G. 1964.

[2.36] *Fritzsche, G.*: Entwurf linearer Schaltungen. Berlin: Verlag Technik 1962.

[2.37] *Eigler, H.*: Mikroelektronische Filter. Berlin: Verlag Technik 1990.

[2.38] *Otto, A.*: Piezokeramische Filter. radio fernsehen elektronik 34 (1985) H. 10, S. 670 – 673.

[2.39] *Jüngling, H.*: Eigenschaften und Einsatzmöglichkeiten der AM-Empfängerschaltung A 244 D. radio fernsehen elektronik 27 (1978) H. 4, S. 212 – 216.

[2.40] *Gutsche, B.*: Integrierter Bild-ZF-Verstärker mit Demodulator A 240 D. radio fernsehen elektronik 26 (1977) H. 9, S. 287 – 290.

[2.41] *Schatter, E.*: TBA 120 – ein neuer Fernseh-Ton-ZF-Monolith. Siemens-Bauteile-Information 8 (1970) H. 5, S. 146 – 149.

[2.42] *Edelmann, P.*: A 220 D – ein integrierter FM-ZF-Verstärker mit Demodulator. radio fernsehen elektronik 24 (1975) H. 20, S. 653 – 656.

[2.43] *Gutsche, B.*: A 225 D – FM-ZF-Verstärker. Informations- und Applikationshefte „Mikroelektronik", H. 24. Halbleiterwerk Frankfurt (Oder) 1984.

[2.44] *Dietze, A.; Kriedt, H.*: AM-FM-Empfängerbaustein TDA 4100. Funk-Technik 37 (1982) H. 5, S. 197 – 201.

[2.45] *Heinlein, W.E.; Holmes, W.H.*: Active filters for integrated circuits. München, Wien: R. Oldenbourg Verlag 1974.

[2.46] *Herpy, M.; Berka, J.-C.*: Aktive RC-Filter. Budapest: Akadémiai Kiadó 1984.

[2.47] *Fritzsche, G.*: Entwurf aktiver Analogsysteme. Berlin: Akademie-Verlag 1980.

[2.48] *Fritzsche, G.; Seidel, V.*: Aktive RC-Schaltungen in der Elektronik. Berlin: Verlag Technik 1981.

[2.49] *Lacanette, K*: Einfaches Design durch konfigurierbares SC-Filter. elektronik industrie 23 (1992) H. 6, S. 34 – 39.

[2.50] *Köstner, R.*: Untersuchungen an magnetisch rückgekoppelten Transistor-Oszillatoren. Nachrichtentechnik Elektronik 10 (1960) H. 8, S. 348 – 352.

[2.51] *Kurz, G.*: Oszillatoren. Berlin: Verlag Technik 1988.

[2.52] *Cordell, R.R.; Garrett, W.G.*: A highly stable VCO for application in monolithic phase-locked loops. IEEE J. of Solid-State Circuits SC-10 (1975) H. 6, S. 480–485.

[2.53] *Seeger, B.*: Uhrenschaltkreise U 130 X, U 131 G und U 132 X. radio fernsehen elektronik 33 (1984) H. 7, S. 456 – 458.

[2.54] *Sehmisch, H.-D.*: Schwingungserzeugung mit Bauelementen auf Basis akustischer Oberflächenwellen. Diss. B. Technische Universität Dresden 1986.

[2.55] *Rohde, U.L.*: Digital PLL frequency synthesizers. Theory and design. Englewood Cliffs: Prentice-Hall Inc. 1983.

[2.56] *Kröbel, H.-E.*: Integrierter PLL-Stereodekoder A 290 D. radio fernsehen elektronik 27 (1978) H. 8, S. 495 – 497.

[2.57] *Brack, L.-P.*: Stereodekoderschaltkreis A 4510. radio fernsehen elektronik 35 (1986) H. 3, S. 153 – 155.

[2.58] *Kantimm, S.*: A 241 D — monolithisch integrierter, bipolarer Bild-TF-Verstärkerschaltkreis. radio fernsehen elektronik 31 (1982) H.3, S. 165–168.

[2.59] *Köstner, R.; Winkler, K.G.*: Moderne Verfahren zur Demodulation amplituden- bzw. frequenzmodulierter Signale. Wiss. Z. HfV Dresden 26 (1979) H.4, S. 629–646.

[2.60] *Philippow, E.*: Taschenbuch Elektrotechnik. Band 2 und 3. Berlin: Verlag Technik 1989.

[2.61] *Jungnickel, H.*: Stromversorgungspraxis. Berlin: Verlag Technik 1991.

[2.62] *Krüger, H.H.*: Integrierte Spannungsregler B 3170 V, B 3171 V und B 3370 V, B 3371 V. radio fernsehen elektronik 34 (1985) H.10, S. 615–618.

[2.63] *Andrä, W.*, u.a.: B 3170 V, B 3171 V, B 3370 V, B 3371 V — Monolithisch integrierte bipolare Spannungsreglerschaltkreise. radio fernsehen elektronik 34 (1985) H.10, S. 647–650 und H.11, S. 717–718.

[2.64] *Krüger, H.H.*: B 260 D Ansteuerschaltkreis für Schaltnetzteile und Gleichspannungswandler. Mikroelektronik — Information und Applikation, Heft 11. Halbleiterwerk Frankfurt (Oder) 1982.

[2.65] *Schuster, W.*: IS B 260 D in geschalteten Stromversorgungen. radio fernsehen elektronik 31 (1982) H.2, S. 75–79.

[2.66] Integrierte Schaltnetzteil-Steuerschaltungen TDA 4700, TDA 4718, TDA 4716, TDA 4714 — Funktion und Anwendung. Siemens AG München 1984.

[2.67] *Blöckl, R.*: TDA 4918/4919 — eine neue Generation von Schaltnetzteil-Steuerbausteinen. Siemens Components 26 (1988) H.5, S. 191–194 und H.6, S. 260–264.

[2.68] *Blöckl, R.*: Schaltnetzteil mit neuer integrierter Schaltung liefert 250 W. Siemens Components 27 (1989) H.1, S. 12–15.

[3.1] *Wilkinson, B.*: Digital system design. London: Prentice Hall Int. 1987.

[3.2] *Almaini, A.E.A.*: Kombinatorische und sequentielle Schaltsysteme. Weinheim: VCH Verlagsgesellschaft 1989.

[3.3] *Penney, W.M.; Lau, L.*: MOS integrated circuits. New York: Van Nostrand Reinhold Comp. 1972.

[3.4] *Möschwitzer, A.*: Grundlagen der Halbleiter- & Mikroelektronik. Band 1: Elektronische Halbleiterbauelemente. München, Wien: Carl Hanser Verlag 1992.

[3.5] *Mead, C.; Conway, L.*: Introduction to VLSI systems. Menlo Park: Addison-Wesley Publishing Comp. 1980.

[3.6] *Geiger, R.L.*, u.a.: VLSI design techniques for analog and digital circuits. New York: McGraw Hill Book Comp. 1990.

[3.7] *Tarui, Y.*, u.a.: Transistor-Schottky-barrier diode integrated logic circuit. IEEE Journal of Solid-State Circuits SC 4 (1969), S. 3–12.

[3.8] *Greeneich, W.E.*: An appropriate device figure of merit for bipolar CML. IEEE Electron Devices Letters EDL12 (1991), S. 18–20.

[3.9] *Fujishima, M.*, u.a.: Evaluation of delay-time degradation of low-voltage BiCMOS based on novel analytical delay-time modeling. IEEE Journal of Solid-State Circuits SC 26 (1991), S. 25–31.

[3.10] *Berger, H.H.; Wiedmann, S.K.*: Merged transistor logic a low cost bipolar logic concept. IEEE Journal of Solid-State Circuits SC 7 (1972), S. 340–345.

[3.11] *Hart, K.; Slob, A.*: Integrated injection logic: a new approach to LSI. IEEE Journal of Solid-State Circuits SC 7 (1972), S. 346–351.

[3.12] *Kubo, M.*, u.a.: Perspective on BiCMOS VLSI's. IEEE Journal of Solid-State Circuits SC 23 (1988), S. 5–11.

[3.13] *Long, St. I.; Butner, St. E.*: Gallium arsenide digital integrated circuit design. New York: McGraw-Hill Book Comp. 1990.

[3.14] *Haseloff, E.*, u.a.: Das TTL Kochbuch. München: Texas Instruments G.m.b.H. 1972.

[3.15] *Auer, A.*: Programmierbare Logik-IC. Heidelberg: Hüthig-Verlag 1990.

[3.16] *Obreska, M.*: Comparative survey of different design methodologies for control part of microprocessors. In: VLSI Systems and Computations, S. 347–356. Rockville: Computer Science Press 1982.

[3.17] *Tredennick, N.*: Experiences in commercial VLSI processor design. Microprocessors and Microsystems vol 12 (1988), S. 419–431.

[3.18] *Komatsu, T.*, u.a.: A 35 ns 128 k × 8 CMOS SRAM. IEEE Journal of Solid-State Circuits SC 24 (1987), S. 721–726.

[3.19] *Hirose, T.,* u.a.: A 20 ns 4-MbitCMOS SRAM with hierarchical word decoding architecture. IEEE Journal of Solid-State Circuits SC 25 (1990), S. 1068 – 1072.

[3.20] *Watanabe, T.,* u.a.: Comparison of CMOS and BiCMOS 1-Mbit DRAM performance. IEEE Journal of Solid-State Circuits SC 24 (1989), S. 771 – 778.

[3.21] *Nakagome, Y.,* u.a.: An experimental 1,5 V 64-Mb DRAM. IEEE Journal of Solid-State Circuits SC 26 (1991), S. 465 – 472.

[3.22] *Nakayama, T.,* u.a.: A 5 V-only one-transistor 256 k EEPROM with page-mode erase. IEEE Journal of Solid-State Circuits SC 24 (1989), S. 911 – 916.

[3.23] *Higuchi, M.,* u.a.: A 85 ns 16 Mb EPROM with alternable organization. ISSCC '90. San Francisco. Digest of Technical Papers, S. 56 – 57.

[3.24] *Goksel, A.K.,* u.a.: A content addressable memory management unit with on-chip data cache. IEEE Journal of Solid-State Circuits SC 24 (1989), S. 592 – 596.

[3.25] *Möschwitzer, A.:* Semiconductor devices, circuits and systems. Oxford: Clarendon Press 1991.

[3.26] *Mano, M.M.:* Digital logic and computer design. London: Prentice Hall 1979.

[3.27] *Kieser, H.; Meder, M.:* Mikroprozessor-Technik. Berlin: Verlag Technik 1982.

[3.28] *Viellefond, C.:* Programmierung des 80286. Düsseldorf: Sybex-Verlag 1987.

[3.29] *Thies, K.-D.:* 80486 Systemsoftware-Entwicklung. München, Wien: Carl Hanser Verlag 1992.

[3.30] *Mano, M.M.:* Computer systems architecture. Englewood Cliffs: Prentice Hall 1982.

[4.1] *Gray, P.R.:* Analog MOS integrated circuits II. New York: IEEE Press 1989.

[4.2] *Höfflinger, B.; Zimmer, G.:* Hochintegrierte analoge Schaltungen. München: Oldenbourg-Verlag 1987.

[4.3] *Tsividis, Y.; Antognetti, P.:* MOS VLSI circuits for telecommunications. Englewood Cliffs: Prentice Hall Int. 1988.

[4.4] *Geiger, R.L.,* u.a.: VLSI design techniques for analog and digital circuits. New York: McGraw-Hill Book Comp. 1990.

[4.5] *Shimizu, T.,* u.a.: A 10 bit 20 MHz Two-step parallel A/D converter with internal S/H. IEEE Journal of Solid-State Circuits SC 24 (1989), S. 13 – 20.

[4.6] *Krauß, M.:* Beiträge zur Weiterentwicklung der CMOS Analog-Schaltkreistechnik. Dissertation B. Technische Universität Dresden 1985.

[4.7] *Candy, J.C.:* A use of double integration in sigma delta modulation. IEEE Transactions on Computer COM 33 (1985), S. 249 – 258.

[4.8] *Boser, E.B.; Wooley, B.A.:* The design of sigma delta modulation analog-to-digital converters. IEEE Journal of Solid-State Circuits SC 23 (1988), S. 1298 – 1308.

[4.9] *Koch, R.,* u.a.: A 12-bit sigma-delta analog-to-digital converter with a 15-MHz clock rate. IEEE Journal of Solid-State Circuits SC 21 (1986), S. 1003 – 1009.

[4.10] *Krauß, M.; Möschwitzer, A.:* Integrierter U/f-Umsetzer für Digitalvoltmeter in n-Kanal-Enhancement/Depletion-Technik. Nachrichtentechnik-Elektronik 35 (1985) H. 10, S. 378 – 379.

[5.1] *Hanke, H.J.; Fabian, H.:* Technologie elektronischer Baugruppen. Berlin: Verlag Technik 1982.

[5.2] *Lüder, E.:* Bau hybrider Mikroschaltungen. Berlin: Springer-Verlag 1977.

[5.3] *Möschwitzer, A.:* Taschenbuch Halbleiterelektronik – ein Wissensspeicher. Weinheim: VCH-Verlagsgesellschaft 1992.

[5.4] *Möschwitzer, A.:* Grundlagen der Halbleiter- & Mikroelektronik. Band 2: Integrierte Schaltkreise. München, Wien: Carl Hanser Verlag 1992.

[5.5] *Hollis, E.E.:* Design of VLSI gate array IC's. Englewood Cliffs: Prentice Hall, Inc. 1986.

[5.6] *Schulz, W.:* Erhöhung der Verdrahtungsdichte auf durchkontaktierten Einlagenleiterplatten. Feingerätetechnik 30 (1981) H. 7, S. 312–314.

Sachwortverzeichnis